基本単位

長さ	メートル	m	熱力学温度	ケルビン	K
質量	キログラム	kg	物質量	モル	mol
時間	秒	s	光度	カンデラ	cd
電流	アンペア	A			

SI接頭語

10^{24}	ヨタ	Y	10^{3}	キロ	k	10^{-9}	ナノ	n
10^{21}	ゼタ	Z	10^{2}	ヘクト	h	10^{-12}	ピコ	p
10^{18}	エクサ	E	10^{1}	デカ	da	10^{-15}	フェムト	f
10^{15}	ペタ	P	10^{-1}	デシ	d	10^{-18}	アト	a
10^{12}	テラ	T	10^{-2}	センチ	c	10^{-21}	ゼプト	z
10^{9}	ギガ	G	10^{-3}	ミリ	m	10^{-24}	ヨクト	y
10^{6}	メガ	M	10^{-6}	マイクロ	μ			

ネルギ	仕事率
J	W
erg	erg/s
gf·m	kgf·m/s

算例：1 N＝1/9.806 65 kgf〕

量	SI 単位の名称	SI 記号	SI以外 単位の名称	SI以外 記号	SI単位からの換算率
ネルギ，熱 仕事およ エンタルピ	ジュール（ニュートンメートル）	J（N·m）	エルグ	erg	10^7
			カロリ（国際）	cal_{IT}	1/4.186 8
			重量キログラムメートル	kgf·m	1/9.806 65
			キロワット時	kW·h	$1/(3.6\times10^6)$
			仏馬力時	PS·h	$\approx 3.776\,72\times10^{-7}$
			電子ボルト	eV	$\approx 6.241\,46\times10^{18}$
力，仕事率，力および放束	ワット（ジュール毎秒）	W（J/s）	重量キログラムメートル毎秒	kgf·m/s	1/9.806 65
			キロカロリ毎時	kcal/h	1/1.163
			仏馬力	PS	≈1/735.498 8
度，粘性係	パスカル秒	Pa·s	ポアズ	P	10
			重量キログラム秒毎平方メートル	$kgf\cdot s/m^2$	1/9.806 65
粘度，動粘係数	平方メートル毎秒	m^2/s	ストークス	St	10^4
度，温度差	ケルビン	K	セルシウス度，度	℃	〔注(1)参照〕
流，起磁力	アンペア	A			
荷，電気量	クーロン	C	（アンペア秒）	（A·s）	1
王，起電力	ボルト	V	（ワット毎アンペア）	（W/A）	1
界の強さ	ボルト毎メートル	V/m			
電容量	ファラド	F	（クーロン毎ボルト）	（C/V）	1
界の強さ	アンペア毎メートル	A/m	エルステッド	Oe	$4\pi/10^3$
束密度	テスラ	T	ガウス	Gs	10^4
			ガンマ	γ	10^9
束	ウェーバ	Wb	マクスウェル	Mx	10^8
気抵抗	オーム	Ω	（ボルト毎アンペア）	（V/A）	1
ンダクタンス	ジーメンス	S	（アンペア毎ボルト）	（A/V）	1
ンダクタンス	ヘンリー	H	ウェーバ毎アンペア	（Wb/A）	1
束	ルーメン	lm	（カンデラステラジアン）	（cd·sr）	1
度	カンデラ毎平方メートル	cd/m^2	スチルブ	sb	10^{-4}
度	ルクス	lx	フォト	ph	10^{-4}
射能	ベクレル	Bq	キュリー	Ci	$1/(3.7\times10^{10})$
射線量	クーロン毎キログラム	C/kg	レントゲン	R	$1/(2.58\times10^{-4})$
収線量	グレイ	Gy	ラド	rd	10^2

〕 (1) T Kから θ℃への温度の換算は，$\theta = T-273.15$とするが，温度差の場合には $\Delta T=\Delta\theta$ である．ただし，ΔT および $\Delta\theta$ はそれぞれケルビンおよびセルシウス度で測った温度差を表す．

(2) 丸括弧内に記した単位の名称および記号は，その上あるいは左に記した単位の定義を表す．

JSMEテキストシリーズ

機械工学のための数学

Mathematics for Mechanical Engineering

日本機械学会

序

「JSME テキストシリーズ」は，大学学部学生のための機械工学への入門から必須科目の修得までに焦点を当て，機械工学の標準的内容をもち，かつ技術者認定制度に対応する教科書の発行を目的に企画されました．

日本機械学会が直接編集する直営出版の形での教科書の発行は，1988 年の出版事業部会の規程改正により出版が可能になってからも，機械工学の各分野を横断した体系的なものとしての出版には至りませんでした．これは多数の類書が存在することや，本会発行のものとしては機械工学便覧，機械実用便覧などが機械系学科において教科書・副読本として代用されていることが原因であったと思われます．しかし，社会のグローバル化にともなう技術者認証システムの重要性が指摘され，そのための国際標準への対応，あるいは大学学部生への専門教育への動機付けの必要性など，学部教育を取り巻く環境の急速な変化に対応して各大学における教育内容の改革が実施され，そのための教科書が求められるようになってきました．

そのような背景の下に，本シリーズは以下の事項を考慮して企画されました．

① 日本機械学会として大学における機械工学教育の標準を示すための教科書とする．

② 機械工学教育のための導入部から機械工学における必須科目まで連続的に学べるように配慮し，大学学部学生の基礎学力の向上に資する．

③ 国際標準の技術者教育認定制度〔日本技術者教育認定機構(JABEE)〕，技術者認証制度〔米国の工学基礎能力検定試験(FE)，技術士一次試験など〕への対応を考慮するとともに，技術英語を各テキストに導入する．

さらに，編集・執筆にあたっては，

① 比較的多くの執筆者の合議制による企画・執筆の採用，

② 各分野の総力を結集した，可能な限り良質で低価格の出版，

③ ページの片側への図・表の配置および 2 色刷りの採用による見やすさの向上，

④ アメリカの FE 試験（工学基礎能力検定試験(Fundamentals of Engineering Examination)）問題集を参考に英語による問題を採用，

⑤ 分野別のテキストとともに内容理解を深めるための演習書の出版，

により，上記事項を実現するようにしました．

本出版分科会として特に注意したことは，編集・校正には万全を尽くし，学会ならではの良質の出版物になるように心がけたことです．具体的には，各分野別出版分科会および執筆者グループを全て集団体制とし，複数人による合議・チェックを実施し，さらにその分野における経験豊富な総合校閲者による最終チェックを行っています．

本シリーズの発行は，関係者一同の献身的な努力によって実現されました．出版を検討いただいた出版

事業部会・編修理事の方々，出版分科会を構成されました委員の方々，分野別の出版の企画・進行および最終版下作成にあたられた分野別出版分科会委員の方々，とりわけ教科書としての性格上短時間で詳細な形式に合わせた原稿の作成までご協力をお願いいただきました執筆者の方々に改めて深甚なる謝意を表します．また，熱心に出版業務を担当された本会出版グループの関係者各位にお礼申し上げます．

本シリーズが機械系学生の基礎学力向上に役立ち，また多くの大学での講義に採用され技術者教育に貢献できれば，関係者一同の喜びとするところであります．

2002 年 6 月

日本機械学会

JSME ﾃｷｽﾄｼﾘｰｽﾞ 出版分科会

主査　宇高　義郎

「演習　機械工学のための数学」刊行にあたって

機械工学を広く，深く学ぶ上で「数学を理解し，応用できること」が重要です。しかしながら，高校数学の理解が不十分であったり，大学で学ぶ数学が難解であったりすると，いつのまにか「数学嫌い」になります。機械工学の概要を学ぶ上で，「大学で学ぶ基礎数学の理解」が必要です。また更に機械工学の各専門科目を深く学ぶには，「数学を機械工学に応用できる力」が必要です。

本書は，既刊のテキストシリーズ「機械工学のための数学」に引き続いて，発刊されたものです。既刊では，豊富な機械工学の事例を通じて，数学に親しみ，そして理解を深めるように構成されています。本書は，豊富な例題や演習問題を多く取り入れ，「機械工学のための数学」をより平易に理解できるよう工夫されています。紙面の都合ならびに演習書という位置づけもあり，解説は十分でない箇所もあります。その際には既刊の「機械工学のための数学」を参照いただけると幸いです。

以下，既刊との関連について御紹介致します。

既刊では，なぜ機械工学に数学が必要か？第 1 章では，高校数学に立ち戻って，数学が機械工学に活用されていることを平易に記述しています。第 2 章では大学で学ぶ数学について，豊富な機械工学の事例を通じて，ステップバイステップで理解できるよう記述しています。

本書では，既刊の第 1 章の補足説明の必要は無いと判断し，第 2 章を第 1 章にまとめ，「機械工学のための大学数学入門」として，既刊を補う形で，例題や演習問題を選んでいます。

また，第 2 章から第 6 章は，既刊の第 3 章から第 7 章にそれぞれ対応していて，同じく豊富な例題や演習問題を通じて，「機械工学のための数学」を平易に広範囲に理解できるよう構成されています。

本書は，基礎的な解説から，高度な大学数学の機械工学への応用まで，従来の書籍では扱っていない幅広い内容を網羅しております。

したがって，企画から完成まで，長時間を要しましたが，この間献身的にご協力いただいた多くの方々に感謝申し上げます。

2015 年 1 月
ＪＳＭＥテキストシリーズ出版分科会
演習　機械工学のための数学テキスト
主査　戸澤　幸一

――――　演習　機械工学のための数学テキスト　　執筆者・出版分科会委員　――――

執筆者	瀬田　剛	（富山大学）	1章
執筆者	市川　裕子	（国立東京工業高等専門学校）	1章
執筆者	稲村　栄次郎	（東京都立産業技術高等専門学校）	2章
執筆者	平野　利幸	（国士舘大学）	3章
執筆者	三浦　慎一郎	（東京都立産業技術高等専門学校）	4章
執筆者	青木　繁	（東京都立産業技術高等専門学校）	5章
執筆者	栗田　勝実	（東京都立産業技術高等専門学校）	6章
編集委員	戸澤　幸一	（芝浦工業大学）	
総合校閲者	山澤　浩司	（芝浦工業大学）	

目 次

第1章

機械工学のための大学数学入門

Introductory College Mathematics for Mechanical Engineering

本章では，これから機械工学を学ぶ初学者に必要とされる微分積分，線形代数，確率統計に関する重要な演習問題を厳選した．別書 JSME テキストシリーズ「機械工学のための数学」第2章では，機械工学とその背後に存在する数学との関係について図解入りの解説を行った．本章では，機械工学で数学を学ぶことの意義や有用性を実感しながら，演習問題を解くことにより，2章以降のより高度な数学に対する理解が円滑に進むように配慮した．

1・1　微分積分（Calculus）

1・1・1　接線 (tangent)・法線 (normal)

曲線 $y=f(x)$ 上の点 $P(a,f(a))$ における接線・法線の方程式は，次で与えられる．

$$\text{接線：}\ y-\underbrace{f(a)}_{①}=\underbrace{f'(a)}_{②}(x-\underbrace{a}_{③}) \tag{1.1}$$

$$\text{法線：}\ y-\underbrace{f(a)}_{①}=\underbrace{-\frac{1}{f'(a)}}_{②}(x-\underbrace{a}_{③}) \tag{1.2}$$

図 1.1 機械工学と数学

【例 1.1】　$y=\sin x$ の $x=\dfrac{\pi}{3}$ における接線・法線の方程式を求めよ．

【解答】　$y=\sin x$ より $y'=\cos x$，$x=\dfrac{\pi}{3}$ において，$y=\sin\dfrac{\pi}{3}=\dfrac{\sqrt{3}}{2}$，

$y'=\cos\dfrac{\pi}{3}=\dfrac{1}{2}$ である．これらを式(1.1)，(1.2)に代入して

$$\text{接線：}\ y-\frac{\sqrt{3}}{2}=\frac{1}{2}\left(x-\frac{\pi}{3}\right)$$

$$y=\frac{1}{2}x-\frac{\pi}{6}+\frac{\sqrt{3}}{2}$$

$$\text{法線：}\ y-\frac{\sqrt{3}}{2}=-2\left(x-\frac{\pi}{3}\right)$$

$$y=-2x+\frac{2\pi}{3}+\frac{\sqrt{3}}{2}$$

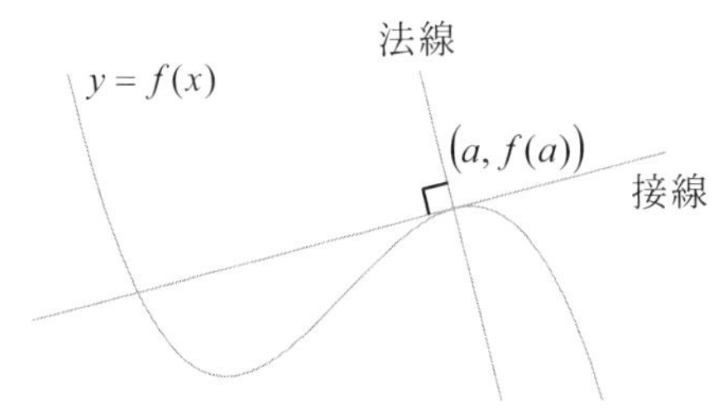

図 1.2 接線と法線

【例 1.2】　$y=x^3$ の接線で $(0,2)$ を通るものを求めよ．

【解答】　接点を (a,a^3) と置く．$y=x^3$ より $y'=3x^2$，$x=a$ において $y'=3a^2$ なので，式(1.1)より接線の方程式は

$$y-a^3=3a^2(x-a) \tag{1.3}$$

この直線が $(0,2)$ を通るので

$$2-a^3=3a^2(0-a)$$

$$2a^3-2=0$$

$$a=1$$

【式(1.3)に関するコメント】
接点が直接求められない場合，接点を $(a,f(a))$ とおいて，まず接線の式を作る．

これを式(1.3)に代入して

$$y-1=3(x-1)$$
$$y=3x-2$$

を得る．

【合成関数の微分に関するコメント】
dx は微小幅 Δx の幅を $\Delta x \to 0$ としたものだと考えれば良い．微分を表す $\dfrac{dy}{dx}$ などは分数ではないが，分数として眺めた時にツジツマがあっていれば，正しい式である．(1.5)の右辺を分数だと思って約分してみよ．

1・1・2　合成関数の微分(chain rule of differentiation)

$y=f(t)$，$t=g(x)$ であるとき，合成関数 $y=f(g(x))$ を x で微分すると

$$f'(x)=f'(g(x))g'(x) \tag{1.4}$$

$$\frac{dy}{dx}=\frac{dy}{dt}\cdot\frac{dt}{dx} \tag{1.5}$$

【例 1.3】　$y=\sqrt{\sin x}$ を微分せよ．

【解答】　$y=\sqrt{\sin x}$ は　$y=\sqrt{t}$ と $t=\sin x$ の合成関数として表される．

$$\frac{dy}{dt}=\left(\sqrt{t}\right)'=\frac{1}{2\sqrt{t}}\,,\quad \frac{dt}{dx}=(\sin x)'=\cos x\,,$$

であるから，

$$\frac{dy}{dx}=\frac{dy}{dt}\cdot\frac{dt}{dx}=\frac{1}{2\sqrt{t}}\cos x=\frac{\cos x}{2\sqrt{\sin x}}$$

【例 1.3 の解答に関するコメント】
x の式に戻すのを忘れないこと．

【例 1.4】　$y=\sqrt{\sin(x^2+x)}$ を微分せよ．

【解答】　$y=\sqrt{\sin(x^2+x)}$ は $y=\sqrt{t}$，　$t=\sin u$，　$u=x^2+x$ の合成関数である．

$$\frac{dy}{dt}=\left(\sqrt{t}\right)'=\frac{1}{2\sqrt{t}}\,,\quad \frac{dt}{du}=(\sin u)'=\cos u\,,\quad \frac{du}{dx}=\left(x^2+x\right)'=2x+1$$

であるから，

$$\frac{dy}{dx}=\frac{dy}{dt}\cdot\frac{dt}{du}\cdot\frac{du}{dx}=\frac{1}{2\sqrt{t}}\cos u\cdot(2x+1)=\frac{(2x+1)\cos\left(x^2+x\right)}{2\sqrt{\sin\left(x^2+x\right)}}$$

【例 1.4 の解答に関するコメント】
$y=f(t)$，　$t=g(u)$，　$u=h(x)$

$$\frac{dy}{dx}=\frac{dy}{dt}\cdot\frac{dt}{du}\cdot\frac{du}{dx}$$

三重合成でも分数だと思って眺めれば良い．

1・1・3　対数微分法(logarithmic differentiation)

$y=f(t)$ の対数を取り $\log y=\log f(t)$ としてから両辺を x で微分すると

$$(\log y)'=(\log f(x))'=\frac{f'(x)}{f(x)}=\frac{y'}{y}$$

これを利用して y' を求める方法を対数微分法という．対数微分法を使うのは，

[1]　多くの関数の積・商で表される関数を微分する場合．

[2]　$f(x)^{g(x)}$ の形の関数を微分する場合．

【対数微分法に関するコメント】
[1]は計算が楽になる．
[2]はこの方法でしか微分できない．

【例 1.5】　対数微分法により微分せよ．

(1)　$y=\dfrac{e^x}{x\cos x}$　　　(2)　$y=x^{x^2}$

【解答】

(1) $\log y=\log\dfrac{e^x}{x\cos x}=\log e^x-\log x-\log\cos x=x-\log x-\log\cos x$

両辺を x で微分して

$$\frac{y'}{y}=1-\frac{1}{x}-\frac{-\sin x}{\cos x}=1-\frac{1}{x}+\tan x$$

従って

$$y'=y\left(1-\frac{1}{x}+\tan x\right)=\frac{e^x}{x\cos x}\left(1-\frac{1}{x}+\tan x\right)$$

(2) $\log y=x^2\log x$ 両辺を x で微分して

$$\frac{y'}{y}=2x\log x+x^2\cdot\frac{1}{x}=2x\log x+x$$

従って

$$y'=y\cdot(2x\log x+x)=x^{x^2}\cdot(2x\log x+x)$$

【例 1.5(1)の解答に関するコメント】
$(\log y)'=(\log f(x))'=\dfrac{f'(x)}{f(x)}=\dfrac{y'}{y}$

積・商の微分で直接微分する場合と比較してみよ.

【例 1.5(2)の解答に関するコメント】
右辺は積の微分である事に注意.

1・1・4 逆関数の微分(differentiation of the inverse function)

$y=f(x)$ がその定義域上で，1 対 1 の対応であるとき，y から x への対応がただ一つ決まる．これを $x=f^{-1}(y)$ と書き，$f(x)$の逆関数と呼ぶ．「関数」という言葉は，対応の仕方を指すので，この逆の対応を $x=f^{-1}(y)$，と書く場合と x と y とを入れ替えて $y=f^{-1}(x)$ と書く場合がある．逆関数という言葉がどちらを指しているかは，その場合に応じて判断しなければならない．

$y=f(x)$ の逆関数を $x=f^{-1}(y)$ (文字の入れ替えをしない方)とするとき，

$$\frac{\mathrm{d}y}{\mathrm{d}x}=\frac{1}{\dfrac{\mathrm{d}x}{\mathrm{d}y}} \tag{1.6}$$

が成り立つ.

【逆関数の微分に関するコメント】
$y=f(x)$ と $x=f^{-1}(y)$ は同じ式を y について解いたもの, x について解いたものの違いである.

【式(1.6)に関するコメント】
これは $\dfrac{\mathrm{d}y}{\mathrm{d}x}=\lim_{\Delta x\to 0}\dfrac{\Delta y}{\Delta x}$ であることを考えれば当然である.

具体的な例で見てみよう． $y=x^2$ $(x\geq 0)$ の逆関数 $x=\sqrt{y}$ に対して，

$$\frac{\mathrm{d}y}{\mathrm{d}x}=\left(x^2\right)'=2x\,,\quad \frac{\mathrm{d}x}{\mathrm{d}y}=\left(\sqrt{y}\right)'=\frac{1}{2\sqrt{y}}=\frac{1}{2x}$$

となり，式(1.6)が確認できる.

【例 1.6】 $y=\tan^{-1}x$ の導関数を求めよ.

【解答】 $y=\tan^{-1}x$ の逆関数は $x=\tan y$ である.

$$\frac{\mathrm{d}y}{\mathrm{d}x}=\frac{1}{\cos^2 y}=1+\tan^2 y=1+x^2$$

従って

$$\left(\tan^{-1}x\right)'=\frac{\mathrm{d}y}{\mathrm{d}x}=\frac{1}{\dfrac{\mathrm{d}y}{\mathrm{d}x}}=\frac{1}{1+x^2}$$

1・1・5　媒介変数方程式(parametric equations)

x，y が媒介変数 t で $x=f(t)$，$y=g(t)$ と表されるとき，$f(t)$ と $g(t)$ が t で微分可能で $g'(t)\neq 0$ であれば

【例 1.7 の解答に関するコメント】
式(1.1)の①～③を求める．

【例 1.7】　原点中心，半径 a の円は媒介変数表示で $x=a\cos t$，$y=a\sin t$ と表される．$t=\dfrac{\pi}{3}$ に対する点における接線を求めよ．

【解答】　式(1.7)より

$$y'=\frac{\mathrm{dy}}{\mathrm{dx}}=\frac{(a\sin t)'}{(a\cos t)'}=\frac{a\cos t}{-a\sin t}=-\frac{\cos t}{\sin t}$$

なので，$t=\dfrac{\pi}{3}$ のとき

$$y'=-\frac{\cos\frac{\pi}{3}}{\sin\frac{\pi}{3}}=-\frac{\frac{1}{2}}{\frac{\sqrt{3}}{2}}=-\frac{1}{\sqrt{3}}\cdots②$$

またこのとき $x=a\cos\dfrac{\pi}{3}=\dfrac{a}{2}\cdots③$，$y=a\sin\dfrac{\pi}{3}=\dfrac{\sqrt{3}a}{2}\cdots①$である．これらを式(1.1)に代入して

$$y-\frac{\sqrt{3}a}{2}=-\frac{1}{\sqrt{3}}\left(x-\frac{a}{2}\right)$$

$$y=-\frac{1}{\sqrt{3}}x+\frac{a}{2\sqrt{3}}+\frac{\sqrt{3}a}{2}=-\frac{1}{\sqrt{3}}x+\frac{2a}{\sqrt{3}}$$

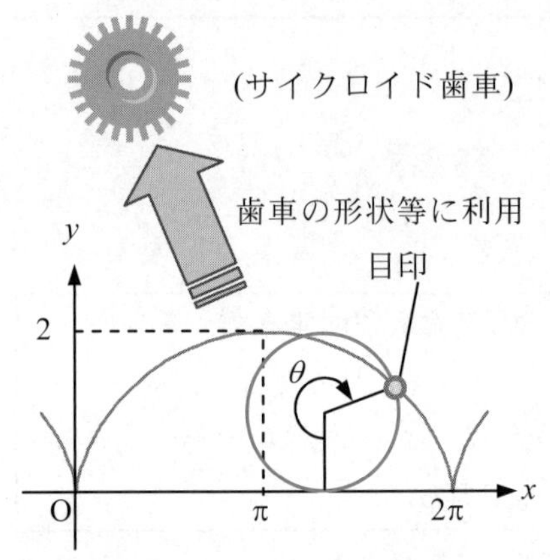

図 1.3 サイクロイド曲線
$x=\theta-\sin\theta$，$y=1-\cos\theta$ によりサイクロイド曲線は媒介変数表示される．

1・1・6　テイラー展開(Taylor expansion)

簡単のため $f(x)$ は $x=a$ の近くで何回でも微分可能であるとする．このとき次式が成り立つ．**(テイラーの定理)**

$$f(x)=f(a)+\frac{f'(a)}{1!}(x-a)+\frac{f''(a)}{2!}(x-a)^2+\cdots+\frac{f^{(n)}(a)}{n!}(x-a)^n+R_{n+1}$$

ここで

$$R_{n+1}=\frac{f^{n+1}(\theta x)}{(n+1)!}x^{n+1}\qquad(0<\theta<1)\tag{1.7}$$

【式(1.8)に関するコメント】
ある $r>0$ が存在して $a-r<x<a+r$ でのみ成り立つ式である．この r を収束半径という．

である．$n\to\infty$ のとき $R_{n+1}\to 0$ なる場合，次のテイラー展開が可能である．

$$f(x)=f(a)+\frac{f'(a)}{1!}(x-a)+\frac{f''(a)}{2!}(x-a)^2+\cdots+\frac{f^{(n)}(a)}{n!}(x-a)^n+\cdots\tag{1.8}$$

特に $a=0$ でのテイラー展開

$$f(x)=f(0)+\frac{f'(0)}{1!}x+\frac{f''(0)}{2!}x^2+\cdots+\frac{f^{(n)}(0)}{n!}x^n+\cdots\tag{1.9}$$

をマクローリン展開という．

【e^x に関するコメント】
e^x のマクローリン展開では $r=\infty$ であることがわかっている．

【例 1.8】　$f(x)=e^x$ のマクローリン展開を求めよ．

【解答】　$f(x)=f'(x)=f''(x)=\cdots=e^x$ なので $f(0)=f'(0)=f''(0)=\cdots=e^0=1$．
これを式(1.9)に代入して，

$$e^x = 1 + x + \frac{1}{2!}x^2 + \frac{1}{3!}x^3 + \cdots = \sum_{n=1}^{\infty} \frac{1}{n!}x^n$$

次のマクローリン展開の式は良く使われる．

$$\sin x = x - \frac{1}{3!}x^3 + \frac{1}{5!}x^5 - \frac{1}{7!}x^7 + \cdots \qquad (r=\infty) \qquad (1.10)$$

$$\cos x = 1 - \frac{1}{2!}x^2 + \frac{1}{4!}x^4 - \frac{1}{6!}x^6 + \cdots \qquad (r=\infty) \qquad (1.11)$$

$$\log(x+1) = x - \frac{1}{2}x^2 + \frac{1}{3}x^3 - \frac{1}{4}x^4 + \cdots \qquad (r=1) \qquad (1.12)$$

それぞれを証明せよ．(→ 演習問題)

1・1・7　部分積分法(integration by parts)

部分積分

$$\int f(x)g'(x)\mathrm{d}x = f(x)g(x) - \int f'(x)g(x)\mathrm{d}x$$

$f(x)$ と $g'(x)$ の積の形の関数の積分である．右辺第 1 項 $g'(x)$ は積分され $g(x)$ となり右辺第 2 項では $f(x)$ は微分され $f'(x)$ となる．右図のように覚えると間違いが少ない．($f'(x)$ についている (−) は公式右辺第 2 項のマイナスである．)

部分積分を使うのは主に次の 3 つの場合である．どの場合も，何を $f(x)$，$g'(x)$ と置くかが重要である．

case 1：**異なる性質の関数の積の積分**

[1] (多項式)×{(三角関数) / (指数関数)} ⇒(多項式)を $f(x)$ とする．

[2] (多項式)×(対数関数)⇒(対数関数)を $f(x)$ とする．

case 2：**(三角関数)×(指数関数)**

式全体を I と置いて I の方程式を作る(どちらを $f(x)$ と取っても良い)．

case 3：**被積分関数 $f(x)$ を $1\times f(x)$ として部分積分を用いる**

$\log x$，$\sin^{-1}x$，$\tan^{-1}x$ などがこのケースに当てはまる．

不定積分の基本公式

[1] $\int x^\alpha dx = \frac{1}{\alpha+1}x^{\alpha+1} \quad (\alpha \neq -1)$

[2] $\int \frac{1}{x}dx = \log|x|$

[3] $\int e^x dx = e^x$

[4] $\int a^x dx = \frac{a^x}{\log a}$

[5] $\int \sin x dx = -\cos x$

[6] $\int \cos x dx = -\sin x$

[7] $\int \frac{1}{\cos^2 x}dx = \tan x$

[8] $\int \frac{1}{\sin^2 x}dx = -\cot x$

[9] $\int \frac{1}{\sqrt{1-x^2}}dx = \sin^{-1} x$

[10] $\int \frac{1}{1+x^2}dx = \tan^{-1} x$

【部分積分に関する説明】

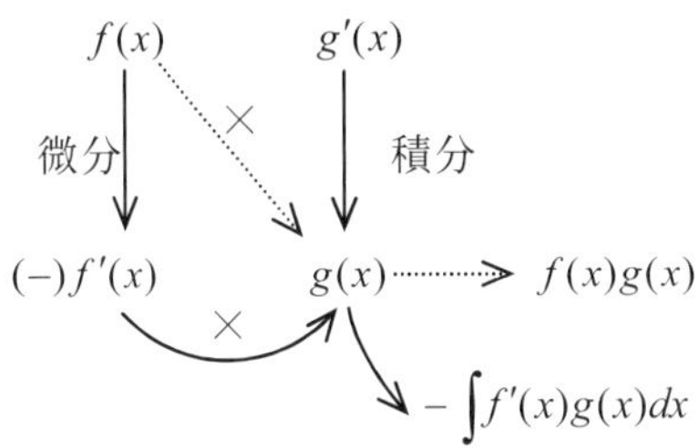

【例 1.9】　次の不定積分を求めよ．

(1) $\int (2x+1)e^{-x}\mathrm{d}x$　　(2) $\int (x^2+3x)\sin x\mathrm{d}x$　　(3) $\int (4x-1)\log x\mathrm{d}x$

【解答】

(1) $\int (2x+1)e^{-x}\mathrm{d}x = -(2x+1)e^{-x} - \int 2e^{-x}\mathrm{d}x = -(2x+1)e^{-x} + 2e^{-x} = -(2x-1)e^{-x}$

(2) $\int (x^2+3x)\sin x\mathrm{d}x = -(x^2+3x)\cos x + \underbrace{\int (2x+3)\cos x\mathrm{d}x}_{(*)\text{再び部分積分}}$

$$(*) = (2x+3)\sin x - \int 2\sin x\mathrm{d}x = (2x+3)\sin x + 2\cos x$$

従って

【例 1.9(1) の解答に関する説明】

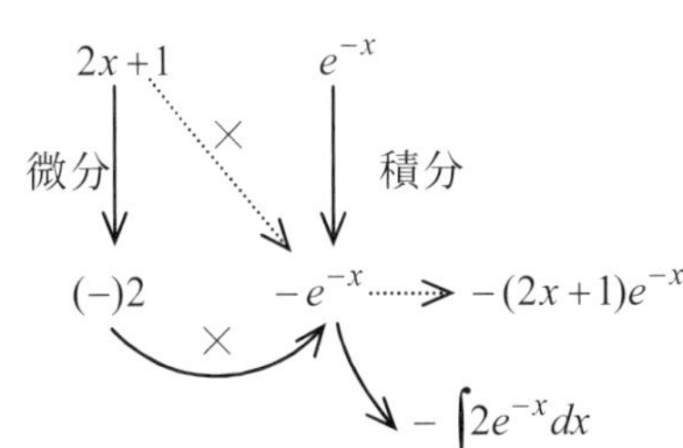

【例 1.9(2)の解答に関する説明】

(多項式)の次数が高い時は，部分積分を繰り返す．

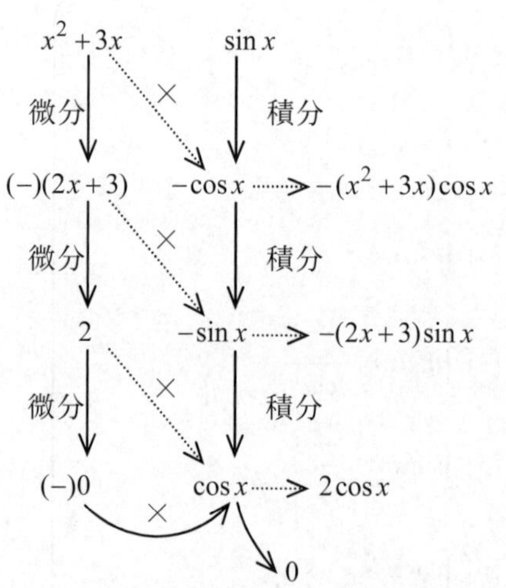

【例 1.9(3)の解答に関する説明】

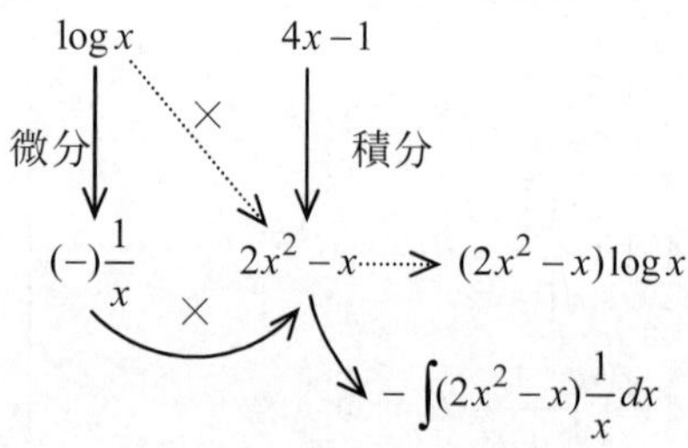

【例 1.10 の解答に関する説明】

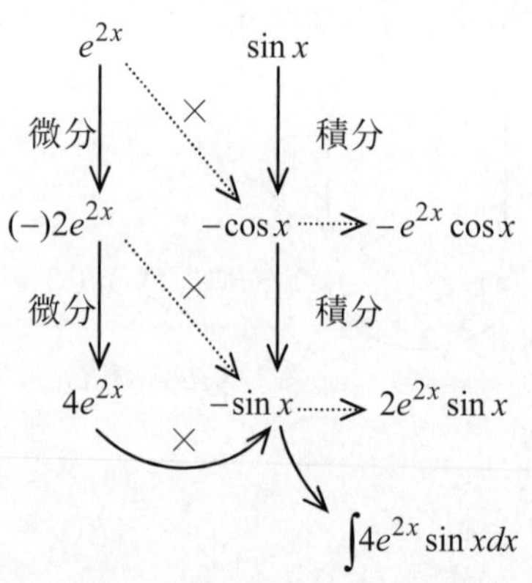

【例 1.11 の解答に関する説明】

$\log(x+1)$　　1

微分　×　積分

$(-)\frac{1}{x+1}$　　$x+1$ ⋯⋯> $-(x+1)\log(x+1)$

×

$\int 1dx$

$$\int (x^2+3x)\sin x\mathrm{d}x = -(x^2+3x)\cos x + (2x+3)\sin x + 2\cos x$$
$$= -(x^2+3x-2)\cos x + (2x+3)\sin x$$

(3)
$$\int (4x-1)\log x\mathrm{d}x = (2x^2-x)\log x - \int (2x^2-x)\frac{1}{x}\mathrm{d}x$$
$$= (2x^2-x)\log x - \int (2x-1)\mathrm{d}x = (2x^2-x)\log x - x^2 + x$$

【例 1. 10】　$I=\int e^{2x}\sin x\mathrm{d}x$ を求めよ．

【解答】

$$I=\int e^{2x}\sin x\mathrm{d}x = -e^{2x}\cos x + \int 2e^{2x}\cos x\mathrm{d}x$$
$$= -e^{2x}\cos x + 2e^{2x}\sin x - \int 4e^{2x}\sin x\mathrm{d}x$$

従って

$$I = -e^{2x}\cos x + 2e^{2x}\sin x - 4I$$
$$5I = e^{2x}(2\sin x - \cos x)$$
$$I = \frac{1}{5}e^{2x}(2\sin x - \cos x)$$

【例 1. 11】　$\int \log(x+1)\mathrm{d}x$ を求めよ．

【解答】

$$\int \log(x+1)\mathrm{d}x = \int 1\times\log(x+1)\mathrm{d}x = x\log(x+1) - \int \frac{x}{x+1}\mathrm{d}x$$
$$= x\log(x+1) - \int \left(1-\frac{1}{x+1}\right)\mathrm{d}x$$
$$= x\log(x+1) - x + \log(x+1) = (x+1)\log(x+1) - x$$

この場合，1 の不定積分を $x+1$ に取ると計算が楽である．

$$\int \log(x+1)\mathrm{d}x = \int 1\times\log(x+1)\mathrm{d}x = (x+1)\log(x+1) - \int \frac{x+1}{x+1}\mathrm{d}x$$
$$= x\log(x+1) - \int 1\mathrm{d}x = (x+1)\log(x+1) - x$$

1・1・8　置換積分法(integration by substitution)

$$\int f(x)dx = \int f(\varphi(x))\frac{\mathrm{d}\varphi(t)}{\mathrm{d}t}\mathrm{d}t \tag{1.13}$$

$$\int f(\varphi(x))\frac{\mathrm{d}\varphi(x)}{\mathrm{d}x}\mathrm{d}x = \int f(t)\mathrm{d}t \tag{1.14}$$

置換積分は，被積分関数の複雑な部分を置き換えるのが基本である．

【例 1. 12】　$\int \frac{\mathrm{d}x}{\sqrt[3]{2x+1}}$ を求めよ．

【解答】　$\sqrt[3]{2x+1}=t$ と置く．$2x+1=t^3$ と変形し，両辺を t で微分すると合成関数の微分法より $2\frac{\mathrm{d}x}{\mathrm{d}t}=3t^2$ なので $\frac{\mathrm{d}x}{\mathrm{d}t}=\frac{3}{2}t^2$ 従って

$$\int\frac{\mathrm{d}x}{\sqrt[3]{2x+1}}=\int\frac{1}{\sqrt[3]{2x+1}}\frac{\mathrm{d}x}{\mathrm{d}t}\mathrm{d}t=\int\frac{1}{t}\cdot\frac{3}{2}t^2\mathrm{d}t=\int\frac{3}{2}t\mathrm{d}t=\frac{3}{4}t^2=\frac{3\left(\sqrt[3]{2x+1}\right)^2}{4}$$

注意　実際の計算では，$2x+1=t^3$ の左辺は x で微分して $\mathrm{d}x$ をつけ，右辺は t で微分して $\mathrm{d}t$ をつければ，$2\mathrm{d}x=3t^2\mathrm{d}t$ となり，$\mathrm{d}x$ と $\mathrm{d}t$ の置き換え式が直ちに得られる．

定積分の場合は，文字の置き換えに伴い，積分範囲を書き換える必要があることに注意が必要である．

【置換積分法に関するコメント】
$x=\varphi(t)$ と置換するとき，
$\frac{\mathrm{d}\varphi(t)}{\mathrm{d}t}\mathrm{d}t=\frac{\mathrm{d}x}{\mathrm{d}t}\mathrm{d}t=\mathrm{d}x$ である．ここでも $\frac{\mathrm{d}x}{\mathrm{d}t}$ を分数だと思って眺めると良い．

【例 1.12 の解答に関するコメント】
$2x+1=t$ と置いても積分できる．

【例 1. 13】　$\displaystyle\int_0^4\frac{\mathrm{d}x}{\sqrt{2x+1}}$ を求めよ．

【解答】　$\sqrt{2x+1}=t$ と置くと，$2x+1=t^2$ より $2dx=2tdt$．従って $dx=tdt$，また積分範囲は $x=0$ のとき $t=1$，$x=4$ のとき $t=3$，なので $1\leq t\leq 3$ となる．

$$\int_0^4\frac{\mathrm{d}x}{\sqrt{2x+1}}=\int_1^3\frac{1}{t}t\mathrm{d}t=\int_1^3 1\mathrm{d}t=\left[t\right]_1^3=3-1=2$$

【例 1.13 の解答に関するコメント】
範囲の書き換えは
$$\begin{cases}x:&0\to 4\\t:&1\to 3\end{cases}$$
のように書くと良い．

式(1.14)を使うのは次のような場合である．

【例 1. 14】　( )内に与えられた置換により，次の不定積分を求めよ．

(1)　$\displaystyle\int(x^3+2x)^5(3x^2+2)\mathrm{d}x$　　$(x^3+2x=t)$

(2)　$\displaystyle\int_{\frac{\pi}{3}}^{\frac{\pi}{2}}\cos^4x\sin^3x\mathrm{d}x$　　$(\cos x=t)$

【解答】

(1) $x^3+2x=t$ より $(3x^2+2)\mathrm{d}x=\mathrm{d}t$ 従って

$$\int(x^3+2x)^5(3x^2+2)\mathrm{d}x=\int t^5\mathrm{d}t=\frac{1}{6}t^6=\frac{1}{6}(3x^2+2)^6$$

(2)　$\cos x=t$ より $-\sin x\mathrm{d}x=\mathrm{d}t$，$\begin{cases}x:&\frac{\pi}{3}\to\frac{\pi}{2}\\t:&\frac{1}{2}\to 0\end{cases}$ 従って

$$\int_{\frac{\pi}{3}}^{\frac{\pi}{2}}\cos^4x\sin^3x\mathrm{d}x=\int_{\frac{\pi}{3}}^{\frac{\pi}{2}}\cos^4x(1-\cos^2x)\sin x\mathrm{d}x$$

$$=\int_{\frac{1}{2}}^0 t^4(1-t^2)(-\mathrm{d}t)=\int_{\frac{1}{2}}^0(t^6-t^4)\mathrm{d}t=\left[\frac{1}{7}t^7-\frac{1}{5}t^5\right]_{\frac{1}{2}}^0=\frac{233}{4480}$$

【例 1.14(1)の解答に関するコメント】
「$(x^3+2x)^5$ を展開するのは大変！」と思って式を眺めてみよう．

【例 1.14(2)の解答に関するコメント】
$\sin x$ が奇数乗なので，一つ残して $\cos x$ に書き換える．残った $\sin x$ が $\mathrm{d}t$ の置き換えに使える．

【例 1. 15】　$\displaystyle\int\frac{f'(x)}{f(x)}\mathrm{d}x=\log|f(x)|$ を示せ．

【解答】　$f(x)=t$ とおくと $f'(x)\mathrm{d}x=\mathrm{d}t$ なので

$$\int\frac{f'(x)}{f(x)}\mathrm{d}x=\int\frac{1}{t}\mathrm{d}t=\log|t|=\log|f(x)|$$

式(1.13)を使うのは次のような場合である．

[1]　$\sqrt{a^2-x^2}$ を含む積分 ⇒　$x=a\sin t$ と置く．

【[1]～[3]に関するコメント】
これらの置換は知っていないと難しい．

[2] a^2+x^2 を含む積分 ⇒ $x=a\tan t$ と置く．

[3] $\sqrt{x^2+A}$ を含む積分 ⇒ $\sqrt{x^2+A}=t-x$ と置く．

【例 1. 16】　次の不定積分を求めよ．

(1) $\displaystyle\int\frac{\mathrm{d}x}{x^2\sqrt{4-x^2}}$　　(2) $\displaystyle\int_{\sqrt{3}}^{3}\frac{\mathrm{d}x}{9+x^2}$　　(3) $\displaystyle\int\frac{\mathrm{d}x}{\sqrt{x^2+1}}$

【解答】

【例 1.16(1)の解答に関するコメント】
$-\dfrac{\pi}{2}\le t\le\dfrac{\pi}{2}$ において，$\cos x\ge 0$ であることに注意

(1) $x=2\sin t\left(-\dfrac{\pi}{2}\le t\le\dfrac{\pi}{2}\right)$ と置くと $\mathrm{d}x=2\cos t\mathrm{d}t$，また

$\sqrt{4-x^2}=\sqrt{4-4\sin^2 t}=\sqrt{4(1-\sin^2 t)}=\sqrt{4\cos^2 t}=|2\cos t|=2\cos t$ なので

$$\int\frac{\mathrm{d}x}{x^2\sqrt{4-x^2}}=\int\frac{1}{4\sin^2 t\cdot 2\cos t}2\cos t\mathrm{d}t=\frac{1}{4}\int\frac{1}{\sin^2 t}\mathrm{d}t$$

$$=-\frac{1}{4}\cot t=-\frac{1}{4}\frac{\cos t}{\sin t}=-\frac{\sqrt{4-x^2}}{4x}$$

【例 1.16(2)の解答に関するコメント】
$x=3\tan t$ より $t=\tan^{-1}\dfrac{x}{3}$

(2) $x=3\tan t$ と置くと $\mathrm{d}x=\dfrac{3\mathrm{d}t}{\cos^2 t}$，$\begin{cases}x:\ \sqrt{3}\to 3\\ t:\ \dfrac{\pi}{6}\to\dfrac{\pi}{4}\end{cases}$ であり，

$9+x^2=9(1+\tan t^2)=\dfrac{9}{\cos^2 t}$ なので，

$$\int_{\sqrt{3}}^{3}\frac{\mathrm{d}x}{9+x^2}=\int_{\frac{\pi}{6}}^{\frac{\pi}{4}}\frac{\cos^2 t}{9}\frac{3\mathrm{d}t}{\cos^2 t}=\int_{\frac{\pi}{6}}^{\frac{\pi}{4}}\frac{1}{3}\mathrm{d}t=\left[\frac{t}{3}\right]_{\frac{\pi}{6}}^{\frac{\pi}{4}}=\frac{\pi}{36}$$

【例 1.16(3)の解答に関するコメント】
$\sqrt{x^2+1}>|x|$ であるから $x+\sqrt{x^2+1}>0$
従って $\left|x+\sqrt{x^2+1}\right|=x+\sqrt{x^2+1}$

(3) $\sqrt{x^2+1}=t-x$ と置くと $t=x+\sqrt{x^2+1}$

$$dt=\left(1+\frac{x}{\sqrt{x^2+1}}\right)\mathrm{d}x=\frac{\sqrt{x^2+1}+x}{\sqrt{x^2+1}}\mathrm{d}x=\frac{t}{\sqrt{x^2+1}}\mathrm{d}x$$

従って $\dfrac{\mathrm{d}x}{\sqrt{x^2+1}}=\dfrac{\mathrm{d}t}{t}$ となる．

$$\int\frac{\mathrm{d}x}{\sqrt{x^2+1}}=\int\frac{\mathrm{d}t}{t}=\log|t|=\log\left|x+\sqrt{x^2+1}\right|=\log\left(x+\sqrt{x^2+1}\right)$$

【有理関数の積分に関するコメント】
有理関数の不定積分は有理関数と対数関数，arctan で表わされることは，18世紀のはじめにライプニッツにより証明されている．

1・1・9　有理関数の積分(integration of rational functions)

有理関数の不定積分を行うときは，積分の前処理として次の手順に従う．

[1] 仮分数式を帯分数式にする(整式と分子の次数が小さい分数式に分ける)．

[2] 分母を因数分解し，部分分数分解を行う．

[3] $\dfrac{(1次式)}{(2次式)}$ の項は $\dfrac{f'(x)}{f(x)}$ となる部分とその残りになるよう，分子を分ける．

【例 1.17】　次の不定積分を求めよ．

(1) $\displaystyle\int\frac{x^3-2x^2+x}{x^2-2x-3}\mathrm{d}x$　　(2) $\displaystyle\int_0^1\frac{x^2+2x-1}{x^2+1}\mathrm{d}x$

【解答】

(1)
$$\int\frac{x^3-2x^2+x}{x^2-2x-3}\mathrm{d}x=\int\left(x+\frac{4x}{x^2-2x-3}\right)\mathrm{d}x=\int\left(x+\frac{4x}{(x-3)(x+1)}\right)\mathrm{d}x$$
$$=\int\left(x+\frac{3}{x-3}+\frac{1}{x+1}\right)\mathrm{d}x=\frac{1}{2}x^2+3\log|x-3|+\log|x+1|$$

(2)
$$\int_0^1\frac{x^2+2x-1}{x^2+1}\mathrm{d}x=\int_0^1\left(1+\frac{2x-1}{x^2+1}\right)\mathrm{d}x=\int_0^1\left(1+\frac{2x}{x^2+1}-\frac{1}{x^2+1}\right)\mathrm{d}x$$
$$=\Big[x+\log(x^2+1)+\tan^{-1}x\Big]_0^1=1+\log 2+\frac{\pi}{4}$$

【例 1.17(1)の解答に関するコメント】

[2] $\dfrac{4x}{(x-3)(x+1)}=\dfrac{A}{x-3}+\dfrac{B}{x+1}$ とおくと，

$4x=A(x+1)+B(x-3)$，$x=3$ より $A=3$，

$x=-1$ より $B=1$ を得る．

1・1・10　無理関数の積分(integration of irrational functions)

無理関数の積分は一般には困難であるが，積分できるいくつかのタイプがある．$\sqrt{ax+b}$ を含む積分は，例 1.13 の方法で積分できる．$\sqrt{(x\text{の2次式})}$ を含む積分には次のような公式がある．

【例 1.18】　次の不定積分の公式を導け．

(1) $\displaystyle\int\frac{\mathrm{d}x}{\sqrt{a^2-x^2}}=\sin^{-1}\frac{x}{a}$

(2) $\displaystyle\int\frac{\mathrm{d}x}{\sqrt{x^2+A}}=\log\left|x+\sqrt{x^2+A}\right|$

(3) $\displaystyle\int\sqrt{a^2-x^2}\,\mathrm{d}x=\frac{1}{2}\left(x\sqrt{a^2-x^2}+a^2\sin^{-1}\frac{x}{a}\right)$

(4) $\displaystyle\int\sqrt{x^2+A}\,\mathrm{d}x=\frac{1}{2}\left(x\sqrt{x^2+A}+A\log\left|x+\sqrt{x^2+A}\right|\right)$

【解答】　(1)，(2)は例 1.16 参照．

(4) 部分積分を 2 回行う．

$$I=\int 1\times\sqrt{x^2+A}\,\mathrm{d}x=x\sqrt{x^2+A}-\int x\times\frac{x}{\sqrt{x^2+A}}\mathrm{d}x$$
$$=x\sqrt{x^2+A}-\int\frac{x^2+A-A}{\sqrt{x^2+A}}\mathrm{d}x$$
$$=x\sqrt{x^2+A}-\left(\int\sqrt{x^2+A}\,\mathrm{d}x-A\int\frac{\mathrm{d}x}{\sqrt{x^2+A}}\right)$$
$$=x\sqrt{x^2+A}-I+A\int\frac{\mathrm{d}x}{\sqrt{x^2+A}}$$

従って

$$2I=x\sqrt{x^2+A}+A\int\frac{\mathrm{d}x}{\sqrt{x^2+A}}=x\sqrt{x^2+A}+A\log\left|x+\sqrt{x^2+A}\right|$$
$$I=\frac{1}{2}\left(x\sqrt{x^2+A}+A\log\left|x+\sqrt{x^2+A}\right|\right)$$

(3)は(4)と同様にも，例 1.16 のように $x=a\sin t$ と置換しても求められる．

$$P(z \le z') = \int_{-\infty}^{z'} \frac{1}{\sqrt{2\pi}} \exp\left[-\frac{z^2}{2}\right] dz \qquad (1.42)$$

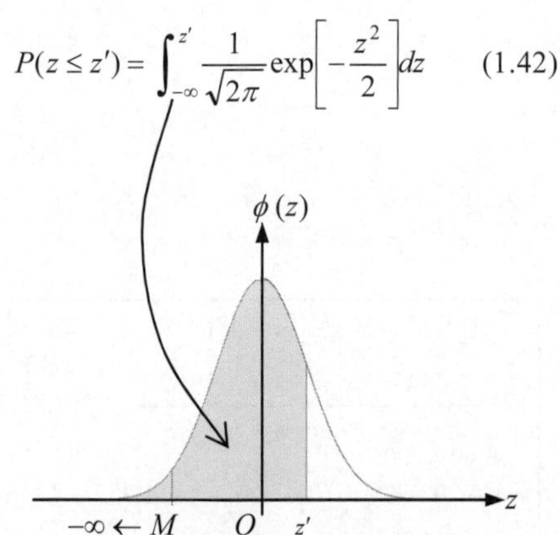

図 1.4 標準正規分布の積分

1・3 節の確率統計において，式(1.42)から，表 1 の標準正規分布関数の値が求められる．

【例 1.19】　上の例題の公式を利用して，次の積分を求めよ．

(1) $\displaystyle\int \frac{\mathrm{d}x}{\sqrt{-x^2+2x+3}}$　　(2) $\displaystyle\int_{-1}^{0} \sqrt{x^2+2x+2}\,\mathrm{d}x$

【解答】

(1) $$\int \frac{\mathrm{d}x}{\sqrt{-x^2+2x+3}} = \int \frac{\mathrm{d}x}{\sqrt{4-(x-1)^2}} = \sin^{-1}\frac{x-1}{2}$$

(2)

$$\int_{-1}^{0} \sqrt{x^2+2x+2}\,\mathrm{d}x = \int_{-1}^{0} \sqrt{(x+1)^2+1}\,\mathrm{d}x$$
$$= \left[\frac{1}{2}\left\{(x+1)\sqrt{(x+1)^2+1} + \log\left(x+1+\sqrt{(x+1)^2+1}\right)\right\}\right]_{-1}^{0}$$
$$= \frac{1}{2}\left(\sqrt{2} + \log\left(1+\sqrt{2}\right)\right)$$

1・1・11　広義積分(improper integral)

無限積分

積分区間が $[a,\infty)$ であるような積分を以下で定義する．

$$\int_a^{\infty} f(x)\mathrm{d}x = \lim_{M\to\infty} \int_a^{M} f(x)\mathrm{d}x$$

$\displaystyle\int_{-\infty}^{b} f(x)\mathrm{d}x$，　$\displaystyle\int_{-\infty}^{\infty} f(x)\mathrm{d}x$ なども同様に定義できる．

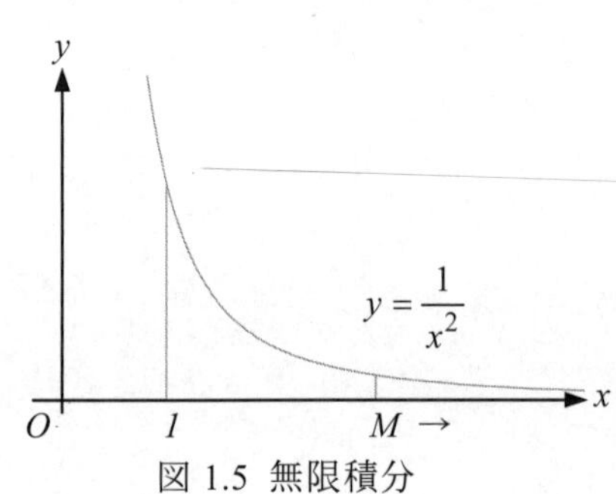

図 1.5 無限積分

【例 1.20】　次の無限積分を求めよ．

(1) $\displaystyle\int_1^{\infty} \frac{\mathrm{d}x}{x^2}$　　(2) $\displaystyle\int_{-\infty}^{\infty} \frac{\mathrm{d}x}{1+x^2}$

【解答】

(1) $$\int_1^{\infty} \frac{1}{x^2}\mathrm{d}x = \lim_{M\to\infty} \int_1^{M} \frac{1}{x^2}\mathrm{d}x = \lim_{M\to\infty}\left[-\frac{1}{x}\right]_1^{M} = \lim_{M\to\infty}\left(-\frac{1}{M}+1\right) = 1$$

(2) $$\int_{-\infty}^{\infty} \frac{\mathrm{d}x}{1+x^2} = \lim_{M,N\to\infty} \int_{-N}^{M} \frac{\mathrm{d}x}{1+x^2} = \lim_{M,N\to\infty}\left[\tan^{-1}x\right]_{-N}^{M}$$
$$= \lim_{M,N\to\infty}\left(\tan^{-1}M - \tan^{-1}(-N)\right) = \frac{\pi}{2} - \left(-\frac{\pi}{2}\right) = \pi$$

異常積分

$(a,b]$ で連続な関数 $f(x)$ に対して $\displaystyle\int_a^b f(x)\mathrm{d}x$ を次で定義する．

$$\int_a^b f(x)\mathrm{d}x = \lim_{\varepsilon\to+0} \int_{a+\varepsilon}^{b} f(x)\mathrm{d}x \qquad (1.15)$$

$f(x)$ が $x=a$ で不連続であったり，有界でなかったりする場合である．$[a,b)$ で連続な関数 $f(x)$ に対して $\displaystyle\int_a^b f(x)\mathrm{d}x$ も同様に定義される．

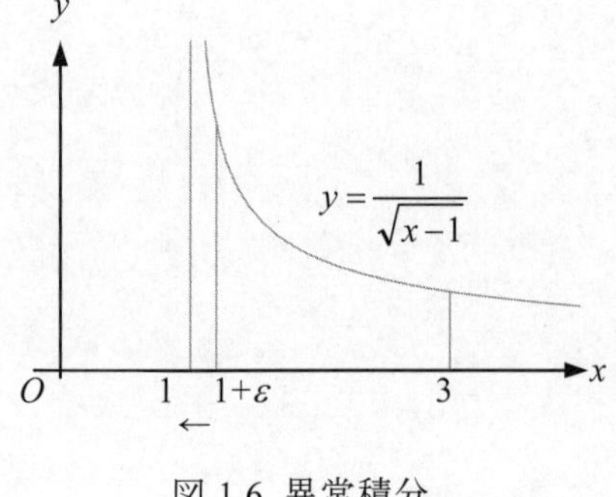

図 1.6 異常積分

$$\int_a^b f(x)\mathrm{d}x = \lim_{\varepsilon\to+0} \int_a^{b-\varepsilon} f(x)\mathrm{d}x \qquad (1.16)$$

【例 1.21】　次の異常積分を求めよ．

(1) $\displaystyle\int_1^2 \frac{\mathrm{d}x}{\sqrt{x-1}}$　　(2) $\displaystyle\int_0^1 \frac{\mathrm{d}x}{x}$

【解答】

(1) $\displaystyle\int_1^2 \frac{\mathrm{d}x}{\sqrt{x-1}} = \lim_{\varepsilon\to+0}\int_{1+\varepsilon}^2 \frac{\mathrm{d}x}{\sqrt{x-1}} = \lim_{\varepsilon\to+0}\left[2\sqrt{x-1}\right]_{1+\varepsilon}^{2} = \lim_{\varepsilon\to+0} 2\left(1-\sqrt{\varepsilon}\right) = 2$

(2) $\displaystyle\int_0^1 \frac{\mathrm{d}x}{x} = \lim_{\varepsilon\to+0}\int_\varepsilon^1 \frac{\mathrm{d}x}{x} = \lim_{\varepsilon\to+0}\left[\log x\right]_\varepsilon^1 = \lim_{\varepsilon\to+0}\left(-\log\varepsilon\right) = +\infty$

注意　無限積分も異常積分も極限値として定義されるので，この例のように存在しない場合がある．

【広義積分に関するコメント】
∞は数ではなく‘限りなく大きくなる’という状態を表す記号である．

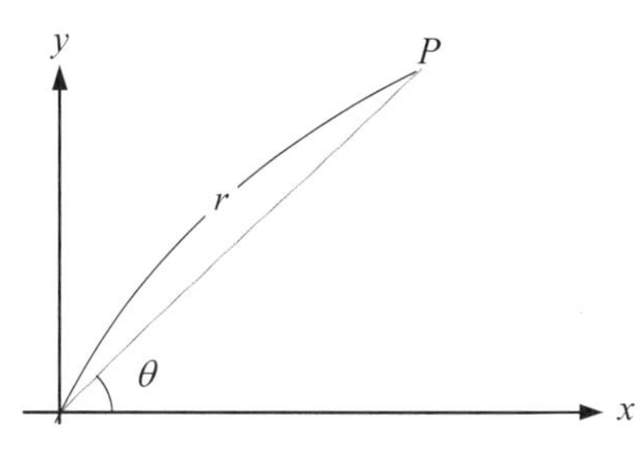

図 1.7 極座標

1・1・12　極座標(polar coordinates)

図 1.7 に示される平面上の点 P を原点からの距離 $OP=r$ と x 軸と OP とのなす角 θ で $P(r,\theta)$ と表す座標系を**極座標**という．xy 座標 (x,y) と極座標 (r,θ) の間には次の関係がある．

$$\begin{cases} x = r\cos\theta \\ y = r\sin\theta \end{cases},\quad \begin{cases} r=\sqrt{x^2+y^2} \\ \tan\theta = \dfrac{y}{x} \end{cases} \tag{1.17}$$

極座標 (r,θ) において r が θ の関数で $r=f(\theta)$ と表されるとき，この式を満たす点 (r,θ) は曲線を描く．$r=f(\theta)$ をこの曲線の極方程式という．極方程式で表される図形には次のようなものがある．

(1) $r=a$ ($a>0$，定数関数) 原点中心半径 a の円

(2) $r=2a\cos\theta$ ($a>0$) 中心 $(a,0)$，半径 a の円（図 1.8）

$r^2 = 2ar\cos\theta$

$x^2+y^2 = 2ax$

$(x-a)^2+y^2 = a^2$

(3) $r=a(1+\cos\theta)$　カージオイド（図 1.9）

(4) $r=\theta$　らせん（図 1.10）

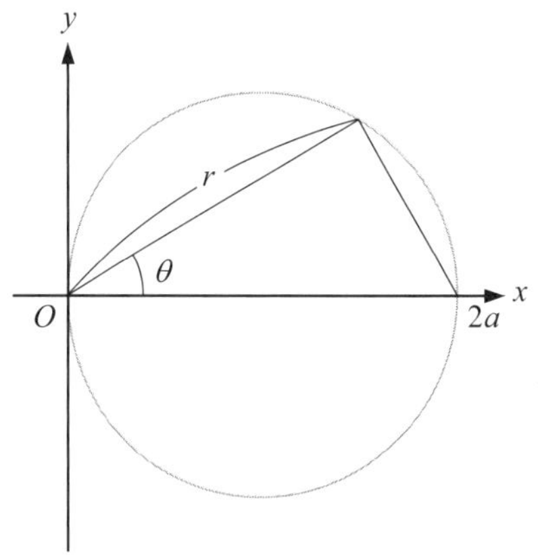

図 1.8 円

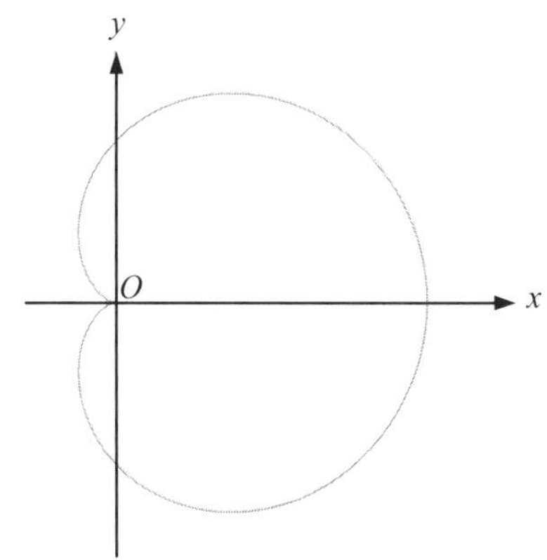

図 1.9 カージオイド

極座標による面積

$r=f(\theta)$，$\theta=\alpha$，$\theta=\beta$ で囲まれた部分の面積 S は次で与えられる．

$$S=\frac{1}{2}\int_\alpha^\beta r^2\mathrm{d}\theta = \frac{1}{2}\int_\alpha^\beta f(x)^2\mathrm{d}\theta \tag{1.18}$$

【例 1.22】　次の曲線で囲まれた部分の面積を求めよ．

(1) 半径 a の円

(2) らせん $r=\theta$ と $\theta=\pi$ で囲まれる部分の面積

【解答】

(1) 半径 a の円は $r=a$ で与えられるので，その面積 S は

$$S=\frac{1}{2}\int_0^{2\pi} a^2 d\theta = \frac{1}{2}\left[a^2\theta\right]_0^{2\pi} = \pi a^2$$

(2) らせん $r=\theta$ と $\theta=\pi$ で，囲まれる部分の面積 S は，

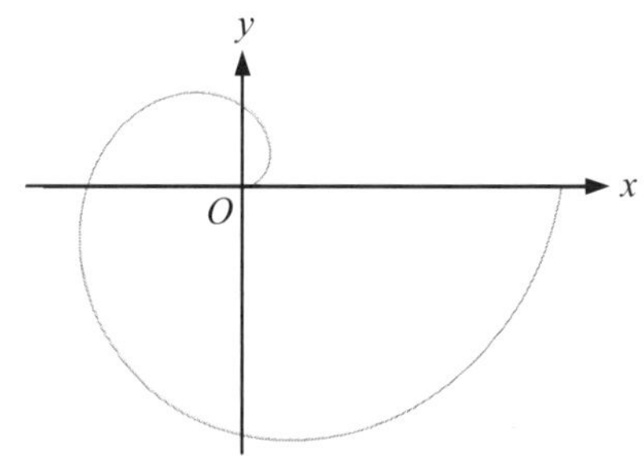

図 1.10 らせん

$$S=\frac{1}{2}\int_0^{\pi}\theta^2\mathrm{d}\theta=\frac{1}{2}\left[\frac{1}{3}\theta^3\right]_0^{\pi}=\frac{\pi^3}{6}$$

1・1・13　数列・級数(series)

数列の極限

数列の極限 $\lim_{n\to\infty} a_n$ は n が限りなく大きくなるとき a_n がどのような値に近づくかを考える．基本は次のような極限である．

(1) $\alpha>0$ のとき $\lim_{n\to\infty}\frac{1}{n^{\alpha}}=0$

(2) 等比数列

$$\lim_{n\to\infty} r^n=\begin{cases}0 & |r|<1\\ 1 & r=1\\ \text{発散する} & |r|>1\end{cases}\qquad(1.19)$$

【式(1.19)に関するコメント】
「発散する」には $+\infty$ になるもの $(r>1)$ と，振動するもの $(r\le -1)$ が含まれる．

a_n が $n\to\infty$ としたときに，$\frac{\infty}{\infty}$ や $\infty-\infty$ となるとき，これらは不定形であるという．不定形はそのままでは極限値が求められず，式に応じた適切な変形が必要である．不定形に対する主な式変形には次のようなものがある．

[1] $\frac{\infty}{\infty}$ 型の式では，分母の一番大きくなる項で，分母分子を割る．

[2] $\infty-\infty$ 型の式で根号を含む式は，有理化を行う．

【例 1.23】　次の数列の極限を求めよ．

(1) $a_n=\frac{2n^2+3}{(n+1)(n-2)}$　(2) $a_n=\sqrt{n^2+n}-n$　(3) $a_n=\frac{\sin n\theta}{n}$

【解答】

(1) $\lim_{n\to\infty} a_n=\lim_{n\to\infty}\frac{2n^2+3}{(n+1)(n-2)}=\lim_{n\to\infty}\frac{2+\frac{3}{n^2}}{\left(1+\frac{1}{n}\right)\left(1-\frac{2}{n}\right)}=2$

【例 1.23(1)の解答に関するコメント】
$\frac{\infty}{\infty}$ の不定形なので[1]の変形を行う．
分母を展開して一番大きくなるのは，n^2 の項なので，分母，分子を n^2 で割る．

(2)

$$\lim_{n\to\infty} a_n=\lim_{n\to\infty}\sqrt{n^2+n}-n\underset{①}{=}\lim_{n\to\infty}\frac{\left(\sqrt{n^2+n}-n\right)\left(\sqrt{n^2+n}+n\right)}{\sqrt{n^2+n}+n}$$

$$=\lim_{n\to\infty}\frac{n^2+n-n^2}{\sqrt{n^2+n}+n}=\lim_{n\to\infty}\frac{n}{\sqrt{n^2+n}+n}\underset{②}{=}\lim_{n\to\infty}\frac{1}{\sqrt{1+\frac{1}{n}}+1}=\frac{1}{2}$$

【例 1.23(2)の解答に関するコメント】
① $\sqrt{n^2+n}-n=\frac{\sqrt{n^2+n}-n}{1}$ として分母分子に $\sqrt{n^2+n}+n$ をかけ分子の有理化を行う[2]の変形)
②分母、分子を n で割る([1]の変形)

(3) $0\le|\sin\theta|\le 1$ より

$$0\le\lim_{n\to\infty}\left|\frac{\sin n\theta}{n}\right|\le\lim_{n\to\infty}\left|\frac{1}{n}\right|=0$$

従って $\lim_{n\to\infty}\frac{\sin n\theta}{n}=0$

無限級数

無限数列 $\{a_n\}$ に対して形式的な和 $\sum_{n=1}^{\infty} a_n$ ①を(無限)級数という．$\{a_n\}$ の第 n 部分和 $S_n = \sum_{k=1}^{n} a_k$ を考え，数列 $\{S_n\}$ が収束するときその極限値 S を級数①の和という．すなわち

$$\sum_{n=1}^{\infty} a_n = \lim_{n\to\infty} S_n = \lim_{n\to\infty} \sum_{k=1}^{n} a_k$$

$\{S_n\}$ が発散するとき，級数①は発散するという．級数の収束を判定したり，和を求めたりするのは一般には容易ではない．

無限等比級数 $\sum ar^{n-1} = \dfrac{a}{1-r}$ は $|r|<1$ のとき収束し

$$\sum_{n=1}^{\infty} ar^{n-1} = \frac{a}{1-r} \tag{1.20}$$

証明　無限等比級数の $\sum_{n=1}^{\infty} ar^{n-1}$ の第 n 部分和は

$$a + ar + \cdots + ar^{n-1} = \frac{a(1-r^n)}{1-r}$$

なので式(1.19)より $|r|<1$ のとき収束して

$$a + ar + \cdots + ar^{n-1} = \frac{a}{1-r}$$

【例 1. 24】　次の級数の和を求めよ．

(1) $\displaystyle\sum_{n=1}^{\infty}\left(-\frac{1}{2}\right)^n$　　　(2) $\displaystyle\sum_{n=2}^{\infty}\frac{1}{n^2-1}$

【解答】

(1) $\left|-\dfrac{1}{2}\right|<1$ なので式(1.20)より

$$\sum_{n=1}^{\infty}\left(-\frac{1}{2}\right)^n = \frac{-\frac{1}{2}}{1-\left(-\frac{1}{2}\right)} = -\frac{1}{3}$$

(2) $\dfrac{1}{n^2-1} = \dfrac{1}{2}\left(\dfrac{1}{n-1} - \dfrac{1}{n+1}\right)$

$$\sum_{n=2}^{\infty}\frac{1}{n^2-1} = \lim_{n\to\infty}\sum_{k=2}^{n}\frac{1}{k^2-1} = \lim_{n\to\infty}\sum_{k=2}^{n}\frac{1}{2}\left(\frac{1}{k-1}-\frac{1}{k+1}\right)$$

$$= \lim_{n\to\infty}\frac{1}{2}\left(\left(1-\frac{1}{3}\right)+\left(\frac{1}{2}-\frac{1}{4}\right)+\cdots+\left(\frac{1}{n-2}-\frac{1}{n}\right)+\left(\frac{1}{n-1}-\frac{1}{n+1}\right)\right)$$

$$= \lim_{n\to\infty}\frac{1}{2}\left(\left(1+\frac{1}{2}+\cdots+\frac{1}{n-1}\right)-\left(\frac{1}{3}+\frac{1}{4}+\cdots+\frac{1}{n+1}\right)\right)$$

$$= \lim_{n\to\infty}\frac{1}{2}\left(1+\frac{1}{2}-\frac{1}{n}-\frac{1}{n+1}\right) = \frac{1}{2}\left(1+\frac{1}{2}\right) = \frac{3}{4}$$

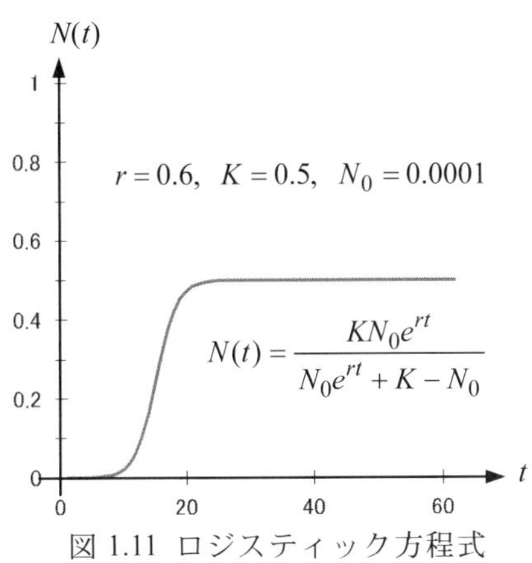

図 1.11 ロジスティック方程式

ロジスティック方程式

$$\frac{dN}{dt} = \frac{r}{K}(K-N)N$$

は図 1.11 に示されるような人口の増減などの現象を表す．ロジスティック方程式を離散化すると，

$$\frac{N^{n+1}-N^n}{\Delta t} = \frac{r}{K}(K-N^n)N^n$$

$$\gamma = (1+r\Delta t)$$

$$a_n = \frac{r\Delta t}{K(1+r\Delta t)}N^n$$

により，ロジスティック写像

$$a_{n+1} = \gamma(1-a_n)a_n$$

が得られる．

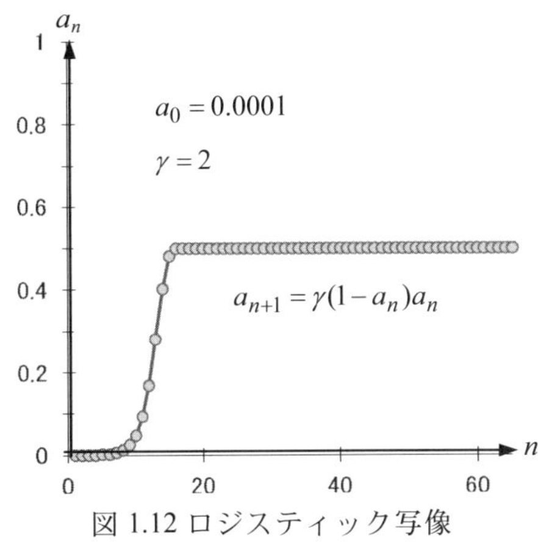

図 1.12 ロジスティック写像

$\gamma = 2$ では図 1.11 と等しい挙動を示す．

既知の級数の和を利用して，収束・発散の判定を行うことができる．

【例 1.25】　$\displaystyle\sum_{n=1}^{\infty}\frac{1}{n^2}$ の収束・発散を調べよ．

【解答】　$\dfrac{1}{n^2}\le\dfrac{1}{n^2-1}$　$(n=2,3,\cdots)$ なので，例 1.24 (2)より

$$\sum_{n=1}^{\infty}\frac{1}{n^2}=1+\sum_{n=2}^{\infty}\frac{1}{n^2}<1+\sum_{n=2}^{\infty}\frac{1}{n^2-1}=1+\frac{3}{4}=\frac{7}{4}$$

従って $\displaystyle\sum_{n=1}^{\infty}\frac{1}{n^2}$ は収束する．

1・2　線形代数(Linear Algebra)

1・2・1　行列とその演算(operation of matrix)

$A=(a_{ij})$，$B=(b_{ij})$ とする．

- $A=B \Leftrightarrow A$ と B が同じ型で，$a_{ij}=b_{ij}$
- 行列の加法・減法は同じ型の行列間で定義される．$A\pm B=a_{ij}\pm b_{ij}$
- 行列 A，B に対して積 AB が定義されるのは A の列数と B の行数が等しいとき，すなわち A が(m,k) 行列，B が(k,n) 行列の時であり，AB は(m,n)行列となる．$AB=(c_{ij})$とすると $c_{ij}=\sum_{p=1}^{k}a_{ip}b_{pj}$
- n 次正方行列 A に対して，$AX=XA=E$ を満たす行列 X が存在するとき，A は正則であるといい X を A の逆行列という．逆行列は A^{-1} で表す．
- A の行と列を入れ替えた行列を転置行列といい　A^T で表す．
- $A^T=A$ を満たす行列を対称行列という．$A^T=-A$ を満たす行列を交代行列という．
- 対角成分以外の成分が 0 であるような行列を対角行列という．
- 対角成分が 1 それ以外の成分が 0 であるような正方行列を単位行列という．

【例 1.26】　次のうち演算が定義できるものを選び，その結果を求めよ．

$$A=\begin{pmatrix}2&-1\\1&3\end{pmatrix},\quad B=\begin{pmatrix}1&0&-2\\-5&3&6\end{pmatrix},\quad C=\begin{pmatrix}-3&1\\0&2\\1&4\end{pmatrix}$$

(1) AB　　(2) AC　　(3) CB　　(4) $A+B$　　(5) $A+BC$

【解答】　A は 2×2 行列，B は 2×3 行列，C は 3×2 行列なので，AC，$A+B$ は定義できない．定義できるのは(1)，(3)，(5)．

(1)

$$AB=\begin{pmatrix}2&-1\\1&3\end{pmatrix}\begin{pmatrix}1&0&-2\\-5&3&6\end{pmatrix}$$
$$=\begin{pmatrix}2\cdot1+(-1)(-5)&2\cdot0+(-1)\cdot3&2\cdot(-2)+(-1)\cdot6\\1\cdot1+3(-5)&1\cdot0+3\cdot3&1\cdot(-2)+3\cdot6\end{pmatrix}$$
$$=\begin{pmatrix}7&-3&-10\\-14&9&16\end{pmatrix}$$

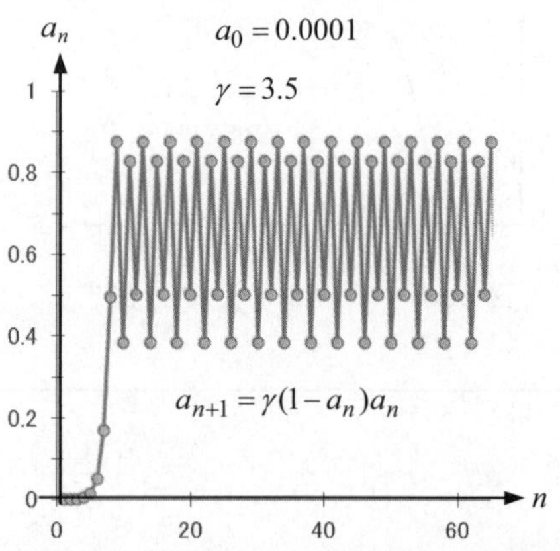

図 1.13 周期 4 のロジスティック写像

$\gamma=3.5$ ではイナゴの大量発生で観察される，生物の個体数の周期的な増減等がロジスティック写像で表現される．

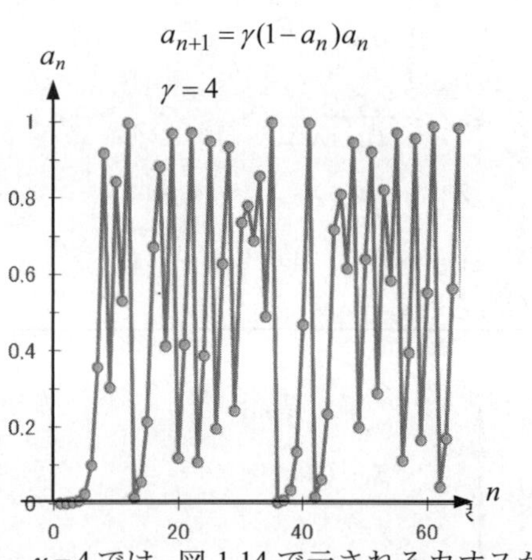

$\gamma=4$ では，図 1.14 で示されるカオスが発生する．ロジスティック写像の数列 a_n は，ロジスティック方程式の離散化により得られたわけだが，この数列 a_n はロジスティック方程式からは予測も出来ない挙動を示すようになる．

【例 1.25 に関するコメント】

$\displaystyle\sum_{n=1}^{\infty}\frac{1}{n^2}=\frac{\pi^2}{4}$ であるが，この値はフーリエ級数などを利用して求める事ができる．

(3)

$$CB=\begin{pmatrix}-3 & 1\\ 0 & 2\\ 1 & 4\end{pmatrix}\begin{pmatrix}1 & 0 & -2\\ -5 & 3 & 6\end{pmatrix}$$

$$=\begin{pmatrix}-3\cdot1+1\cdot(-5) & -3\cdot0+1\cdot3 & -3\cdot(-2)+1\cdot6\\ 0\cdot1+2\cdot(-5) & 0\cdot0+2\cdot3 & 0\cdot(-2)+2\cdot6\\ 1\cdot1+4\cdot(-5) & 1\cdot0+4\cdot3 & 1\cdot(-2)+4\cdot6\end{pmatrix}=\begin{pmatrix}-8 & 3 & 12\\ -10 & 6 & 12\\ -19 & 12 & 22\end{pmatrix}$$

【行列とその演算に関するコメント】
積 AB の (i, j) 成分は，A の第 i 行ベクトルと B の第 j 列ベクトルの内積である．

行列の積は一般に $AB\neq BA$ であることに注意．

(5)

$$A+BC=\begin{pmatrix}2 & -1\\ 1 & 3\end{pmatrix}+\begin{pmatrix}1 & 0 & -2\\ -5 & 3 & 6\end{pmatrix}\begin{pmatrix}-3 & 1\\ 0 & 2\\ 1 & 4\end{pmatrix}$$

$$=\begin{pmatrix}2 & -1\\ 1 & 3\end{pmatrix}+\begin{pmatrix}-5 & -7\\ 21 & 25\end{pmatrix}=\begin{pmatrix}-3 & -8\\ 22 & 28\end{pmatrix}$$

【例 1.27】　正方行列 A に対して $A+A^T$ は対称行列であることを示せ．

【解答】

$(A+B)^T=A^T+B^T$，$(A^T)^T=A$ より

$(A+A^T)^T=A^T+(A^T)^T=A^T+A=A+A^T$

従って $A+A^T$ は対称行列である．

【例 1.28】　$A=\begin{pmatrix}a & b\\ c & d\end{pmatrix}$ に対して

$$A^2-(a+d)A+(ad-bc)E=O \tag{1.21}$$

が成り立つことを示せ．

【解答】

$A^2=\begin{pmatrix}a^2+bc & ab+bd\\ ac+cd & d^2+bc\end{pmatrix}$ なので

$$A^2-(a+d)A+(ad-bc)E$$
$$=\begin{pmatrix}a^2+bc & ab+bd\\ ac+cd & d^2+bc\end{pmatrix}-\begin{pmatrix}a^2+ad & ab+bd\\ ac+cd & d^2+ad\end{pmatrix}+\begin{pmatrix}ad-bc & 0\\ 0 & ad-bc\end{pmatrix}$$
$$=O$$

【式(1.21)に関するコメント】
この式をケーリー・ハミルトンの公式，という．

1・2・2　連立方程式と行列(systems of equations and matrices)

行基本変形

次の 3 つの操作を行列の**行基本変形**という．

[1] ある行に 0 でない定数をかける

[2] 二つの行を入れ替える

[3] ある行に別の行の定数倍を加える

連立一次方程式

連立一次方程式は，行列を用いて表すことができる．

$$\begin{cases} a_{11}x_1 + a_{12}x_2 + \cdots + a_{1n}x_n = b_n \\ a_{21}x_1 + a_{22}x_2 + \cdots + a_{2n}x_n = b_2 \\ \cdots \\ a_{m1}x_1 + a_{m2}x_2 + \cdots + a_{mn}x_n = b_m \end{cases} \tag{1.22}$$

$A = \begin{pmatrix} a_{11} & a_{12} & \cdots & a_{1n} \\ a_{21} & a_{22} & \cdots & a_{2n} \\ & \cdots & & \\ a_{m1} & a_{m2} & \cdots & a_{mn} \end{pmatrix}$, $\boldsymbol{x} = \begin{pmatrix} x_1 \\ x_2 \\ \vdots \\ x_m \end{pmatrix}$, $\boldsymbol{b} = \begin{pmatrix} b_1 \\ b_2 \\ \vdots \\ b_m \end{pmatrix}$ と置くと，上の連立方程式は $A\boldsymbol{x} = \boldsymbol{b}$ と書く事が出来る．A をこの連立方程式の係数行列 $\left(A|\boldsymbol{b}\right)$ を拡大係数行列と言う．連立方程式を加減法で解くことは，拡大係数行列に行基本変形を行うことに対応する．従って，拡大係数行列に行基本変形を行い，$\left(E|\boldsymbol{b}'\right)$ とすると，$\boldsymbol{b}'$ はこの連立方程式の解となる．

【例 1. 29】　次の連立方程式を解け．

(1) $\begin{cases} 2x - 3y = 9 \\ 3x + 2y = 7 \end{cases}$　　(2) $\begin{cases} 3x + 2y - z = -3 \\ x - y + 2z = 7 \\ 2x + 3y + 3z = 2 \end{cases}$

【例 1.29 の解答に関するコメント】
このような方法を「掃き出し法」という．

【解答】

(1) $\begin{cases} x - \frac{3}{2}y = \frac{9}{2} \\ 3x + 2y = 7 \end{cases}$　$\begin{pmatrix} 1 & -\frac{3}{2} & \frac{9}{2} \\ 3 & 2 & 7 \end{pmatrix}$　(1 行目)÷2

$\begin{cases} x - \frac{3}{2}y = \frac{9}{2} \\ \frac{13}{2}y = -\frac{13}{2} \end{cases}$　$\begin{pmatrix} 1 & -\frac{3}{2} & \frac{9}{2} \\ 0 & \frac{13}{2} & -\frac{13}{2} \end{pmatrix}$　(2 行目) − (1 行目)×3

$\begin{cases} x - \frac{3}{2}y = \frac{9}{2} \\ y = -1 \end{cases}$　$\begin{pmatrix} 1 & -\frac{3}{2} & \frac{9}{2} \\ 0 & 1 & -1 \end{pmatrix}$　(2 行目)÷ $\frac{13}{2}$

$\begin{cases} x = 3 \\ y = -1 \end{cases}$　$\begin{pmatrix} 1 & 0 & 3 \\ 0 & 1 & -1 \end{pmatrix}$　(1 行目) − (2 行目)× $\left(-\frac{3}{2}\right)$

(2) $\begin{cases} x - y + 2z = 7 \\ 3x + 2y - z = -3 \\ 2x + 3y + 3z = 2 \end{cases}$　$\begin{pmatrix} 1 & -1 & 2 & 7 \\ 3 & 2 & -1 & -3 \\ 2 & 3 & 3 & 2 \end{pmatrix}$　(1 行目)と(2 行目)を入れ替える

$\begin{cases} x - y + 2z = 7 \\ 5y - 7z = -24 \\ 5y - z = -12 \end{cases}$　$\begin{pmatrix} 1 & -1 & 2 & 7 \\ 0 & 5 & -7 & -24 \\ 0 & 5 & -1 & -12 \end{pmatrix}$　(2 行目) − (1 行目)×3
(3 行目) − (1 行目)×2

$\begin{cases} x - y + 2z = 7 \\ 5y - 7z = -24 \\ 6z = 12 \end{cases}$　$\begin{pmatrix} 1 & -1 & 2 & 7 \\ 0 & 5 & -7 & -24 \\ 0 & 0 & 6 & 12 \end{pmatrix}$　(3 行目) − (2 行目)

$\begin{cases} x - y + 2z = 7 \\ 5y - 7z = -24 \\ z = 2 \end{cases}$　$\begin{pmatrix} 1 & -1 & 2 & 7 \\ 0 & 5 & -7 & -24 \\ 0 & 0 & 1 & 2 \end{pmatrix}$　(3 行目)÷6

$$\begin{cases} x-y=3 \\ 5y=-10 \\ z=2 \end{cases} \quad \begin{pmatrix} 1 & -1 & 0 & 3 \\ 0 & 5 & 0 & -10 \\ 0 & 0 & 1 & 2 \end{pmatrix}$$

(1 行目) − (3 行目)×2
(2 行目) − (3 行目)× (−7)

$$\begin{cases} x-y=3 \\ y=-2 \\ z=2 \end{cases} \quad \begin{pmatrix} 1 & -1 & 0 & 3 \\ 0 & 1 & 0 & -2 \\ 0 & 0 & 1 & 2 \end{pmatrix}$$

(2 行目)÷5

$$\begin{cases} x=1 \\ y=-2 \\ z=2 \end{cases} \quad \begin{pmatrix} 1 & 0 & 0 & 1 \\ 0 & 1 & 0 & -2 \\ 0 & 0 & 1 & 2 \end{pmatrix}$$

(1 行目) − (2 行目)× (−1)

1・2・3　行列式(determinant)

$(p_1, p_1, \cdots, p_n)$ を $1,2,\cdots,n$ を並べ替えたものとする．$(p_1, p_1, \cdots, p_n)$ の並びで大きい数が小さい数より左側にあるような数字のペア p_i， p_j があるとき，このペアを転倒と呼ぶ．$(p_1, p_1, \cdots, p_n)$ の中に偶数個の転倒があるとき，この順列を偶順列，奇数個のとき奇順列と呼ぶ．

さて，$A=(a_{ij})$ を n 次正方行列とする．A の行列式 $|A|$ を次で定義する．

$$|A| = \begin{vmatrix} a_{11} & a_{12} & \cdots & a_{1n} \\ a_{21} & a_{22} & \cdots & a_{2n} \\ & \cdots & & \\ a_{m1} & a_{m2} & \cdots & a_{mn} \end{vmatrix} = \sum sign(p_1, p_2, \cdots, p_n) a_{1p_1} a_{2p_2} \cdots a_{np_n} \qquad (1.23)$$

ここで，$\sum$ は $\{1,2,\cdots,n\}$ の順列全体，すなわち $n!$ の和であり，

$$sign(p_1, p_2, \cdots, p_n) = \begin{cases} 1 & (p_1, p_2, \cdots, p_n) \text{ が偶順列} \\ -1 & (p_1, p_2, \cdots, p_n) \text{ が奇順列} \end{cases}$$

である．A が 2 次，3 次の正方行列の場合は，式(1.23)から直接計算できる．

$$\begin{vmatrix} a & b \\ c & d \end{vmatrix} = ad-bc \qquad (1.24)$$

$$\begin{vmatrix} a_{11} & a_{12} & a_{13} \\ a_{21} & a_{22} & a_{23} \\ a_{31} & a_{32} & a_{33} \end{vmatrix} = a_{11}a_{22}a_{33} + a_{12}a_{23}a_{31} + a_{13}a_{21}a_{32} - a_{13}a_{22}a_{31} - a_{12}a_{21}a_{33} - a_{11}a_{23}a_{32} \qquad (1.25)$$

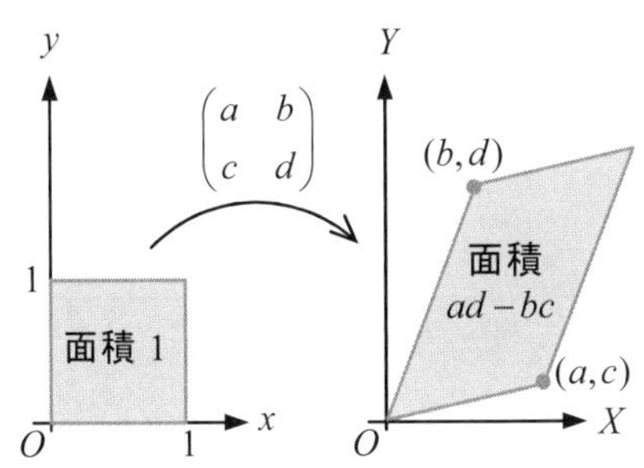

図 1.15 行列式

> 行列 $\begin{pmatrix} a & b \\ c & d \end{pmatrix}$ によって定める線形変換によって，正方形の面積 1 は面積 $ad-bc$ 倍される．2 次の行列式は符号付きの面積の拡大率を表す．同様に，3 次の行列式は符号付きの体積の拡大率を表す．

【例 1. 30】　次の行列式を求めよ．

(1) $\begin{vmatrix} 3 & -2 \\ 1 & -5 \end{vmatrix}$　　(2) $\begin{vmatrix} 1 & 2 & 3 \\ -1 & -2 & -4 \\ 5 & 6 & 7 \end{vmatrix}$

【解答】

(1) 式(1.24)より

$$\begin{vmatrix} 3 & -2 \\ 1 & -5 \end{vmatrix} = 3\cdot(-5) - (-2)\cdot 1 = -13$$

(2) 式(1.25)より

$$\begin{vmatrix} 1 & 2 & 3 \\ -1 & -2 & -4 \\ 5 & 6 & 7 \end{vmatrix} = 1\cdot(-2)\cdot 7 + 2\cdot(-4)\cdot 5 + 3\cdot(-1)\cdot 6 - 3\cdot(-2)\cdot 5 - 2\cdot(-1)\cdot 7 - 1\cdot(-4)\cdot 6$$
$$= -4$$

行列式の性質

[1] $|A^T| = |A|$

[2] 行列の一つの行に関して，加法性を持つ．すなわち

$$\begin{vmatrix} a_{11} & \cdots & a_{1n} \\ \cdots & & \cdots \\ a_{i1}+b_{i1} & \cdots & a_{in}+b_{in} \\ \cdots & & \cdots \\ a_{n1} & \cdots & a_{nn} \end{vmatrix} = \begin{vmatrix} a_{11} & \cdots & a_{1n} \\ \cdots & & \cdots \\ a_{i1} & \cdots & a_{in} \\ \cdots & & \cdots \\ a_{n1} & \cdots & a_{nn} \end{vmatrix} + \begin{vmatrix} a_{11} & \cdots & a_{1n} \\ \cdots & & \cdots \\ b_{i1} & \cdots & b_{in} \\ \cdots & & \cdots \\ a_{n1} & \cdots & a_{nn} \end{vmatrix}$$

[3] ある行を k 倍すると行列式の値は k 倍になる．

[4] 2 つの行を入れ替えると，行列式の値の符号が変わる．

[5] ある行の何倍かを別の行に加えても，行列式は変わらない．

※ [1]より行で成り立つ性質は，すべて列に置き換えても成り立つ．

【例 1. 31】 $\begin{vmatrix} 1 & a & a^2 \\ 1 & b & b^2 \\ 1 & c & c^2 \end{vmatrix}$ を因数分解せよ．

【例 1.31 の解答に関するコメント】
①性質[5](2 行) − (1 行)，(3 行) − (1 行)
②性質[3]2 行目から $b-a$，3 行目から $c-a$ をくくり出す．
③性質[5](3 行) − (2 行)
④性質[3]3 行目から $c-b$ をくくり出す．

【解答】

$$\begin{vmatrix} 1 & a & a^2 \\ 1 & b & b^2 \\ 1 & c & c^2 \end{vmatrix} \underset{①}{=} \begin{vmatrix} 1 & a & a^2 \\ 0 & b-a & b^2-a^2 \\ 0 & c-a & c^2-a^2 \end{vmatrix} \underset{②}{=} (b-a)(c-a)\begin{vmatrix} 1 & a & a^2 \\ 0 & 1 & b+a \\ 0 & 1 & c+a \end{vmatrix}$$
$$\underset{③}{=} (b-a)(c-a)\begin{vmatrix} 1 & a & a^2 \\ 0 & 1 & b+a \\ 0 & 0 & c-b \end{vmatrix} \underset{④}{=} (b-a)(c-a)(c-b)\begin{vmatrix} 1 & a & a^2 \\ 0 & 1 & b+a \\ 0 & 0 & 1 \end{vmatrix}$$
$$= (b-a)(c-a)(c-b) = (a-b)(b-c)(c-a)$$

【例 1. 32】　奇数次の交代行列は正則でないことを示せ．

【例 1.32 の解答に関するコメント】
$|A| = -|A|$ より $2|A| = 0$

【解答】　A を $2n+1$ 次交代行列とすると，$A = -A^T$ なので $|A^T| = |-A|$．一方，

一般に，$|A^T| = |A|$ が成り立つので，従って $|A| = 0$ なので A は正則でない．

クラーメルの公式

連立方程式 $\boldsymbol{Ax} = \boldsymbol{b}$ において，A が正則であるときの解は次で与えられる．ただし A_i は行列 A の第 i 列を $\boldsymbol{b}$ で置き換えたものである．

$$x_i = \frac{|A_i|}{|A|} \tag{1.26}$$

【例 1. 33】　例 1.29 をクラーメルの公式を用いて解け．

【解答】

(1) $\begin{pmatrix} 2 & -3 \\ 3 & 2 \end{pmatrix}\begin{pmatrix} x \\ y \end{pmatrix} = \begin{pmatrix} 9 \\ 7 \end{pmatrix}$ なので

$$x = \frac{\begin{vmatrix} 9 & -3 \\ 7 & 2 \end{vmatrix}}{\begin{vmatrix} 2 & -3 \\ 3 & 2 \end{vmatrix}} = \frac{39}{13} = 3, \quad y = \frac{\begin{vmatrix} 2 & 9 \\ 3 & 7 \end{vmatrix}}{\begin{vmatrix} 2 & -3 \\ 3 & 2 \end{vmatrix}} = \frac{-13}{13} = -1,$$

(2) $\begin{pmatrix} 3 & 2 & -1 \\ 1 & -1 & 2 \\ 2 & 3 & 3 \end{pmatrix}\begin{pmatrix} x \\ y \\ z \end{pmatrix} = \begin{pmatrix} -3 \\ 7 \\ 2 \end{pmatrix}, \quad \begin{vmatrix} 3 & 2 & -1 \\ 1 & -1 & 2 \\ 2 & 3 & 3 \end{vmatrix} = -30$ なので

$$x = \frac{1}{-30}\begin{vmatrix} -3 & 2 & -1 \\ 7 & -1 & 2 \\ 2 & 3 & 3 \end{vmatrix} = \frac{-30}{-30} = 1$$

$$y = \frac{1}{-30}\begin{vmatrix} 3 & -3 & -1 \\ 1 & 7 & 2 \\ 2 & 2 & 3 \end{vmatrix} = \frac{60}{-30} = -2$$

$$z = \frac{1}{-30}\begin{vmatrix} 3 & 2 & -3 \\ 1 & -1 & 7 \\ 2 & 3 & 2 \end{vmatrix} = \frac{-60}{-30} = 2$$

行列式の展開

n 次正方行列 A の i 行と j 列を取り除いた $n-1$ 次正方行列の行列式 D_{ij} を A の (i, j) 小行列式という．D_{ij} に $(-1)^{i+j}$ を掛けたものを A の (i, j) 余因子といい A_{ij} で表す．すなわち

$$A_{ij} = (-1)^{i+j} D_{ij}$$

A の行列式は余因子を用いて

$$|A| = \sum_{i=1}^{n} a_{ij} A_{ij} = \sum_{j=1}^{n} a_{ij} A_{ij}$$

となる．中辺は第 i 行による展開，右辺は第 j 列による展開である．

> 【余因子に関するコメント】
> (i, j) 成分が (j,i) 余因子であることに注意．

【例 1. 34】　次の行列式を求めよ．

(1) $\begin{vmatrix} 2 & 0 & 0 & 3 \\ -1 & 5 & 1 & 0 \\ 0 & -2 & 1 & 2 \\ 4 & -3 & 0 & 6 \end{vmatrix}$　　(2) $\begin{vmatrix} 1 & 2 & 1 & 3 \\ 0 & 1 & 3 & 5 \\ 2 & -3 & 0 & 4 \\ 3 & 1 & 2 & 0 \end{vmatrix}$

【例 1.34(1)の解答に関するコメント】
①第 1 行での展開
②第 1 項は第 1 行での展開，第 2 項は第 1 列での展開

【例 1.34(2)の解答に関するコメント】
実際の計算では，行列式の性質と展開を併用して求める．
①(第 3 行)－(第 1 行)×2
　(第 4 行)－(第 1 行)×3
②第 1 列で展開
③(第 2 行)＋(第 1 行)×7
　(第 3 行)＋(第 1 行)×5

【解答】

(1)

$$\begin{vmatrix} 2 & 0 & 0 & 3 \\ -1 & 5 & 1 & 0 \\ 0 & -2 & 1 & 2 \\ 4 & -3 & 0 & 6 \end{vmatrix} \underset{①}{=} 2\begin{vmatrix} 5 & 1 & 0 \\ -2 & 1 & 2 \\ -3 & 0 & 6 \end{vmatrix} + (-1)^{1+4}3\begin{vmatrix} -1 & 5 & 1 \\ 0 & -2 & 1 \\ 4 & -3 & 0 \end{vmatrix}$$

$$\underset{②}{=} 2\left\{5\begin{vmatrix} 1 & 2 \\ 0 & 6 \end{vmatrix} - 1\begin{vmatrix} -2 & 2 \\ -3 & 6 \end{vmatrix}\right\} - 3\left\{-1\begin{vmatrix} -2 & 1 \\ -3 & 0 \end{vmatrix} + 4\begin{vmatrix} 5 & 1 \\ -2 & 1 \end{vmatrix}\right\}$$

$$= 2(30+6) - 3(-3+28) = -3$$

(2)

$$\begin{vmatrix} 1 & 2 & 1 & 3 \\ 0 & 1 & 3 & 5 \\ 2 & -3 & 0 & 4 \\ 3 & 1 & 2 & 0 \end{vmatrix} \underset{①}{=} \begin{vmatrix} 1 & 2 & 1 & 3 \\ 0 & 1 & 3 & 5 \\ 0 & -7 & -2 & -2 \\ 0 & -5 & -1 & -9 \end{vmatrix} \underset{②}{=} \begin{vmatrix} 1 & 3 & 5 \\ -7 & -2 & -2 \\ -5 & -1 & -9 \end{vmatrix}$$

$$\underset{③}{=} \begin{vmatrix} 1 & 3 & 5 \\ 0 & 19 & 33 \\ 0 & 14 & 16 \end{vmatrix} = \begin{vmatrix} 19 & 33 \\ 14 & 16 \end{vmatrix} = 19 \cdot 16 - 14 \cdot 33 = -158$$

1・2・4　逆行列(inverse matrix)

正則な正方行列 A の逆行列は次のいずれかの方法で求められる．

[1] $(A|E)$ と A と E を並べた行列に行基本変形を施し，$(E|X)$ となったとき，

$$X = A^{-1}$$

[2] 余因子行列による (i, j) 成分を A_{ij} とする行列を A の余因子行列といい $\tilde{A}$ で表と，A^{-1} は次式で与えられる．

$$A^{-1} = \frac{1}{|A|}\tilde{A} \tag{1.27}$$

2 次の正方行列の逆行列は式(1.27)から直ちに求められる．すなわち，

$$\begin{pmatrix} a & b \\ c & d \end{pmatrix}^{-1} = \frac{1}{|A|}\begin{pmatrix} d & -b \\ -c & a \end{pmatrix} \tag{1.28}$$

【例 1. 35】　次の行列の逆行列を求めよ．

(1) $\begin{pmatrix} 2 & 1 \\ 3 & -2 \end{pmatrix}$　　(2) $\begin{pmatrix} 1 & 2 & 3 \\ -1 & -2 & -2 \\ 4 & 6 & 7 \end{pmatrix}$

【解答】

(1) 式(1.27)より

$$\begin{pmatrix} 2 & 1 \\ 3 & -2 \end{pmatrix}^{-1} = \frac{1}{2 \cdot (-2) - 3 \cdot 1}\begin{pmatrix} -2 & -1 \\ -3 & 2 \end{pmatrix} = \begin{pmatrix} \frac{2}{7} & \frac{1}{7} \\ \frac{3}{7} & -\frac{2}{7} \end{pmatrix}$$

(2) 掃き出し法による解法

$$\left[\begin{array}{ccc|ccc}1&2&3&1&0&0\\-1&-2&-2&0&1&0\\4&6&7&0&0&1\end{array}\right]\underset{①}{\Rightarrow}\left[\begin{array}{ccc|ccc}1&2&3&1&0&0\\0&0&1&1&1&0\\0&-2&-5&-4&0&1\end{array}\right]$$

$$\underset{②}{\Rightarrow}\left[\begin{array}{ccc|ccc}1&2&3&1&0&0\\0&-2&-5&-4&0&1\\0&0&1&1&1&0\end{array}\right]\underset{③}{\Rightarrow}\left[\begin{array}{ccc|ccc}1&2&0&-2&-3&0\\0&-2&0&1&5&1\\0&0&1&1&1&0\end{array}\right]$$

$$\underset{④}{\Rightarrow}\left[\begin{array}{ccc|ccc}1&0&0&-1&2&1\\0&-2&0&1&5&1\\0&0&1&1&1&0\end{array}\right]\underset{⑤}{\Rightarrow}\left[\begin{array}{ccc|ccc}1&0&0&-1&2&1\\0&1&0&-\frac{1}{2}&-\frac{5}{2}&-\frac{1}{2}\\0&0&1&1&1&0\end{array}\right]$$

【例 1.35(2)の解答に関するコメント】
①(第 2 行)+(第 1 行)
　(第 3 行)−(第 1 行)×4
②(第 2 行)と(第 3 行)を入れ替える
③(第 2 行)+(第 3 行)×5
　(第 1 行)−(第 3 行)×3
④(第 1 行)+(第 2 行)
⑤(第 2 行)÷(−2)

余因子行列による解法 $\begin{vmatrix}1&2&3\\-1&-2&-2\\4&6&7\end{vmatrix}=2$ より

$$\begin{pmatrix}1&2&3\\-1&-2&-2\\4&6&7\end{pmatrix}^{-1}=\frac{1}{2}\begin{pmatrix}\begin{vmatrix}-2&-2\\6&7\end{vmatrix}&-\begin{vmatrix}2&3\\6&7\end{vmatrix}&\begin{vmatrix}2&3\\-2&-2\end{vmatrix}\\-\begin{vmatrix}-1&-2\\4&7\end{vmatrix}&\begin{vmatrix}1&3\\4&7\end{vmatrix}&-\begin{vmatrix}1&3\\-1&-2\end{vmatrix}\\\begin{vmatrix}-1&-2\\4&6\end{vmatrix}&-\begin{vmatrix}1&2\\4&6\end{vmatrix}&\begin{vmatrix}1&2\\-1&-2\end{vmatrix}\end{pmatrix}$$

$$=\frac{1}{2}\begin{pmatrix}-2&4&2\\-1&-5&-1\\2&2&0\end{pmatrix}$$

1・3　確率統計(Probability and Analysis of Statistical Data)

1・3・1　確率分布(probability distribution)

N 個の異なるものから r 個を取り出す組み合わせは,

$$\binom{N}{r}={}_N C_r=\frac{N!}{(N-r)!r!} \tag{1.29}$$

で表される.

図 1.16 不良品の確率

【例 1.36】 1～10 までのラベルが貼り付けられた 10 個の試作品から 3 個のサンプルを抜き取る組み合わせを求めよ.

【解答】 $\binom{10}{3}={}_{10}C_3=\frac{10!}{3!7!}=120$, 120 通りである.

n 個の不良品が混ざっている N 個の製品から r 個のサンプルを選ぶ総数は ${}_N C_r$ である. ここで, 不良品 n 個から x 個の不良品を選ぶのは ${}_n C_x$ 通り, 不良品ではない $N-n$ 個から残り $r-x$ 個を選ぶ方法は ${}_{N-n} C_{n-x}$ 通りになる. 以上から, r 個のうち x 個が不良品である確率は,

$$p(x)=\frac{\binom{n}{x}\binom{N-n}{r-x}}{\binom{N}{r}} \tag{1.30}$$

で与えられる. ここで, x を確率変数といい, それに伴う確率 $p(x)$ を確率関数という.

【例 1. 37】　10 個の製品のうち 2 個が不良品とする．3 個の製品を抜き出す時，そのうち x 個が不良品である確率を求めよ．

【解答】

不良品が 0 個含まれる確率：$p(0)=\dfrac{\dbinom{2}{0}\dbinom{8}{3}}{\dbinom{10}{3}}=\dfrac{1\cdot 56}{120}=\dfrac{7}{15}$

不良品が 1 個含まれる確率：$p(1)=\dfrac{\dbinom{2}{1}\dbinom{8}{2}}{\dbinom{10}{3}}=\dfrac{2\cdot 28}{120}=\dfrac{7}{15}$

不良品が 2 個含まれる確率：$p(2)=\dfrac{\dbinom{2}{2}\dbinom{8}{1}}{\dbinom{10}{3}}=\dfrac{1\cdot 8}{120}=\dfrac{1}{15}$

なお，$0!=1$ である．以上を，下表にまとめる．

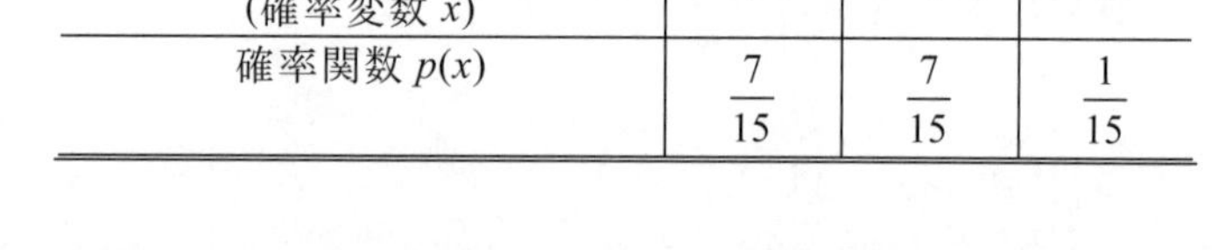

不良品の数 (確率変数 x)	0	1	2
確率関数 $p(x)$	$\dfrac{7}{15}$	$\dfrac{7}{15}$	$\dfrac{1}{15}$

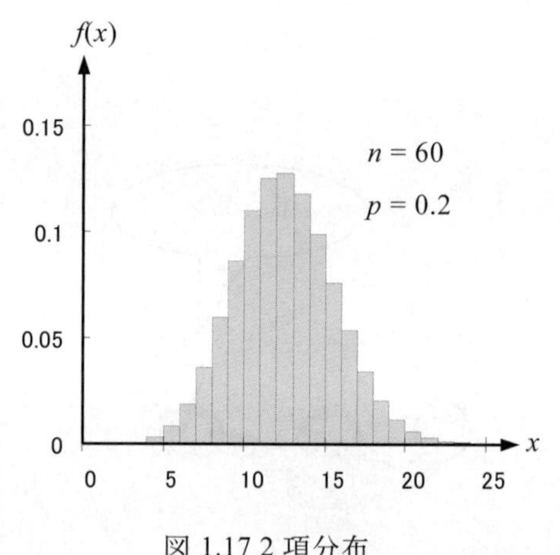

図 1.17 2 項分布

例 1.37 では，抜き取った後いちいち元に戻さない非復元抽出を問題にした．抜き取った後元に戻す復元抽出の場合，1 回の試行である事象 A が起こる確率が p のとき，n 回の独立した試行のうち事象 A が x 回起こる確率は，

$$f(x)=\frac{n!}{(n-x)!x!}p^{x}(1-p)^{n-x} \tag{1.31}$$

で与えられる．式(1.31)は，2 項分布(binomial distribution)と呼ばれる．

【例 1. 38】　10 個の製品のうち 2 個が不良品とする．抜き取った後，元に戻す復元抽出を 3 回行った場合，不良品が含まれる回数 x に対する確率を求めよ．

【解答】

不良品が含まれない確率　　　：$p(0)={}_3C_0\cdot\left(\dfrac{1}{5}\right)^0\cdot\left(\dfrac{4}{5}\right)^3=1\cdot 1\cdot\dfrac{64}{125}=\dfrac{64}{125}$

1 回だけ不良品が含まれる確率：$p(1)={}_3C_1\cdot\left(\dfrac{1}{5}\right)^1\cdot\left(\dfrac{4}{5}\right)^2=3\cdot\dfrac{1}{5}\cdot\dfrac{16}{25}=\dfrac{48}{125}$

2 回だけ不良品が含まれる確率：$p(2)={}_3C_2\cdot\left(\dfrac{1}{5}\right)^2\cdot\left(\dfrac{4}{5}\right)^1=3\cdot\dfrac{1}{25}\cdot\dfrac{4}{5}=\dfrac{12}{125}$

3 回とも不良品が含まれる確率：$p(2)={}_3C_3\cdot\left(\dfrac{1}{5}\right)^3\cdot\left(\dfrac{4}{5}\right)^0=1\cdot\dfrac{1}{125}\cdot 1=\dfrac{1}{125}$

不良品が含まれる回数 (確率変数 x)	0	1	2	3
確率関数 $p(x)$	$\frac{64}{125}$	$\frac{48}{125}$	$\frac{12}{125}$	$\frac{1}{125}$

式(1.31)などの分布関数に対し，中央や広がりを表す重要な統計量として，平均値または期待値，

$$\mu = E(X) = \sum_{k=1}^{n} x_k f(x_k) \tag{1.32}$$

自乗平均値，

$$E(X^2) = \sum_{k=1}^{n} x_k^2 f(x_k) \tag{1.33}$$

分散，

$$\sigma^2 = V(X) = E(X^2) - E(X)^2 \tag{1.34}$$

標準偏差，

$$\sigma = \sqrt{V(X)} = \sqrt{E(X^2) - E(X)^2} \tag{1.35}$$

がある．確率分布が平均値近くに多く密集している場合，分散も標準偏差も小さくなり，確率分布が平均より離れたバラバラの分布をとる場合，分散と標準偏差は大きくなる．

【例 1. 39】　例 1.38 の離散的確率変数 $x = 0, 1, 2, 3$ に対する平均値，分散，標準偏差を求めよ．

【解答】

平均値：$\mu = E(x) = 0 \cdot \frac{64}{125} + 1 \cdot \frac{48}{125} + 2 \cdot \frac{12}{125} + 3 \cdot \frac{1}{125} = \frac{3}{5}$

自乗平均値：$E(x^2) = 0^2 \cdot \frac{64}{125} + 1^2 \cdot \frac{48}{125} + 2^2 \cdot \frac{12}{125} + 3^2 \cdot \frac{1}{125} = \frac{21}{25}$

分散：$\sigma^2 = E(x^2) - E(x)^2 = \frac{21}{25} - \left(\frac{3}{5}\right)^2 = \frac{12}{25}$，標準偏差：$\sigma = \sqrt{\frac{12}{25}} = \frac{2\sqrt{3}}{5}$

式(1.31)の 2 項分布の平均値は $np = 3 \cdot \frac{1}{5}$，分散は $np(1-p) = 3 \cdot \frac{1}{5} \cdot \frac{4}{5}$ で与えられることが例 1.39 から確かめられる．2 項分布において，np を一定にしたまま，$n \to \infty$，$p \to 0$ としたときの極限として，ポアソン分布(Poisson distribution)が得られる．

$$f(x) = \frac{\mu^x}{x!} \exp^{-\mu} \tag{1.36}$$

ここで，平均と分散はμ に等しい．2 項分布とポアソン分布は，離散確率分布の代表的な分布である．

これまで，不良品の数のように確率変数が離散的な値をとる場合を扱った．しかし，ベアリングの直径に対する誤差のように，連続に変化する確率変数

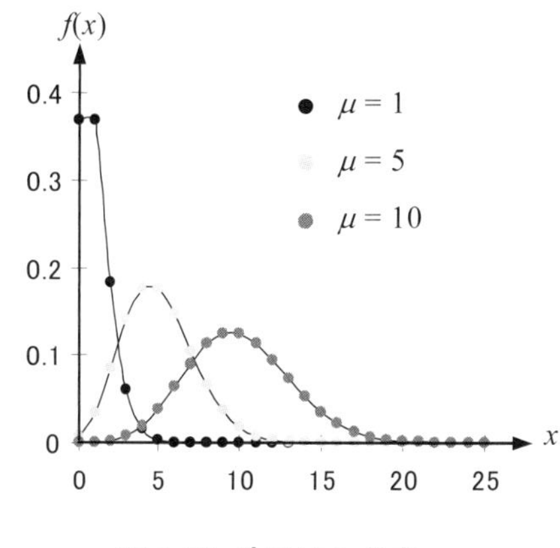

図 1.18 ポアソン分布

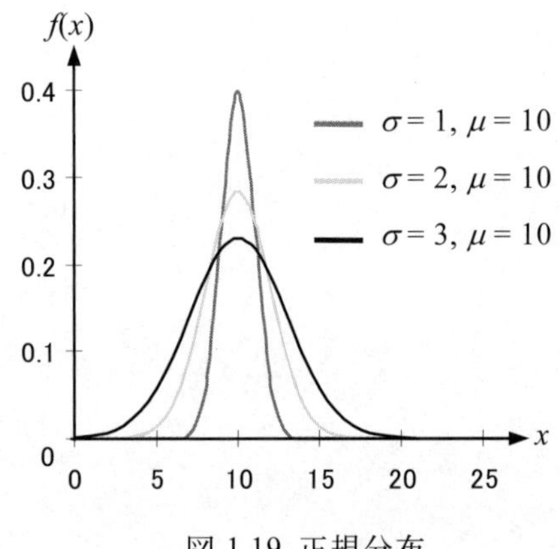
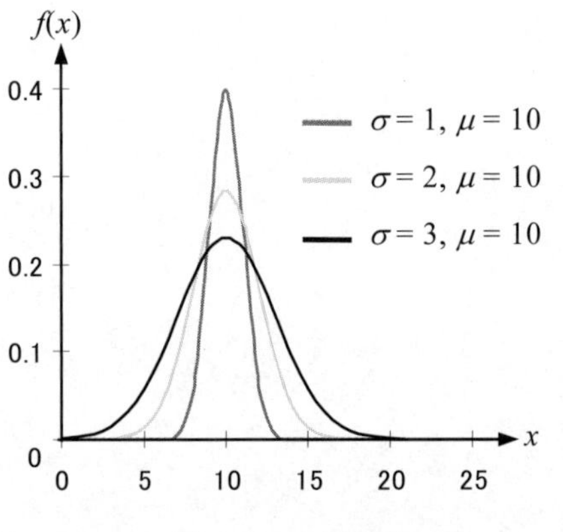

図 1.19　正規分布

X に対しては，X が区間 $a < X < b$ に存在する確率を

$$P(a < X < b) = \int_a^b f(x)\mathrm{d}x \tag{1.37}$$

で求める．この被積分関数 $f(x)$は確率密度，または確率密度関数という．連続確率分布の代表的な分布に正規分布(normal distribution)

$$f(x) = \frac{1}{\sigma\sqrt{2\pi}}\exp\left[-\frac{1}{2\sigma^2}(x-\mu)^2\right] \tag{1.38}$$

がある．ここで，μは平均，σ は標準偏差である．連続型確率変数 X が確率分布 $f(x)$に従っているとき，平均値，分散は，式(1.32)，(1.34)の代わりに，

$$\mu = E(X) = \int_{-\infty}^{\infty} xf(x)\mathrm{d}x \tag{1.39}$$

$$\sigma = \sqrt{\int_{-\infty}^{\infty} x^2 f(x)\mathrm{d}x - \mu^2} \tag{1.40}$$

が用いられる．式(1.38)に対し，$z = \dfrac{x-\mu}{\sigma}$ の変数変換を行うと，平均値 0，標準偏差 1 の標準正規分布(standard normal distribution)

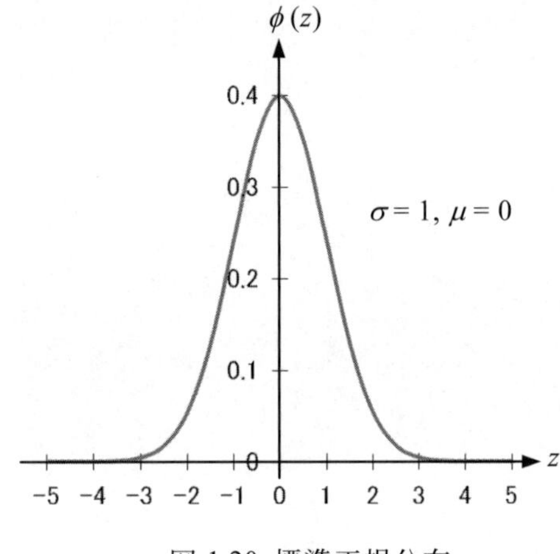

図 1.20　標準正規分布

$$\phi(z) = \frac{1}{\sqrt{2\pi}}\exp\left[-\frac{z^2}{2}\right] \tag{1.41}$$

が得られる．正規分布に従う確率分布に対しては，標準正規分布を

$$P(z \le z') = \int_{-\infty}^{z'} \frac{1}{\sqrt{2\pi}}\exp\left[-\frac{z^2}{2}\right]\mathrm{d}z \tag{1.42}$$

で計算した $P(z \le z')$ に対応した数値表が一般に用いられる．表 1 において左端から z' の少数第 1 位までの値を読み取り，上端の第 1 行から z' の少数第 2 位の値を読み取る．

表 1　標準正規分布関数の値

z'	.00	.01	.02	.03	.04	.05	.06	.07	.08	.09
.0	.5000	.5040	.5080	.5120	.5160	.5199	.5239	.5279	.5319	.5359
.1	.5398	.5438	.5478	.5517	.5557	.5596	.5636	.5675	.5714	.5753
.2	.5793	.5832	.5871	.5910	.5948	.5987	.6026	.6064	.6103	.6141
.3	.6179	.6217	.6255	.6293	.6331	.6368	.6406	.6443	.6480	.6517
.4	.6554	.6591	.6628	.6664	.6700	.6736	.6772	.6808	.6844	.6879
.5	.6915	.6950	.6985	.7019	.7054	.7088	.7123	.7157	.7190	.7224
.6	.7257	.7291	.7324	.7357	.7389	.7422	.7454	.7486	.7517	.7549
.7	.7580	.7611	.7642	.7673	.7703	.7734	.7764	.7794	.7823	.7852
.8	.7881	.7910	.7939	.7967	.7995	.8023	.8051	.8078	.8106	.8133
.9	.8159	.8186	.8212	.8238	.8264	.8289	.8315	.8340	.8365	.8389
1.0	.8413	.8438	.8461	.8485	.8508	.8531	.8554	.8577	.8599	.8621
1.1	.8643	.8665	.8686	.8708	.8729	.8749	.8770	.8790	.8810	.8830
…					…					

【例 1. 40】　ボールベアリングの重量が，平均 0.01[kg]，標準偏差 0.002[kg]の正規分布で近似されることが分かった．0.0103[kg]以下のボールベアリングが存在する確率を求めよ．

【解答】　確率は，変数変換 $z = \dfrac{x-\mu}{\sigma}$ を用いると，

$$P(x \le 0.0103) = P\left(\frac{x-0.01}{0.002} \le \frac{0.0103-0.01}{0.002}\right) = P(z \le 0.15)$$

表 1 において，左端の小数点第一位が 0.1，上端の値が 0.05 の値から，

$$P(x \le 0.0103) = P(z \le 0.15) = 0.5596$$

となる．

1・3・2　回帰分析(regression analysis)

n 個のある実験データ (x_1, y_1), …, (x_n, y_n) から平均値 $(\bar{x}, \bar{y})$，

$$\bar{x} = \frac{1}{n}\sum_{i=1}^{n} x_i, \qquad \bar{y} = \frac{1}{n}\sum_{i=1}^{n} y_i \tag{1.43}$$

を計算し，$(\bar{x}, \bar{y})$ を原点とする新しい座標系 (X, Y) にデータを取り直すと，偏差の積 $(x_i - \bar{x})(y_i - \bar{y})$ により，データが図 1.21 の第何象限に主に存在するか分かる．x と y との間の相関関係を検証するためには，共分散

$$S(x, y) = \frac{1}{n}\sum_{i=1}^{n} (x_i - \bar{x})(y_i - \bar{y}), \tag{1.44}$$

が有効である．さらに，共分散を x と y の標準偏差の積で割った相関係数，

$$r = \frac{\sum_{i=1}^{n} (x_i - \bar{x})(y_i - \bar{y})}{\sqrt{\sum_{i=1}^{n} (x_i - \bar{x})^2}\sqrt{\sum_{i=1}^{n} (y_i - \bar{y})^2}}, \tag{1.45}$$

を用いれば，−1 から 1 までの値によって相関の強さを表すことができる．相関係数の値は，図 1.22 のように相関の強さを表す指標として用いられる．

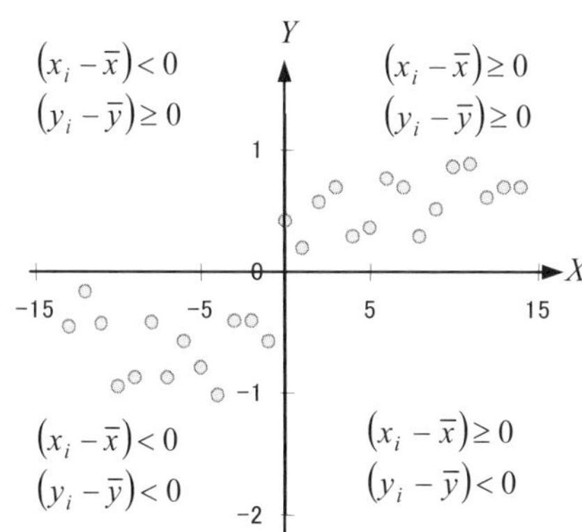

図 1.21 散布図と共分散

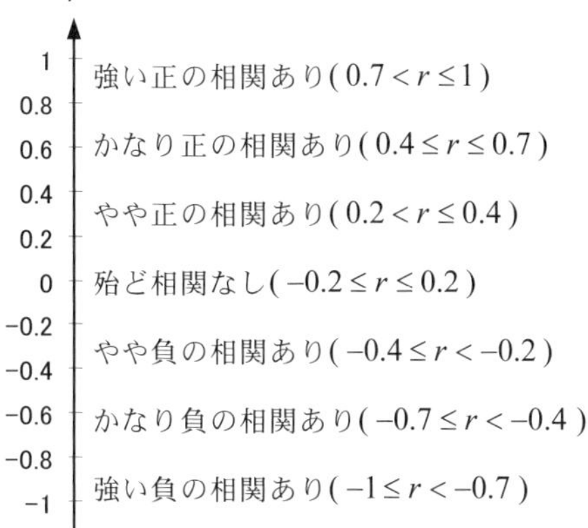

図 1.22 相関係数

【例 1.41】　ある液体に対する粘性係数の計測実験から得られた，温度 x と粘性係数 y に関する実験データについて，共分散と相関係数を求めよ．

温度 x [℃]	10	20	30	40
粘性係数 y [Pa·s] $\times 10^{-3}$	1.3	1.0	0.8	0.6

【解答】　平均値は

$$\bar{x} = \frac{10+20+30+40}{4} = 25,$$

$$\bar{y} = \frac{1.3+1.0+0.8+0.6}{4} \times 10^{-3} = 0.925 \times 10^{-3}$$

式(1.44)より共分散は次式のようになる．

$$S(x, y) = -\frac{1}{4}(15 \times 0.375 + 5 \times 0.075 + 5 \times 0.125 + 15 \times 0.325) \times 10^{-3}$$
$$= -\frac{11.5}{4} \times 10^{-3} = -2.875 \times 10^{-3}$$

$$\sqrt{\sum_{i=1}^{4} (x - x_i)^2} = \sqrt{(-15)^2 + (-5)^2 + 5^2 + 15^2} = \sqrt{500} = 22.36$$

$$\sqrt{\sum_{i=1}^{4} (y - y_i)^2} = \sqrt{0.375^2 + 0.075^2 + (-0.125)^2 + (-0.325)^2} \times 10^{-3}$$
$$= 0.5172 \times 10^{-3}$$

を用いると，式(1.45)より相関係数は

$$r = \frac{-11.5}{22.36 \times 0.5172} = -0.9944$$

と求まる．温度と粘性係数には，強い負の相関があることが分かる．

また，実験データの傾向を分析するため，以下の１次関数，

$$y = ax + b \tag{1.46}$$

によって近似曲線を引く場合がある．係数 a，b は，最小２乗法により求めることが出来る．最小２乗法では，(x_1, y_1)，…，(x_n, y_n) の n 個のデータに対し，式(1.46)の残差平方和を表す関数

$$Q(a,b) = \sum_{i=1}^{n} (y_i - ax_i - b)^2$$

を最小にする a, b は，

$$a = \frac{\sum_{i=1}^{n} (x_i - \bar{x})(y_i - \bar{y})}{\sum_{i=1}^{n} (x_i - \bar{x})^2}, \quad b = \bar{y} - a\bar{x} \tag{1.47}$$

と求まる．式(1.44)の共分散を用いると，式(1.46)は，

$$y - \bar{y} = \frac{S(x,y)}{S(x,x)}(x - \bar{x}) \tag{1.48}$$

のように表せる．これを y の x への回帰直線(regression line)とよぶ．

【例 1.42】　例 1.41 の回帰直線を求めよ．

【解答】　$S(x,x) = \frac{1}{4}\left((-15)^2 + (-5)^2 + 5^2 + 15^2\right) = \frac{500}{4} = 125$

例 1.41 の結果と，式(1.48)より，

$$y - 0.925 \times 10^{-3} = \frac{-2.875 \times 10^{-3}}{125}(x - 25)$$

となり，式を整理すると，回帰直線は，

$$y = -0.023x + 0.0015$$

となる．図 1.23 の回帰直線は実験データと良く一致している．

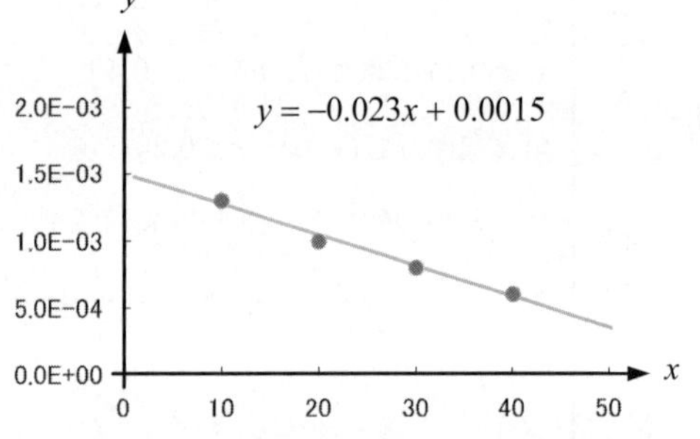

図 1.23 回帰直線

多変数関数を考慮した回帰分析を，重回帰分析とよぶ．z の x と y への回帰平面(regression plane)を

$$z = ax + by + c \tag{1.49}$$

とした場合，係数は式(1.34)の分散を用い，

$$a = \frac{V(y)S(x,z) - S(x,y)S(y,z)}{V(x)V(y) - S(x,y)^2}, \quad b = \frac{V(x)S(y,z) - S(x,y)S(x,z)}{V(x)V(y) - S(x,y)^2}, \quad c = \bar{z} - a\bar{x} - b\bar{y} \tag{1.50}$$

と表せる．ここで，$\bar{z}$ は z の平均値である．

【例 1.43】　ある液体の温度 x，粘性係数 y，温度伝導率 z に関する実験データについて，重回帰分析を行え．

温度 x [℃]	10	20	30	40
粘性係数 y [Pa·s]$\times 10^{-3}$	1.3	1.0	0.8	0.6
温度伝導率 z [$\mathrm{m^2/s}$]$\times 10^{-7}$	1.40	1.42	1.48	1.5

【解答】　平均値は $\bar{x}=25$，$\bar{y}=0.925\times10^{-3}$，$\bar{z}=1.45\times10^{-7}$ である．分散は，

$$V(x)=\frac{1}{4}\left(10^2+20^2+30^2+40^2\right)-25^2=125,\quad V(y)=0.66875\times10^{-7}$$

となる．共分散は，式(1.44)より，

$$S(x,y)=-2.875\times10^{-3},\quad S(x,z)=0.45\times10^{-7},\quad S(y,z)=-1.025\times10^{-12}$$

と求まる．これらを式(1.50)に代入すれば，回帰平面は，

$$z=\left(0.00667x+133.3y+1.16\right)\times10^{-7}$$

となり，図 1.24 より，実験データの傾向を良く表していることが分かる．

$z=\left(-0.00667x+133.3y+1.16\right)\times10^{-7}$

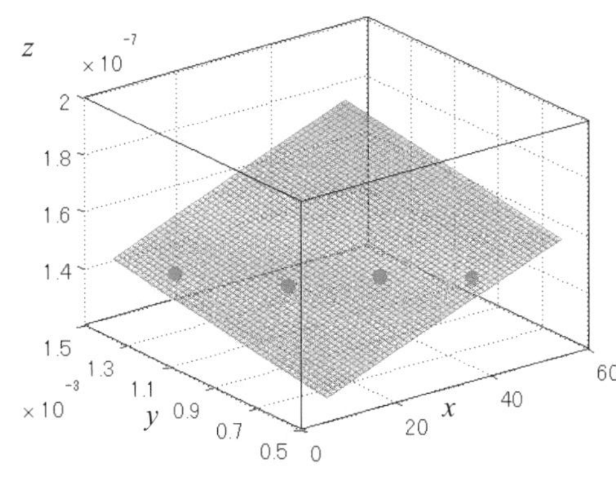

図 1.24 回帰平面

演習問題

【1.1】楕円 $\dfrac{x^2}{a^2}+\dfrac{y^2}{b^2}=1$ は媒介変数を用いて $x=a\cos t$，$y=a\sin t$ と表される．$t=\dfrac{\pi}{4}$ のときの楕円上の点 $\left(\dfrac{a}{\sqrt{2}},\dfrac{b}{\sqrt{2}}\right)$ におけるこの楕円の接線を求めよ．

【1.2】次のマクローリン展開の式を証明せよ．

(1) $\sin x=x-\dfrac{1}{3!}x^3+\dfrac{1}{5!}x^5-\dfrac{1}{7!}x^7+\cdots$

(2) $\log(x+1)=x-\dfrac{1}{2}x^2+\dfrac{1}{3}x^3-\dfrac{1}{4}x^4+\cdots$

【1.3】次の不定積分または定積分の値を求めよ．

(1) $\displaystyle\int(x^2+2x)e^{2x}\mathrm{d}x$　(2) $\displaystyle\int\sin^3 x\cos x\mathrm{d}x$　(3) $\displaystyle\int\frac{x^2-x}{x^2-2x+2}\mathrm{d}x$

(4) $\displaystyle\int_0^{\frac{\pi}{2}}\cos^2 x\mathrm{d}x$　(5) $\displaystyle\int_1^2\frac{\log x}{x}\mathrm{d}x$

【1.4】次の曲方程式で表される図形を図示し，その面積を求めよ．

(1) $r=e^{\theta}\ \left(0\le\theta\le2\pi\right)$ で囲まれた部分

(2) $r=a\sin2\theta\ \left(0\le\theta\le\dfrac{\pi}{2}\right)$ で囲まれた部分

【1.5】次の数列の極限を求めよ．

(1) $\displaystyle\lim_{n\to\infty}\frac{2^n+3^{n+1}}{3^n-1}$　(2) $\displaystyle\lim_{n\to\infty}\left(\sqrt{n^2+3n+2}-n\right)$

(3) $\displaystyle\lim_{n\to\infty}\left(\log(2n+1)-\log n\right)$

【1.6】次の級数の和を求めよ．

(1) $\dfrac{1}{1\cdot2}+\dfrac{1}{2\cdot3}+\dfrac{1}{3\cdot4}+\cdots$　(2) $1-\dfrac{2}{3}+\dfrac{4}{9}-\dfrac{8}{27}+\cdots$

【1.7】次の計算をせよ．

$$A=\begin{pmatrix}3 & 5\\ -1 & -2\end{pmatrix},\qquad B=\begin{pmatrix}1 & 0\\ -5 & 6\end{pmatrix},$$

(1) AB　(2) BA　(3) ${}^tA{}^tB$　(4) $(A+B)(A-B)$　(5) A^2-B^2

【1.8】行列 A についてケーリー・ハミルトンの公式

$$A^2-(a+d)A+(ad-bc)E=O$$

を用い，A^4 を求めよ．

$$A=\begin{pmatrix}2 & 1\\ 3 & 1\end{pmatrix}\qquad \text{ヒント：}\ x^4=(x^2-3x-1)(x^2+3x+10)+33x+10$$

【1.9】掃き出し法を用い，次の連立方程式を解け．

(1) $\begin{cases} x+2y=3\\ 2x-2y=5\end{cases}$

(2) $\begin{cases} 2x+4y+2z=6\\ ax+5y+4z=-1\\ 3x+7y+5z=2\end{cases}$

なお，a は定数

【1.10】次の行列式を求めよ．

(1) $\begin{vmatrix}6 & -2\\ 3 & 2\end{vmatrix}$　(2) $\begin{vmatrix}2 & 8 & 3\\ 1 & 2 & 3\\ 3 & 2 & 7\end{vmatrix}$　(3) $\begin{vmatrix}1 & 1 & 1 & 0\\ -2 & 2 & 4 & 2\\ 3 & 4 & 4 & 3\\ 4 & 1 & 1 & 0\end{vmatrix}$　(4) $\begin{vmatrix}3 & 3 & 9 & -3\\ 2 & 4 & 2 & 2\\ -3 & -2 & -4 & 3\\ -1 & -2 & 2 & 1\end{vmatrix}$

【1.11】因数分解せよ．

(1) $\begin{vmatrix}a & b & c\\ b & c & a\\ c & b & a\end{vmatrix}$　(2) $\begin{vmatrix}1 & x & x^2\\ x & x & x\\ x & 1 & 1\end{vmatrix}$

【1.12】クラーメルの公式を用い【1.9】の連立方程式を解け．

【1.13】掃き出し法を用い次の行列の逆行列を求めよ．

(1) $\begin{pmatrix}1 & x\\ x^2 & 1\end{pmatrix}$　(2) $\begin{pmatrix}1 & 2 & 4\\ 2 & 1 & -2\\ 1 & 1 & 1\end{pmatrix}$

【1.14】余因子行列を用い次の行列の逆行列を求めよ．

(1) $\begin{pmatrix}2 & 3 & 1\\ 5 & 4 & 1\\ 2 & 6 & 3\end{pmatrix}$　(2) $\begin{pmatrix}1 & a & 2a\\ 1 & 4a & 3a\\ a & 3a^2 & 2a^2\end{pmatrix}$

【1.15】12 個の製品のうち 4 個が不良品である．2 個の製品を抜き出す時，不良品が 1 つは含まれる確率を求めよ．

【1.16】5％の不良品が含まれる製品について，抜き取った後，元に戻す復元抽出を 2 回行った時，1 回だけ不良品が含まれる確率を求めよ．

【1.17】10％の不良品が含まれる製品について，復元抽出を 2 回行った．不良品が含まれる回数に対する平均値，分散，標準偏差を求めよ．

【1.18】ボルトの重量が，平均 0.6000[g]，標準偏差 0.004[g]の正規分布で近似されることが分かった．0.6046[g]～0.6034[g]の範囲に，ボルトが存在する確率を，標準正規分布関数の値(表 1)を用いて求めよ．

【1.19】以下に，ある鋼に対する焼きなまし温度 x とロックウェル硬さ y に関する実験データを示す．このデータに対し，共分散，相関係数，および回帰直線を求めよ．

焼きなまし温度 x [℃]	800	900	1100	1200
ロックウェル硬さ y [HRC]	80	75	72	70

第2章

基礎解析

Calculus

2・1　多変数関数の微分 (differentiation of multivariable functions)

2・1・1　多変数関数 (multivariable function)

2 変数関数(function of two variables)は，2 つの独立変数をもつ関数である．独立変数を x，y で表すと，2 変数関数は $f(x, y)$で表す．例えば

$$f(x,y) = x^2 + y^2 \tag{2.1}$$

多変数関数(multivariable function)は，複数の独立変数で表される関数である．n 個の独立変数をもつ関数を n 変数関数(function of n variables)という．

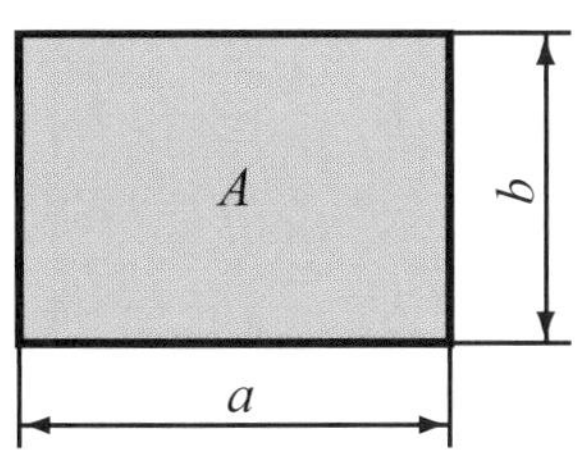

図2.1 長方形の面積

【例2.1】　長方形の面積 A を，辺の長さ a, b の関数で表せ．

【解答】

$$A = f(a,b) = ab$$

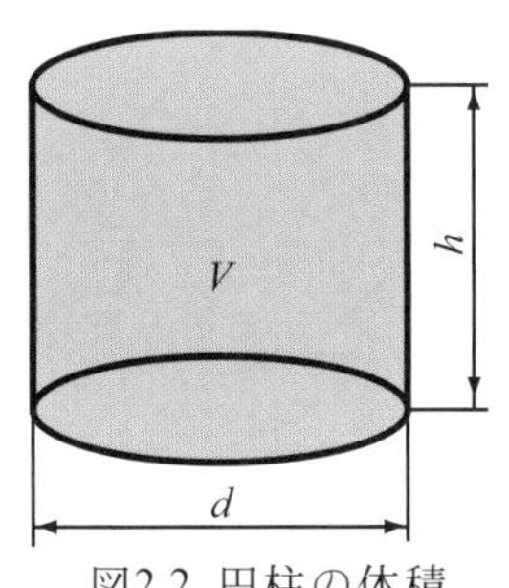

図2.2 円柱の体積

【例2.2】　円柱の体積 V を円柱の高さ h, 底面の直径 d の関数として表せ．

【解答】

$$V = f(d,h) = \pi d^2 h / 4$$

【例2.3】　流速 v, 圧力 p, 密度ρとすると，全圧 p_0 を流速 v, 圧力 p の関数で表せ（密度は一定とする）．

【解答】

$$p_0 = f(v,p) = \frac{1}{2}\rho v^2 + p$$

n 変数関数は，$(n+1)$次元空間における n 次元曲面として表わされる．

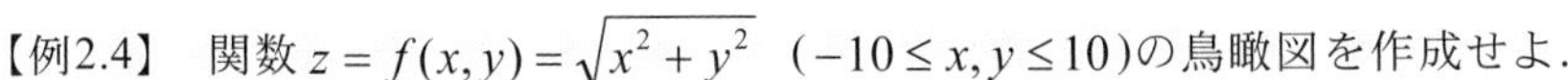

【例2.4】　関数 $z = f(x,y) = \sqrt{x^2 + y^2}$ $(-10 \le x, y \le 10)$の鳥瞰図を作成せよ．

【解答】　図 2.3参照．

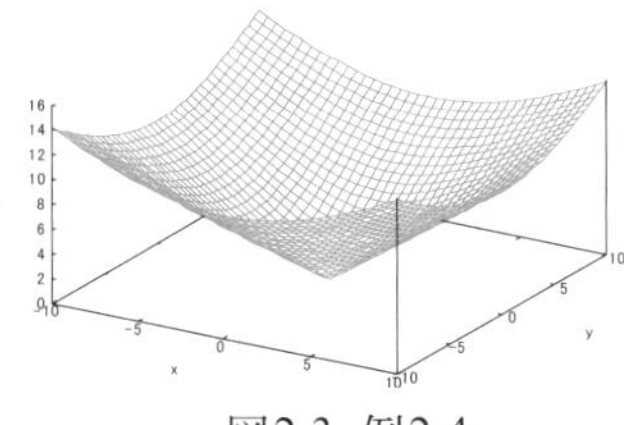
図2.3 例2.4

【例2.5】　関数 $z = f(x,y) = xy/(x^2 + y^2 + 1)$ $(-5 \le x, y \le 5)$の鳥瞰図を作成せよ．

【解答】　図 2.4参照．

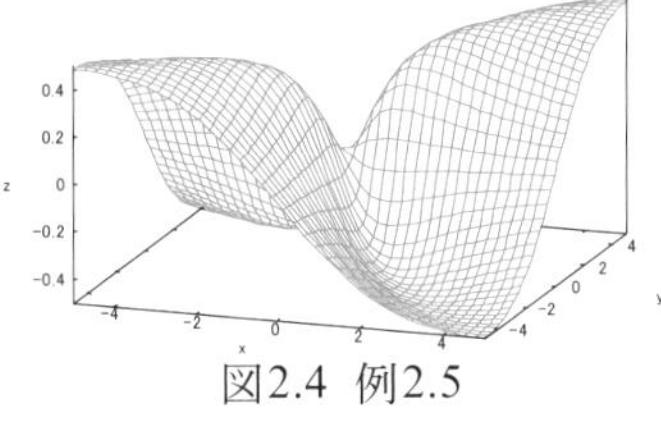
図2.4 例2.5

【例2.6】　関数 $z = f(x,y) = \sin(x^2 + y^2)$ $(-3 \le x, y \le 3)$の鳥瞰図を作成せよ．

【解答】　図 2.5参照．

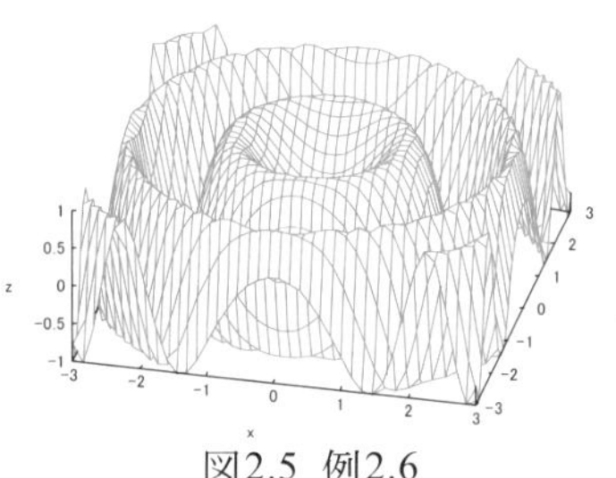
図2.5 例2.6

【例2.7】　関数 $z = f(x,y) = (x - y)^2$ $(-4 \le x, y \le 4)$の鳥瞰図を作成せよ．

【解答】　図 2.6参照．

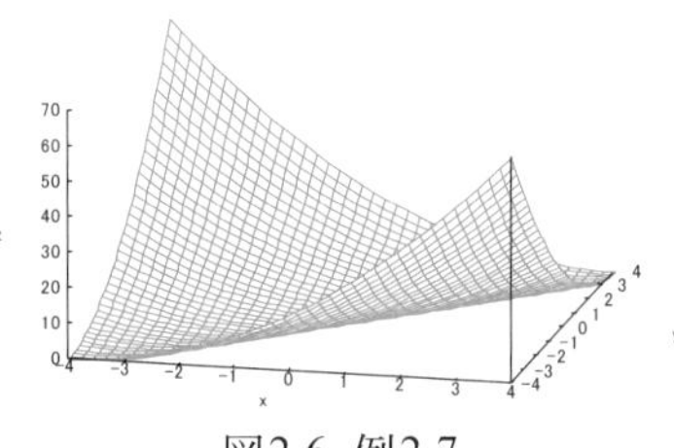
図2.6 例2.7

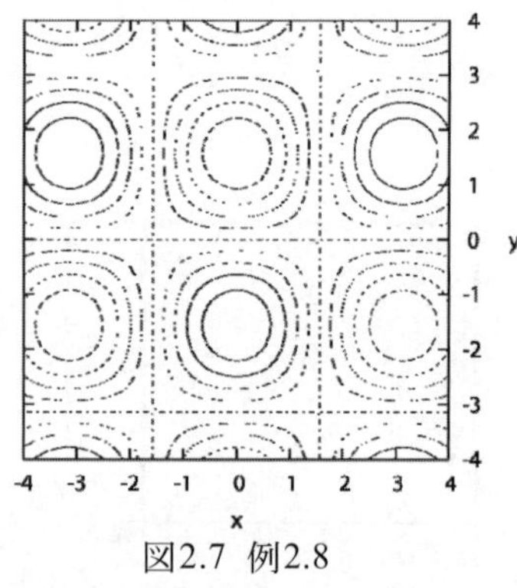

図2.7 例2.8

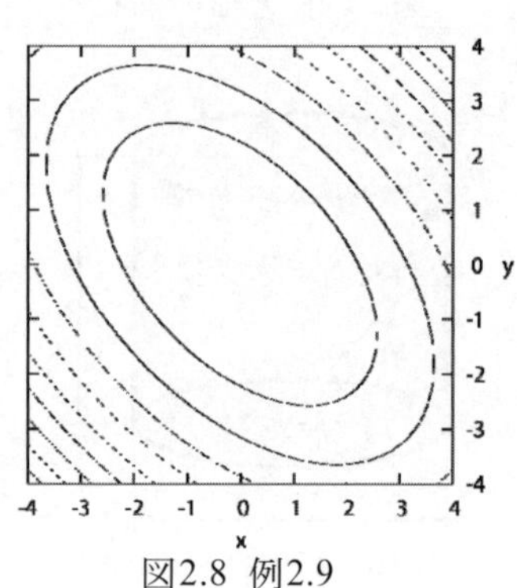

図2.8 例2.9

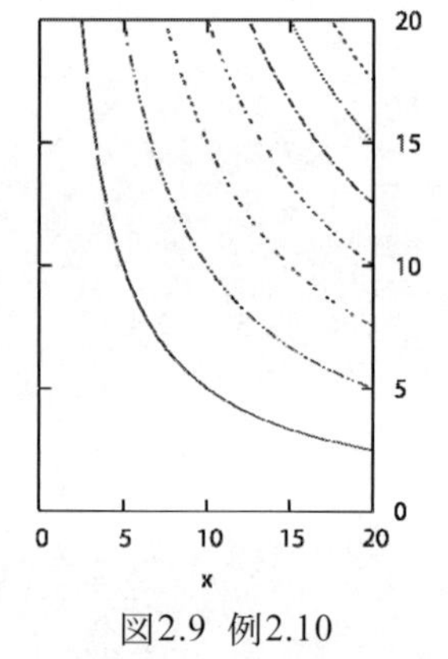

図2.9 例2.10

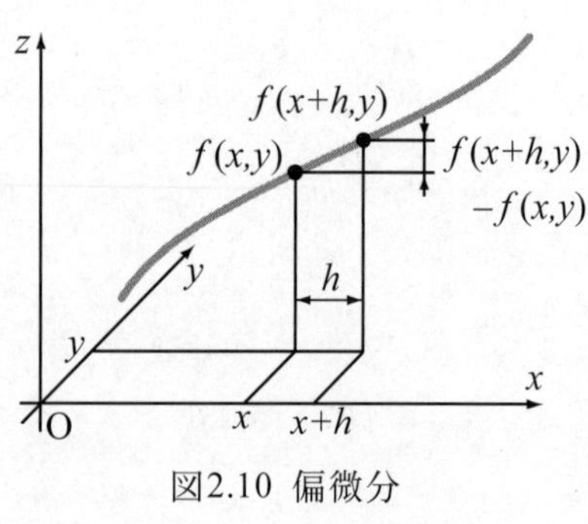

図2.10 偏微分

等値線(isoline)または等値面(isosurface)とは，関数値をある値に定めたとき，それを与える独立変数の組の集合である．

【例2.8】　関数 $f(x,y)=\cos x\cdot\cos y$ （$-4\le x,y\le 4$）の等値線を作成せよ．

【解答】　図 2.7参照．

【例2.9】　関数 $f(x,y)=x^2+xy+y^2$ （$-4\le x,y\le 4$）の等値線を作成せよ．

【解答】　図 2.8参照．

【例2.10】　二次元の縮まない流体の流れにおいて，流れ関数の等値線は流線を表す．原点をよどみ点としたとき，よどみ点の近くの流れの流れ関数は次式で与えられる．

$$\psi = Axy \quad (x,y\ge 0)$$

ここで，A は定数である．流線(等値線)を作成せよ．

【解答】　図 2.9参照．

関数の表示の仕方には 2 通りある．例えば 2 変数関数では，

陽関数表示(explicit function)

$$z=f(x,y) \tag{2.2}$$

例　$z=x^2+y^2$

陰関数表示(implicit function)

$$F(x,y,z)=0 \tag{2.3}$$

例　$x^2+y^2-z=0$

陽関数では，変数 x，y は独立変数，z は従属変数であるが，陰関数では，x，y，z の間の独立・従属の関係が明示されない．

2・1・2　偏微分(partial differentiation)

偏微分(partial differentiation)とは，１つの変数を変化させ,残りの変数を固定した場合の関数の変化率である．

関数 $f(x,y)$ の x に関する偏微分

$$\frac{\partial f}{\partial x}=\lim_{h\to 0}\frac{f(x+h,y)-f(x,y)}{h} \tag{2.4}$$

h を正から 0 に近づけるか，負から 0 に近づけるかによらず，式(2.4)の極限が 1 つの値に定まるとき，$f(x,y)$は x に関して偏微分可能である (partially differentiable) という．また，$\dfrac{\partial f}{\partial x}$ を関数 $f(x,y)$の x に関する偏導関数 (partial derivative)，$(a,\ b)$での値 $\dfrac{\partial f}{\partial x}(a,b)$ を $(a,\ b)$における偏微分係数 (partial differential coefficient) という．

【例2.11】つぎの関数の x, y, z についての偏導関数を求めよ．ただし，a, b は定数である．

(1)　$f(x,y)=\log(xy)$　$(xy>0)$　　(2)　$f(x,y)=e^x\cos y$

(3)　$f(x,y,z) = x^2 e^{ay} \sin bz$

【解答】

(1)　$\dfrac{\partial f}{\partial x} = \dfrac{1}{x}$，$\dfrac{\partial f}{\partial y} = \dfrac{1}{y}$　　(2)　$\dfrac{\partial f}{\partial x} = e^x \cos y$，$\dfrac{\partial f}{\partial y} = -e^x \sin y$

(3)　$\dfrac{\partial f}{\partial x} = 2x e^{ay} \sin bz$，$\dfrac{\partial f}{\partial y} = ax^2 e^{ay} \sin bz$，$\dfrac{\partial f}{\partial z} = bx^2 e^{ay} \cos bz$

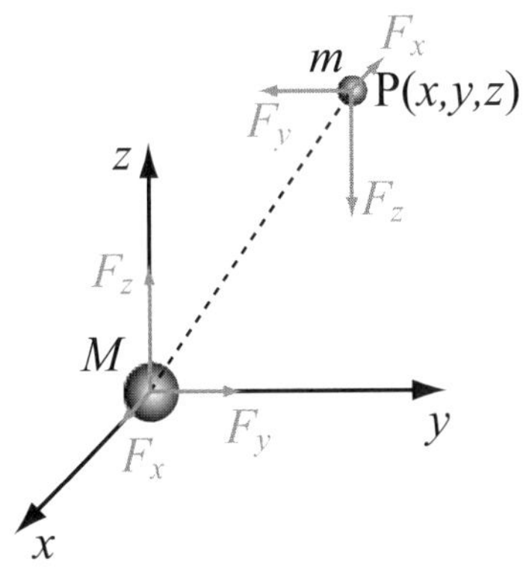

図2.11　万有引力

【例2.12】　原点に固定された質量 M の質点と座標$(x,\ y,\ z)$に位置する質量 m の質点がある．万有引力のポテンシャル $\varphi(x,y,z) = -mMG/\sqrt{x^2+y^2+z^2}$ から，質点に働く力の 3 成分 F_x，F_y，F_z を求めよ．

【解答】　質点に働く力 3 成分 F_x, F_y, F_z は，万有引力のポテンシャル $\varphi(x,y,z)$ をそれぞれ x, y, z で偏微分して得られる．すなわち，

$$F_x = \frac{\partial \varphi}{\partial x} = \frac{mMGx}{(x^2+y^2+z^2)^{3/2}},\quad F_y = \frac{\partial \varphi}{\partial y} = \frac{mMGy}{(x^2+y^2+z^2)^{3/2}},$$

$$F_z = \frac{\partial \varphi}{\partial z} = \frac{mMGz}{(x^2+y^2+z^2)^{3/2}}$$

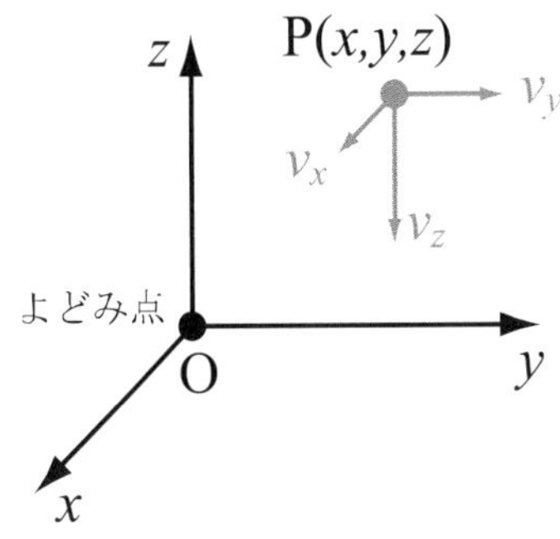

図2.12 よどみ点付近の速度成分

【例2.13】縮まない流体の渦なし流れは速度ポテンシャル(velocity potential)で表され，原点をよどみ点としたとき，よどみ点の近くの流れの速度ポテンシャルは次式で与えられる．

$$\phi = \frac{1}{2}a(x^2 - z^2) + \frac{1}{2}b(y^2 - z^2)$$

ここで，a および b は定数である．このときの速度成分 v_x, v_y, v_z を求めよ．

【解答】　速度成分は速度ポテンシャルをそれぞれ x, y, z で偏微分して得られる．すなわち，

$$v_x = \frac{\partial \phi}{\partial x} = ax,\quad v_y = \frac{\partial \phi}{\partial y} = ay,\quad v_z = \frac{\partial \phi}{\partial z} = -(a+b)z$$

高次偏導関数(high order partial derivative)は，偏微分を何度も繰り返して行ったものである．

$$\frac{\partial^2 f}{\partial x^2},\ \frac{\partial^3 f}{\partial x^3},\ \frac{\partial^2 f}{\partial x \partial y} \tag{2.5}$$

無限回微分可能な関数は，偏微分の順番を変えても，得られる偏導関数は等しい．

> ラプラスの方程式(Laplace equation)
>
> $$\frac{\partial^2 f}{\partial x^2} + \frac{\partial^2 f}{\partial y^2} + \frac{\partial^2 f}{\partial z^2} = 0$$
>
> この方程式を満たす関数を調和関数(harmonic function)という．

関数の積の偏微分

$$\frac{\partial}{\partial x} f(x,y)g(x,y) = \frac{\partial f(x,y)}{\partial x} g(x,y) + f(x,y)\frac{\partial g(x,y)}{\partial x} \tag{2.6}$$

関数の商の偏微分

$$\frac{\partial}{\partial x}\frac{f(x,y)}{g(x,y)} = \frac{\dfrac{\partial f(x,y)}{\partial x} g(x,y) - f(x,y)\dfrac{\partial f(x,y)}{\partial x}}{g(x,y)^2} \tag{2.7}$$

合成関数の偏微分

$$\frac{\partial}{\partial u} f\left(x(u,v), y(u,v)\right) = \frac{\partial f}{\partial x}\frac{\partial x}{\partial u} + \frac{\partial f}{\partial y}\frac{\partial y}{\partial u} \tag{2.8}$$

【例2.14】つぎの関数の２階偏導関数 $\dfrac{\partial^2 f}{\partial x^2}, \dfrac{\partial^2 f}{\partial xy}$ を求めよ．

(1) $f(x,y) = \log(x^2 + y^2)$　　(2) $f(x,y,z) = \dfrac{1}{x^2 + y^2}$

(3) $f(x,y,z) = \sqrt{x^2 + y^2}$

【解答】

(1) $\dfrac{\partial f}{\partial x} = \dfrac{2x}{x^2 + y^2}$ であるから

$$\frac{\partial^2 f}{\partial x^2} = \frac{2(x^2+y^2) - 2x \cdot 2x}{(x^2+y^2)^2} = \frac{2(y^2 - x^2)}{(x^2+y^2)^2}$$

$$\frac{\partial^2 f}{\partial x \partial y} = \frac{-2x \cdot 2y}{(x^2+y^2)^2} = -\frac{4xy}{(x^2+y^2)^2}$$

(2) $\dfrac{\partial f}{\partial x} = -\dfrac{2x}{(x^2+y^2)^2}$ であるから

$$\frac{\partial^2 f}{\partial x^2} = -\frac{2(x^2+y^2)^2 - 2x \cdot 2(x^2+y^2) \cdot 2x}{(x^2+y^2)^4} = \frac{2(3x^2 - y^2)}{(x^2+y^2)^3}$$

$$\frac{\partial^2 f}{\partial x \partial y} = \frac{8xy}{(x^2+y^2)^3}$$

(3) $\dfrac{\partial f}{\partial x} = \dfrac{x}{\sqrt{x^2+y^2}}$ であるから

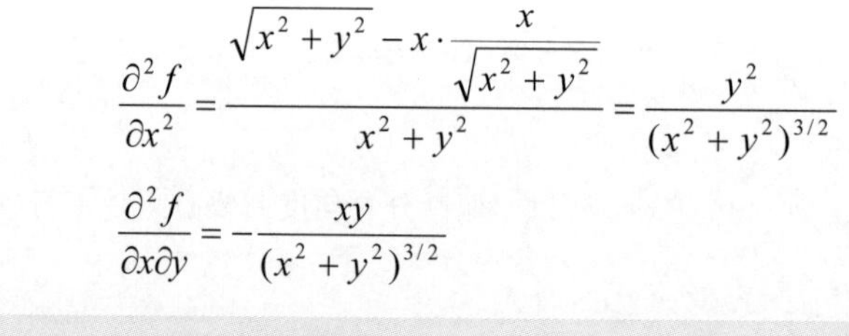

$$\frac{\partial^2 f}{\partial x^2} = \frac{\sqrt{x^2+y^2} - x \cdot \dfrac{x}{\sqrt{x^2+y^2}}}{x^2+y^2} = \frac{y^2}{(x^2+y^2)^{3/2}}$$

$$\frac{\partial^2 f}{\partial x \partial y} = -\frac{xy}{(x^2+y^2)^{3/2}}$$

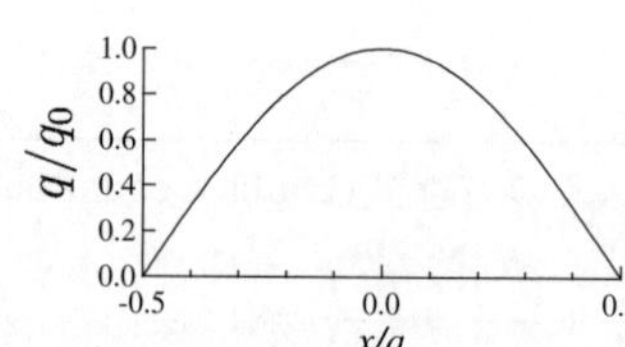

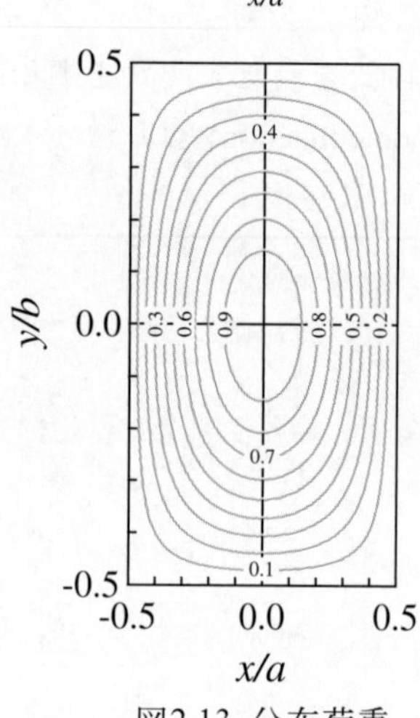

図2.13 分布荷重

【例2.15】周囲が単純支持された２辺の長さ a, b $(a < b)$の長方形板に分布荷重

$$q = q_0 \cos\frac{\pi x}{a}\cos\frac{\pi y}{b} \quad -\frac{a}{2} < x < \frac{a}{2}, -\frac{b}{2} < x < \frac{b}{2} \tag{2.9}$$

が加わる．ここで，q_0は平板の中心における荷重の大きさである．このときの平板のたわみは

$$w = \frac{q_0}{\pi^4 D\left(\dfrac{1}{a^2} + \dfrac{1}{b^2}\right)^2}\cos\frac{\pi x}{a}\cos\frac{\pi y}{b} \tag{2.10}$$

となる．これが次に示す平板のたわみの基礎式

$$\frac{\partial^4 w}{\partial x^4} + 2\frac{\partial^4 w}{\partial x^2 \partial y^2} + \frac{\partial^4 w}{\partial y^4} = \frac{q}{D} \tag{2.11}$$

を満足することを示せ．なお，Dは平板の曲げ剛性(flexural rigidity of plate)である．

平板の曲げ剛性

平板の曲げに対する変形抵抗の大きさを示す．

$$D=\frac{Eh^3}{12(1-\nu^2)}$$

h: 平板の厚さ

E: 縦弾性係数

ν: ポアソン比

【解答】式(2.11)左辺のそれぞれの偏微分項に式(2.10)を代入する．

$$\frac{\partial^4 w}{\partial x^4}=\frac{q_0}{\pi^4 D\left(\dfrac{1}{a^2}+\dfrac{1}{b^2}\right)^2}\left(\frac{\pi}{a}\right)^4\cos\frac{\pi x}{a}\cos\frac{\pi y}{b}$$

$$\frac{\partial^4 w}{\partial x^2\partial y^2}=\frac{q_0}{\pi^2 D\left(\dfrac{1}{a^2}+\dfrac{1}{b^2}\right)^2}\left(\frac{\pi}{a}\right)^2\left(\frac{\pi}{b}\right)^2\cos\frac{\pi x}{a}\cos\frac{\pi y}{b}$$

$$\frac{\partial^4 w}{\partial y^4}=\frac{q_0}{\pi^4 D\left(\dfrac{1}{a^2}+\dfrac{1}{b^2}\right)^2}\left(\frac{\pi}{b}\right)^4\cos\frac{\pi x}{a}\cos\frac{\pi y}{b}$$

したがって，

$$\text{式(2.11)左辺}=\frac{\partial^4 w}{\partial x^4}+2\frac{\partial^4 w}{\partial x^2\partial y^2}+\frac{\partial^4 w}{\partial y^4}$$

$$=\frac{q_0}{\pi^4 D\left(\dfrac{1}{a^2}+\dfrac{1}{b^2}\right)^2}\left\{\left(\frac{\pi}{a}\right)^4+2\left(\frac{\pi}{a}\right)^2\left(\frac{\pi}{b}\right)^2+\left(\frac{\pi}{b}\right)^4\right\}\cos\frac{\pi x}{a}\cos\frac{\pi y}{b}$$

$$=\frac{q_0}{D}\cos\frac{\pi x}{a}\cos\frac{\pi y}{b}=\frac{q}{D}=\text{式(2.11)右辺}$$

式(2.10)は式(2.11)を満足する．

極座標系の応力関数 $\chi(r,\theta)$

$$\sigma_r=\frac{1}{r}\frac{\partial\chi}{\partial r}+\frac{1}{r^2}\frac{\partial^2\chi}{\partial\theta^2},$$

$$\sigma_\theta=\frac{\partial^2\chi}{\partial r^2},$$

$$\tau_{r\theta}=\frac{1}{r^2}\frac{\partial\chi}{\partial\theta}-\frac{1}{r}\frac{\partial^2\chi}{\partial r\partial\theta}$$

【例2.16】2次元の弾性問題を解く一つの方法として，エアリーの応力関数χが用いられ，応力成分σ_x，σ_y，τ_{xy}との関係は次式で表される．

$$\sigma_x=\frac{\partial^2\chi}{\partial y^2},\quad \sigma_y=\frac{\partial^2\chi}{\partial x^2},\quad \tau_{xy}=-\frac{\partial^2\chi}{\partial x\partial y} \tag{2.12}$$

ここで，応力関数χが$\chi=\dfrac{ay^2}{2}\ (a>0)$で与えられた場合，応力関数$\chi$はどのような応力状態を表しているか．

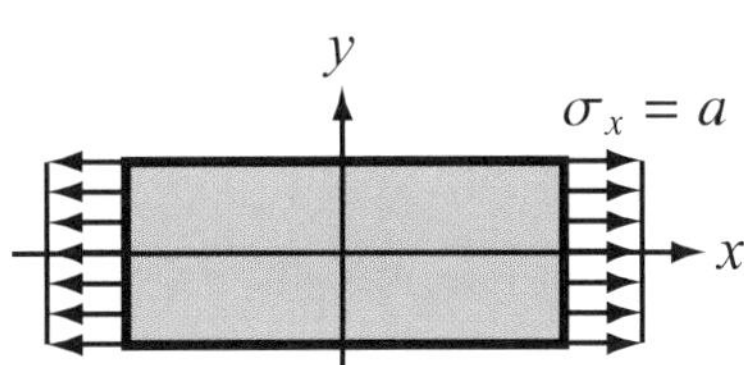

図2.14 x 方向への引張応力

【解答】 応力関数 $\chi=\dfrac{ay^2}{2}$ を式(2.12)に代入すると，

$$\sigma_x=\frac{\partial^2(ay^2/2)}{\partial y^2}=a,\quad \sigma_y=\frac{\partial^2(ay^2/2)}{\partial x^2}=0,\quad \tau_{xy}=-\frac{\partial^2(ay^2/2)}{\partial x\partial y}=0$$

となり，x 方向へ大きさが a の一様な引張応力が生じている状態を表している．

極座標系 (polar coordinates) の変換

極座標系との関係

$$\begin{cases} x(r,\theta)=r\cos\theta \\ y(r,\theta)=r\sin\theta \end{cases} \tag{2.13}$$

を用いて，関数$f(x(r,\ \theta),\ y(r,\ \theta))$の r，θに関する偏導関数をx, yに関する偏導関数で表すと，次式となる．

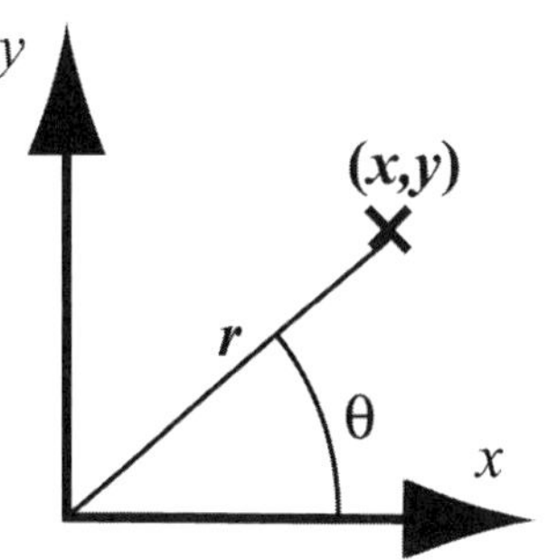

図2.15　極座標系

$$\frac{\partial f}{\partial r}=\frac{\partial f}{\partial x}\frac{\partial x}{\partial r}+\frac{\partial f}{\partial y}\frac{\partial y}{\partial r}=\frac{\partial f}{\partial x}\cos\theta+\frac{\partial f}{\partial y}\sin\theta$$
$$\frac{\partial f}{\partial \theta}=\frac{\partial f}{\partial x}\frac{\partial x}{\partial \theta}+\frac{\partial f}{\partial y}\frac{\partial y}{\partial \theta}=-\frac{\partial f}{\partial x}r\sin\theta+\frac{\partial f}{\partial y}r\cos\theta \tag{2.14}$$

$$\begin{aligned}\frac{\partial^2 f}{\partial r^2}&=\frac{\partial}{\partial r}\left(\frac{\partial f}{\partial x}\cos\theta+\frac{\partial f}{\partial y}\sin\theta\right)\\&=\frac{\partial^2 f}{\partial x^2}\cos^2\theta+2\frac{\partial^2 f}{\partial x\partial y}\cos\theta\sin\theta+\frac{\partial^2 f}{\partial y^2}\sin^2\theta\end{aligned} \tag{2.15}$$

$$\begin{aligned}\frac{\partial^2 f}{\partial \theta^2}&=\frac{\partial}{\partial \theta}\left(-\frac{\partial f}{\partial x}r\sin\theta+\frac{\partial f}{\partial y}r\cos\theta\right)\\&=\frac{\partial^2 f}{\partial x^2}r^2\sin^2\theta-2\frac{\partial^2 f}{\partial x\partial y}r^2\cos\theta\sin\theta+\frac{\partial^2 f}{\partial y^2}r^2\cos^2\theta\\&\quad-\frac{\partial f}{\partial x}r\cos\theta-\frac{\partial f}{\partial y}r\sin\theta\end{aligned} \tag{2.16}$$

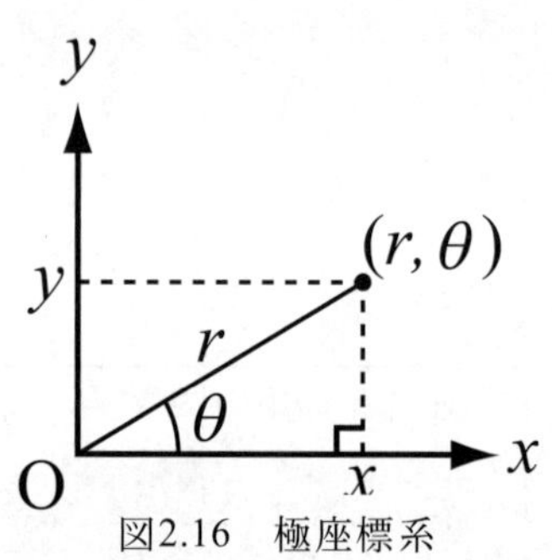

図2.16　極座標系

【例2.17】極座標系との関係

$$\begin{cases}r^2=x^2+y^2\\ \tan\theta=\dfrac{y}{x}\end{cases} \tag{2.17}$$

および式(2.13)を用いて，関数 $f(r(x,\ y),\ \theta\,(x,\ y))$ の $x,\ y$ に関する偏導関数を $r,\ \theta$ に関する偏導関数で表せ.

【解答】　式(2.17)および式(2.13)から

$$2r\frac{\partial r}{\partial x}=2x\quad \therefore \frac{\partial r}{\partial x}=\frac{x}{r}=\cos\theta \tag{2.18}$$

$$2r\frac{\partial r}{\partial y}=2y\quad \therefore \frac{\partial r}{\partial y}=\frac{y}{r}=\sin\theta \tag{2.19}$$

$$\frac{\partial \theta}{\partial x}\frac{1}{\cos^2\theta}=-\frac{y}{x^2}\quad \therefore \frac{\partial \theta}{\partial x}=-\frac{y\cos^2\theta}{x^2}=-\frac{r\sin\theta\cdot\cos^2\theta}{(r\cos\theta)^2}=-\frac{\sin\theta}{r} \tag{2.20}$$

$$\frac{\partial \theta}{\partial y}\frac{1}{\cos^2\theta}=\frac{1}{x}\quad \therefore \frac{\partial \theta}{\partial y}=\frac{\cos^2\theta}{x}=\frac{\cos^2\theta}{r\cos\theta}=\frac{\cos\theta}{r} \tag{2.21}$$

合成関数の偏微分を用いて，

$$\frac{\partial f}{\partial x}=\frac{\partial f}{\partial r}\frac{\partial r}{\partial x}+\frac{\partial f}{\partial \theta}\frac{\partial \theta}{\partial x}=\frac{\partial f}{\partial r}\cos\theta-\frac{\partial f}{\partial \theta}\frac{\sin\theta}{r} \tag{2.22}$$

$$\frac{\partial f}{\partial y}=\frac{\partial f}{\partial r}\frac{\partial r}{\partial y}+\frac{\partial f}{\partial \theta}\frac{\partial \theta}{\partial y}=\frac{\partial f}{\partial r}\sin\theta+\frac{\partial f}{\partial \theta}\frac{\cos\theta}{r} \tag{2.23}$$

また 2 階偏導関数は

$$\frac{\partial^2 f}{\partial x^2}=\frac{\partial}{\partial x}\left(\frac{\partial f}{\partial x}\right)=\frac{\partial}{\partial r}\left(\frac{\partial f}{\partial x}\right)\frac{\partial r}{\partial x}+\frac{\partial}{\partial \theta}\left(\frac{\partial f}{\partial x}\right)\frac{\partial \theta}{\partial x} \tag{2.24}$$

式(2.22)を代入して偏微分を実行し，式(2.18)および(2.20)の関係を用いると，次式が得られる.

$$\frac{\partial^2 f}{\partial x^2}=\frac{\partial^2 f}{\partial r^2}\cos^2\theta-\frac{\partial^2 f}{\partial r\partial \theta}\frac{\sin 2\theta}{r}+\frac{\partial f}{\partial r}\frac{\sin^2\theta}{r}+\frac{\partial f}{\partial \theta}\frac{\sin 2\theta}{r^2}+\frac{\partial^2 f}{\partial \theta^2}\frac{\sin^2\theta}{r^2} \tag{2.25}$$

同様にして

$$\frac{\partial^2 f}{\partial y^2}=\frac{\partial^2 f}{\partial r^2}\sin^2\theta+\frac{\partial^2 f}{\partial r\partial\theta}\frac{\sin 2\theta}{r}+\frac{\partial f}{\partial r}\frac{\cos^2\theta}{r}-\frac{\partial f}{\partial\theta}\frac{\sin 2\theta}{r^2}+\frac{\partial^2 f}{\partial\theta^2}\frac{\cos^2\theta}{r^2} \qquad (2.26)$$

$$\frac{\partial^2 f}{\partial x\partial y}=\frac{\partial^2 f}{\partial r^2}\frac{\sin 2\theta}{2}+\frac{\partial^2 f}{\partial r\partial\theta}\frac{\cos 2\theta}{r}-\frac{\partial f}{\partial r}\frac{\sin 2\theta}{2r}-\frac{\partial f}{\partial\theta}\frac{\cos 2\theta}{r^2}-\frac{\partial^2 f}{\partial\theta^2}\frac{\sin 2\theta}{2r^2} \qquad (2.27)$$

【例2.18】 球座標系（spherical coordinates） との関係

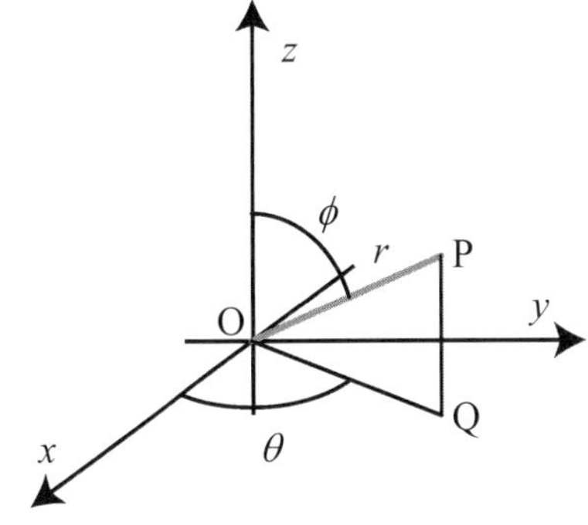

図2.17　球座標

$$\begin{cases} x(r,\theta,\phi)=r\cos\theta\sin\phi \\ y(r,\theta,\phi)=r\sin\theta\sin\phi \\ z(r,\theta,\phi)=r\cos\phi \end{cases} \qquad (2.28)$$

を用いて，関数 $f(x(r,\theta,\phi), y(r,\theta,\phi), z(r,\theta,\phi))$の r,θ,ϕに関する偏導関数を x, y, z に関する偏導関数で表せ．

【解答】

$$\frac{\partial f}{\partial r}=\frac{\partial f}{\partial x}\frac{\partial x}{\partial r}+\frac{\partial f}{\partial y}\frac{\partial y}{\partial r}+\frac{\partial f}{\partial z}\frac{\partial z}{\partial r}=\frac{\partial f}{\partial x}\cos\theta\sin\phi+\frac{\partial f}{\partial y}\sin\theta\sin\phi+\frac{\partial f}{\partial z}\cos\phi$$

$$\frac{\partial f}{\partial\theta}=\frac{\partial f}{\partial x}\frac{\partial x}{\partial\theta}+\frac{\partial f}{\partial y}\frac{\partial y}{\partial\theta}+\frac{\partial f}{\partial z}\frac{\partial z}{\partial\theta}=-\frac{\partial f}{\partial x}r\sin\theta\sin\phi+\frac{\partial f}{\partial y}r\cos\theta\sin\phi$$

$$\frac{\partial f}{\partial\phi}=\frac{\partial f}{\partial x}\frac{\partial x}{\partial\phi}+\frac{\partial f}{\partial y}\frac{\partial y}{\partial\phi}+\frac{\partial f}{\partial z}\frac{\partial z}{\partial\phi}=\frac{\partial f}{\partial x}r\cos\theta\cos\phi+\frac{\partial f}{\partial y}r\sin\theta\cos\phi-\frac{\partial f}{\partial z}r\sin\phi$$

$$\frac{\partial^2 f}{\partial r^2}=\frac{\partial}{\partial r}\left(\frac{\partial f}{\partial x}\cos\theta\sin\phi+\frac{\partial f}{\partial y}\sin\theta\sin\phi+\frac{\partial f}{\partial z}\cos\phi\right)$$

$$\begin{aligned}=&\frac{\partial^2 f}{\partial x^2}\cos^2\theta\sin^2\phi+\frac{\partial^2 f}{\partial y^2}\sin^2\theta\sin^2\phi+\frac{\partial^2 f}{\partial^2 z}\cos^2\phi\\ &+\frac{\partial f}{\partial x\partial y}\sin 2\theta\sin^2\phi+\frac{\partial f}{\partial y\partial z}\sin\theta\sin 2\phi\\ &+\frac{\partial f}{\partial z\partial x}\cos\theta\sin 2\phi\end{aligned}$$

$$\frac{\partial^2 f}{\partial\theta^2}=\frac{\partial}{\partial\theta}\left(-\frac{\partial f}{\partial x}r\sin\theta\sin\phi+\frac{\partial f}{\partial y}r\cos\theta\sin\phi\right)$$

$$\begin{aligned}=&\frac{\partial^2 f}{\partial x^2}r^2\sin^2\theta\sin^2\phi-\frac{\partial^2 f}{\partial x\partial y}r^2\sin 2\theta\sin^2\phi+\frac{\partial^2 f}{\partial y^2}r^2\cos^2\theta\sin^2\phi\\ &-\frac{\partial f}{\partial x}\cos\theta\sin\phi-\frac{\partial f}{\partial y}\sin\theta\sin\phi\end{aligned}$$

$$\frac{\partial^2 f}{\partial\phi^2}=\frac{\partial}{\partial\phi}\left(\frac{\partial f}{\partial x}r\cos\theta\cos\phi+\frac{\partial f}{\partial y}r\sin\theta\cos\phi-\frac{\partial f}{\partial z}r\sin\phi\right)$$

$$\begin{aligned}=&\frac{\partial^2 f}{\partial x^2}r^2\cos^2\theta\cos^2\phi+\frac{\partial^2 f}{\partial y^2}r^2\sin^2\theta\cos^2\phi+\frac{\partial^2 f}{\partial z^2}r^2\sin^2\phi\\ &+\frac{\partial^2 f}{\partial x\partial y}r^2\sin 2\theta\cos^2\phi-\frac{\partial^2 f}{\partial y\partial z}r^2\sin\theta\sin 2\phi\\ &-\frac{\partial^2 f}{\partial z\partial x}r^2\cos\theta\sin 2\phi\\ &-\frac{\partial f}{\partial x}r\cos\theta\sin\phi-\frac{\partial f}{\partial y}r\sin\theta\sin\phi-\frac{\partial f}{\partial z}r\cos\phi\end{aligned}$$

【例2.19】 2次元の直線直交座標系(x, y)の定常熱伝導方程式は，温度Tに対して以下のように与えられる．

$$\frac{\partial^2 T}{\partial x^2}+\frac{\partial^2 T}{\partial y^2}=0 \tag{2.29}$$

これより，式(2.25) および(2.26) を利用して， 2次元の極座標系(r, θ)の定常熱伝導方程式を求めよ．

【解答】

式(2.29)の左辺に，式(2.25)および(2.26)を利用すると，

$$\begin{aligned}
&\frac{\partial^2 T}{\partial x^2}+\frac{\partial^2 T}{\partial y^2}\\
&=\frac{\partial^2 T}{\partial r^2}\cos^2\theta-\frac{\partial^2 T}{\partial r\partial\theta}\frac{\sin 2\theta}{r}+\frac{\partial T}{\partial r}\frac{\sin^2\theta}{r}+\frac{\partial T}{\partial\theta}\frac{\sin 2\theta}{r^2}+\frac{\partial^2 T}{\partial\theta^2}\frac{\sin^2\theta}{r^2}\\
&\quad+\frac{\partial^2 T}{\partial r^2}\sin^2\theta+\frac{\partial^2 T}{\partial r\partial\theta}\frac{\sin 2\theta}{r}+\frac{\partial T}{\partial r}\frac{\cos^2\theta}{r}-\frac{\partial T}{\partial\theta}\frac{\sin 2\theta}{r^2}+\frac{\partial^2 T}{\partial\theta^2}\frac{\cos^2\theta}{r^2}\\
&=\left(\frac{\partial^2 T}{\partial r^2}+\frac{1}{r}\frac{\partial T}{\partial r}+\frac{1}{r^2}\frac{\partial^2 T}{\partial\theta^2}\right)(\sin^2\theta+\cos^2\theta)\\
&=\frac{\partial^2 T}{\partial r^2}+\frac{1}{r}\frac{\partial T}{\partial r}+\frac{1}{r^2}\frac{\partial^2 T}{\partial\theta^2}
\end{aligned}$$

したがって，2次元の極座標系(r, θ)の定常熱伝導方程式は以下のようになる．

$$\frac{\partial^2 T}{\partial r^2}+\frac{1}{r}\frac{\partial T}{\partial r}+\frac{1}{r^2}\frac{\partial^2 T}{\partial\theta^2}=0$$

2・2　多変数関数の極大・極小(maxima and minima)

2・2・1　テイラー展開(Taylor expansion)

2変数関数$f(x, y)$を(x, y)のまわりのテイラー展開(Taylor expansion)(Δx, Δyは微小量)

$$\begin{aligned}
f(x+\Delta x, y+\Delta y)=f(x,y)&+\frac{\partial f}{\partial x}\Delta x+\frac{\partial f}{\partial y}\Delta y\\
&+\frac{1}{2!}\left\{\frac{\partial^2 f}{\partial x^2}\Delta x^2+2\frac{\partial^2 f}{\partial x\partial y}\Delta x\Delta y+\frac{\partial^2 f}{\partial y^2}\Delta y^2\right\}\\
&+\frac{1}{3!}\left\{\frac{\partial^3 f}{\partial x^3}\Delta x^3+3\frac{\partial^3 f}{\partial x^2\partial y}\Delta x^2\Delta y+3\frac{\partial^3 f}{\partial x\partial y^2}\Delta x\Delta y^2+\frac{\partial^3 f}{\partial y^3}\Delta y\right\}\\
&+\cdots
\end{aligned} \tag{2.30}$$

マクローリン展開(Maclaurin expansion)の場合は，x=0, y=0 とおく．

【例2.20】　次の関数をマクローリン展開せよ．

(1) $f(x,y)=e^{x+y}$　　(2) $f(x,y)=e^x\sin y$　　(3) $f(x,y)=(x+y)^2$

【解答】

(1) $e^{\Delta x+\Delta y}=1+\Delta x+\Delta y+\frac{1}{2!}(\Delta x+\Delta y)^2+\frac{1}{3!}(\Delta x+\Delta y)^3+\cdots$

(2)　$e^{\Delta x}\sin\Delta y = \Delta y + \Delta x\Delta y + \frac{1}{3!}(3\Delta x^2\Delta y - \Delta y^3) + \cdots$

(3)　$(\Delta x + \Delta y)^2 = \frac{1}{2!}(2\Delta x^2 + 4\Delta x\Delta y + 2\Delta y^2)$

2 変数関数 $f(x,\ y)$が，図2.18に示すように x，y 方向それぞれにΔx，Δy の間隔で数値的に与えられているとき，2 階偏微分 $\frac{\partial f(x,y)}{\partial x}$，$\frac{\partial f(x,y)}{\partial y}$ は次のように近似できる

$$\frac{\partial f(x,y)}{\partial x} \cong \frac{f(x+\Delta x,y) - f(x-\Delta x,y)}{2\Delta x} \tag{2.31}$$

$$\frac{\partial f(x,y)}{\partial y} \cong \frac{f(x,y+\Delta y) - f(x,y-\Delta y)}{2\Delta y} \tag{2.32}$$

【例2.21】 2 変数関数 $f(x, y)$が，図2.18に示すように x, y 方向それぞれにΔx, Δy の間隔で数値的に与えられているとき, 2 階偏微分 $\frac{\partial^2 f(x,y)}{\partial x^2}$，$\frac{\partial^2 f(x,y)}{\partial y^2}$ を 5 点のデータから求める近似式を作れ．

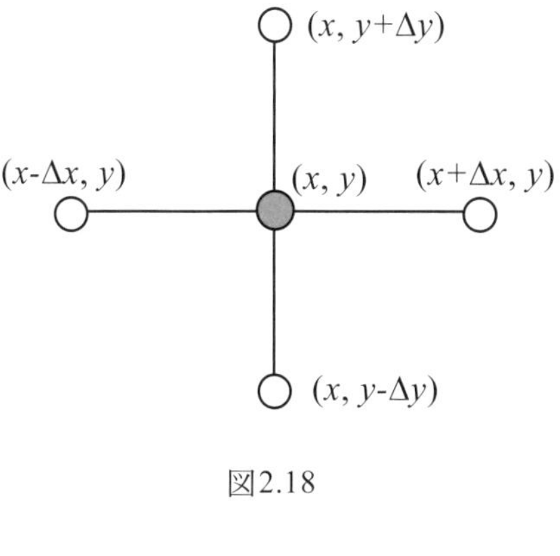

図2.18

【解答】　まず，x 方向について考える．$f(x+\Delta x,y)$, $f(x-\Delta x,y)$ を (x,y) の周りでテイラー展開すると，

$$\begin{cases} f(x+\Delta x,y) = f(x,y) + \frac{\partial f(x,y)}{\partial x}\Delta x + \frac{1}{2!}\frac{\partial^2 f(x,y)}{\partial x^2}\Delta x^2 + \frac{1}{3!}\frac{\partial^3 f(x,y)}{\partial x^3}\Delta x^3 + \cdots \\ f(x-\Delta x,y) = f(x,y) - \frac{\partial f(x,y)}{\partial x}\Delta x + \frac{1}{2!}\frac{\partial^2 f(x,y)}{\partial x^2}\Delta x^2 - \frac{1}{3!}\frac{\partial^3 f(x,y)}{\partial x^3}\Delta x^3 + \cdots \end{cases} \tag{2.33}$$

が得られる．式(2.33)の上式と下式を足し合わせ変形すると

$$\frac{\partial^2 f(x,y)}{\partial x^2} - \frac{f(x+\Delta x,y) - 2f(x,y) + f(x-\Delta x,y)}{\Delta x^2} = -\frac{2}{4!}\frac{\partial^4 f(x,y)}{\partial x^4}\Delta x^2 - \cdots \tag{2.34}$$

を得る．　これは 2 階偏微分 $\frac{\partial^2 f(x,y)}{\partial x^2}$ を

$$\frac{\partial^2 f(x,y)}{\partial x^2} \cong \frac{f(x+\Delta x,y) - 2f(x,y) + f(x-\Delta x,y)}{\Delta x^2} \tag{2.35}$$

と近似するとその誤差はΔx の 2 次の項以上となることを表わしている．したがってΔx が小さくなるに従って誤差はΔx の 2 乗以上の速さで小さくなっていく．同様に $\frac{\partial^2 f(x,y)}{\partial y^2}$ は $f(x, y+\Delta y)$と $f(x, y-\Delta y)$ から次のように近似できる．

$$\frac{\partial^2 f(x,y)}{\partial y^2} \cong \frac{f(x,y+\Delta y) - 2f(x,y) + f(\Delta x,y-\Delta y)}{\Delta y^2} \tag{2.36}$$

【例2.22】　1 次元熱伝導方程式(one-dimensional heat conduction equation)は次のように与えられる．

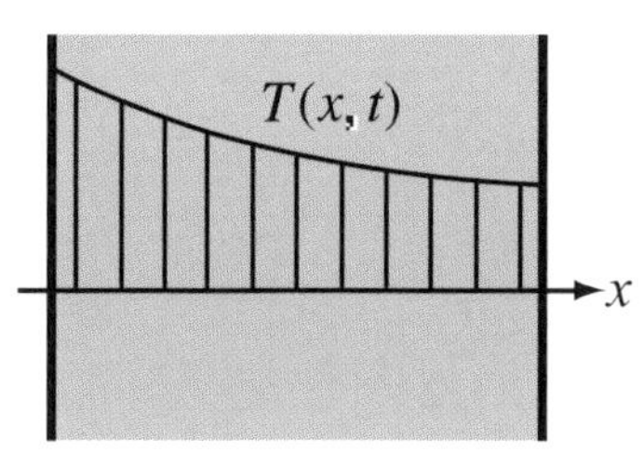

図2.19 平板内の温度変化

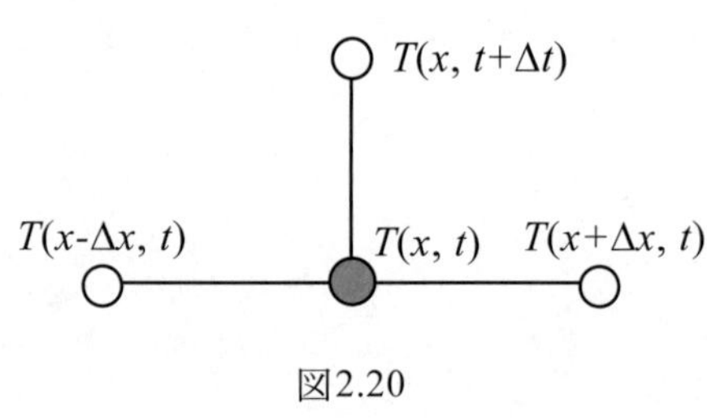

図2.20

$$\frac{\partial T(x,t)}{\partial t} = \alpha \frac{\partial^2 T(x,t)}{\partial x^2} \tag{2.37}$$

ここで，T は温度を表し，位置 x および時間 t の関数である．αは物性定数である．図2.20に示すように x，t をそれぞれにΔx，Δy の間隔で数値的に与えられているとき１次元熱伝導方程式を４点のデータから近似式を作れ．

【解答】　$T(x, t+\Delta t)$を(x, t)の周りでテイラー展開すると，

$$T(x,t+\Delta t) = T(x,t) + \frac{\partial T(x,t)}{\partial t}\Delta t + \frac{1}{2!}\frac{\partial^2 f(x,t)}{\partial t^2}\Delta t^2 + \cdots$$

上式より $\frac{\partial T(x,t)}{\partial t}$ を $T(x, t+\Delta t)$と $T(x, t)$を使って次のように近似する．

$$\frac{\partial T(x,t)}{\partial t} \cong \frac{T(x,t+\Delta t) - T(x,t)}{\Delta t} \tag{2.38}$$

一方，$\frac{\partial^2 T(x,t)}{\partial x^2}$は式(2.35)と同様に次式で表される．

$$\frac{\partial^2 T(x,t)}{\partial x^2} \cong \frac{T(x+\Delta x,t) - 2T(x,t) + T(x-\Delta x,t)}{\Delta x^2} \tag{2.39}$$

式(2.38)と式(2.39)を式(2.37)に代入すると次式が得られる．

$$\frac{T(x,t+\Delta t) - T(x,t)}{\Delta t} = \alpha \frac{T(x+\Delta x,t) - 2T(x,t) + T(x-\Delta x,t)}{\Delta x^2}$$

2・2・2　多変数関数の局所的性質(local behavior of multivariable functions)

n 変数関数 $f = f(x_1, x_2, \cdots x_n)$ に関する極大あるいは極小となるための必要条件

$$\frac{\partial f}{\partial x_1} = \frac{\partial f}{\partial x_2} = \cdots = \frac{\partial f}{\partial x_n} = 0 \tag{2.40}$$

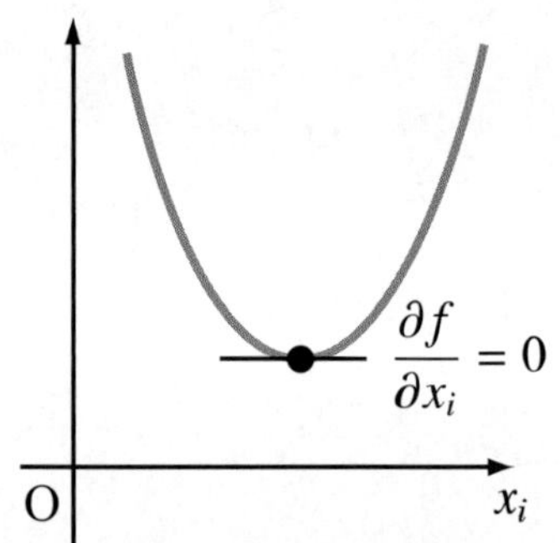

図2.21 関数の極小

このような点を停留点（point of inflection）とよぶ．

２変数関数の場合について，関数 f を停留点 P(x, y)のまわりでテイラー展開し，２次の項まで残すと，

$$\begin{aligned}\Delta f &= f(x+\Delta x, y+\Delta y) - f(x,y) \\ &= \frac{A}{2}\left\{\left(\Delta x + \frac{B}{A}\Delta y\right)^2 + \frac{D}{A^2}\Delta y^2\right\}\end{aligned} \tag{2.41}$$

ここで，

$$A = \frac{\partial^2 f}{\partial x^2},\quad B = \frac{\partial^2 f}{\partial x \partial y},\quad C = \frac{\partial^2 f}{\partial y^2},\quad D = -B^2 + AC \tag{2.42}$$

これにより，点 P での挙動は，

$$\begin{cases} A > 0 \text{ かつ } D > 0 \rightarrow \text{常に } \Delta f > 0 \text{（極小値）} \\ A < 0 \text{ かつ } D > 0 \rightarrow \text{常に } \Delta f < 0 \text{（極大値）} \\ D < 0 \qquad\qquad \rightarrow \Delta f \text{ は正にも負にもなり得る} \end{cases} \tag{2.43}$$

D はヘッセ（Hesse）行列

$$\begin{bmatrix} A & B \\ B & C \end{bmatrix} = \begin{bmatrix} \dfrac{\partial^2 f}{\partial x^2} & \dfrac{\partial^2 f}{\partial x \partial y} \\ \dfrac{\partial^2 f}{\partial y \partial x} & \dfrac{\partial^2 f}{\partial y^2} \end{bmatrix} \tag{2.44}$$

の行列式（determinant）になっており，ヘシアン（Hessian）と呼ばれる．一般の n 変数関数の場合は，$n \times n$ のヘッセ行列 $\boldsymbol{M}$ は

$$\boldsymbol{M} = \begin{bmatrix} \dfrac{\partial^2 f}{\partial x_1^2} & \dfrac{\partial^2 f}{\partial x_1 \partial x_2} & \cdots & \dfrac{\partial^2 f}{\partial x_1 \partial x_{n-1}} & \dfrac{\partial^2 f}{\partial x_1 \partial x_n} \\ \dfrac{\partial^2 f}{\partial x_2 \partial x_1} & \dfrac{\partial^2 f}{\partial x_2^2} & \cdots & \dfrac{\partial^2 f}{\partial x_2 \partial x_{n-1}} & \dfrac{\partial^2 f}{\partial x_2 \partial x_n} \\ \vdots & \vdots & \ddots & \vdots & \vdots \\ \dfrac{\partial^2 f}{\partial x_{n-1} \partial x_1} & \dfrac{\partial^2 f}{\partial x_{n-1} \partial x_2} & \cdots & \dfrac{\partial^2 f}{\partial x_{n-1}^2} & \dfrac{\partial^2 f}{\partial x_{n-1} \partial x_n} \\ \dfrac{\partial^2 f}{\partial x_n \partial x_1} & \dfrac{\partial^2 f}{\partial x_n \partial x_2} & \cdots & \dfrac{\partial^2 f}{\partial x_n \partial x_{n-1}} & \dfrac{\partial^2 f}{\partial x_n^2} \end{bmatrix} \tag{2.45}$$

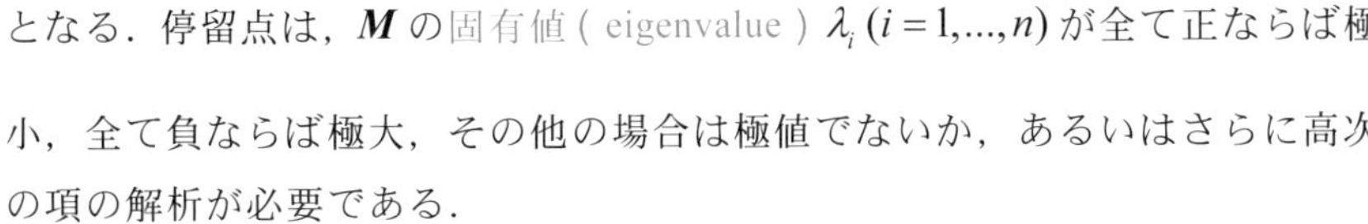

となる．停留点は，$\boldsymbol{M}$ の固有値（eigenvalue）$\lambda_i \ (i = 1, \ldots, n)$ が全て正ならば極小，全て負ならば極大，その他の場合は極値でないか，あるいはさらに高次の項の解析が必要である．

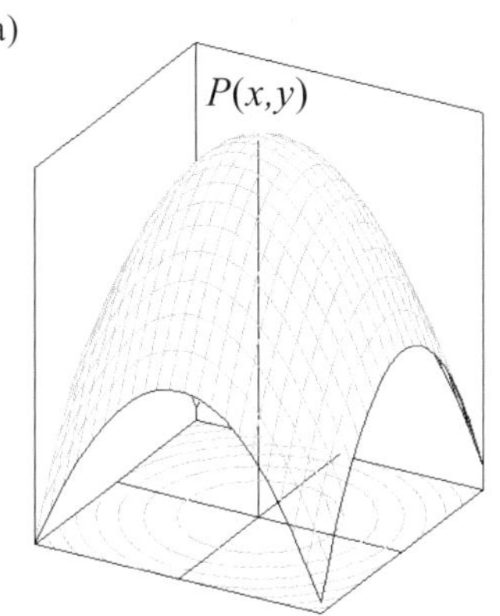

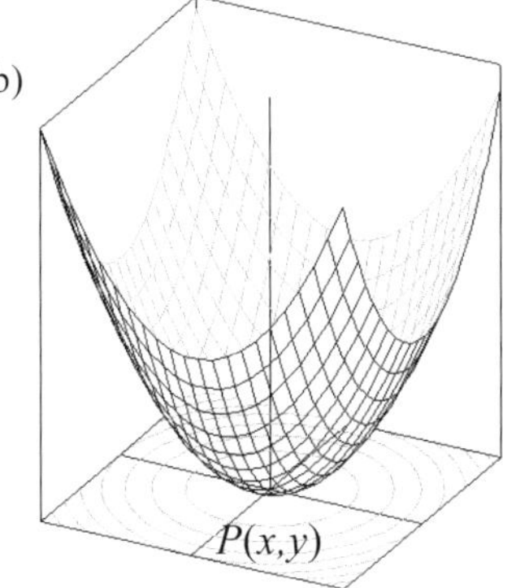

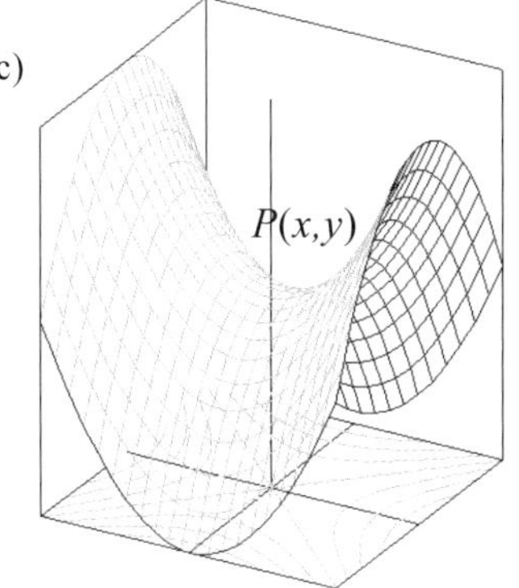

図2.22　2 変数関数の，(a)極大，(b)極小，(c)鞍点

【例2.23】　つぎの 2 変数関数の停留点を求め，極値かどうか判断せよ．極値の場合にはその値を求めよ．

(1)　$f(x, y) = x^2 + xy + y^2 - 4x - 2y$

(2)　$f(x, y) = x^3 - 4xy - y^2 + 4x$

(3)　$f(x, y) = \sin x + \cos y \quad (0 < x, y < 2\pi)$

(4)　$f(x, y) = e^{x/2}(x + y^2)$

【解答】

(1)　$\dfrac{\partial f}{\partial x} = 2x + y - 4$，$\dfrac{\partial f}{\partial y} = x + 2y - 2$

$\dfrac{\partial f}{\partial x} = \dfrac{\partial f}{\partial y} = 0$ より停留点となるのは(2,0)の 1 点である．また，2 階微分は

$$A = \frac{\partial^2 f}{\partial x^2} = 2,\quad B = \frac{\partial^2 f}{\partial x \partial y} = 1,\quad C = \frac{\partial^2 f}{\partial y^2} = 2,\quad D = -B^2 + AC = 3$$

(2,0)では $A>0$ かつ $D>0$ であるから(2,0)は極小点であり，極値は $f(2,0) = -4$ である．

(2)　$\dfrac{\partial f}{\partial x} = 3x^2 - 4y + 4$，$\dfrac{\partial f}{\partial y} = -4x - 2y$

$\dfrac{\partial f}{\partial x} = \dfrac{\partial f}{\partial y} = 0$ より停留点となるのは(−2,4)，$\left(-\dfrac{2}{3}, \dfrac{4}{3}\right)$の 2 点である．また，2 階微分は

$$A = \frac{\partial^2 f}{\partial x^2} = 6x,\quad B = \frac{\partial^2 f}{\partial x \partial y} = -4,\quad C = \frac{\partial^2 f}{\partial y^2} = -2,$$

$$D=-B^2+AC=-16-12x$$

(−2,4)は $A=-12<0$, $D=8>0$ であるから極大点であり，極値は $f(-2,4)=0$ である．

$\left(-\frac{2}{3},\frac{4}{3}\right)$ は $A=-4<0$, $D=-8<0$ であるから鞍点である．

(3) $\dfrac{\partial f}{\partial x}=\cos x$，$\dfrac{\partial f}{\partial y}=-\sin y$

$\dfrac{\partial f}{\partial x}=\dfrac{\partial f}{\partial y}=0$ より停留点となるのは $\left(\frac{\pi}{2},\pi\right)$，$\left(\frac{3\pi}{2},\pi\right)$ の２点である．また，2階微分は

$$A=\frac{\partial^2 f}{\partial x^2}=-\sin x，B=\frac{\partial^2 f}{\partial x\partial y}=0，C=\frac{\partial^2 f}{\partial y^2}=-\cos y，$$

$$D=-B^2+AC=\sin x\cos y$$

$\left(\frac{\pi}{2},\pi\right)$ は $A=-1$, $D=-1$ であるから鞍点である．$\left(\frac{3\pi}{2},\pi\right)$ は $A=1>0$, $D=1>0$ であるから極小点であり，極値は $f\left(\frac{3\pi}{2},\pi\right)=-2$ である．

(4) $\dfrac{\partial f}{\partial x}=\dfrac{1}{2}e^{x/2}(2+x+y^2)$，$\dfrac{\partial f}{\partial y}=2e^{x/2}y$

$\dfrac{\partial f}{\partial x}=\dfrac{\partial f}{\partial y}=0$ より停留点となるのは(−2,0)の１点である．また，2階微分は

$$A=\frac{\partial^2 f}{\partial x^2}=\frac{1}{4}e^{x/2}(4+x+y^2)，B=\frac{\partial^2 f}{\partial x\partial y}=e^{x/2}y，C=\frac{\partial^2 f}{\partial y^2}=2e^{x/2}，$$

$$D=-B^2+AC=-e^x y^2+\frac{1}{2}e^x(4+x+y^2)$$

(−2,0)では $A=\frac{1}{2}e^{-1}>0$ かつ $D=e^{-2}>0$ であるから(2,0)は極小点であり，極値は $f(-2,0)=-2/e$ である．

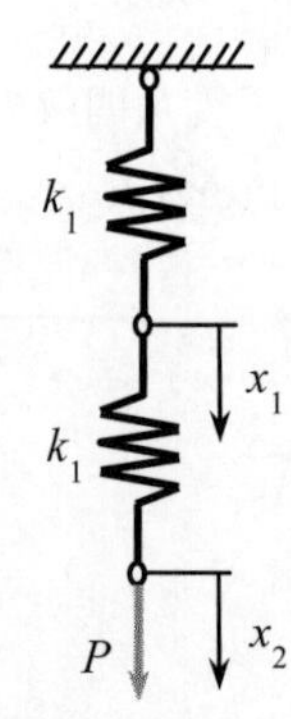

図2.23 ばね系

【例2.24】 最小ポテンシャルエネルギーの原理(principle of minimum potential energy)とは，弾性体のもつひずみエネルギーと体積力および表面力によるポテンシャルエネルギーの和である全ポテンシャルエネルギーが，弾性体が釣合い状態にあるとき最小になるというものである．図2.23に示す２つのばね系において，全ポテンシャルエネルギーΠは次式で表される．

$$\Pi=\frac{1}{2}k_1x_1^2+\frac{1}{2}k_2(x_2-x_1)^2-Px_2$$

外力 P が与えられ釣合い状態にあるとき，それぞれのばねの変位 x_1, x_2 を求めよ．

【解答】

まず，Πを x_1, x_2 で偏微分する．

$$\frac{\partial \Pi}{\partial x_1}=k_1x_1-k_2(x_2-x_1)，\qquad \frac{\partial \Pi}{\partial x_2}=k_2(x_2-x_1)-P$$

となる．$\dfrac{\partial \Pi}{\partial x_1}=\dfrac{\partial \Pi}{\partial x_2}=0$ より停留点となるのは $x_1=\dfrac{1}{k_1}P$，$x_2=\left(\dfrac{1}{k_1}+\dfrac{1}{k_2}\right)P$ である．また，2 階微分は，

$$A=\frac{\partial^2 \Pi}{\partial x_1^2}=k_1+k_2>0,\quad B=\frac{\partial^2 \Pi}{\partial x_1 \partial x_2}=-k_2,\quad C=\frac{\partial^2 \Pi}{\partial x_2^2}=k_2,$$

$$D=-k_2^2+(k_1+k_2)k_2=k_1k_2>0$$

したがって，$x_1=\dfrac{1}{k_1}P$，$x_2=\left(\dfrac{1}{k_1}+\dfrac{1}{k_2}\right)P$ は Π を最小とし，釣合い状態にある．

2・2・3　接平面と法線ベクトル(tangent planes and normal vectors)

2 変数関数 $z=f(x,y)$ は 3 次元空間に曲面をつくる．接平面 (tangent plane) は，曲面上の点を通り,その点で曲面と同じ傾きをもつ平面である．また，法線ベクトル (normal vector) 接点で接平面に直交するベクトルである．

曲面上の点 (x_0,y_0,z_0) における接平面の方程式および法線ベクトル $\boldsymbol{n}$

$$z-z_0=\frac{\partial f}{\partial x}(x-x_0)+\frac{\partial f}{\partial y}(y-y_0) \tag{2.46}$$

$$\boldsymbol{n}=\begin{bmatrix}\dfrac{\partial f}{\partial x}\\ \dfrac{\partial f}{\partial y}\\ -1\end{bmatrix} \tag{2.47}$$

陰関数 $F(x,y,z)=0$ で表されたときの接平面の方程式

$$\frac{\partial F}{\partial x}(x-x_0)+\frac{\partial F}{\partial y}(y-y_0)+\frac{\partial F}{\partial z}(z-z_0)=0 \tag{2.48}$$

関数 $F(x,y,z)$ の勾配 (gradient) ∇F あるいは grad$F$

$$\nabla F=\text{grad } F=\begin{bmatrix}\dfrac{\partial F}{\partial x}\\ \dfrac{\partial F}{\partial y}\\ \dfrac{\partial F}{\partial z}\end{bmatrix} \tag{2.49}$$

∇ はナブラ (nabla) と読む．

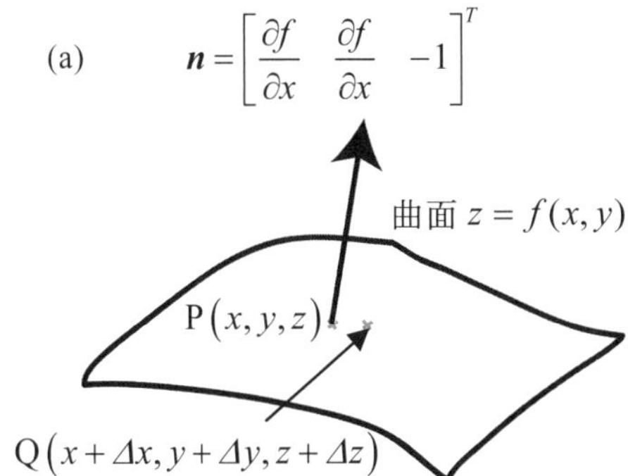

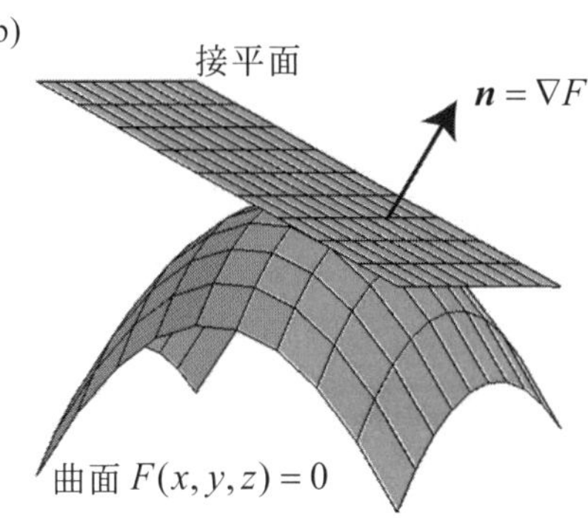

図2.24　接平面と法線ベクトル．(a) 関数 $z=f(x,y)$ の法線ベクトル $\boldsymbol{n}$，(b)陰関数 $F(x,y,z)=0$ の接平面と法線ベクトル $\boldsymbol{n}$

【例2.25】楕円面 $\dfrac{x^2}{a^2}+\dfrac{y^2}{b^2}+\dfrac{z^2}{c^2}=1$ 面上の点 $\mathrm{P}(x_0,\ y_0,\ z_0)$ における法線ベクトルおよび接平面の方程式を求めよ．ただし，a, b, c は正の定数である．

【解答】 $F=\dfrac{x^2}{a^2}+\dfrac{y^2}{b^2}+\dfrac{z^2}{c^2}-1$ とおくと，式(2.49)から

$$\boldsymbol{n}=\left[\frac{2x}{a^2},\frac{2y}{b^2},\frac{2z}{c^2}\right]^T$$

点 $\mathrm{P}(x_0,\ y_0,\ z_0)$ においては

$$\boldsymbol{n} = \left[\frac{2x_0}{a^2}, \frac{2y_0}{b^2}, \frac{2z_0}{c^2}\right]^T$$

接平面の方程式は式(2.48)から

$$\frac{2x_0}{a^2}(x - x_0) + \frac{2y_0}{b^2}(y - y_0) + \frac{2z_0}{c^2}(z - z_0) = 0$$

$$\frac{x_0 x}{a^2} + \frac{y_0 y}{b^2} + \frac{z_0 z}{c^2} = \frac{x_0^2}{a^2} + \frac{y_0^2}{b^2} + \frac{z_0^2}{c^2}$$

点 P(x_0, y_0, z_0)は楕円面上にあるから上式右辺は 1 となる．したがって，

$$\frac{x_0 x}{a^2} + \frac{y_0 y}{b^2} + \frac{z_0 z}{c^2} = 1$$

感度解析(sensitivity analysis)
構造設計の際に各部材の配置や寸法の変化が構造物の強度に及ぼす影響や，測定の際に各パラメータの変動が結果に及ぼす影響を調べる方法．偏微分係数 $\partial f / \partial x_i$ は変動分 dx_i の全微分 df への寄与率を意味する．

$x_1, \cdots, x_n$ の n 変数関数 f の全微分（total differentiation）は

$$\mathrm{d}f = \frac{\partial f}{\partial x_1}\mathrm{d}x_1 + \frac{\partial f}{\partial x_2}\mathrm{d}x_2 + \cdots + \frac{\partial f}{\partial x_n}\mathrm{d}x_n \tag{2.50}$$

と書くことができる． この式は，$(x_1, \cdots, x_n)$ から $(x_1 + \mathrm{d}x_1, \cdots, x_n + \mathrm{d}x_n)$ へ変化するときの関数 f の増加量を与えることになる．

接平面は $(x_1, \cdots, x_n)$ を含む $(x_1, \cdots, x_n)$ の近傍のいたるところにおいて $\dfrac{\partial f}{\partial x_i}(i = 1, \cdots, n)$ が存在するとき，$(x_1, \cdots, x_n)$ において「接する平面」として定義される．このとき $f(x_1, \cdots, x_n)$ は $(x_1, \cdots, x_n)$ において全微分可能（totally differentiable）であるという．

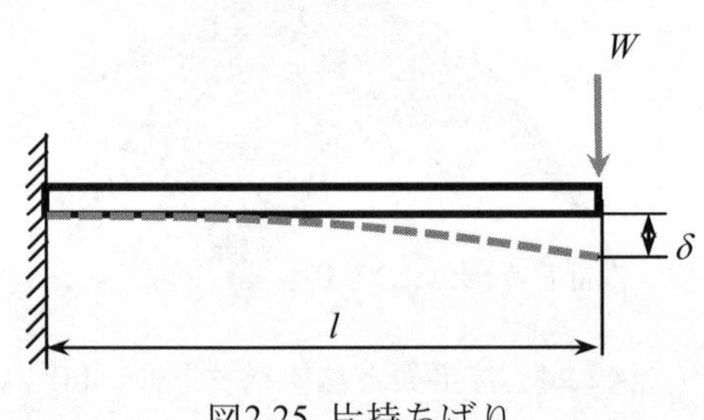

図2.25 片持ちばり

【例2.26】　長さ l，長方形断面(幅 b，高さ h)，縦弾性係数 E の片持ちばりの先端に集中荷重 W が作用するとき，先端のたわみ δ は次式で与えられる．

$$\delta = \frac{4Wl^3}{Ebh^3}$$

長さ l，幅 b，高さ h，縦弾性係数 E，集中荷重 W をそれぞれ 1%の相対誤差で測定して，δ を求めようとする場合，δ に見込まれる相対誤差を調べよ．

【解答】　δ を l, b, h, E, W でそれぞれ偏微分する．

$$\frac{\partial \delta}{\partial l} = 3\frac{4Wl^2}{Ebh^3} = 3\frac{\delta}{l},\quad \frac{\partial \delta}{\partial b} = -\frac{4Wl^3}{Eb^2h^3} = -\frac{\delta}{b},\quad \frac{\partial \delta}{\partial h} = -3\frac{4Wl^3}{Eb^2h^4} = -3\frac{\delta}{h},$$

$$\frac{\partial \delta}{\partial E} = -\frac{4Wl^3}{E^2bh^3} = -\frac{\delta}{E},\quad \frac{\partial \delta}{\partial W} = \frac{4l^3}{Ebh^3} = \frac{\delta}{W}$$

これらより，δ の全微分は，

$$\mathrm{d}\delta = \frac{\partial \delta}{\partial l}\mathrm{d}l + \frac{\partial \delta}{\partial b}\mathrm{d}b + \frac{\partial \delta}{\partial h}\mathrm{d}h + \frac{\partial \delta}{\partial E}\mathrm{d}E + \frac{\partial \delta}{\partial W}\mathrm{d}W$$

$$= \delta\left(3\frac{\mathrm{d}l}{l} - \frac{\mathrm{d}b}{b} - 3\frac{\mathrm{d}h}{h} - \frac{\mathrm{d}E}{E} + \frac{\mathrm{d}W}{W}\right)$$

整理すると，

$$\frac{\mathrm{d}\delta}{\delta} = 3\frac{\mathrm{d}l}{l} - \frac{\mathrm{d}b}{b} - 3\frac{\mathrm{d}h}{h} - \frac{\mathrm{d}E}{E} + \frac{\mathrm{d}W}{W}$$

あるいは

$$\left|\frac{\mathrm{d}\delta}{\delta}\right| \le 3\left|\frac{\mathrm{d}l}{l}\right| + \left|\frac{\mathrm{d}b}{b}\right| + 3\left|\frac{\mathrm{d}h}{h}\right| + \left|\frac{\mathrm{d}E}{E}\right| + \left|\frac{\mathrm{d}W}{W}\right|$$

すなわち，δ において最大として(3+1+3+1+1)%=9%の相対誤差が見込まれる．

2・3　多重積分(multiple integration)

2・3・1　逐次積分(iterated integral)

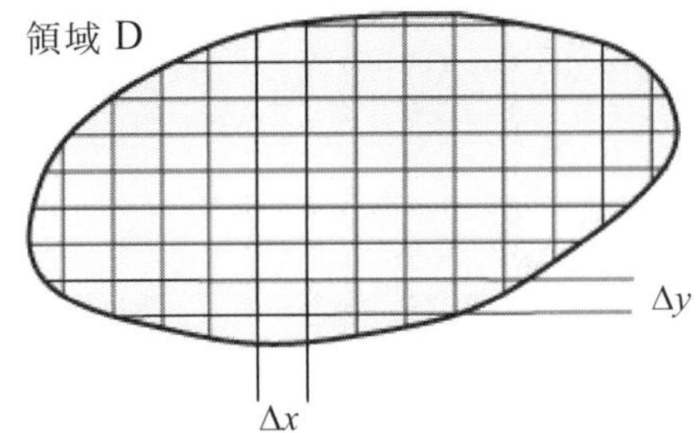

領域 D における定積分は，碁盤目状に分割された各微小領域に適当に代表点(p_i, q_j)（$x_i < p_i < x_{i+1}$, $y_j < q_j < y_{j+1}$）をとり，その点での関数値 $f(p_i, q_j)$ と微小領域の面積 $\Delta x_i \Delta y_j$ との積和の極限値として定義される．すなわち，

$$\iint_{\mathrm{D}} f(x,y)\ \mathrm{d}x\ \mathrm{d}y = \lim_{N,M\to\infty} \sum_{j=1}^{M}\sum_{i=1}^{N} f(p_i, q_j)\Delta x_i \Delta y_j \tag{2.51}$$

である．これを 2 重積分（double integral）とよぶ．

一般の n 変数関数の場合の**多重積分**

$$\int\cdots\iint_{\mathrm{D}} f(x_1, x_2, \cdots, x_n)\,\mathrm{d}x_1\mathrm{d}x_2\cdots\mathrm{d}x_n \tag{2.52}$$

変数の積分の順序に関係なく積分可能なものを，逐次積分（repeated integral）とよぶ．

$$\iint_{\mathrm{D}} f(x,y)\,\mathrm{d}x\mathrm{d}y = \int_a^b\left\{\int_c^d f(x,y)\mathrm{d}y\right\}\mathrm{d}x = \int_c^d\left\{\int_a^b f(x,y)\mathrm{d}x\right\}\mathrm{d}y \tag{2.53}$$

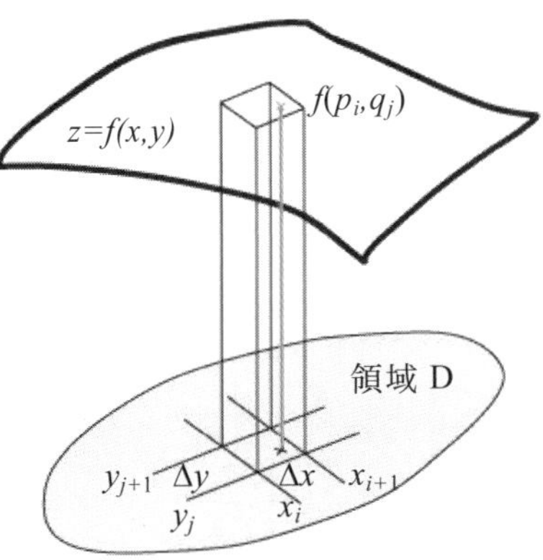

図2.26　2 重積分

【例2.27】　領域 $\mathrm{D} = \{(x,y)\,|\,1 \le x \le 2, 0 \le y \le 1\}$ のとき $\iint_{\mathrm{D}}(x^2 - 3xy)\mathrm{d}x\mathrm{d}y$

【解答】　$\iint_{\mathrm{D}}(x^2-3xy)\mathrm{d}x\mathrm{d}y = \int_0^1\left(\int_1^2(x^2-3xy)\mathrm{d}x\right)\mathrm{d}y = \int_0^1\left[\frac{x^3}{3} - \frac{3}{2}x^2y\right]_{x=1}^{x=2}\mathrm{d}y$

$$= \int_0^1\left\{\left(\frac{8}{3} - 6y\right) - \left(\frac{1}{3} - \frac{3}{2}y\right)\right\}\mathrm{d}y = \int_0^1\left(\frac{7}{3} - \frac{9}{2}y\right)\mathrm{d}y = \left[\frac{7}{3}y - \frac{9}{4}y^2\right]_0^1 = \frac{1}{12}$$

【例2.28】　xy 平面上で $y = \sqrt{x}$ と $y = \frac{1}{2}x$ で囲まれる領域($x \ge 0$)を D とするとき $\iint_{\mathrm{D}} xy\mathrm{d}x\mathrm{d}y$ を求めよ．

【解答】

$0 \le x \le 4$，$\frac{1}{2}x \le y \le \sqrt{x}$ の示す領域であるから

$$\iint_{\mathrm{D}} xy\mathrm{d}x\mathrm{d}y = \int_0^4\left(\int_{\frac{1}{2}x}^{\sqrt{x}} xy\ \ \mathrm{d}y\right)\mathrm{d}x = \int_0^4 x\left(\int_{\frac{1}{2}x}^{\sqrt{x}} y\ \ \mathrm{d}y\right)\mathrm{d}x = \int_0^4 x\left[\frac{1}{2}y^2\right]_{\frac{1}{2}x}^{\sqrt{x}}\mathrm{d}x$$

$$= \int_0^4 x\left(\frac{1}{2}x - \frac{1}{8}x^2\right)\mathrm{d}x = \int_0^4\left(\frac{1}{2}x^2 - \frac{1}{8}x^3\right)\mathrm{d}x = \frac{1}{2}\left[\frac{1}{3}x^3 - \frac{1}{16}x^4\right]_0^4 = \frac{8}{3}$$

断面 2 次モーメントは，曲げに対するはりの剛性を表す．はりの断面を D，変形後も伸び縮みしない面（中立面）からの距離を y とすれば，断面 2 次モーメントは次式で表される．

$$I = \iint_{\mathrm{D}} y^2\mathrm{d}x\mathrm{d}y$$

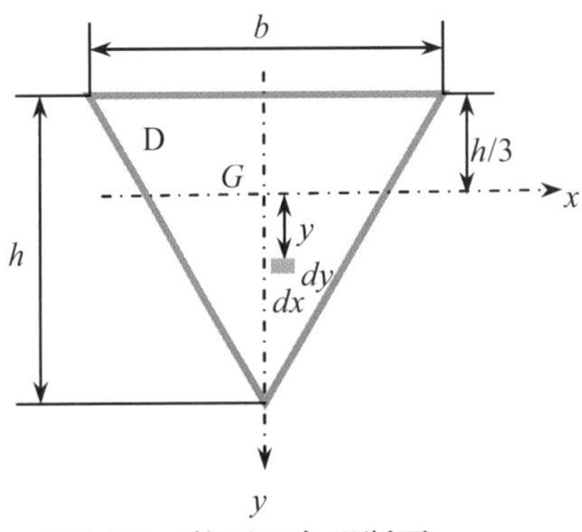

図2.27 二等辺三角形断面

【例2.29】　図2.27の二等辺三角形断面 D（x 方向 b，y 方向 h）のはりにおいて，図心 G を通る x-y 座標を設けた．次式で示される x 軸に関する断面 2

次モーメントを求めよ．

$$I = \iint_{\mathrm{D}} y^2 \mathrm{d}x\mathrm{d}y$$

【解答】　二等辺三角形断面 D は

$$\mathrm{D} = \left\{ (x,y) \mid -\frac{b}{2}\left(\frac{2}{3}-\frac{y}{h}\right) \le x \le \frac{b}{2}\left(\frac{2}{3}-\frac{y}{h}\right), -\frac{h}{3} \le y \le \frac{2h}{3} \right\}$$

のように定義される．従って，積分区間の上限，下限に注意して，x軸に関する断面2次モーメントは，

$$I = \iint_{\mathrm{D}} y^2 \mathrm{d}x\mathrm{d}y = \int_{-\frac{h}{3}}^{\frac{2h}{3}} \left\{ \int_{-\frac{b}{2}\left(\frac{2}{3}-\frac{y}{h}\right)}^{\frac{b}{2}\left(\frac{2}{3}-\frac{y}{h}\right)} y^2 \mathrm{d}x \right\} \mathrm{d}y = \int_{-\frac{h}{3}}^{\frac{2h}{3}} \left[xy^2 \right]_{-\frac{b}{2}\left(\frac{2}{3}-\frac{y}{h}\right)}^{\frac{b}{2}\left(\frac{2}{3}-\frac{y}{h}\right)} \mathrm{d}y = \int_{-\frac{h}{3}}^{\frac{2h}{3}} b\left(\frac{2}{3}-\frac{y}{h}\right) y^2 \mathrm{d}y$$

$$= b\left[\frac{2}{3}\frac{y^3}{3} - \frac{1}{h}\frac{y^4}{4} \right]_{-\frac{h}{3}}^{\frac{2h}{3}} = \frac{bh^3}{36}$$

2・3・2　積分変数の変換（variable transform for integration）

2変数関数を考え，変数変換を

$$\begin{cases} x = X(p,q) \\ y = Y(p,q) \end{cases} \tag{2.54}$$

で与える．このとき，領域 D における $f(x, y)$の 2 重積分は，

$$\iint_{D} f(x,y)\mathrm{d}x\mathrm{d}y = \iint_{D'} f\left(X(p,q), Y(p,q)\right) \left|\det J(p,q)\right| \mathrm{d}p\mathrm{d}q \tag{2.55}$$

と書ける．ここで，$J(p, q)$は，ヤコビ行列（Jacobi）という行列であり，その行列式 $\det J(p, q)$はヤコビアン（Jacobian）と呼ばれる．ヤコビ（Jacobi）行列は

$$J(p,q) = \begin{bmatrix} \dfrac{\partial X}{\partial p} & \dfrac{\partial X}{\partial q} \\ \dfrac{\partial Y}{\partial p} & \dfrac{\partial Y}{\partial q} \end{bmatrix} \tag{2.56}$$

であり，このときヤコビアンは

$$\det J(p,q) = \frac{\partial X}{\partial p}\frac{\partial Y}{\partial q} - \frac{\partial X}{\partial q}\frac{\partial Y}{\partial p} \tag{2.57}$$

となる．n 変数関数を変数変換した場合のヤコビ行列は，

$$J(p_1, p_2, \cdots, p_n) = \begin{bmatrix} \dfrac{\partial X_1}{\partial p_1} & \dfrac{\partial X_1}{\partial p_2} & \cdots & \dfrac{\partial X_1}{\partial p_n} \\ \dfrac{\partial X_2}{\partial p_1} & \dfrac{\partial X_2}{\partial p_2} & \cdots & \dfrac{\partial X_2}{\partial p_n} \\ \vdots & \vdots & \ddots & \vdots \\ \dfrac{\partial X_n}{\partial p_1} & \dfrac{\partial X_n}{\partial p_2} & \cdots & \dfrac{\partial X_n}{\partial p_n} \end{bmatrix} \tag{2.58}$$

である．

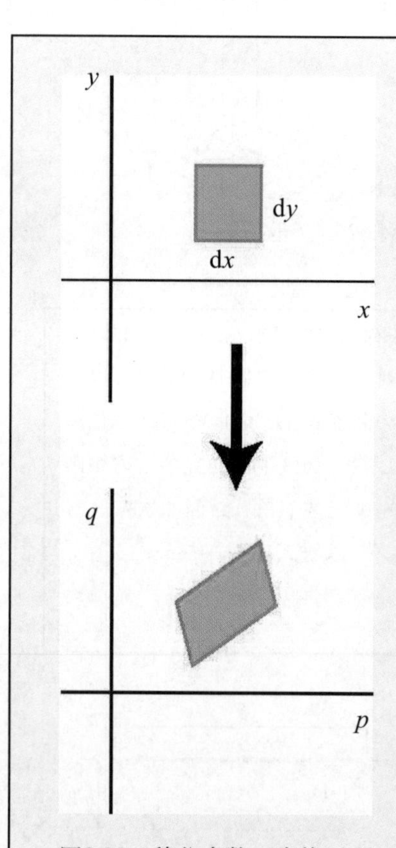

図2.28　積分変数の変換による微小面積の変化

x-y 座標系での微小面積 $\mathrm{d}x\mathrm{d}y$ を座標変換により p-q 座標系に移すと，その面積が $\left|\det J(p,q)\right| \mathrm{d}p\mathrm{d}q$ になる

直交座標(x,y)から極座標(r,θ)への変換

$$\iint_{D} f(x,y)\mathrm{d}x\mathrm{d}y = \iint_{D'} f(r\cos\theta, r\sin\theta) r\mathrm{d}r\mathrm{d}\theta \tag{2.59}$$

直交座標(x,y,z)から球座標(r,θ,ϕ)への変換

$$\iiint_{D} f(x,y,z)\mathrm{d}x\mathrm{d}y\mathrm{d}z$$

$$= \iiint_{D'} f(r\cos\theta\sin\phi, r\sin\theta\sin\phi, r\cos\phi)(-r^2\sin\theta)\mathrm{d}r\mathrm{d}\theta\mathrm{d}\phi \tag{2.60}$$

【例2.30】　xy 平面上で点$(a,0)$を中心とし半径 a の円で囲まれる領域を D とするとき $\iint_{D} x \ \mathrm{d}x\mathrm{d}y$ を求めよ．

【解答】　円周上の点は極座標(r,θ)で表すと次式となる．

$$r = 2a\cos\theta$$

したがって，領域 D は次の不等式で表される．

$$0 \le x \le 2a\cos\theta, -\frac{\pi}{2} \le \theta \le \frac{\pi}{2}$$

これより

$$\iint_{D} x\mathrm{d}x\mathrm{d}y = \int_{-\frac{\pi}{2}}^{\frac{\pi}{2}}\left(\int_0^{2a\cos\theta} r\cos\theta\cdot r\mathrm{d}r\right)\mathrm{d}\theta = \int_{-\frac{\pi}{2}}^{\frac{\pi}{2}}\cos\theta\left(\int_0^{2a\cos\theta} r^2\mathrm{d}r\right)\mathrm{d}\theta$$

$$= \int_{-\frac{\pi}{2}}^{\frac{\pi}{2}}\cos\theta\left[\frac{r^3}{3}\right]_0^{2a\cos\theta}\mathrm{d}\theta = \int_{-\frac{\pi}{2}}^{\frac{\pi}{2}}\cos\theta\cdot\frac{8a^3}{3}\cos^3\theta \ \ \mathrm{d}\theta$$

$$= \frac{8a^3}{3}\int_{-\frac{\pi}{2}}^{\frac{\pi}{2}}\cos^4\theta \ \ \mathrm{d}\theta = \frac{16a^3}{3}\int_0^{\frac{\pi}{2}}\cos^4\theta \ \ \mathrm{d}\theta = \frac{16a^3}{3}\cdot\frac{3}{4}\cdot\frac{1}{2}\cdot\frac{\pi}{2} = \pi a^3$$

2・4　線積分（line integral）

1 変数関数 $y = f(x)$の $a \le x \le b$ の間の長さ

$$L = \int_a^b \sqrt{1+\left(\frac{\mathrm{d}y}{\mathrm{d}x}\right)^2}\mathrm{d}x \tag{2.61}$$

媒介変数表示 $x=f(t)$, $y=g(t)$ $(t_1 \le t \le t_2)$で表される曲線の長さ

$$L = \int_{t_1}^{t_2} \sqrt{\left(\frac{\mathrm{d}x}{\mathrm{d}t}\right)^2+\left(\frac{\mathrm{d}y}{\mathrm{d}t}\right)^2}\mathrm{d}t \tag{2.62}$$

【例2.31】　関数 $y = \frac{a}{2}\left(e^{\frac{x}{a}} + e^{-\frac{x}{a}}\right)$ の $0 \le x \le b$ の間の長さを求めよ．ただし，a および b は正の定数とする．

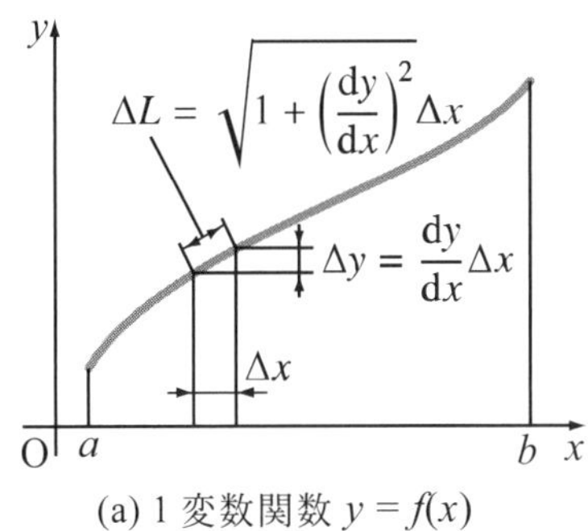

(a) 1 変数関数 $y = f(x)$

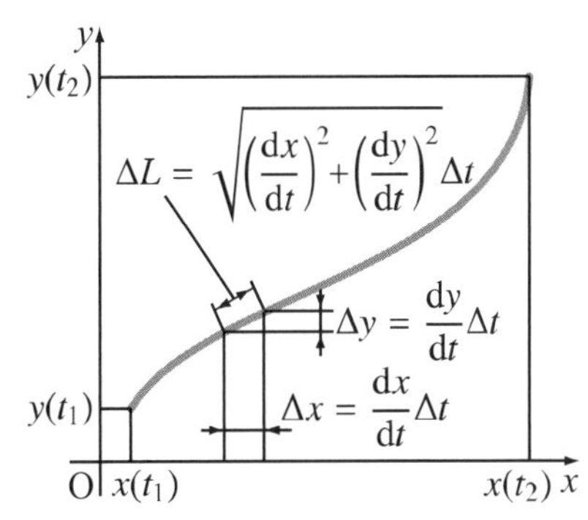

(b) 媒介変数表示 $x=f(t)$, $y=g(t)$

図2.29　曲線の長さ

【解答】

$$\frac{dy}{dx}=\frac{a}{2}\left\{\frac{1}{a}e^{\frac{x}{a}}+\left(-\frac{1}{a}\right)e^{-\frac{x}{a}}\right\}=\frac{1}{2}\left\{e^{\frac{x}{a}}-e^{-\frac{x}{a}}\right\}$$

$$1+\left(\frac{dy}{dx}\right)^2=1+\frac{1}{4}\left(e^{\frac{2x}{a}}-2+e^{-\frac{2x}{a}}\right)=\frac{1}{4}\left(e^{\frac{2x}{a}}+2+e^{-\frac{2x}{a}}\right)=\left\{\frac{1}{2}\left(e^{\frac{x}{a}}+e^{-\frac{x}{a}}\right)\right\}^2$$

$$L=\int_0^b\sqrt{1+\left(\frac{dy}{dx}\right)^2}dx=\int_0^b\frac{1}{2}\left(e^{\frac{x}{a}}+e^{-\frac{x}{a}}\right)dx=\frac{1}{2}\left[ae^{\frac{x}{a}}-ae^{-\frac{x}{a}}\right]_0^b=\frac{a}{2}\left(e^{\frac{b}{a}}-e^{-\frac{b}{a}}\right)$$

【例2.32】 $x=a(t-\sin t)$，$y=a(1-\cos t)$ $(0\leq t\leq 2\pi)$で表される曲線の長さを求めよ．ただし，aは正の定数とする．

【解答】

$$\frac{dx}{dt}=a(1-\cos t),\quad \frac{dy}{dt}=a\sin t$$

$$L=\int_0^{2\pi}\sqrt{a^2(1-\cos t)^2+a^2\sin^2 t}dt=\int_0^{2\pi}\sqrt{2a^2(1-\cos t)}dt$$

ここで$1-\cos t=2\sin^2\frac{t}{2}$，$0\leq t\leq 2\pi$において$\sin\frac{t}{2}\geq 0$であるから

$$L=2a\int_0^{2\pi}\sin\frac{t}{2}dt=2a\left[-2\cos\frac{t}{2}\right]_0^{2\pi}=8a$$

線積分(line integral)は与えられた曲線に沿って積分を行うことである．図2.30に示すように，3次元空間内の曲線CをN個の微小区間Δsに分割し，各区間i上に点P_iをとる．このとき，$\Delta s\to 0$の極限値を関数$f(x, y, z)$の曲線Cに沿った線積分として次式で定義する．

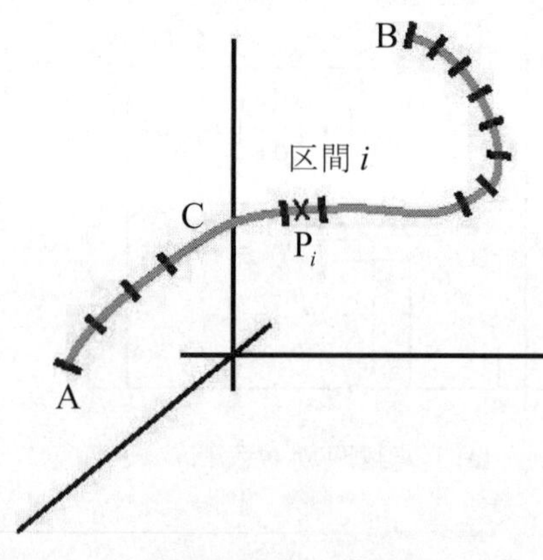

図2.30 3次元曲線に沿った線積分

$$\int_C f(x,y,z)ds=\lim_{\Delta s\to 0}\sum_{i=1}^{N}f(P_i)\Delta s \tag{2.63}$$

2次元空間内の関数$f(x, y(x))$についての曲線Cに沿った線積分

$$\int_C f(x,y(x))\sqrt{1+\left(\frac{dy}{dx}\right)^2}dx \qquad \left(\Delta s=\sqrt{1+\left(\frac{dy}{dx}\right)^2}\right) \tag{2.64}$$

2次元空間内の媒介変数表示された曲線$C(x(t),y(t))$に沿った関数$f(x,y)$の線積分

$$\int_C f(x(t),y(t))\sqrt{\left(\frac{dx}{dt}\right)^2+\left(\frac{dy}{dt}\right)^2}dt \tag{2.65}$$

3次元空間内の媒介変数表示された曲線$C(x(t),y(t),z(t))$に沿った関数$f(x,y,z)$の線積分

$$\int_C f(x(t),y(t),z(t))\sqrt{\left(\frac{dx}{dt}\right)^2+\left(\frac{dy}{dt}\right)^2+\left(\frac{dz}{dt}\right)^2}dt \tag{2.66}$$

【例2.33】　関数 $f(x,y)=xy^2$ を図2.31の点 A(1,0)から点 B(0,1)までの 4 分円に沿って線積分せよ.

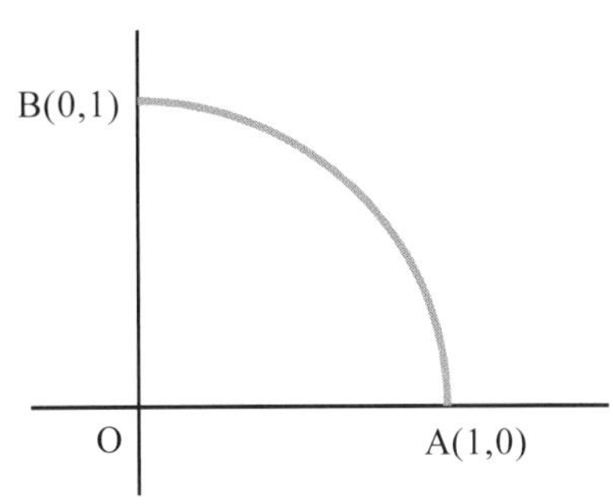

図2.31　例2.33の積分経路

【解答】 $x(t)=\cos t$, $y(t)=\sin t\left(0\le t\le\dfrac{\pi}{2}\right)$ であるから，式(2.65)を用いて

$$\int_{A\to B} xy^2\mathrm{d}s=\int_0^{\frac{\pi}{2}}\cos t\cdot\sin^2 t\sqrt{(-\sin t)^2+(\cos t)^2}\,\mathrm{d}t=\int_0^{\frac{\pi}{2}}\cos t\cdot\sin^2 t\,\mathrm{d}t$$

$$=\left[\frac{1}{3}\sin^3 t\right]_0^{\frac{\pi}{2}}=\frac{1}{3}$$

【例2.34】 関数 $f(x,y,z)=x+yz$ を次式で表された曲線 C に沿って線積分せよ.

$$\begin{cases} x(t)=2t \\ y(t)=2t \\ z(t)=t \end{cases}\qquad (0\le t\le 1)$$

【解答】式(2.66)より

$$\int_C (x+yz)\mathrm{d}s=\int_0^1(2t+2t\cdot t)\sqrt{(2)^2+(2)^2+(1)^2}\,\mathrm{d}t=6\int_0^1(t+t^2)\mathrm{d}t=6\left[\frac{t^2}{2}+\frac{t^3}{3}\right]_0^1=5$$

ひずみエネルギー(strain energy)
物体に作用する外力の仕事が，物体の変形に伴って物体内に蓄積されるエネルギーである.

【例2.35】細長い曲がったはりのひずみエネルギーU は，次式のようにはりの中心軸に沿った線積分で与えられる.

$$U=\int_C\frac{M^2}{2EI}\sqrt{\left(\frac{\mathrm{d}x}{\mathrm{d}t}\right)^2+\left(\frac{\mathrm{d}y}{\mathrm{d}t}\right)^2}\,\mathrm{d}t$$

ここで，M は曲げモーメント，E は縦弾性係数，I は断面二次モーメントである．図2.32に示す原点で固定された 4 分円の長細い曲がりはりのエネルギーU を求めよ．また，点 A の下向きの変位を求めよ．ただし,E および I は一定である.

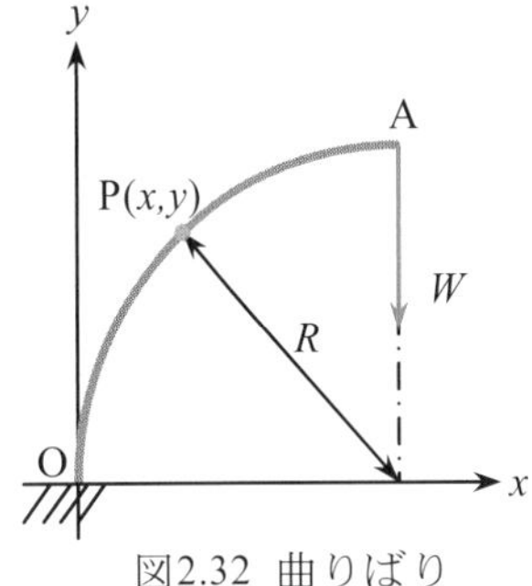

図2.32 曲りばり

【解答】　$x(t)=R(1-\cos t)$, $y(t)=R\sin t\left(0\le t\le\dfrac{\pi}{2}\right)$,

$M=W(R-x)=WR\cos t$ であるから,

$$U=\int_0^{\frac{\pi}{2}}\frac{(WR\cos t)^2}{2EI}\sqrt{(R\sin t)^2+(R\cos t)^2}\,\mathrm{d}t=\frac{W^2R^3}{2EI}\int_0^{\frac{\pi}{2}}\cos^2 t\mathrm{d}t$$

$$=\frac{W^2R^3}{2EI}\int_0^{\frac{\pi}{2}}\frac{1+\cos 2t}{2}\mathrm{d}t=\frac{W^2R^3}{2EI}\left[\frac{1}{2}t+\frac{1}{4}\sin 2t\right]_0^{\frac{\pi}{2}}=\frac{\pi W^2R^3}{8EI}$$

カスチリアノの定理より，ひずみエネルギーを集中荷重で偏微分すると，荷重と同じ方向の変位が求まる．したがって，下向きの変位 v は次式で得られる.

$$v=\frac{\partial U}{\partial W}=\frac{\partial}{\partial W}\left(\frac{\pi W^2R^3}{8EI}\right)=\frac{\pi WR^3}{4EI}$$

カスチリアノの定理
集中荷重 P が加わった点の荷重方向の変位λ

$$\lambda=\frac{\partial U}{\partial P}$$

U: 全ひずみエネルギー

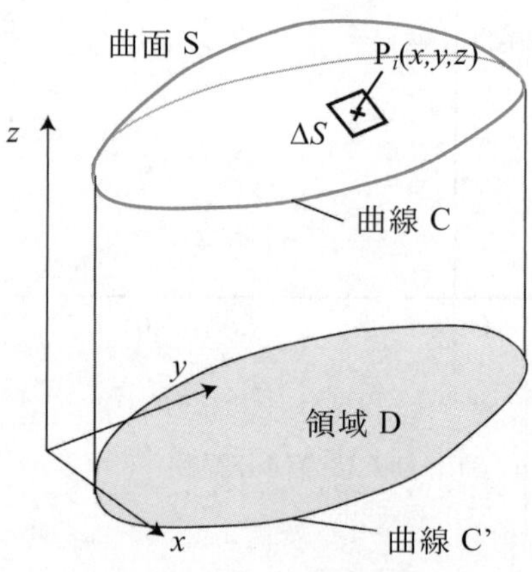

図2.33 面積分の定義

2・5　面積分（surface integrals）

図2.33のように，曲面 S を面積ΔS の N 個の微小領域に分割し，それぞれの微小領域の上に点 $P_i(x,y,z)$ をとる．そして，$\Delta S \to 0$ の極限値を関数 f の曲面 S の上での面積分（surface integrals）として次式で定義する．

$$\int_S f(x,y,z)\mathrm{d}S = \lim_{\Delta S\to 0}\sum_{i=1}^{N} f(P_i)\Delta S \tag{2.67}$$

曲面 S が $z = g(x,y)$で表された場合

$$\int_D f(x,y,g(x,y))\sqrt{1+\left(\frac{\partial g}{\partial x}\right)^2+\left(\frac{\partial g}{\partial y}\right)^2}\,\mathrm{d}x\mathrm{d}y \tag{2.68}$$

曲面 S が $h(x,y,z)=0$ で与えられた場合

$$\int_D f(x,y,z)\frac{\sqrt{\left(\frac{\partial h}{\partial x}\right)^2+\left(\frac{\partial h}{\partial y}\right)^2+\left(\frac{\partial h}{\partial z}\right)^2}}{\left|\frac{\partial h}{\partial z}\right|}\mathrm{d}x\mathrm{d}y \tag{2.69}$$

【例2.36】　関数 $f(x,y,z)=x^2+y-z$ を次式で表された平面 S に沿って面積分せよ．

S: $2x+y+z=2$，$x\geq 0$，$y\geq 0$，$z\geq 0$

【解答】　$z=g(x,y)=-2x-y+2\geq 0$ であるから $2x+y\leq 2$．
よって，$0\leq x\leq 1$，$0\leq y\leq 2(1-x)$．式(2.68)より

$$\int_D (x^2+y-z)\sqrt{1+(-2)^2+(-1)^2}\mathrm{d}x\mathrm{d}y = \int_D\left\{x^2+y-(-2x-y+2)\right\}\cdot\sqrt{6}\ \mathrm{d}x\mathrm{d}y$$

$$=\sqrt{6}\int_0^1\left\{\int_0^{2(1-x)}(x^2+2x+2y-2)\ \mathrm{d}y\right\}\mathrm{d}x = \sqrt{6}\int_0^1\left[x^2y+2xy+y^2-2y\right]_0^{2(1-x)}\ \mathrm{d}x$$

$$=\sqrt{6}\int_0^1\left[(x^2+2x+y-2)y\right]_0^{2(1-x)}\mathrm{d}x = \sqrt{6}\int_0^1\{x^2-2x+2(1-x)-2\}\cdot 2(1-x)\,\mathrm{d}x$$

$$=2\sqrt{6}\int_0^1 x^2(1-x)\,\mathrm{d}x = 2\sqrt{6}\int_0^1(x^2-x^3)\,\mathrm{d}x = 2\sqrt{6}\left[\frac{x^3}{3}-\frac{x^4}{4}\right]_0^1=\frac{\sqrt{6}}{6}$$

2・6　関数の最適化（optimization of function）

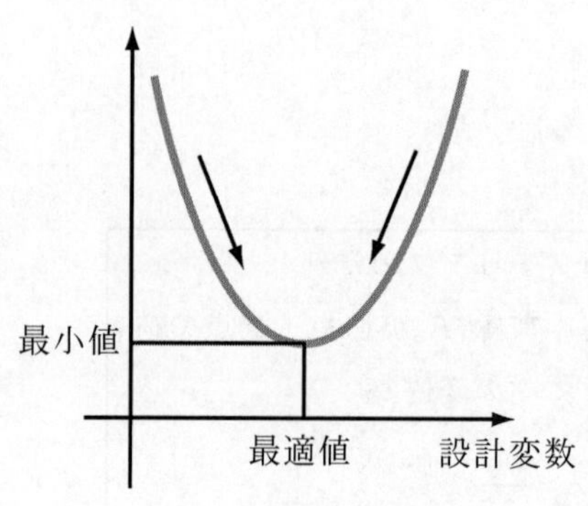

図2.34 関数の最適化

関数の最適化（optimization of function）とは，ある制約のもとである関数の最大値あるいは最小値を求めることである．その関数を目的関数（objective function）といい，その制約を制約条件（constraint）という．目的関数の変数を設計変数（design variable）という．

2・6・1　ラグランジュの未定乗数法（method of Lagrange multipliers）

ラグランジュの未定乗数法（method of Lagrange multipliers）では，目的関数 $f(x,y)$，制約条件 $g(x,y)=0$ に対して，ラグランジュの未定乗数 λを用いた新しい関数

$$h(x,y,\lambda)=f(x,y)+\lambda g(x,y) \tag{2.70}$$

を定義する．そして，この関数を x，y，λ の関数と見なし，停留条件

$$\frac{\partial h}{\partial x}=\frac{\partial h}{\partial y}=\frac{\partial h}{\partial \lambda}=0 \tag{2.71}$$

の解を求めることにより，制約条件を満たしつつ最適化を行うことができる．

【例2.37】　$x^2+y^2=1$ のもとに関数 $f(x,y)=x-y+2$ の極値を求めよ．

【解答】　ラグランジュの未定乗数として λ を使って

$$h(x,y,\lambda)=x-y+2+\lambda(x^2+y^2-1)$$

とおくと，

$$\frac{\partial h}{\partial x}=\frac{\partial h}{\partial y}=\frac{\partial h}{\partial \lambda}=0$$

より，

$$\begin{cases}\dfrac{\partial h}{\partial x}=1+2\lambda x=0\\[2mm]\dfrac{\partial h}{\partial y}=-1+2\lambda y=0\\[2mm]\dfrac{\partial h}{\partial \lambda}=x^2+y^2-1=0\end{cases}$$

が得られる．これを解くと，$x=\pm\dfrac{\sqrt{2}}{2}$，$y=\mp\dfrac{\sqrt{2}}{2}$ となり，極大・極小値は $2\pm\sqrt{2}$ (複合同順)である．

【例2.38】　直径 d の丸棒から，断面２次モーメントが最大となるように長方形断面を切り出すためには，二辺の長さをいくらにすべきか．そのときの断面２次モーメントを求めよ．ここで，二辺の長さを a, b で表すと長方形断面の断面２次モーメント I は次式で表される．

$$I=\frac{a^3b}{12}$$

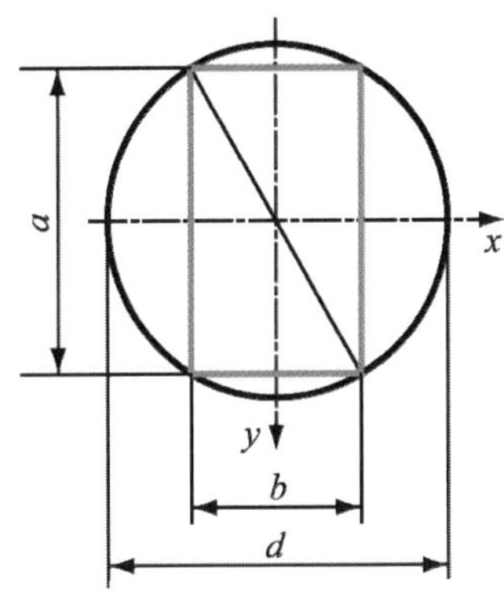

図2.35 丸棒からの長方形断面棒の切り出し

【解答】　目的関数は与えられた長方形断面の断面２次モーメントである．長方形断面の二辺の長さ a, b でが大きいほど断面２次モーメント I は大きくなるが，その長方形が直径 d の円の内部に収まらなければならないことから，長方形はその円に内接することになる．したがって，長方形断面の対角線が直径 d と一致することから，制約条件として次式が与えられる．

$$a^2+b^2=d^2$$

ラグランジュの未定乗数として λ を使って

$$h(a,b,\lambda)=\frac{a^3b}{12}+\lambda(a^2+b^2-d^2)$$

とおくと，

$$\frac{\partial h}{\partial a}=\frac{\partial h}{\partial b}=\frac{\partial h}{\partial \lambda}=0$$

より，

$$\begin{cases} \dfrac{\partial h}{\partial a} = \dfrac{a^2 b}{4} + 2\lambda a = 0 \\ \dfrac{\partial h}{\partial b} = \dfrac{a^3}{12} + 2\lambda b = 0 \\ \dfrac{\partial h}{\partial \lambda} = a^2 + b^2 - d^2 = 0 \end{cases}$$

が得られる．これを解くと，$a = \dfrac{\sqrt{3}d}{2}$，$b = \dfrac{d}{2}$となる．最大断面２次モーメントは$I = \dfrac{\sqrt{3}d^4}{64}$となる

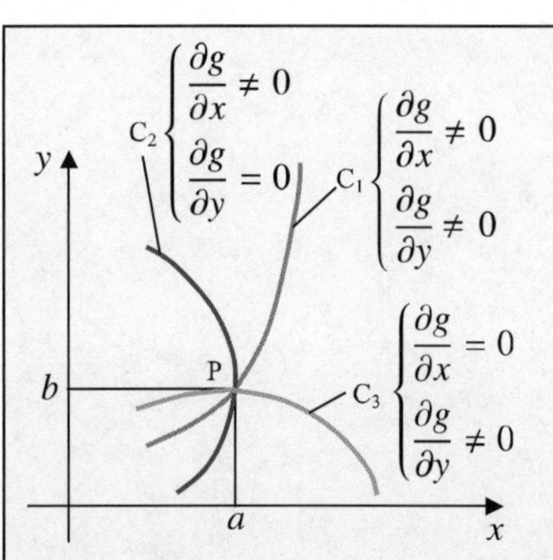

図2.36 陰関数 $z = f(x, y)$と x-y 平面の交線

点 P 近傍で曲線 C_1, C_3 は x に対して y の値が一つ定まる．一方，曲線 C_2 は x に対して y の値が二つ存在しえる．

2・6・2　陰関数定理（implicit function theorem）

【陰関数定理】　点 P(a, b)は $g(x, y)$=0 の点であり $g(x, y)$は P の近傍で微分可能であるとする．$\dfrac{\partial g}{\partial y} \neq 0$ならば点 P においてその近傍で微分可能な関数 $y = G(x)$ がただ 1 つ存在し $g(x, G(x)) = 0$を満たす．また，この関数の導関数は

$$\frac{\mathrm{d}G}{\mathrm{d}x} = -\frac{\partial g}{\partial x}\bigg/\frac{\partial g}{\partial y} \tag{2.72}$$

で与えられる．

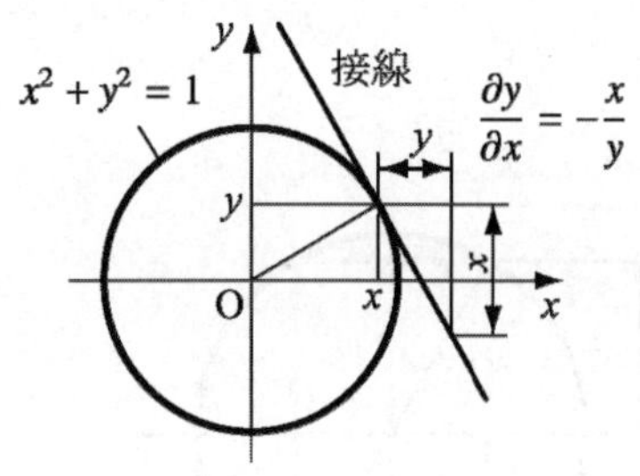

図2.37 例2.39

導関数 $\dfrac{\partial y}{\partial x} = -\dfrac{x}{y}$ は点$(x,\ y)$における接線の勾配である．

【例2.39】　方程式$x^2 + y^2 = 2$で与えられる関数 $y = G(x)$ の導関数を求めよ．

【解答】　$g(x, y) = x^2 + y^2 - 2 = 0$とおくと，

$$\frac{\partial g}{\partial y} = 2y$$

$\dfrac{\partial g}{\partial y} \neq 0$となる $y = 0$以外の点において

$$\frac{\partial y}{\partial x} = -\frac{\partial g / \partial x}{\partial g / \partial y} = -\frac{2x}{2y} = -\frac{x}{y}$$

2・6・3　最急降下法(steepest descent method)

最急降下法（steepest descent method）は，最初に初期値を与え，繰り返し計算により次第に関数の極値に近づけていく方法である．

1 変数の関数 $f(x)$ の場合，

$$x_{i+1} = x_i - \alpha \frac{\mathrm{d}f(x_i)}{\mathrm{d}x} \qquad (i = 0,1,2,\cdots) \tag{2.73}$$

を順次求め，x_{i+1} の値を更新して $f(x)$ の極値に近づけていく．ここで，α は正の定数であり，取扱う問題によって適切な値を選ぶ．

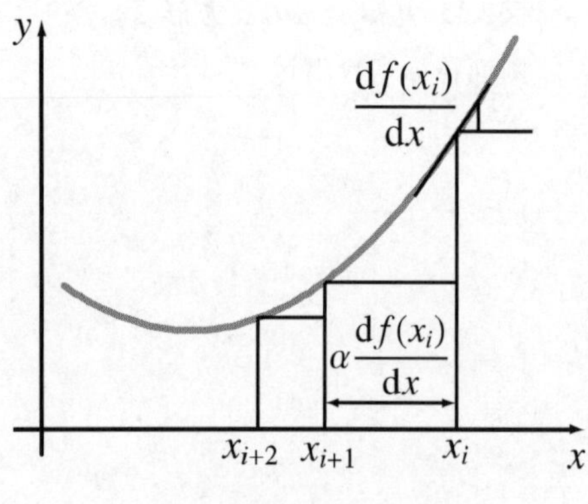

図2.38 最急降下法

多変数関数 $f(x_1, x_2, \cdots, x_n)$ の場合，

$$\boldsymbol{x} = \begin{bmatrix} x_1 \\ x_2 \\ \vdots \\ x_n \end{bmatrix} \tag{2.74}$$

とおいて $\boldsymbol{x}^i$ から $\boldsymbol{x}^{i+1}$ を関数 f の勾配 ∇f を用いて

$$\boldsymbol{x}^{i+1} = \boldsymbol{x}^i - \alpha \nabla f \qquad (i = 0,1,2,\cdots) \tag{2.75}$$

を順次求め，$\boldsymbol{x}^{i+1}$ の値を更新して $f(x_1, x_2, \cdots, x_n)$ 極値に近づけていく．

【例2.40】　初期値 $x_0 = 0$，定数 $\alpha = 0.25$ とする関数 $f(x) = (x-1)^2$ の極値を求める問題に対して，最急降下法を 6 ステップ実行せよ．

【解答】　式(2.73)より，

$$x_{i+1} = x_i - \alpha \frac{\mathrm{d}f(x_i)}{\mathrm{d}x} = x_i - 0.25 \cdot 2(x_i - 1) = 0.5(x_i + 1)$$

実行結果を表 2.1に示す．

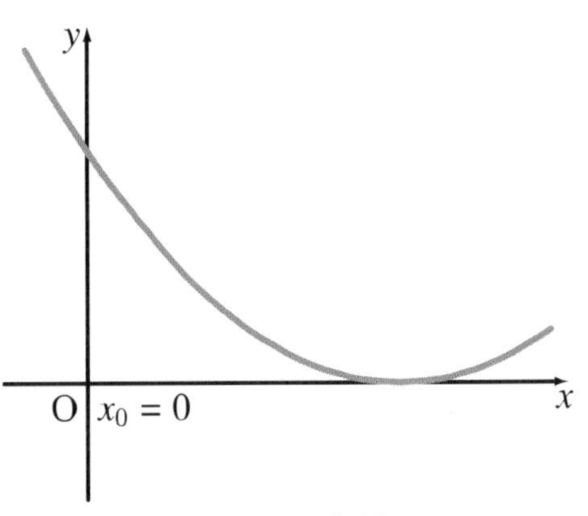

図2.39 例2.40

表2.1 例2.40実行結果

i	xi	f(xi)
0	0.000	1.000
1	0.500	0.250
2	0.750	0.063
3	0.875	0.016
4	0.938	0.004
5	0.969	0.001
6	0.984	0.000

演習問題

【2.1】次の関数の x, y に関する点(2,1)の偏微分係数を求めよ．

(a) $f(x,y) = x^3 - 3xy + 2y^2$　(b) $f(x,y) = \sin^{-1}\dfrac{y}{x}$　$(x>0)$

【2.2】つぎの関数の 2 階偏導関数 $\dfrac{\partial^2 f}{\partial x^2}$，$\dfrac{\partial^2 f}{\partial x \partial y}$，$\dfrac{\partial^2 f}{\partial y^2}$ を求めよ．

(a) $f(x,y) = x^2 + 3xy^2 - y^3$　(b) $f(x,y) = e^{x^2 - y^2}$　(c) $f(x,y) = \sin(2x + 3y)$

【2.3】つぎの応力関数はどのような応力状態を表しているか．ただし，a および b は正の定数である．

(a) $\chi = -axy$　(b) $\chi = \dfrac{b}{6}y^3$

【2.4】直線直交座標系 x, y の関数 $z=f(x, y)$を式(2.13)の関係を用いて極座標 r, θ の関数 $z=f(r, \theta)$に座標変換したとき，次式が成り立つことを示せ．

$$\left(\frac{\partial z}{\partial x}\right)^2 + \left(\frac{\partial z}{\partial y}\right)^2 = \left(\frac{\partial z}{\partial r}\right)^2 + \frac{1}{r^2}\left(\frac{\partial z}{\partial \theta}\right)^2$$

【2.5】つぎの関数をマクローリン展開せよ．

(a) $f(x,y) = \sin(x+y)$　(b) $f(x,y) = e^{xy}$　(c) $f(x,y) = \log(1+x+y)$

【2.6】つぎの関数の停留点を求め，極値かどうか判断せよ．

(a) $f(x,y) = e^x(x^2 - y^2)$　(b) $f(x,y) = 3xy - x^3 - y^3$

(c) $f(x,y) = 3x^2 - 2x\sqrt{y} + y - 8x + 4$

【2.7】次に示す面上の点 P(x_0, y_0, z_0)における法線ベクトルおよび接平面の方程式を求めよ．ただし，a, b, c は正の定数である．

(a) 一葉双曲面 $\dfrac{x^2}{a^2} + \dfrac{y^2}{b^2} - \dfrac{z^2}{c^2} = 1$　(b) 二葉双曲面 $-\dfrac{x^2}{a^2} - \dfrac{y^2}{b^2} + \dfrac{z^2}{c^2} = 1$

(c) 楕円放物面 $\dfrac{x^2}{a^2} + \dfrac{y^2}{b^2} - z = 0$　(d) 双曲放物面 $\dfrac{x^2}{a^2} - \dfrac{y^2}{b^2} - z = 0$

【2.8】つぎの２重積分の値を求めよ．

(a) $\iint_{\mathrm{D}}(x+y)\mathrm{d}x\mathrm{d}y \qquad \mathrm{D}=\{(x,y)\,|\,0\le x\le 1,-1\le y\le 0\}$

(b) $\iint_{\mathrm{D}}x^2y\mathrm{d}x\mathrm{d}y \qquad \mathrm{D}=\{(x,y)\,|\,1\le x\le 2,1\le y\le 2\}$

(c) $\iint_{\mathrm{D}}\cos(x+y)\mathrm{d}x\mathrm{d}y \qquad \mathrm{D}=\left\{(x,y)\,|\,0\le x\le \frac{\pi}{2},0\le y\le \frac{\pi}{2}\right\}$

(d) $\iint_{\mathrm{D}}e^{2x+y}\mathrm{d}x\mathrm{d}y \qquad \mathrm{D}=\{(x,y)\,|\,0\le x\le 1,0\le y\le 2\}$

【2.9】つぎの２重積分の値を求めよ．

(a) $\iint_{\mathrm{D}}x\ \mathrm{d}x\mathrm{d}y \qquad \mathrm{D}=\{(x,y)\,|\,0\le x\le 2,0\le y\le x^2\}$

(b) $\iint_{\mathrm{D}}(x+y)\mathrm{d}x\mathrm{d}y \qquad \mathrm{D}=\{(x,y)\,|\,x\ge 0,y\ge 0,x+2y\le 2\}$

(c) $\iint_{\mathrm{D}}\sqrt{y-x}\ \mathrm{d}x\mathrm{d}y \qquad \mathrm{D}=\{(x,y)\,|\,0\le x\le y\le 1\}$

(d) $\iint_{\mathrm{D}}\frac{1}{x^2+y^2}\mathrm{d}x\mathrm{d}y \qquad \mathrm{D}=\{(x,y)\,|\,1\le x\le 2,0\le y\le x\}$

(e) $\iint_{\mathrm{D}}y\ \mathrm{d}x\mathrm{d}y \qquad \mathrm{D}=\{(x,y)\,|\,x^2+y^2\le 4,y\ge 0\}$

【2.10】つぎの２重積分の値を求めよ．ただし，aは正の定数である．

(a) $\iint_{\mathrm{D}}y\ \mathrm{d}x\mathrm{d}y \qquad \mathrm{D}=\{(x,y)\,|\,(x-a)^2+y^2\le a^2\}$

(b) $\iint_{\mathrm{D}}(3-\sqrt{x^2+y^2})\mathrm{d}x\mathrm{d}y \qquad \mathrm{D}=\{(x,y)\,|\,x\ge 0,y\ge 0,x^2+y^2\le a^2\}$

(c) $\iint_{\mathrm{D}}\left(2x^2+3y^2\right)\ \mathrm{d}x\mathrm{d}y \qquad \mathrm{D}=\{(x,y)\,|\,x^2+y^2\le a^2\}$

【2.11】つぎの曲線の長さを求めよ．

(a) $y=x^2 \qquad 0\le x\le 1$

(b) $y=\frac{1}{3}x^3+\frac{1}{4x} \qquad 1\le x\le 3$

【2.12】つぎの曲線の長さを求めよ．ただし，aは正の定数である．

(a) $x=a\cos^3 t$，$y=a\sin^3 t \qquad 0\le t\le \frac{\pi}{2}$

(b) $x=e^t\cos t$，$y=e^t\sin t \qquad 0\le t\le 2\pi$

【2.13】関数 $f(x,y,z)=x+2yz$ を次式で表された曲線Cに沿って線積分せよ.

(a) $\begin{cases} x(t)=t \\ y(t)=t \\ z(t)=t \end{cases}$ $(0\le t\le 1)$　　(b) $\begin{cases} x(t)=t \\ y(t)=t \\ z(t)=t^2 \end{cases}$ $(0\le t\le 1)$

【2.14】 つぎの関数 $f(x,y.z)$ の平面Sに沿った面積分を求めよ.

(a) $f(x,y,z)=x-y+z$　S: $2x+y+z=4$, $x\ge 0$, $y\ge 0$, $z\ge 0$

(b) $f(x,y,z)=x-y-3z$　S: $2x+y+3z=6$, $x\ge 0$, $y\ge 0$, $z\ge 0$

【2.15】 $x^2+y^2=1$ のもとにつぎの関数の極値を求めよ.

(a) $f(x,y)=x+y$　(b) $f(x,y)=xy$

【2.16】 直径 d の丸棒から長方形断面の棒を切り出すとき，ある曲げモーメント M に対して断面に生じる最大応力が最小になるようにするためには二辺の長さをいくらにすべきか．そのときの最大応力を求めよ.

【2.17】方程式 $x^3+y^3-3xy=0$ で与えられる関数 $y=G(x)$ の導関数を求めよ.

【2.18】 初期値 $x_0=6$, $y_0=3$, $\alpha_0=0.25$ とする関数 $f(x)=x^2+3y^2$ の極値を求める問題に対して，最急降下法を6ステップ実行せよ.

第 3 章

3 次元運動の数学

Mathematical description of three-dimensional motion

3 次元空間内の位置や運動などの物理現象と密接に結びついた数学的概念であるベクトル(vector)について学ぶ．ベクトルについてのより一般的な扱いについては第 4 章に譲る．ここでは，機械工学に関連の深い 3 次元の運動，すなわち，質点の運動や流れや電磁場などの記述に重要である 3 次元ベクトルの基本的な扱いについて説明する．

3・1　ベクトル (vector)

3・1・1 ベクトルとは (what is vector?)

3 次元空間における 1 つのベクトルは，直感的には図 3.1 のような 1 本の矢印で表現できる．矢印の向きが「方向」で矢印の長さが「大きさ」を表す．

ベクトルの表し方は，$\boldsymbol{a}$，$\vec{a}$，$\underline{a}$ などが用いられるが，本書では太い斜字体を用いて $\boldsymbol{a}$ と書くことにする．

ベクトルの大きさ (length of vector) 本書ではベクトル $\boldsymbol{a}$ の大きさを $|\boldsymbol{a}|$ で表すことにする．大きさが 1 のベクトルは，特に単位ベクトル (unit vector) とよばれる．

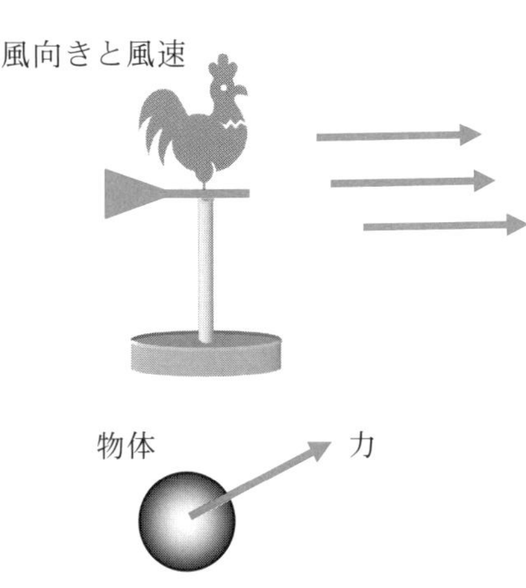

図 3.1　ベクトルの例

3・1・2 ベクトルの基本演算 (elementary operations of vectors)

(1) 零ベクトル(zero vector)：ベクトルの大きさが 0 のベクトル

$$\boldsymbol{a} = \boldsymbol{0} \tag{3.1}$$

(2) 等ベクトル(equivalent vectors)：二つのベクトル $\boldsymbol{a}$，$\boldsymbol{b}$ が等しい

$$\boldsymbol{a} = \boldsymbol{b} \tag{3.2}$$

(3) スカラー倍(scalar multiple)：大きさだけを変化させる演算

$$\boldsymbol{y} = k\boldsymbol{x} \tag{3.3}$$

(4) ベクトル代数の公式

$\boldsymbol{a}$，$\boldsymbol{b}$，$\boldsymbol{c}$ をベクトルとし，α，β をスカラーとする．

$$\boldsymbol{a}+\boldsymbol{b}=\boldsymbol{b}+\boldsymbol{a} \tag{3.4}$$

$$\boldsymbol{a}+(\boldsymbol{b}+\boldsymbol{c})=(\boldsymbol{a}+\boldsymbol{b})+\boldsymbol{c} \tag{3.5}$$

$$1\boldsymbol{a}=\boldsymbol{a} \tag{3.6}$$

$$\alpha(\beta\boldsymbol{a})=(\alpha\beta)\boldsymbol{a} \tag{3.7}$$

$$(\alpha+\beta)\boldsymbol{a}=\alpha\boldsymbol{a}+\beta\boldsymbol{a} \tag{3.8}$$

$$\alpha(\boldsymbol{a}+\boldsymbol{b})=\alpha\boldsymbol{a}+\alpha\boldsymbol{b} \tag{3.9}$$

【例 3・1】　図 3.2 に示すような片持ちはりの先端に荷重 P が作用した時に A 点と B 点に生じる力を求め，フリーボディダイアグラムを描き，力の釣合いとモーメントの釣合い式を導け．

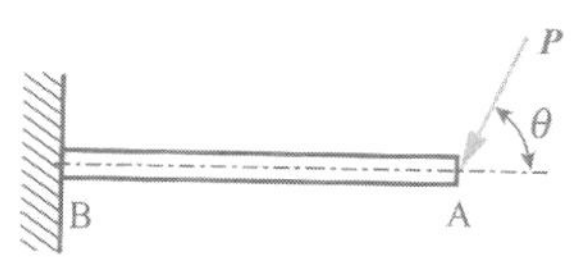

図 3.2　片持ちはり

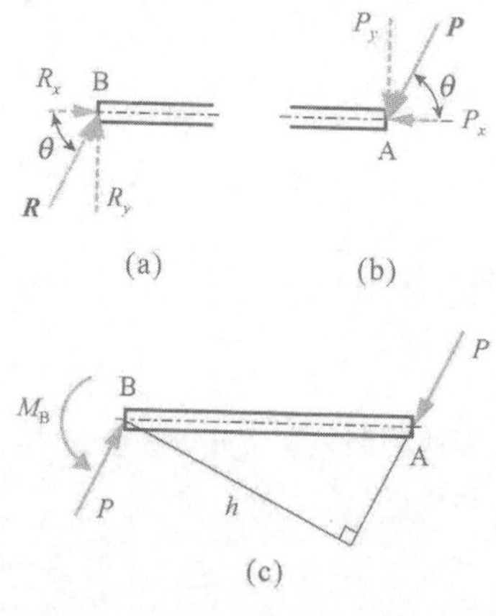

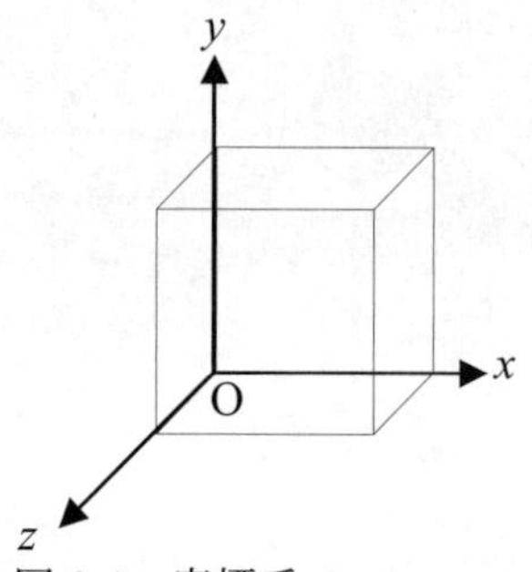

図 3.3　力の成分と FBD

【解答】　図 3.3(a)，(b)に示すように，A 点に作用している力 P を x 軸方向と y 軸方向とに分解し，それぞれの力の成分を P_x，P_y とする．B 点では P_x，P_y とそれぞれ等しい大きさの力 R_x，R_y が反対向きに作用しなければならない．B 点では R_x，R_y よりなる力の平行四辺形を描けば，合力としての反作用力 R が得られる．これからフリーボディダイアグラムは図 3.3(c)のように描ける．図から明らかなように，力 P は点 A，B に偶力として作用するので，B 点ではモーメント M_B が作用しないとつり合わない．方向の力の釣合いと B 点まわりのモーメントの釣合いは，次式となる．

$-P\cos\theta + R_x = 0$　　(a)

$-P\sin\theta + R_y = 0$　　(b)

$-Ph + M_B = 0$　　(c)

3・2 実世界空間と内積 (real world space and inner product)

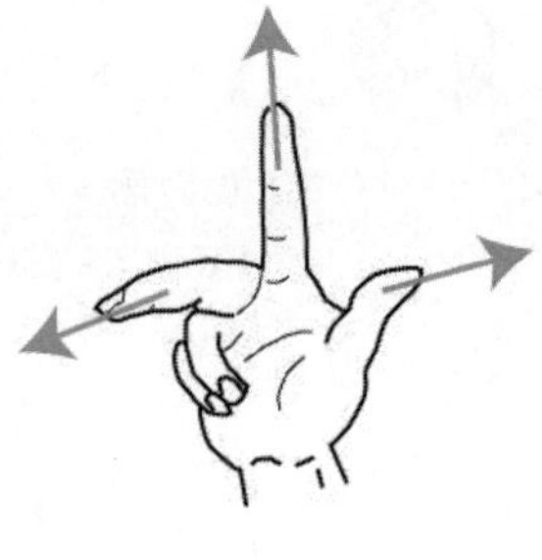

図 3.4　座標系 O-xyz

3・2・1 ベクトルと座標系 (vector and coordinates)

図 3.4 のように，原点 O に立方体の 1 つの頂点を合わせ，その頂点で交わる 3 辺の方向をそれぞれ x，y，z とする．頂点（原点）から離れる向きを正の向きとして，x，y，z の方向をそれぞれ x 軸，y 軸，z 軸とよぶ．このようにして選んだ座標軸は通常の幾何学的な意味で互いに直交しているため，直交座標系 (orthogonal coordinate)，あるいは，デカルト座標系 (Descartes coordinate) とよばれる．

立方体の 3 辺から x，y，z の向きの定め方は全部で 6 通りあるが，このうち 3 通りは，図 3.5 のように x，y，z をそれぞれ右手の親指，人差し指，中指の方向に順番にとったときである．このように右手の方向にとった座標系を右手座標系とよぶ．また，右手座標系では，z 軸の正方向を，z 軸の周りに x 軸から y 軸の方向に回転させたときの右ねじの進む方向にとる．

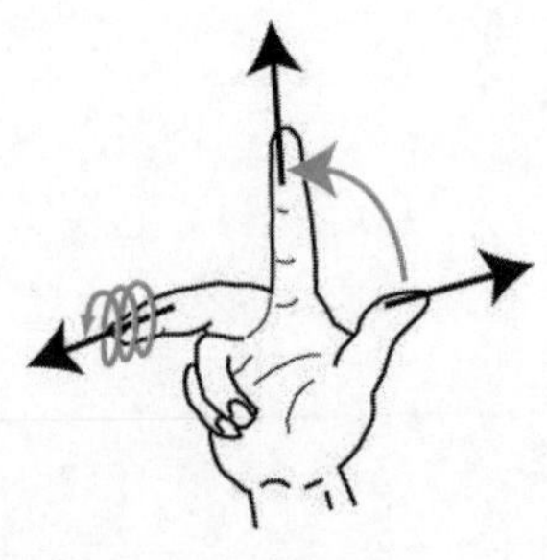

図 3.5　右手座標系

3・2・2 実世界空間における内積 (inner product in real world space)

(1) 内積 (inner product)

$$(\boldsymbol{a},\boldsymbol{b}) = |\boldsymbol{a}||\boldsymbol{b}|\cos\theta \tag{3.10}$$

$\theta = \pi/2$ のとき，ベクトル $\boldsymbol{a}$，$\boldsymbol{b}$ は直交 (orthogonal) し，

$$(\boldsymbol{a},\boldsymbol{b}) = 0 \tag{3.11}$$

である．

(2) 内積の公式

任意の 3 つのベクトル $\boldsymbol{a}$，$\boldsymbol{b}$，$\boldsymbol{c}$ と任意の実数 k_1，k_1 に対して，次の 3 つの性質を満たす．

$(\boldsymbol{a}, \boldsymbol{a}) \geqq 0$ であり，等号が成り立つのは $\boldsymbol{a} = 0$ のときに限る．

$$(\boldsymbol{a}, \boldsymbol{b}) = (\boldsymbol{b}, \boldsymbol{a}) \tag{3.12}$$

$$(k_1\boldsymbol{a} + k_2\boldsymbol{b}, \boldsymbol{c}) = k_1(\boldsymbol{a}, \boldsymbol{c}) + k_2(\boldsymbol{b}, \boldsymbol{c}) \tag{3.13}$$

ベクトル $\boldsymbol{a}$ の大きさ $|\boldsymbol{a}|$ は，

$$|\boldsymbol{a}| = \sqrt{(\boldsymbol{a}, \boldsymbol{a})} \tag{3.14}$$

ベクトルの大きさは次の性質を持つ．

$$|\boldsymbol{a}| = 0 \Leftrightarrow \boldsymbol{a} = \boldsymbol{0} \tag{3.15}$$

任意の実数 k に対して $|k\boldsymbol{a}| = |k||\boldsymbol{a}|$　(3.16)

$$|\boldsymbol{a}| - |\boldsymbol{b}| \le |\boldsymbol{a}+\boldsymbol{b}| \le |\boldsymbol{a}| + |\boldsymbol{b}| \tag{3.17}$$

(3.17)は図 3.7 のように，$|\boldsymbol{a}|$，$|\boldsymbol{b}|$，$|\boldsymbol{a}+\boldsymbol{b}|$ を 3 辺とする三角形が満たすべき関係であることから，3 角不等式と呼ばれる．

(3) 単位ベクトル

いま，図 3.8 に示すように，x，y，z 軸の正の向きを持つを単位ベクトルそれぞれ $\boldsymbol{i}$，$\boldsymbol{j}$，$\boldsymbol{k}$ で表す．これらは基本ベクトルともよばれ，幾何学的な意味で互いに直交している．

基本ベクトルの間の内積について

$$\begin{aligned}&(\boldsymbol{i},\boldsymbol{i}) = (\boldsymbol{j},\boldsymbol{j}) = (\boldsymbol{k},\boldsymbol{k}) = 1\\&(\boldsymbol{i},\boldsymbol{j}) = (\boldsymbol{j},\boldsymbol{i}) = (\boldsymbol{j},\boldsymbol{k}) = (\boldsymbol{k},\boldsymbol{j}) = (\boldsymbol{i},\boldsymbol{k}) = (\boldsymbol{k},\boldsymbol{i}) = 0\end{aligned} \tag{3.18}$$

図 3.9 のように 3 次元空間に点 P と点 Q をとり，$\boldsymbol{a}=\overrightarrow{\mathrm{OP}}$，$\boldsymbol{b}=\overrightarrow{\mathrm{OQ}}$ としたとき，2 つのベクトル $\boldsymbol{a}$，$\boldsymbol{b}$ は $\boldsymbol{i}$，$\boldsymbol{j}$，$\boldsymbol{k}$ によって次のように表される．

$$\begin{cases}\boldsymbol{a} = a_x\boldsymbol{i} + a_y\boldsymbol{j} + a_z\boldsymbol{k}\\ \boldsymbol{b} = b_x\boldsymbol{i} + b_y\boldsymbol{j} + b_z\boldsymbol{k}\end{cases} \tag{3.19}$$

ここで，a_x，a_y，a_z などをベクトルの成分（component）とよび，P，Q を O-xyz 座標系で点 P(a_x, a_y, a_z) と点 Q(b_x, b_y, b_z) のように書く．また，$\boldsymbol{a}$，$\boldsymbol{b}$ は，それぞれ次のように書くこともできる．

$$\boldsymbol{a} = \begin{bmatrix}a_x\\a_y\\a_z\end{bmatrix},\quad \boldsymbol{b} = \begin{bmatrix}b_x\\b_y\\b_z\end{bmatrix}\quad \text{または，}\ {}^T[a_x\ a_y\ a_z],\ {}^T[b_x\ b_y\ b_z] \tag{3.20}$$

また，内積 $(\boldsymbol{a},\boldsymbol{b})$ は，

$$(\boldsymbol{a},\boldsymbol{b}) = a_x b_x + a_y b_y + a_z b_z \tag{3.21}$$

と成分ごとの積の和で表すことができる．

また，$\boldsymbol{a}$ の長さ $|\boldsymbol{a}|$ は

$$|\boldsymbol{a}| = \sqrt{(\boldsymbol{a},\boldsymbol{a})} = \sqrt{a_x^2 + a_y^2 + a_z^2} \tag{3.22}$$

$\boldsymbol{a}=\overrightarrow{\mathrm{OP}} = {}^T[a_x\ a_y\ a_z]$ の方向を向く単位ベクトル $\boldsymbol{e}_P$ は

$$\begin{aligned}\boldsymbol{e}_P &= \frac{\boldsymbol{a}}{|\boldsymbol{a}|}\\&= \frac{a_x}{\sqrt{a_x^2+a_y^2+a_z^2}}\boldsymbol{i} + \frac{a_y}{\sqrt{a_x^2+a_y^2+a_z^2}}\boldsymbol{j} + \frac{a_z}{\sqrt{a_x^2+a_y^2+a_z^2}}\boldsymbol{k}\end{aligned} \tag{3.23}$$

上式で $\boldsymbol{i}$，$\boldsymbol{j}$，$\boldsymbol{k}$ の係数はそれぞれ $\boldsymbol{a}$ と x，y，z 軸が成す角を α，β，γ とすると，

$$\boldsymbol{e}_P = \boldsymbol{i}\cos\alpha + \boldsymbol{j}\cos\beta + \boldsymbol{k}\cos\gamma \tag{3.24}$$

である．この $\cos\alpha$，$\cos\beta$，$\cos\gamma$ をベクトル $\boldsymbol{a}$ の方向余弦とよぶ．方向余弦は，

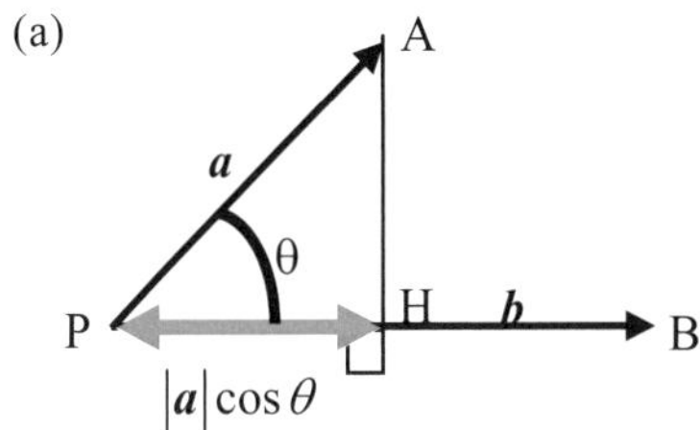

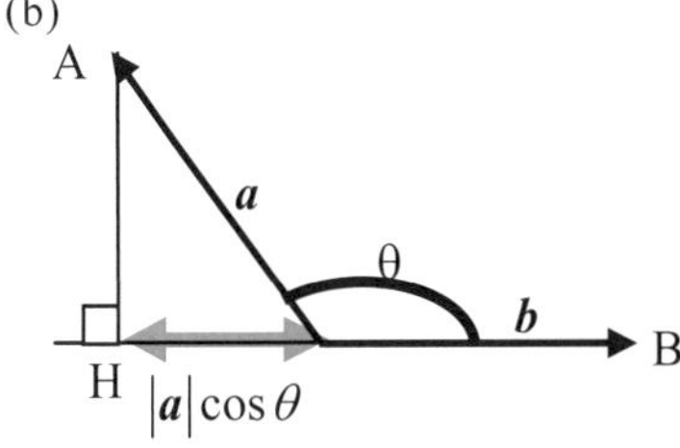

図 3.6　実空間での内積の定義

図 3.6 に示すように，ベクトル $\boldsymbol{a}$ の終点からベクトル $\boldsymbol{b}$ に垂線をおろし，その足を H とすると，式(3.8)で定義される内積は，ベクトル $\boldsymbol{a}$ をベクトル $\boldsymbol{b}$ に射影した長さ PH=$|\boldsymbol{a}|\cos\theta$ にベクトル $\boldsymbol{b}$ の大きさ $|\boldsymbol{b}|$ を掛けた量に相当する．

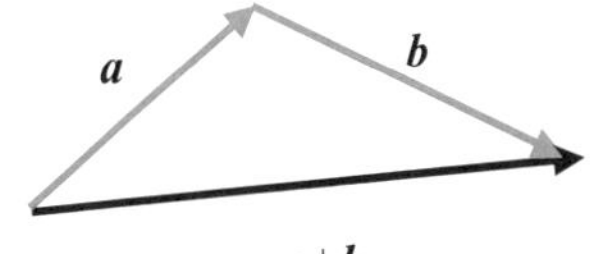

図 3.7　三角不等式

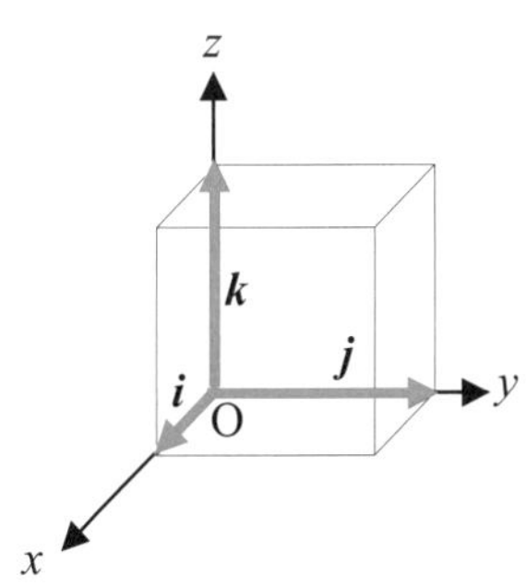

図 3.8　基本ベクトル

$$\cos^2\alpha+\cos^2\beta+\cos^2\gamma=1 \tag{3.25}$$

の関係を満足している．

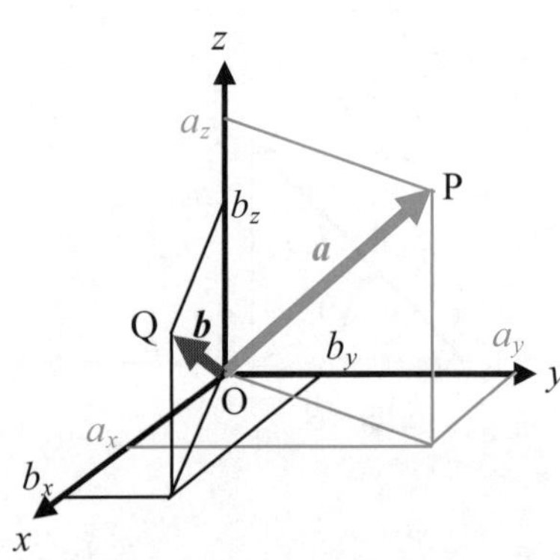

図 3.9　３次元空間でのベクトル

【例３・２】　直線 l： $x-1=\dfrac{y-1}{2}=\dfrac{z-1}{3}$ と平面π： $x=y=z=4$

がある．次の問に答えよ．

(1) l と x の交点を求めよ．

(2) l をπに正射影して得られる直線 l'の方程式を求めよ．

(3) l とπのなる角をθとするとき，$\cos\theta$を求めよ．

【解答】

(1) $\dfrac{x-1}{1}=\dfrac{y-1}{2}=\dfrac{z-1}{3}=t,$ とおくと，

$x=t+1,\ y=2t+1,\ z=3t+1,$

これらをπの式に代入すると

$$x+y+z=(t+1)+(2t+1)+(3t+1)=6t+3=4,\ \ \therefore t=\frac{1}{6}$$

ゆえに交点は

$$(x,\ y,\ z)_{t=\frac{1}{6}}=\left(\frac{1}{6}+1,\ \frac{2}{6}+1,\ \frac{3}{6}+1\right)=\left(\frac{7}{6},\ \frac{8}{6},\ \frac{9}{6}\right)=\left(\frac{7}{6},\ \frac{4}{3},\ \frac{3}{2}\right)$$

(2) $\boldsymbol{d}$: lの方向ベクトル，$\boldsymbol{d'}$: l'の方向ベクトル，$\boldsymbol{n}$: π の単位法線ベクトルとすれば，

$$\boldsymbol{d}=(1,\ 2,\ 3),\ \ \boldsymbol{n}=\frac{1}{\sqrt{3}}(1,\ 1,\ 1),$$

$$\boldsymbol{d'}=\boldsymbol{d}-(\boldsymbol{d},\ \boldsymbol{n})\boldsymbol{n}=(1,\ 2,\ 3)-\frac{1}{\sqrt{3}}(1+2+3)\frac{1}{\sqrt{3}}(1,\ 1,\ 1)$$

$$=(1,\ 2,\ 3)-(2,\ 2,\ 2)=(-1,\ 0,\ 1)$$

l'はlと πの交点 $\left(\dfrac{7}{6},\ \dfrac{4}{3},\ \dfrac{3}{2}\right)$ を通り方向ベクトル $(-1,\ 0,\ 1)$ の直線であるから，

その方程式は次のようになる．

$$\frac{x-\frac{7}{6}}{-1}=\frac{z-\frac{3}{2}}{1},\ \ y-\frac{4}{3}=0$$

すなわち，

$$-6x+7=6z-9,\ y=\frac{4}{3}\ \ \text{または，}\ 3x+3z=8,\ y=\frac{4}{3}$$

(3) $\cos\theta=\dfrac{(\boldsymbol{d},\ \boldsymbol{d'})}{|\boldsymbol{d}||\boldsymbol{d'}|}=\dfrac{(1,\ 2,\ 3)\cdot(-1,\ 0,\ 1)}{|(1,\ 2,\ 3)||(-1,\ 0,\ 1)|}\dfrac{-1+0+3}{\sqrt{1+4+9}\ \sqrt{1+0+1}}$

$$=\frac{2}{2\sqrt{7}}=\frac{1}{\sqrt{7}}$$

(a)

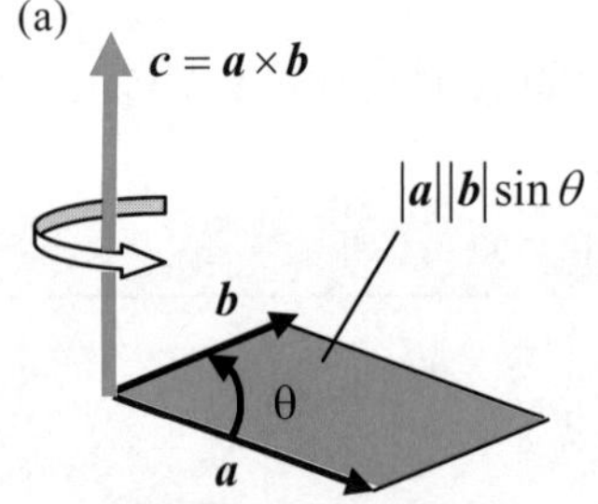

(b)

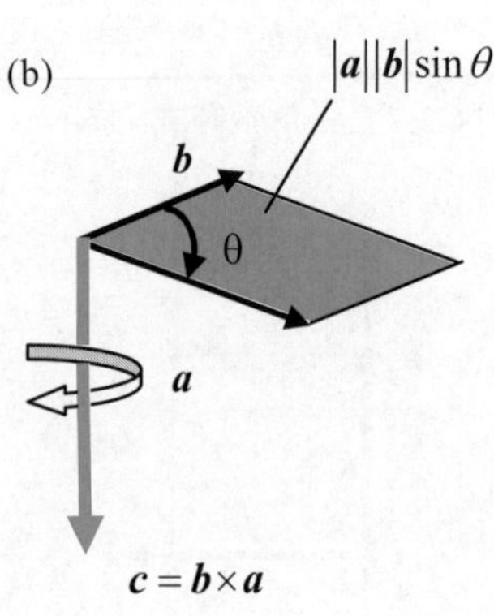

図 3.10　ベクトルの外積

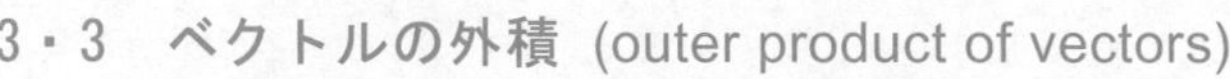

3・3　ベクトルの外積 (outer product of vectors)

(1) ベクトルの外積 (outer product)

$$\boldsymbol{c}=\boldsymbol{a}\times\boldsymbol{b} \tag{3.26}$$

その大きさは，

$$|\boldsymbol{c}|=|\boldsymbol{a}||\boldsymbol{b}||\sin\theta| \tag{3.27}$$

であり，図 3.10 に示すように，$\boldsymbol{a}$ と $\boldsymbol{b}$ がつくる平行四辺形の面積に相当している．

(2) 外積の公式

$$\begin{cases} \boldsymbol{a}\times\boldsymbol{a}=\boldsymbol{0} \\ \boldsymbol{b}\times\boldsymbol{a}=-\boldsymbol{a}\times\boldsymbol{b} \end{cases} \tag{3.28}$$

任意のベクトル $\boldsymbol{a}$，$\boldsymbol{b}$，$\boldsymbol{c}$ と定数 k に対して，

$$\begin{cases} (k\boldsymbol{a})\times\boldsymbol{b}=\boldsymbol{a}\times(k\boldsymbol{b})=k(\boldsymbol{a}\times\boldsymbol{b}) \\ (\boldsymbol{a}+\boldsymbol{b})\times\boldsymbol{c}=\boldsymbol{a}\times\boldsymbol{c}+\boldsymbol{b}\times\boldsymbol{c} \\ \boldsymbol{c}\times(\boldsymbol{a}+\boldsymbol{b})=\boldsymbol{c}\times\boldsymbol{a}+\boldsymbol{c}\times\boldsymbol{b} \end{cases} \tag{3.29}$$

基本ベクトル $\boldsymbol{i}$，$\boldsymbol{j}$，$\boldsymbol{k}$ について，次の関係を示すことができる．

$$\begin{cases} \boldsymbol{i}\times\boldsymbol{j}=\boldsymbol{k},\ \ \boldsymbol{j}\times\boldsymbol{k}=\boldsymbol{i},\ \ \boldsymbol{k}\times\boldsymbol{i}=\boldsymbol{j} \\ \boldsymbol{j}\times\boldsymbol{i}=-\boldsymbol{k},\ \ \boldsymbol{k}\times\boldsymbol{j}=-\boldsymbol{i},\ \ \boldsymbol{i}\times\boldsymbol{k}=-\boldsymbol{j} \\ \boldsymbol{i}\times\boldsymbol{i}=\boldsymbol{j}\times\boldsymbol{j}=\boldsymbol{k}\times\boldsymbol{k}=\boldsymbol{0} \end{cases} \tag{3.30}$$

したがって，$\boldsymbol{a}=a_x\boldsymbol{i}+a_y\boldsymbol{j}+a_z\boldsymbol{k}$，$\boldsymbol{b}=b_x\boldsymbol{i}+b_y\boldsymbol{j}+b_z\boldsymbol{k}$ のとき，外積 $\boldsymbol{a}\times\boldsymbol{b}$ は，

$$\begin{aligned} \boldsymbol{c}&=\boldsymbol{a}\times\boldsymbol{b} \\ &=(a_x\boldsymbol{i}+a_y\boldsymbol{j}+a_z\boldsymbol{k})\times(b_x\boldsymbol{i}+b_y\boldsymbol{j}+b_z\boldsymbol{k}) \\ &=(a_yb_z-a_zb_y)\boldsymbol{i}+(a_zb_x-a_xb_z)\boldsymbol{j}+(a_xb_y-a_yb_x)\boldsymbol{k} \end{aligned} \tag{3.31}$$

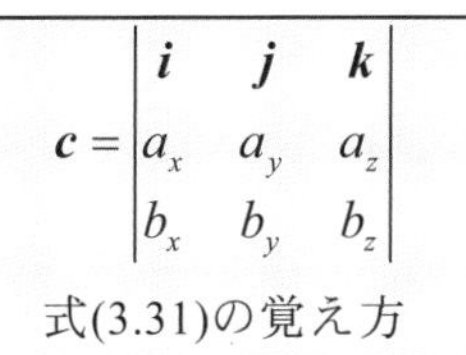

$\boldsymbol{c}=\begin{vmatrix} \boldsymbol{i} & \boldsymbol{j} & \boldsymbol{k} \\ a_x & a_y & a_z \\ b_x & b_y & b_z \end{vmatrix}$

式(3.31)の覚え方

(3) スカラー3 重積（scalar triple product）

任意の 3 つのベクトル $\boldsymbol{a}$，$\boldsymbol{b}$，$\boldsymbol{c}$ に対して

$$(\boldsymbol{a},\boldsymbol{b}\times\boldsymbol{c})=(\boldsymbol{b},\boldsymbol{c}\times\boldsymbol{a})=(\boldsymbol{c},\boldsymbol{a}\times\boldsymbol{b}) \tag{3.32}$$

が成り立つ．これをスカラー3 重積（scalar triple product）とよび，$[\boldsymbol{a}\ \ \boldsymbol{b}\ \ \boldsymbol{c}]$ という記号で表す．また，次の式が成り立つ．

$$[\boldsymbol{a}\ \ \boldsymbol{c}\ \ \boldsymbol{b}]=-[\boldsymbol{a}\ \ \boldsymbol{b}\ \ \boldsymbol{c}] \tag{3.33}$$

同様に，任意のベクトル $\boldsymbol{a}$，$\boldsymbol{b}$，$\boldsymbol{c}$ について，恒等式

$$\boldsymbol{a}\times(\boldsymbol{b}\times\boldsymbol{c})=(\boldsymbol{a},\boldsymbol{c})\boldsymbol{b}-(\boldsymbol{a},\boldsymbol{b})\boldsymbol{c} \tag{3.34}$$

が成り立ち，左辺をベクトル 3 重積（vector triple product）とよぶ．図 3.11 に示すように 3 つのベクトルを 3 辺とする平行四辺形の体積に相当している．

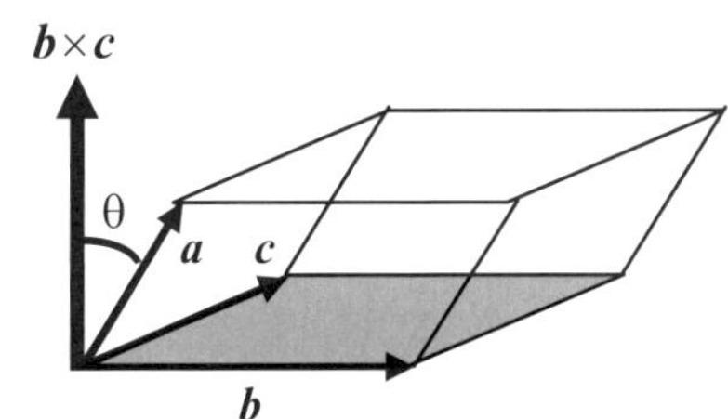

図 3.11　スカラー3 重積の物理的意味

【例 3・3】　電場 $\boldsymbol{E}$，磁束密度 $\boldsymbol{B}$ の電磁場中を速度 $\boldsymbol{v}$ で運動する電荷 q をもつ荷電粒子は，次式で与えられるローレンツ力 $\boldsymbol{F}$ を受ける．

$$\boldsymbol{F}=q(\boldsymbol{E}\times\boldsymbol{v}\boldsymbol{B})$$

今，$\boldsymbol{E}$ と $\boldsymbol{B}$ が互いに直交し，$\boldsymbol{E}\times\boldsymbol{B}/B^2$ で動く座標系でみた荷電粒子の速度を $\boldsymbol{u}$ とすると

$$\boldsymbol{v}=\boldsymbol{u}+\frac{\boldsymbol{E}\times\boldsymbol{B}}{B^2}$$

となる．この座標系では，ローレンツ力から電場が消えることを示せ．

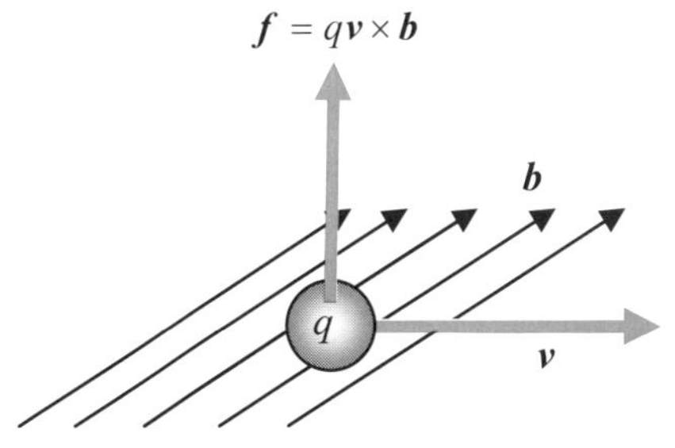

図 3.12　フレミング左手の法則

図 3.12 のように，一様な磁場の中で電荷を持つ粒子が運動するとき，粒子が磁場によりローレンツ（Lorentz）力を受ける．これは，フレミング（Fleming）の左手の法則として知られているが，磁束密度を $\boldsymbol{b}$ [Wb/m^2]，粒子の速度，電荷をそれぞれ $\boldsymbol{v}$ [m/s]，q [C]とすると，ローレンツ力 $\boldsymbol{f}$ [N]は，

$$\boldsymbol{f} = q\boldsymbol{v}\times\boldsymbol{b}$$

と書ける．

【解答】

$$\boldsymbol{F} = q(\boldsymbol{E}\times\boldsymbol{vB}) = q\left\{\boldsymbol{E} + \left(\boldsymbol{u} + \frac{\boldsymbol{E}\times\boldsymbol{B}}{B^2}\right)\times\boldsymbol{B}\right\}$$

ここで $(\boldsymbol{E}\times\boldsymbol{B})\times\boldsymbol{B}$ にベクトル 3 重積の公式を用いると

$$\begin{aligned}(\boldsymbol{E}\times\boldsymbol{B})\times\boldsymbol{B} &= -\boldsymbol{B}\times(\boldsymbol{E}\times\boldsymbol{B})\\ &= -\{\boldsymbol{E}(\boldsymbol{B},\boldsymbol{B}) - \boldsymbol{B}\times(\boldsymbol{B},\boldsymbol{E})\}\end{aligned}$$

題意より，$\boldsymbol{E}$ と $\boldsymbol{B}$ が互いに直交しているので $(\boldsymbol{B},\boldsymbol{E})=0$ となり，

$$(与式) = -B^2\boldsymbol{E}$$

となる．これを力 $\boldsymbol{F}$ の式に代入すると

$$\begin{aligned}\boldsymbol{F} &= q\left(\boldsymbol{E} + u\times\boldsymbol{B} - \frac{B^2}{B^2}\boldsymbol{E}\right)\\ &= q\boldsymbol{u}\times\boldsymbol{B}\end{aligned}$$

となり，速度 $\boldsymbol{E}\times\boldsymbol{B}/\boldsymbol{B}^2$ で動く座標系では電場が消える．

3・4　ベクトル関数の微分と積分 (differentiation and integration of vector functions)

(1) ベクトル関数の微分

ベクトル関数（vector function）ベクトル関数の成分

$$\boldsymbol{a}(t) = \begin{bmatrix} a_x(t) \\ a_y(t) \\ a_z(t) \end{bmatrix} \tag{3.35}$$

が全て連続のとき，$\boldsymbol{a}(t)$ は連続であるという．

ベクトル関数の微分は，図 3.13 に示すように，極限

$$\frac{\mathrm{d}\boldsymbol{a}(t)}{\mathrm{d}t} = \lim_{\Delta t\to 0}\frac{\boldsymbol{a}(t+\Delta t) - \boldsymbol{a}(t)}{\Delta t} \tag{3.36}$$

で定義される．この極限が存在するとき，$\boldsymbol{a}(t)$ は微分可能であるという．つまり，

$$\frac{\mathrm{d}\boldsymbol{a}}{\mathrm{d}t} = \begin{bmatrix} \dfrac{\mathrm{d}a_x}{\mathrm{d}t} \\ \dfrac{\mathrm{d}a_y}{\mathrm{d}t} \\ \dfrac{\mathrm{d}a_z}{\mathrm{d}t} \end{bmatrix} \tag{3.37}$$

である．微分可能なベクトル関数 $\boldsymbol{a}$，$\boldsymbol{b}$ と，微分可能なスカラー関数 f について，

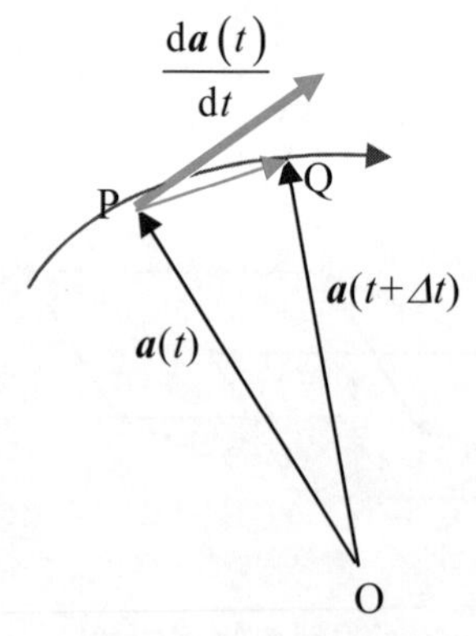

図 3.13　ベクトル関数の微分

$$\begin{aligned}
&\frac{\mathrm{d}}{\mathrm{d}t}(\boldsymbol{a}+\boldsymbol{b})=\frac{\mathrm{d}\boldsymbol{a}}{\mathrm{d}t}+\frac{\mathrm{d}\boldsymbol{b}}{\mathrm{d}t}\\
&\frac{\mathrm{d}}{\mathrm{d}t}(f\boldsymbol{a})=f\frac{\mathrm{d}\boldsymbol{a}}{\mathrm{d}t}+\frac{\mathrm{d}f}{\mathrm{d}t}\boldsymbol{a}\\
&\frac{\mathrm{d}}{\mathrm{d}t}(\boldsymbol{a},\boldsymbol{b})=\left(\boldsymbol{a},\frac{\mathrm{d}\boldsymbol{b}}{\mathrm{d}t}\right)+\left(\frac{\mathrm{d}\boldsymbol{a}}{\mathrm{d}t},\boldsymbol{b}\right)\\
&\frac{\mathrm{d}}{\mathrm{d}t}(\boldsymbol{a}\times\boldsymbol{b})=\boldsymbol{a}\times\frac{\mathrm{d}\boldsymbol{b}}{\mathrm{d}t}+\frac{\mathrm{d}\boldsymbol{a}}{\mathrm{d}t}\times\boldsymbol{b}
\end{aligned}\tag{3.38}$$

が成り立つ．

また，高次導関数も同様に得られる．

(2) ベクトル関数の積分

ベクトル関数 $\boldsymbol{a}(t)={}^{T}\left[a_x(t)\ a_y(t)\ a_z(t)\right]$ の不定積分は，

$$\int\boldsymbol{a}(t)\mathrm{d}t=\begin{bmatrix}\int a_x(t)\mathrm{d}t\\ \int a_y(t)\mathrm{d}t\\ \int a_z(t)\mathrm{d}t\end{bmatrix}+\boldsymbol{c}\tag{3.39}$$

のように書ける．ここで，$\boldsymbol{c}$ は任意の定ベクトルである．積分については，任意のベクトル $\boldsymbol{a}=\boldsymbol{a}(t)$，$\boldsymbol{b}=\boldsymbol{b}(t)$，定数 k，定ベクトル $\boldsymbol{c}$ に対して，

$$\begin{aligned}
&\int(\boldsymbol{a}(t)+\boldsymbol{b}(t))\mathrm{d}t=\int\boldsymbol{a}(t)\mathrm{d}t+\int\boldsymbol{b}(t)\mathrm{d}t\\
&\int k\boldsymbol{a}(t)\mathrm{d}t=k\int\boldsymbol{a}(t)\mathrm{d}t\\
&\int(\boldsymbol{c},\boldsymbol{a}(t))\mathrm{d}t=\left(\boldsymbol{c},\int\boldsymbol{a}(t)\mathrm{d}t\right)\\
&\int(\boldsymbol{c}\times\boldsymbol{a}(t))\mathrm{d}t=\boldsymbol{c}\times\int\boldsymbol{a}(t)\mathrm{d}t
\end{aligned}\tag{3.40}$$

が成り立つ．

【例 3・4】　質点に働く力の方向が常に一定点，たとえば原点を通り，かつその一定点(原点) からの距離のみにより大きさが定まる力を中心力とよぶ．中心力 $\boldsymbol{F}$ は $f(r)\boldsymbol{e}_\mathrm{r}$ によって表わされる．ここで，$\boldsymbol{e}_\mathrm{r}$ は r 方向の単位ベクトル，$\boldsymbol{e}_\mathrm{r}=\boldsymbol{r}/r$，$f(r)$ は位置ベクトル $\boldsymbol{r}$ の大きさのみに依存する関数である．中心力の場の中で運動する物体に対して，$\boldsymbol{r}\times(\mathrm{d}\boldsymbol{r}/\mathrm{d}t)$ は時間によらず一定であることと，運動はある 1 つの平面内に限定されることを示せ．

【解答】　中心力場で運動する質量 m の物体の運動方程式は

$$m\frac{\mathrm{d}^2\boldsymbol{r}}{\mathrm{d}t^2}=\boldsymbol{e}_r f(r)$$

と表わせる．与えられたベクトル積 $\boldsymbol{r}\times(\mathrm{d}\boldsymbol{r}/\mathrm{d}t)$ の時間微分は

$$\frac{\mathrm{d}}{\mathrm{d}t}\left(\boldsymbol{r}\times\frac{\mathrm{d}\boldsymbol{r}}{\mathrm{d}t}\right)=\frac{\mathrm{d}\boldsymbol{r}}{\mathrm{d}t}\times\frac{\mathrm{d}\boldsymbol{r}}{\mathrm{d}t}+\boldsymbol{r}\times\frac{\mathrm{d}^2\boldsymbol{r}}{\mathrm{d}t^2}$$

となる．ここで，右辺第 1 項は同じベクトル同士のベクトル積なので 0 になる．第 2 項の $\mathrm{d}^2\boldsymbol{r}/\mathrm{d}t^2$ は，運動方程式から

$$\boldsymbol{r}\times\frac{\mathrm{d}^2\boldsymbol{r}}{\mathrm{d}t^2}=\frac{f(r)}{m}\boldsymbol{r}\times\boldsymbol{e}_r$$

となり，単位ベクトルの定義 $\boldsymbol{e}_\mathrm{r}=\boldsymbol{r}/r$ から，これも同じベクトル同士のベクト

ル積である．したがって，$\boldsymbol{r}\times(\mathrm{d}\boldsymbol{r}/\mathrm{d}t)$は時間によらず一定であることがわかる．また，このベクトルは位置ベクトル $\boldsymbol{r}$ と速度ベクトルと直交している．つまり，位置ベクトルと速度ベクトルは，このベクトルと直交する1つの平面内にある．よって，中心力の場の中の物体の運動は平面的である．

3・5　ベクトル場の微積分（differentiation and integration of vector fields）

3・5・1　スカラー場・ベクトル場の微分 (differentiation of scalar and vector fields)

(1) 勾配 (gradient)

$$\mathrm{grad}\, f = \nabla f = \boldsymbol{i}\frac{\partial f}{\partial x} + \boldsymbol{j}\frac{\partial f}{\partial y} + \boldsymbol{k}\frac{\partial f}{\partial z} = {}^{T}\left[\frac{\partial f}{\partial x}\ \frac{\partial f}{\partial y}\ \frac{\partial f}{\partial z}\right] \tag{3.41}$$

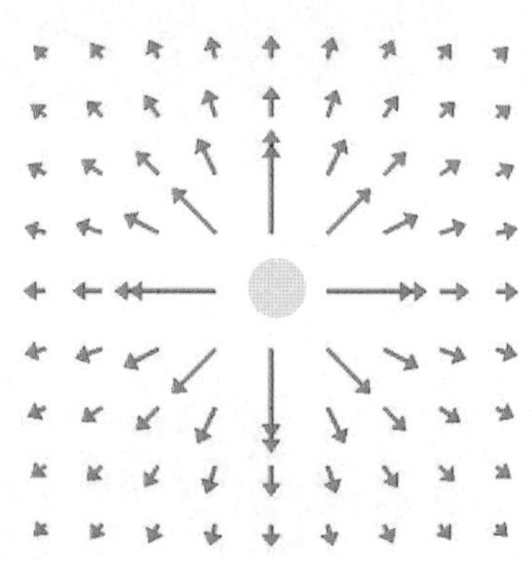

図 3.14　$\nabla\cdot\boldsymbol{A}>0$ (わき出し)

図 3.15　$\nabla\cdot\boldsymbol{A}<0$ (吸い込み)

流体の速度を $\boldsymbol{v}$ とすれば，その発散は，単位時間あたりの流体の流出量を表わす．また，電場を $\boldsymbol{E}$ とすれば $\mathrm{div}\boldsymbol{E}$ は，単位体積あたりの，内側から外にでる電気力線の数を表わす．

また，記号ナブラ∇を，形式的に

$$\nabla = \boldsymbol{i}\frac{\partial}{\partial x} + \boldsymbol{j}\frac{\partial}{\partial y} + \boldsymbol{k}\frac{\partial}{\partial z} = {}^{T}\left[\frac{\partial}{\partial x}\ \frac{\partial}{\partial y}\ \frac{\partial}{\partial z}\right] \tag{3.42}$$

と書くこともある．

(2) 発散 (divergence)，

$\boldsymbol{A}={}^{T}\left[A_x\ A_y\ A_z\right]$に対し，

$$\mathrm{div}\,\boldsymbol{A} = \frac{\partial A_x}{\partial x} + \frac{\partial A_y}{\partial y} + \frac{\partial A_z}{\partial z} = \nabla\cdot\boldsymbol{A} \tag{3.43}$$

発散を∇と $\boldsymbol{A}$ の内積の形として，式(3.41)で定義した形式的な記号を用いて表したものである．本書では内積として主に $(\boldsymbol{a},\boldsymbol{b})$ の表記を使用しているが，∇記号を含む内積などでは，より簡潔で使われることの多い $\boldsymbol{a}\cdot\boldsymbol{b}$ の表記を併用する．

発散の演算については，定数 k，スカラー関数 f，ベクトル関数 $\boldsymbol{A}$，$\boldsymbol{B}$ に対して，以下の関係式が成り立つ．

$$\nabla\cdot\left(\boldsymbol{A}+\boldsymbol{B}\right) = \nabla\cdot\boldsymbol{A} + \nabla\cdot\boldsymbol{B} \tag{3.44}$$

$$\nabla\cdot\left(k\boldsymbol{A}\right) = k\nabla\cdot\boldsymbol{A} \tag{3.45}$$

$$\nabla\cdot\left(f\boldsymbol{A}\right) = \left(\nabla f\right)\cdot\boldsymbol{A} + f\left(\nabla\cdot\boldsymbol{A}\right) \tag{3.46}$$

図 3.14，図 3.15 に示すような2次元平面内のベクトル場2次元の発散は単位面積あたりのベクトルの流出・流入量に相当することがわかる．

(3) 回転 (rotation) は，ベクトル場 $\boldsymbol{A}={}^{T}\left[A_x\ A_y\ A_z\right]$に対し，

$$\mathrm{rot}\,\boldsymbol{A} = \nabla\times\boldsymbol{A} = \left(\frac{\partial A_z}{\partial y} - \frac{\partial A_y}{\partial z}\right)\boldsymbol{i} + \left(\frac{\partial A_x}{\partial z} - \frac{\partial A_z}{\partial x}\right)\boldsymbol{j} + \left(\frac{\partial A_y}{\partial x} - \frac{\partial A_x}{\partial y}\right)\boldsymbol{k} \tag{3.47}$$

と定義され，その結果はベクトルになる．

ベクトルの回転については，以下の関係式が成り立つ．

$$\nabla\times(\boldsymbol{A}+\boldsymbol{B})=\nabla\times\boldsymbol{A}+\nabla\times\boldsymbol{B} \tag{3.48}$$

$$\nabla\times(k\boldsymbol{A})=k\nabla\times\boldsymbol{A} \tag{3.49}$$

$$\nabla\times(f\boldsymbol{A})=(\nabla f)\times\boldsymbol{A}+f(\nabla\times\boldsymbol{A}) \tag{3.50}$$

また，スカラー場 f に，勾配と発散を続けて作用させると，

$$\nabla\cdot(\nabla f)=\frac{\partial^2 f}{\partial x^2}+\frac{\partial^2 f}{\partial y^2}+\frac{\partial^2 f}{\partial z^2} \tag{3.51}$$

となる．これをラプラシアン (Laplacian) と呼び，$\nabla^2 f$，Δf などと書く．

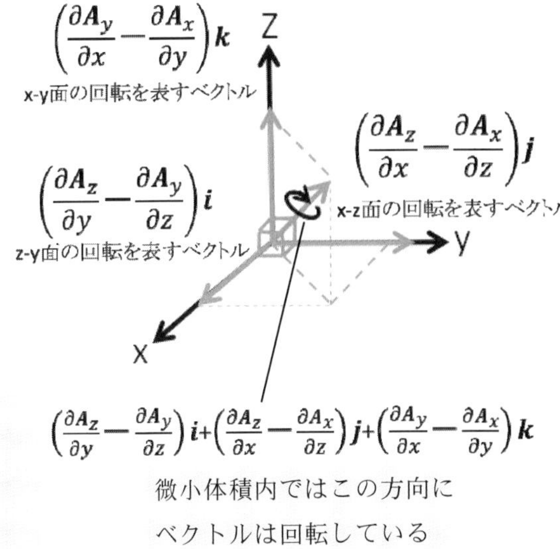

図 3.16　ベクトル場の回転

【例 3・5】　$\boldsymbol{E}$ と $\boldsymbol{H}$ が x，y，z，t の関数あって

$\mathrm{rot}\,\boldsymbol{H}-\frac{1}{c}\frac{\partial\boldsymbol{E}}{\partial t}=0$　(1)　$\mathrm{rot}\,\boldsymbol{E}+\frac{1}{c}\frac{\partial\boldsymbol{H}}{\partial t}=0$　(2)

$\mathrm{div}\boldsymbol{E}=0$　(3)　$\mathrm{div}\boldsymbol{H}=0$　(4)

を満たせば

$\frac{1}{c^2}\frac{\partial^2\boldsymbol{E}}{\partial t^2}-\nabla^2\boldsymbol{E}=0$　および　$\frac{1}{c^2}\frac{\partial^2\boldsymbol{H}}{\partial t^2}-\nabla^2\boldsymbol{H}=0$

となることを証明せよ．ただし，c は定数である．

【解答】　(1)の両辺の回転をとって，

$$\mathrm{rot\,rot}\,\boldsymbol{H}-\frac{1}{c}\mathrm{rot}\frac{\partial\boldsymbol{E}}{\partial t}=0$$

左辺の第 2 項で rot と $\partial/\partial t$ を変換して，

$$\mathrm{rot\,rot}\,\boldsymbol{H}-\frac{1}{c}\frac{\partial}{\partial t}(\mathrm{rot}\boldsymbol{E})=0$$

(2)から，$\mathrm{rot}\,\boldsymbol{E}=-\frac{1}{c}\frac{\partial\boldsymbol{H}}{\partial t}$ を上式に代入すると，

$$\mathrm{rot\,rot}\,\boldsymbol{H}-\frac{1}{c}\frac{\partial}{\partial t}(-\frac{1}{c}\frac{\partial\boldsymbol{H}}{\partial t})=0$$

ここで，rotrot$\boldsymbol{H}$ は(4)を用いると，$\mathrm{rotrot}\,\boldsymbol{H}=-\nabla^2\boldsymbol{H}+-\nabla(\nabla\cdot\boldsymbol{H})=-\nabla^2\boldsymbol{H}$　となるので，上式は

$$\frac{1}{c^2}\frac{\partial^2\boldsymbol{H}}{\partial t^2}-\nabla^2\boldsymbol{H}=0$$

$\boldsymbol{E}$ のについての式も同様に，

$$\frac{1}{c^2}\frac{\partial^2\boldsymbol{E}}{\partial t^2}-\nabla^2\boldsymbol{E}=0$$

となる．

(1) から (4) の方程式をマックスウェルの電磁方程式 (Maxwell's electromagnetic equations) といい，結論になっている二つの方程式は，E と H に関して波動方程式 (wave equation) とよばれるものである．

【例 3・6】粘性流体のナビエ・ストークス方程式(Navier-Stokes equations)が次のように表される．

$$\left.\begin{aligned}
\frac{Du}{Dt}&=X-\frac{1}{\rho}\frac{\partial p}{\partial x}+\nu\frac{\partial}{\partial x}\left\{2\frac{\partial u}{\partial x}-\frac{2}{3}\left(\frac{\partial u}{\partial x}+\frac{\partial v}{\partial y}+\frac{\partial w}{\partial z}\right)\right\}\\
&\qquad+\nu\frac{\partial}{\partial y}\left(\frac{\partial v}{\partial x}+\frac{\partial u}{\partial y}\right)+\nu\frac{\partial}{\partial z}\left(\frac{\partial u}{\partial z}+\frac{\partial w}{\partial x}\right)\\
\frac{Dv}{Dt}&=Y-\frac{1}{\rho}\frac{\partial p}{\partial y}+\nu\frac{\partial}{\partial y}\left\{2\frac{\partial v}{\partial y}-\frac{2}{3}\left(\frac{\partial u}{\partial x}+\frac{\partial v}{\partial y}+\frac{\partial w}{\partial z}\right)\right.\\
&\qquad+\nu\frac{\partial}{\partial z}\left(\frac{\partial v}{\partial z}+\frac{\partial w}{\partial y}\right)+\nu\frac{\partial}{\partial x}\left(\frac{\partial v}{\partial x}+\frac{\partial u}{\partial y}\right)\\
\frac{Dw}{Dt}&=Z-\frac{1}{\rho}\frac{\partial p}{\partial z}+\nu\frac{\partial}{\partial z}\left\{2\frac{\partial w}{\partial z}-\frac{2}{3}\left(\frac{\partial u}{\partial x}+\frac{\partial v}{\partial y}+\frac{\partial w}{\partial z}\right)\right.\\
&\qquad+\nu\frac{\partial}{\partial x}\left(\frac{\partial u}{\partial z}+\frac{\partial w}{\partial x}\right)+\nu\frac{\partial}{\partial y}\left(\frac{\partial w}{\partial y}+\frac{\partial v}{\partial z}\right)
\end{aligned}\right\}\quad(1)$$

上式が次式で与えられることを示せ．

$$\frac{\partial \boldsymbol{v}}{\partial t}+(\boldsymbol{v}\cdot\nabla)\boldsymbol{v}=\boldsymbol{K}-\frac{1}{\rho}\,\mathrm{grad}\;p+\frac{1}{3}\nu\,\mathrm{grad}\;\mathrm{div}\,\boldsymbol{v}+\nu\nabla^2\boldsymbol{v}\qquad(2)$$

ここで $\boldsymbol{K}(X,\ Y,\ Z)$は単位質量当たりの外力とする．

【解答】　x，y，z，方向の単位ベクトルを $\boldsymbol{i}$，$\boldsymbol{j}$，k とすると

$$\boldsymbol{v}=u\boldsymbol{i}+v\boldsymbol{j}+w\boldsymbol{k},\ \nabla=\frac{\partial}{\partial x}\boldsymbol{i}+\frac{\partial}{\partial y}\boldsymbol{j}+\frac{\partial}{\partial z}\boldsymbol{k}$$

であるから，ベクトルの内積の定義より

$$\boldsymbol{v}\cdot\nabla=u\frac{\partial}{\partial x}\boldsymbol{i}+v\frac{\partial}{\partial y}\boldsymbol{j}+w\frac{\partial}{\partial z}\boldsymbol{k}$$

$$\therefore\ \frac{D}{Dt}=\frac{\partial}{\partial t}+(\boldsymbol{v}\cdot\nabla)$$

式(2)の左辺は加速度を表す．
発散の定義により

$$\mathrm{div}\,\boldsymbol{v}=\frac{\partial u}{\partial x}+\frac{\partial v}{\partial y}+\frac{\partial w}{\partial z}$$

これを用いて，式(1)の第 1 式の粘性項を書き換えると

$$\nu\left(2\frac{\partial^2 u}{\partial x^2}-\frac{2}{3}\frac{\partial}{\partial x}\mathrm{div}\,\boldsymbol{v}+\frac{\partial^2 v}{\partial x\partial y}+\frac{\partial^2 u}{\partial y^2}+\frac{\partial^2 u}{\partial z^2}+\frac{\partial^2 w}{\partial x\partial z}\right)$$

$$=\nu\left\{\nabla^2 u+\frac{\partial}{\partial x}\left(\frac{\partial u}{\partial x}+\frac{\partial v}{\partial y}+\frac{\partial w}{\partial z}\right)-\frac{2}{3}\frac{\partial}{\partial x}\mathrm{div}\,\boldsymbol{v}\right\}$$

$$=\nu\left(\nabla^2 u+\frac{1}{3}\frac{\partial}{\partial x}\mathrm{div}\,\boldsymbol{v}\right)$$

第 2，3 式も同様に

$$\nu\left(\nabla^2 v+\frac{1}{3}\frac{\partial}{\partial y}\mathrm{div}\,\boldsymbol{v}\right),\ \nu\left(\nabla^2 w+\frac{1}{3}\frac{\partial}{\partial z}\mathrm{div}\,\boldsymbol{v}\right)$$

よって，式(1)の右辺の各成分は(2)式と一致する．

3・5・2　ベクトル場の線積分（line integration of vector field）

図3.17のように，ベクトル場 $\boldsymbol{A}(x,y,z)$ とパラメータ t によって定義される曲線Cを考え，曲線C上に点 $\mathrm{P}(x(t),y(t),z(t))$ をとる．点Pにおける単位接線ベクトルを $\boldsymbol{t}$ とすると，ベクトル場 $\boldsymbol{A}$ の接線方向成分は，$\boldsymbol{A}$ を接線方向に正射影した大きさであるから，内積を用いて $(\boldsymbol{A},\boldsymbol{t})$ と表せる．したがって，点Pにおける微小線要素の長さを $\mathrm{d}s$ とすれば，接線線積分は

$$\int_{\mathrm{C}}(\boldsymbol{A},\boldsymbol{t})\,\mathrm{d}s \tag{3.52}$$

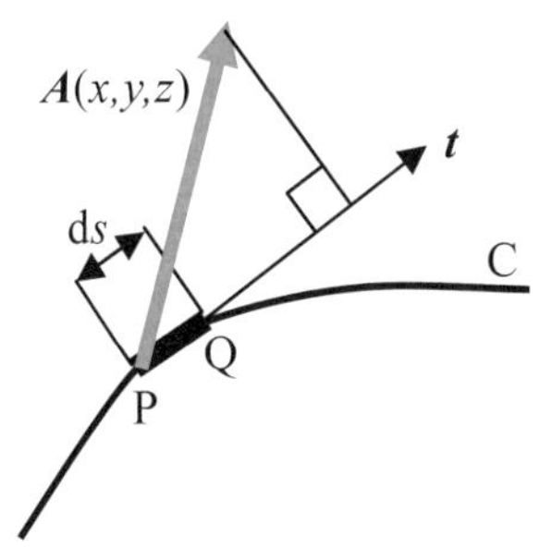

図3.17　ベクトル関数の線積分

と書ける．一方，曲線Cがパラメータ t を用いて定義されているとき，Pの近傍に点 $\mathrm{Q}(x(t+\Delta t), y(t+\Delta t), z(t+\Delta t))$ を曲線C上にとり，テイラー級数を用いると

$$\overrightarrow{\mathrm{PQ}}=\begin{bmatrix} x(t+\Delta t)-x(t)\\ y(t+\Delta t)-y(t)\\ z(t+\Delta t)-z(t)\end{bmatrix}=\begin{bmatrix}\dfrac{\mathrm{d}x}{\mathrm{d}t}\\ \dfrac{\mathrm{d}y}{\mathrm{d}t}\\ \dfrac{\mathrm{d}z}{\mathrm{d}t}\end{bmatrix}\Delta t+(\Delta t\text{の高次項}) \tag{3.53}$$

と書ける．したがって，接線ベクトル $\boldsymbol{V}$ は，

$$\boldsymbol{V}=\lim_{\Delta t\to 0}\left(\frac{1}{\Delta t}\overrightarrow{\mathrm{PQ}}\right)=\begin{bmatrix}\dfrac{\mathrm{d}x}{\mathrm{d}t}\\ \dfrac{\mathrm{d}y}{\mathrm{d}t}\\ \dfrac{\mathrm{d}z}{\mathrm{d}t}\end{bmatrix} \tag{3.54}$$

となり，単位接ベクトル $\mathbf{t}$ は，

$$\boldsymbol{t}=\frac{\boldsymbol{V}}{|\boldsymbol{V}|}=\frac{1}{\sqrt{\left(\dfrac{\mathrm{d}x}{\mathrm{d}t}\right)^2+\left(\dfrac{\mathrm{d}y}{\mathrm{d}t}\right)^2+\left(\dfrac{\mathrm{d}z}{\mathrm{d}t}\right)^2}}\begin{bmatrix}\dfrac{\mathrm{d}x}{\mathrm{d}t}\\ \dfrac{\mathrm{d}y}{\mathrm{d}t}\\ \dfrac{\mathrm{d}z}{\mathrm{d}t}\end{bmatrix} \tag{3.55}$$

で与えられる．また，

$$\mathrm{d}s=\left|\overrightarrow{\mathrm{PQ}}\right|=\sqrt{\left(\frac{\mathrm{d}x}{\mathrm{d}t}\right)^2+\left(\frac{\mathrm{d}y}{\mathrm{d}t}\right)^2+\left(\frac{\mathrm{d}z}{\mathrm{d}t}\right)^2}\,\mathrm{d}t \tag{3.56}$$

であるから，式(3.52)は，

$$\int_{\mathrm{C}}(\boldsymbol{A},\boldsymbol{t})\,ds=\int_{t_1}^{t_2}\big(\boldsymbol{A}(x(t),y(t),z(t)),\boldsymbol{V}(t)\big)\,dt \tag{3.57}$$

と書くこともできる．ここで，右辺の積分範囲は曲線Cの始点と終点に相当する t の値である．

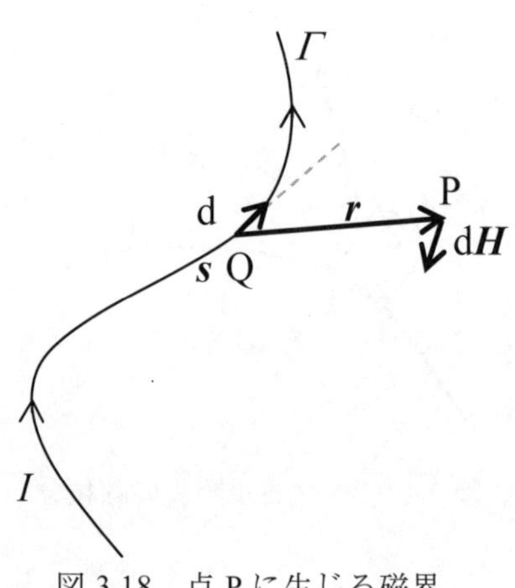

図 3.18　点 P に生じる磁界

図 3.18 のように，電流 I の流れる長さ ds の部分が点 P に生じる磁界 dH は，周囲の触媒に関係なく，方向は点 P と ds とを含む面に垂直となり，向きは右ねじの法則に従う．

【例 3・7】　空間の中の曲線 Γ 上に強さ一定 I の電流が流れているとき，これによって生ずる磁場 H は次の線積分で与えられる（ビオ・サバール (Biot-Savart)の法則）：

$$\boldsymbol{H}(\mathrm{P}) = \frac{I}{C}\int_\Gamma \frac{\boldsymbol{r}\times d\boldsymbol{s}}{r^3}$$

ここで，$\boldsymbol{r} = \overrightarrow{\mathrm{PQ}}$, $r = |\overrightarrow{\mathrm{PQ}}|$, $\mathrm{d}s = (\mathrm{d}x,\ \mathrm{d}y,\ \mathrm{d}z)$

このとき，次の問いに答えよ．

(1)　曲線 Γ: $x=\cos t$,　$y=\sin t$,　$z=0$　$(0 \leqq t \leqq 2\pi)$ のとき，磁場 $\boldsymbol{H}$ の点 P(0, 0, ζ) における値を求めよ．

(2)　曲線 Γ を x 軸：$x=t$,　$y=0$,　$z=0$　$(-\infty < t < \infty)$ とするとき，磁場 $\boldsymbol{H}$ の点 P(ξ, η, ζ) における値を求めよ．

【解答】

(1)　$\boldsymbol{r} = (x,\ y,\ -\zeta)$,

$$\boldsymbol{r}\times\mathrm{d}s = \left(\begin{vmatrix} y & -\zeta \\ \mathrm{d}y & \mathrm{d}z \end{vmatrix},\ -\begin{vmatrix} x & -\zeta \\ \mathrm{d}x & \mathrm{d}z \end{vmatrix},\ \begin{vmatrix} x & y \\ \mathrm{d}x & \mathrm{d}y \end{vmatrix}\right)$$

$$= (y\mathrm{d}z + \zeta\mathrm{d}y,\ -x\mathrm{d}z - \zeta\mathrm{d}x,\ x\mathrm{d}y - y\mathrm{d}x),$$

$$r = \sqrt{x^2 + y^2 + (-\zeta)^2} = \sqrt{1+\zeta^2}$$

$\boldsymbol{H}$ の $\boldsymbol{i}$ 成分： $\int_\Gamma y\mathrm{d}z + \zeta\mathrm{d}y = \int_0^{2\pi} \sin t(0\mathrm{d}t) + \zeta(\cos t\mathrm{d}t) = 0$

$\boldsymbol{H}$ の $\boldsymbol{j}$ 成分： $\int_\Gamma (-x)\mathrm{d}z - \zeta\mathrm{d}x = \int_0^{2\pi} \zeta\sin t\mathrm{d}t = 0$

$\boldsymbol{H}$ の $\boldsymbol{k}$ 成分： $\int_\Gamma x\mathrm{d}y - y\mathrm{d}x = \int_0^{2\pi} (\cos^2 t + \sin^2 t)\mathrm{d}t = 2\pi$

$$\therefore\ \boldsymbol{H}(0,\ 0,\ \zeta) = \left(0,\ 0,\ \frac{1}{C}\frac{2\pi}{(\sqrt{1+\ \zeta^2})^3}\right)$$

(2)　$\boldsymbol{r} = (x-\xi,\ -\eta,\ -\zeta)$

この場合は $\mathrm{d}y = \mathrm{d}z = 0$　　$\therefore$ $\mathrm{d}s = (\mathrm{d}x,\ 0,\ 0)$

$$\boldsymbol{r}\times\mathrm{d}s = \left(\begin{vmatrix} -\eta & -\zeta \\ 0 & 0 \end{vmatrix},\ -\begin{vmatrix} x-\xi & -\zeta \\ \mathrm{d}x & 0 \end{vmatrix},\ \begin{vmatrix} x-\xi & -\eta \\ \mathrm{d}x & 0 \end{vmatrix}\right) = (0,\ -\zeta\mathrm{d}x,\ \eta\mathrm{d}x)$$

$$\boldsymbol{r} = \sqrt{(x-\xi)^2 + \eta^2 + \zeta^2}$$

$\boldsymbol{H}$ の $\boldsymbol{i}$ 成分： $\int_\Gamma 0 = 0$

$\boldsymbol{H}$ の $\boldsymbol{j}$ 成分： $\int_\Gamma \{(x-\xi)^2 + \eta^2 + \zeta^2\}^{-\frac{3}{2}}(-\zeta\mathrm{d}x)$

$\boldsymbol{H}$ の $\boldsymbol{k}$ 成分： $\int_\Gamma ((x-\xi)^2 + \eta^2 + \zeta^2)^{-\frac{3}{2}}(\eta\ \mathrm{d}x)$

ところが，

$$\int_{-\infty}^{\infty} (u^2 + a^2)^{-\frac{3}{2}}\mathrm{d}u = \left[\frac{1}{a^2}\sin\left(\arctan\frac{u}{a}\right)\right]_{-\infty}^{\infty} = \frac{1}{a^2}\left\{\sin\frac{\pi}{2} - \sin\left(\frac{-\pi}{2}\right)\right\} = \frac{2}{a^2}$$

これを用いると，

$\boldsymbol{H}$ の $\boldsymbol{j}$ 成分： $-\zeta\int_{-\infty}^{\infty} \{(t-\xi)^2 + (\sqrt{\eta^2+\zeta^2})^2\}^{\frac{3}{2}}\mathrm{d}t = -2\zeta/(\eta^2+\zeta^2)$

同様に

$\boldsymbol{H}$ の $\boldsymbol{k}$ 成分：$2\eta/(\eta^2+\zeta^2)$

$$\therefore\ \boldsymbol{H}(\xi,\eta,\zeta)=\left(0,\ \frac{-2\zeta}{\eta^2+\zeta^2},\ \frac{2\eta}{\eta^2+\zeta^2}\right)$$

3・5・3　ベクトルの面積分・体積分 (surface/volume integral of vector field)

空間Vにおいて，ベクトル場 $\boldsymbol{A}={}^T\left[A_x\ A_y\ A_z\right]$が定義されているとする．このとき曲面Sについての面積分は，図 3.19 に示す面要素 dS の単位法線ベクトル $\boldsymbol{n}$ を用いて

$$\int_S \boldsymbol{A}\cdot\boldsymbol{n}\,\mathrm{d}S=\int_S A_n\,\mathrm{d}S \tag{3.58}$$

と定義される．ここで，A_n は，ベクトル $\boldsymbol{A}$ の法線ベクトル方向成分を表し，$\boldsymbol{A}$ と $\boldsymbol{n}$ のなす角をθとすれば， $A_n=|\boldsymbol{A}|\cos\theta$ である．また，

$$\mathrm{d}\boldsymbol{S}=\boldsymbol{n}\mathrm{d}S \tag{3.59}$$

とおくと，d$\boldsymbol{S}$ は $\boldsymbol{n}$ と同じ向きで大きさ dS の面要素を表すベクトルであり，これを用いて，式(3.58)を

$$\int_S \boldsymbol{A}\cdot\mathrm{d}\boldsymbol{S} \tag{3.60}$$

と書くこともある．

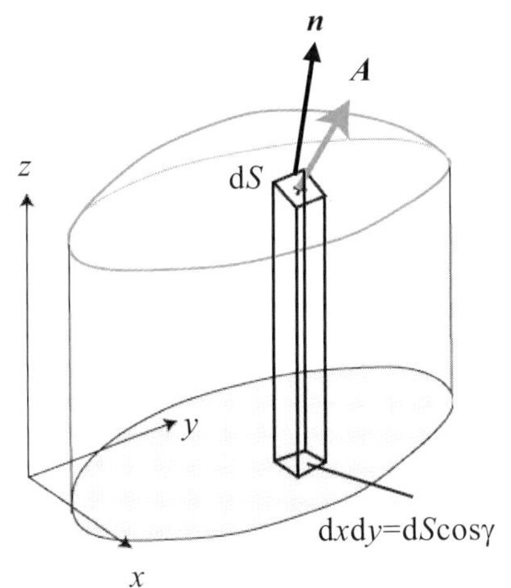

図 3.19　ベクトルの面積分

いま，$\boldsymbol{n}$ の方向余弦を $\cos\alpha$ ， $\cos\beta$， $\cos\gamma$ とすると，

$$\boldsymbol{n}=\boldsymbol{i}\cos\alpha+\boldsymbol{j}\cos\beta+\boldsymbol{k}\cos\gamma \tag{3.61}$$

であるから，式(3.58)は

$$\int_S \boldsymbol{A}\cdot\boldsymbol{n}\,\mathrm{d}S=\int_S\left(A_x\cos\alpha+A_y\cos\beta+A_z\cos\gamma\right)\mathrm{d}S \tag{3.62}$$

と変形することができる．一方，dS を各座標平面上に投影した面積は，方向余弦を用いて

$$\begin{cases}\mathrm{d}y\mathrm{d}z=\mathrm{d}S\cos\alpha\\ \mathrm{d}z\mathrm{d}x=\mathrm{d}S\cos\beta\\ \mathrm{d}x\mathrm{d}y=\mathrm{d}S\cos\gamma\end{cases} \tag{3.63}$$

と書けるから，結局，

$$\int_S \boldsymbol{A}\cdot\boldsymbol{n}\mathrm{dS}=\int_{S_x}A_x\mathrm{d}y\mathrm{d}z+\int_{S_y}A_y\mathrm{d}z\mathrm{d}x+\int_{S_z}A_z\mathrm{d}x\mathrm{d}y \tag{3.64}$$

が得られる．ここで，積分範囲の S_x などは，曲面Sのそれぞれの座標平面への正射影である．したがって，たとえば dydz は α が鋭角ならば正，鈍角ならば負，直角ならば 0 となる．

面積分と同様に，体積Vで定義されたベクトル関数 $\boldsymbol{A}={}^T\left[A_x\ A_y\ A_z\right]$に対して， $\boldsymbol{A}$ の体積分は，単位ベクトル $\boldsymbol{i}$， $\boldsymbol{j}$， $\boldsymbol{k}$ を用いて，

$$\int_V \boldsymbol{A}\mathrm{d}V=\boldsymbol{i}\int_V A_x\,\mathrm{d}V+\boldsymbol{j}\int_V A_y\,\mathrm{d}V+\boldsymbol{k}\int_V A_z\,\mathrm{d}V \tag{3.65}$$

と表される．

【例3・8】　閉曲面 S で囲まれた領域を V とするとき．領域 V を含む領域内で流体の速度場 $\boldsymbol{v}(\boldsymbol{x},t)$，密度場 $\rho(\boldsymbol{x},t)$ が定義されているとき，

$$\frac{\mathrm{d}}{\mathrm{d}t}\int_V \rho \mathrm{d}V = -\oint_S \rho \boldsymbol{v}\cdot\boldsymbol{n}\mathrm{d}S$$

はどのような物理法則を表わしているか．ただし，$\boldsymbol{n}$ は閉曲面 S の外向きに立てた，単位法線ベクトルを示し，t は時刻とする．

【解答】

$$\int_V \rho \mathrm{d}V,\ -\oint_S \rho \boldsymbol{v}\cdot\boldsymbol{n}\mathrm{d}S$$

はそれぞれ領域 V に含まれる流体の全質量および閉曲面 S から単位時間に流れる流体の質量を表している．ゆえに，与式は領域 V に含まれる流体の質量の時間的変化率が単位時間に閉曲面を通って V に流れ込む流体の質量に等しいことを示している．これは質量保存則（law of conversation of mass）とよばれるものである．

3・5・4　発散定理（divergence theorem）

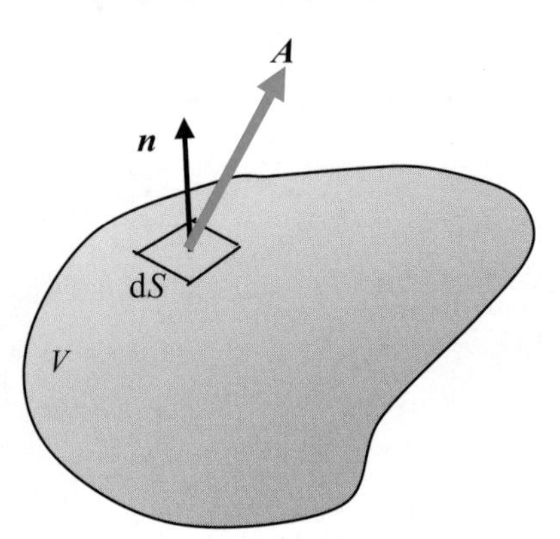

図 3.20　発散定理

図 3.20 に示すように，ベクトル場 $\boldsymbol{A}$ 内に領域 V とその境界面 S を考え，S の単位法線ベクトル $\boldsymbol{n}$ を S の外側を向くように選ぶ．このとき，

$$\int_V \nabla\cdot\boldsymbol{A}\mathrm{d}V = \int_S \boldsymbol{A}\cdot\boldsymbol{n}\mathrm{d}S \tag{3.66}$$

が成り立ち,これを発散定理（divergence theorem），ガウスの定理（Gauss' theorem）とよぶ．

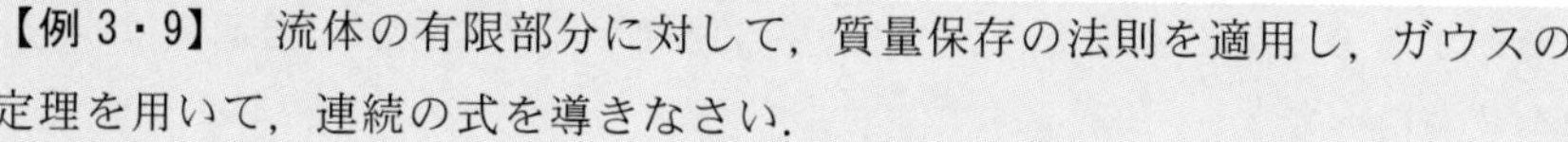

【例 3・9】　流体の有限部分に対して，質量保存の法則を適用し，ガウスの定理を用いて，連続の式を導きなさい．

【解答】　閉曲面 S 内の体積を V，閉曲面上の微小面積 dS の法線を外向きにとり，法線の単位ベクトルを $\boldsymbol{n}$，その点における速度を $\boldsymbol{v}$ とすると，単位時間に dS を通過する質量は$(\rho,\ \boldsymbol{v}\cdot\boldsymbol{n},\ dS)$である．全表面より流出する単位時間当たりの質量は

$$\int_S \rho \boldsymbol{v}\cdot\boldsymbol{n}\mathrm{d}S$$

となる．ガウスの定理より，

$$\int_S \rho \boldsymbol{v}\cdot\boldsymbol{n}\mathrm{d}S = \int_V \mathrm{div}(\rho v)\mathrm{d}V$$

一方，単位時間における S 内の質量増加は

$$\left(\frac{\partial}{\partial t}\right)\int_V \rho \mathrm{d}V = \int_V \left(\frac{\partial \rho}{\partial t}\right)\mathrm{d}V$$

質量保存の法則により

$$\int_V \left(\frac{\partial \rho}{\partial t}\right)\mathrm{d}V = -\int_V \mathrm{div}(\rho v)\mathrm{d}V$$

V に関係なく成立するためには

$$\frac{\partial \rho}{\partial t} + \mathrm{div}(\rho v) = 0$$

3・5・5　ストークスの定理 (Stokes theorem)

滑らかな閉曲線 C を境界とする滑らかな曲面 S を考える．このとき，図 3.21 のように S の単位法線ベクトル $\boldsymbol{n}$ の向きと閉曲線 C の向きを C に沿った微小ベクトル $\mathrm{d}\boldsymbol{r}$ で表わすと，ベクトル場 $\boldsymbol{A}$ に対して，

$$\int_S (\nabla \times \boldsymbol{A}) \cdot \boldsymbol{n} \mathrm{d}S = \oint_C \boldsymbol{A} \cdot \mathrm{d}\boldsymbol{r} \tag{3.67}$$

が成り立つ．これをストークスの定理 (Stokes theorem) とよぶ．

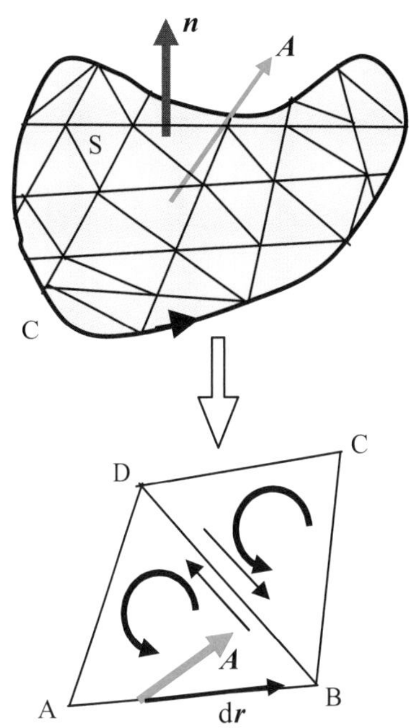

図 3.21　ストークスの定理

【例 3・10】　半径 a の無限に長い直線の導線に電流 I が流れている．電流は均一に流れるものとして，電流によって作られる磁場を $\boldsymbol{J}_e=\nabla\times\boldsymbol{H}$ をもとに計算せよ．導線の中心から導線に垂直に測った距離を r とし，$r\leqq a$ と $r\geqq a$ に分けて磁場の強さ $\boldsymbol{H}$ を求めよ．

流体では循環 (circulation) Γ を速度 v の線積分

$$\Gamma = \int_C \boldsymbol{v} \cdot \mathrm{d}\boldsymbol{s}$$

によって定義する．v を磁束密度 $\boldsymbol{B}(=\mu_0\boldsymbol{H})$ にとることにより，上で求めた電流が作る磁場の循環 Γ を計算せよ．

【解答】　電流密度 $\boldsymbol{J}_e$ の大きさは $I/\pi a^2$ であり，その線積分は

$$\iint_S \boldsymbol{J}_e \cdot \mathrm{d}\boldsymbol{S} = \iint_S \nabla \times \boldsymbol{H} \cdot \mathrm{d}\boldsymbol{S} = \int_C \boldsymbol{H} \cdot \mathrm{d}\boldsymbol{s}$$

となる．これは，ある断面を流れる電流とその周囲に作られる磁場の強さの関係を定量的に述べたもので，アンペールの法則 (Ampere's law) とよばれる．

中心から半径 r の円を考え，そこにアンペールの法則を適用すると

$$\frac{2\pi r^2}{2\pi a^2} I = 2\pi r H,\quad H = \frac{I}{2\pi a^2} r \quad (r \le a)$$

$$I = 2\pi r H,\quad H = \frac{I}{2\pi}\frac{1}{r} \quad (r \ge a)$$

を得る．$r=a$ で H は連続であり，$\boldsymbol{H}$ は円周方向を向いている．

循環は

$$\Gamma = \int \boldsymbol{B} \cdot \mathrm{d}\boldsymbol{s} = \mu_0 \int \boldsymbol{H} \cdot \mathrm{d}\boldsymbol{s} = \begin{cases} \mu_0 \dfrac{I}{a^2} r^2 & (r \le a) \\ \mu_0 I & (r \ge a) \end{cases}$$

となる．循環もまた $r=a$ で連続である．$r\leqq a$ の導線内部では，循環は距離の 2 乗に比例して増加するのに対して，外部では循環は一定である．

3・6　テンソルの初歩 (introduction to tensor)

テンソル（tensor）は，材料力学，流体力学，電磁気学などにおいて重要な概念として用いられる．特に，力学を見通し良く整理し，一般的な形で記述するためには欠かせない数学の道具である．本節では，テンソルの初歩について学ぼう．

3・6・1　テンソルの定義（definition of tensor）

ベクトル $\boldsymbol{y}$ がベクトル $\boldsymbol{x}$ の関数であり，その関数 $\boldsymbol{y}=T(\boldsymbol{x})$ が

$$\begin{cases} T\left(\boldsymbol{a}+\boldsymbol{b}\right)=T(\boldsymbol{a})+T(\boldsymbol{b}) \\ T\left(c\boldsymbol{a}\right)=cT(\boldsymbol{a}) \end{cases} \tag{3.68}$$

つまり，線形条件を満たすとき，T を 2 階のテンソル(second order tensor)とよぶ.

空間に直交座標系 O-xyz を定義し，その基本ベクトルを $\boldsymbol{e}_1$，$\boldsymbol{e}_2$，$\boldsymbol{e}_3$ とすると，

$$\boldsymbol{a}=a_1\boldsymbol{e}_1+a_2\boldsymbol{e}_2+a_3\boldsymbol{e}_3 \tag{3.69}$$

に対し，T が線形写像を定めるとすれば，

$$T(\boldsymbol{a})=a_1T(\boldsymbol{e}_1)+a_2T(\boldsymbol{e}_2)+a_3T(\boldsymbol{e}_3) \tag{3.70}$$

となる．そこで，

$$\begin{cases} T(\boldsymbol{e}_1)=\sum_{i=1}^{3}T_{i1}\boldsymbol{e}_i \\ T(\boldsymbol{e}_2)=\sum_{i=1}^{3}T_{i2}\boldsymbol{e}_i \\ T(\boldsymbol{e}_3)=\sum_{i=1}^{3}T_{i3}\boldsymbol{e}_i \end{cases} \tag{3.71}$$

とおき，$\boldsymbol{b}=T\left(\boldsymbol{a}\right)$ とすれば，

$$\boldsymbol{b}=\sum_{i=1}^{3}b_i\boldsymbol{e}_i=T(\boldsymbol{a})=\sum_{j=1}^{3}a_i\left(\sum_{i=1}^{3}T_{ij}\boldsymbol{e}_i\right)=\sum_{i=1}^{3}\left(\sum_{j=1}^{3}a_iT_{ji}\right)\boldsymbol{e}_i \tag{3.72}$$

となる．したがって，線形写像を定めるテンソル T は，式(3.69)の基本ベクトルの写像で定まる 9 個の T_{ij} が成分であることがわかる．一般に n 階のテンソルは n 個の添字を使って表現され，3^n の成分を持つ.

3・6・2　テンソル解析（tensor analysis）

(1) 総和規約（summation convention）

ベクトルを式(4.107)のように基本ベクトルを用いて表示すると，

$$\boldsymbol{a}=a_1\boldsymbol{e}_1+a_2\boldsymbol{e}_2+a_3\boldsymbol{e}_3=\sum_{i=1}^{3}a_i\boldsymbol{e}_i \tag{3.73}$$

と表せる．テンソル解析では，最右辺の総和記号をはずし，単に $a_i\boldsymbol{e}_i$ と書く．これを総和規約（summation convention）とよぶ．添字は i 以外でも文字を自由に選んでよく，このような添字を擬標（dummy index）とよぶ．たとえば，ベクトル $\boldsymbol{a}$ と $\boldsymbol{b}$ の内積，ベクトル場 $\boldsymbol{A}$ の発散を総和規約を用いて表すと，それぞれ，

$$\left(\boldsymbol{a},\boldsymbol{b}\right)=a_ib_i \tag{3.74}$$

$$\nabla\cdot\boldsymbol{A}=\frac{\partial A_i}{\partial x_i} \tag{3.75}$$

と書ける.

(2) クロネッカーのデルタ（Kronecker delta）

2 階のテンソルで，

$$\delta_{ij} = \begin{cases} 1 : i = j \\ 0 : i \neq j \end{cases} \tag{3.76}$$

と定義される．すなわち，$\delta_{11} = \delta_{22} = \delta_{33} = 1$ であり，残りはすべて 0 である．

(3) 交代テンソル（alternating tensor）

3 階のテンソルで，

$$\varepsilon_{ijk} = \begin{cases} 1 : i, j, k \text{が} 1, 2, 3 \text{の順列} \\ -1 : i, j, k \text{が} 3, 2, 1 \text{の順列} \\ 0 : \text{それ以外} \end{cases} \tag{3.77}$$

と定義される．すなわち，$\varepsilon_{123} = \varepsilon_{231} = \varepsilon_{312} = 1$，$\varepsilon_{321} = \varepsilon_{213} = \varepsilon_{132} = -1$ で残りは 0 である．ベクトル $\boldsymbol{a}$ と $\boldsymbol{b}$ の外積，ベクトル場 $\boldsymbol{A}$ の回転を総和規約，交代記号を用いて表すと，それぞれ，

$$(\boldsymbol{a} \times \boldsymbol{b})_k = \varepsilon_{ijk} a_i b_j \tag{3.78}$$

$$(\nabla \times \boldsymbol{A})_k = \varepsilon_{ijk} \frac{\partial A_j}{\partial x_i} \tag{3.79}$$

と書ける．

(3) 対称テンソル（symmetry tensor）と反対称テンソル（skew-symmetric tensor）

一般のテンソル T_{ij} に対して，

$$\begin{cases} S_{ij} = \dfrac{1}{2}(T_{ij} + T_{ji}) \\ A_{ij} = \dfrac{1}{2}(T_{ij} - T_{ji}) \end{cases} \tag{3.80}$$

のように，対称部分 S_{ij} と反対称部分 A_{ij} に分けて考えることが多い．S_{ij} を対称テンソル（symmetry tensor）と A_{ij} を反対称テンソル（skew-symmetric tensor）とよぶ．対称テンソルの成分は $S_{ij}=S_{ji}$ であり，6 つの独立の値を持つが，反対称テンソルの成分は $A_{ij}=-A_{ji}$ となって，対角成分はすべて 0 で独立の値は 3 つである（囲み参照）．なお，任意の対称テンソル S_{ij} と反対称テンソル A_{ij} について，

$$S_{ij} A_{ij} = 0 \tag{3.81}$$

が成り立つ．

【例 3・11】　ρ をスカラー場とし，テンソル場 $\boldsymbol{T}=\rho \boldsymbol{E}$（$\boldsymbol{E}$ は単位テンソル）に対し，発散定理を適用して次の関係を導け．

$$\int_V \nabla \rho \mathrm{dv} = \int_S \rho \boldsymbol{n} \mathrm{d}S$$

【解答】

$T=\rho E$ の成分は $T_{ij} = \rho \delta_{ij}$ ここで

$$\delta_{ij} = \begin{cases} 1(i = j) \\ 0(i \neq 0) \end{cases}$$

∇T の成分は，

$$\nabla_k T_{ij} = \frac{\partial}{\partial x_k}(\rho\delta_{ij}) = \frac{\partial \rho}{\partial x_k}\delta_{ij}$$

div T の成分は

$$(\mathrm{div}\, T)_j = \sum_{i=1}^{3}\frac{\partial \rho}{\partial x_i}\delta_{ij} = \frac{\partial \rho}{\partial x_j}, \qquad \therefore \mathrm{div}\, T = \nabla\rho$$

発散定理から

$$\int_V \nabla\mathrm{div}\ \ T\mathrm{d}v = \int_S \boldsymbol{n}\cdot\boldsymbol{T}\mathrm{d}S$$

$$\therefore \int_V \nabla\rho v\mathrm{d}v = \int_S \rho\boldsymbol{n}\mathrm{d}S$$

【例 3・12】　一般の変形で，ひずみテンソルが以下の関係を満たすとき，いかなる応力を受けても体積が変化しない場合，その弾性係数のポアソン数 m は 2 に等しいことを示せ.

$$\begin{cases} \varepsilon_{11} = \dfrac{1}{E}\left\{\sigma_{11} - \dfrac{1}{m}(\sigma_{22}+\sigma_{33})\right\}, & \varepsilon_{23} = \varepsilon_{32} = \dfrac{1}{2G}\sigma_{23} \\ \varepsilon_{22} = \dfrac{1}{E}\left\{\sigma_{22} - \dfrac{1}{m}(\sigma_{33}+\sigma_{11})\right\}, & \varepsilon_{31} = \varepsilon_{13} = \dfrac{1}{2G}\sigma_{31} \\ \varepsilon_{33} = \dfrac{1}{E}\left\{\sigma_{33} - \dfrac{1}{m}(\sigma_{11}+\sigma_{22})\right\}, & \varepsilon_{12} = \varepsilon_{21} = \dfrac{1}{2G}\sigma_{12} \end{cases} \qquad (1)$$

ここで，ε_{ij} はひずみテンソル，σ_{ij} は応力テンソル，E は縦弾性係数，G は横弾性係数とする.

【解答】

ひずみテンソルの成分を ε_{ij} とする．体積ひずみ ε_v は,

$$\varepsilon_v = (1+\varepsilon_{xx})(1+\varepsilon_{yy})(1+\varepsilon_{zz}) - 1 = \varepsilon_{xx} + \varepsilon_{yy} + \varepsilon_{zz} + \varepsilon_{yy}\varepsilon_{zz} + \varepsilon_{zz}\varepsilon_{xx} + \varepsilon_{xx}\varepsilon_{yy} + \varepsilon_{xx}\varepsilon_{yy}\varepsilon_{zz}$$

ここで，2 次以上の項を省略すれば,

$$\varepsilon_v = \varepsilon_{xx} + \varepsilon_{yy} + \varepsilon_{zz}$$

右辺に(1)式を代入すれば,

$$\varepsilon_{11} = \frac{1}{E}(\sigma_{11}+\sigma_{22}+\sigma_{33})\left(1-\frac{2}{m}\right)$$

仮定によって，すべての σ_{ij} に対して $\varepsilon_{ij} = 0$ であるから,

$$1 - \frac{2}{m} = 0$$

$$\therefore m = 2$$

＝＝＝＝＝＝　練習問題　＝＝＝＝＝＝＝＝＝＝＝＝＝＝＝＝＝＝＝

【3.1】重力場内で，滑らかな球面 $x^2+y^2+z^2=a^2$ 上に束縛された質点 m の運動方程式は,

$$m\frac{\mathrm{d}^2\boldsymbol{r}}{\mathrm{d}t^2} = -mg\boldsymbol{k} + \lambda\boldsymbol{r}$$

となることを示せ．ただし，z 軸は鉛直で上向きにとるものとする．また,

$$\frac{1}{2}m\left(\frac{\mathrm{d}\boldsymbol{r}}{\mathrm{d}t}\right)^2 = -mg\boldsymbol{r}\cdot\boldsymbol{k} = E = const.$$

となることを示せ．

【3.2】力学では，力のモーメント $\boldsymbol{N}$ は，物体(剛体)の支点から力の作用点に引いたベクトル $\boldsymbol{r}$ と力 $\boldsymbol{F}$ のベクトル積によって定義される．

$$\boldsymbol{N} = \boldsymbol{r}\times\boldsymbol{F}$$

力のモーメントが働くと，物体は支店の回りに回転をはじめる．図 3.22 のように支点Oを通り質量の無視できる棒の左端に質量 m の物体をおき，棒の右端に下向きの力 F を加える．水平方向右向きの単位ベクトルを $\boldsymbol{i}$，鉛直上向きの単位ベクトルを $\boldsymbol{j}$ ，紙面に垂直上向きの単位ベクトルを $\boldsymbol{k}$ とする．

力 $\boldsymbol{F}$ による力のモーメント $\boldsymbol{N}_1$ と，物体の重力による力のモーメント $\boldsymbol{N}_2$ を求めよ．また，モーメント $\boldsymbol{N}_1$ と $\boldsymbol{N}_2$ の和が 0 となるつり合いの条件を求めよ．ただし，重力加速度は g とする．

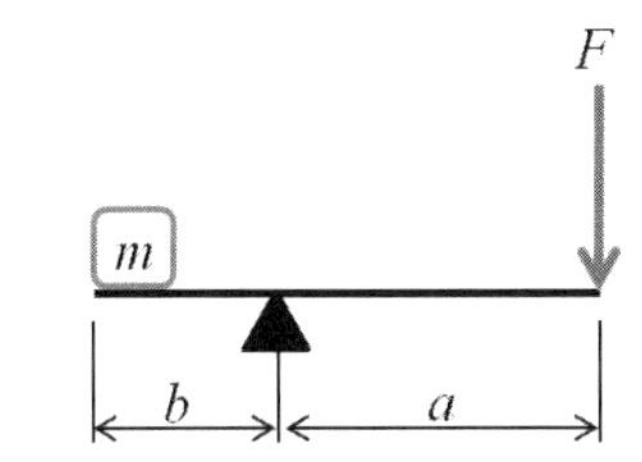

図 3.22　モーメントのつり合い

【3.3】$\boldsymbol{F}$ を保存力の場とする．すなわち，$\boldsymbol{F}$ がポテンシャル φ をもつとし，

$$\boldsymbol{F} = -\nabla\varphi\times\boldsymbol{F}$$

とする．質量 m の質点が力の場 $\boldsymbol{F}$ 内で運動するとき，点 A と B をその軌道上の任意の 2 点とし，これらの点での速度の大きさをそれぞれ v_1，v_2 とすると，

$$\varphi(A) + \frac{1}{2}m{v_A}^2 = \varphi(B) + \frac{1}{2}m{v_B}^2$$

が成り立つことを証明せよ．

【3.4】ベクトル $\boldsymbol{s}$ が以下の関係を満足するとする．

$$\rho\frac{\partial^2\boldsymbol{s}}{\partial t^2} = \mu\nabla^2\boldsymbol{s} + (\lambda+\mu)\nabla\theta,\ \ \theta = \nabla\cdot\boldsymbol{s}$$

ただし，ρ，λ，μ，は定数である．$\boldsymbol{w} = \frac{1}{2}\nabla\times\boldsymbol{s}$ とおいたとき，次の方程式が成り立つことを証明せよ．

(a) $\rho\dfrac{\partial^2\theta}{\partial t^2} = (\lambda+2\mu)\nabla^2\theta$

(b) $\rho\dfrac{\partial^2\boldsymbol{w}}{\partial t^2} = \mu\nabla^2\boldsymbol{w}$

【3.5】流体の密度を $\rho\,(x, y, z, t)$ とし，流体が速度 $\boldsymbol{v}\,(x, y, z, t)$ で運動しているとする．流体のわき出しも吸込みもないとすれば，次の方程式が成り立つことを証明せよ．

$$\nabla\cdot\boldsymbol{J} + \frac{\partial\rho}{\partial t} = 0,\ \ \text{ただし}\ \boldsymbol{J} = \rho\boldsymbol{v}$$

【3.6】流体の単位質量に作用する外力を $\boldsymbol{F}$，圧力を p，速度を v とし，その密度を ρ としたとき以下の方程式が成り立つことを証明せよ．

(a)流体が静止しているとき，$\nabla p = \rho \boldsymbol{F}$

(b) $\dfrac{\mathrm{d}\boldsymbol{v}}{\mathrm{d}t} = \boldsymbol{F} - \dfrac{1}{\rho}\nabla p$

(c)定常な流れ$\left(\dfrac{\partial \boldsymbol{v}}{\partial t} = 0\right)$に対して，$\boldsymbol{v} \cdot \nabla \boldsymbol{v} = \boldsymbol{F} - \dfrac{1}{\rho}\nabla p$

【3.7】ベクトル場 $\boldsymbol{B}$ について，$rot\ \boldsymbol{B}$ の流管を B の渦管という．B の一つの渦管の側面にある任意の閉曲線 C について，

$$\int_C \boldsymbol{B} \cdot \mathrm{d}\boldsymbol{r}$$

は一定であることを証明せよ．

【3.8】密度ρ の剛体が原点 O のまわりに定加速度 $\boldsymbol{w}$ で回転している．剛体内の 1 点 P の O に対する位置ベクトルを $\boldsymbol{r}$，速度を $\boldsymbol{v}$ とするとき，この剛体全体における体積分，$\boldsymbol{L} = \int \boldsymbol{r} \times \boldsymbol{v} \rho \mathrm{d}V$ を剛体の O まわりの角運動量という．

$\boldsymbol{w}$ を L に変換する対称テンソル I_{ij} を慣性テンソルという．$\boldsymbol{w}$ の成分を w_i とすれば，剛体の運動エネルギーは，

$$\frac{1}{2}\int \boldsymbol{v}^2 \rho \mathrm{d}V = \frac{1}{2}\sum_{i,j} I_{ij} w_i w_j$$

となることを示せ．

【3.9】図 3.23 のように外力の作用によって弾性体にひずみが生じ，その中の点 P は P'に変位し，P の近くの点 Q は Q'に変位したとする．$\overrightarrow{PP'} = \boldsymbol{v}$，$\overrightarrow{QQ'} = \boldsymbol{v} + \mathrm{d}\boldsymbol{v}$，$\overrightarrow{PQ} = \mathrm{d}\boldsymbol{v}$とすれば，Q の P に対する相対変位は，次の式で与えられる．

$$\overrightarrow{P'Q'} - \overrightarrow{PQ} = \mathrm{d}\boldsymbol{v}$$

d$\boldsymbol{r}$ を d$\boldsymbol{v}$ に変換するテンソルについて，

(a)対称テンソルと交代テンソルの和に分解しなさい．

(b)(a)の交代テンソルは d$\boldsymbol{r}$ をどのようなベクトルに変換するか．

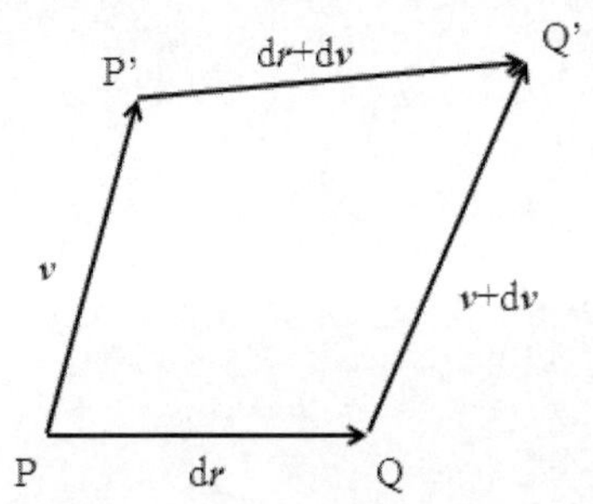

図 3.23　ひずみの変位

第 4 章

多変数の関係式と変換 （線形代数）

Multivariable Relationship and Transformation (Linear Algebra)

本章では，線形代数を基本とする多変数の関係式とその変換を扱うための基礎を学ぶ．特に行列の特徴や性質を利用した変換などを知ることで，現象の特定やより効率の良い計算方法を身につけるための基礎を学ぶ．

4・1　線形空間とベクトル　(linear space and vector)

4・1・1 線形空間 (linear space)

線形空間（linear space）あるいはベクトル空間（vector space）は，ベクトルの持つ線形性に着目した概念である．これは幾何ベクトル (geometric vector) を 2 次元，3 次元，・・・と一般化した拡張の概念である．

幾何ベクトルで与えられた性質は，そのまま線形空間に対しても適用できる．集合 $\boldsymbol{V}$ に対し，$\boldsymbol{x}, \boldsymbol{y}, \boldsymbol{z} \in \boldsymbol{V}$ である要素 $\boldsymbol{x}, \boldsymbol{y}, \boldsymbol{z}$, スカラー α, β について考えると，

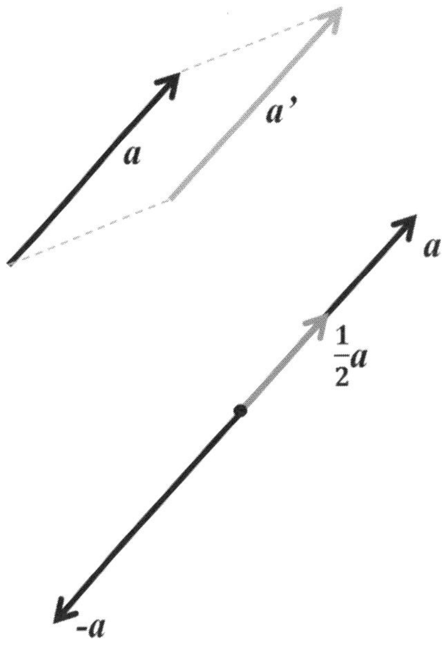

(1) $(\boldsymbol{x}+\boldsymbol{y})+\boldsymbol{z} = \boldsymbol{x}+(\boldsymbol{y}+\boldsymbol{z})$ （結合法則） (4.1)

(2) $\boldsymbol{x}+\boldsymbol{y}=\boldsymbol{y}+\boldsymbol{x}$ （交換法則） (4.2)

(3) $\boldsymbol{o}+\boldsymbol{x}=\boldsymbol{x}$ である零ベクトル $\boldsymbol{o}$ が存在する (4.3)

(4) $\boldsymbol{x}+(-\boldsymbol{x}) = \boldsymbol{o}$ である $\boldsymbol{x}$ の逆元 $(-\boldsymbol{x})$ が存在する (4.4)

(5) $1\boldsymbol{x}=\boldsymbol{x}$ であるスカラー単位元 1 が存在する (4.5)

(6) $\alpha(\beta\boldsymbol{x})=(\alpha\beta)\boldsymbol{x}$ (4.6)

(7) $\alpha(\boldsymbol{x}+\boldsymbol{y})=\alpha\boldsymbol{x}+\alpha\boldsymbol{y}$ (4.7)

(8) $(\alpha+\beta)\boldsymbol{x}=\alpha\boldsymbol{x}+\beta\boldsymbol{x}$ (4.8)

図 4.1　幾何ベクトル

4・1・2 ベクトルの内積とノルム (inner product and norm of vector)

集合 V を実ベクトル空間とする．V の任意の 2 つのベクトル $\boldsymbol{x}, \boldsymbol{y}$ に対し，実数 $(\boldsymbol{x}, \boldsymbol{y})$ が定まり，次の(1)～(4)をみたすとき，$(\boldsymbol{x}, \boldsymbol{y})$ を $\boldsymbol{x}, \boldsymbol{y}$ の内積（inner product，dot product）という．

(1) $(\boldsymbol{x}, \boldsymbol{y}) = (\boldsymbol{y}, \boldsymbol{x})$ (4.9)

(2) $(\boldsymbol{x}_1+\boldsymbol{x}_2, \boldsymbol{y}) = (\boldsymbol{x}_1, \boldsymbol{y}) + (\boldsymbol{x}_2, \boldsymbol{y})$ (4.10)

(3) $(\alpha\boldsymbol{x}, \boldsymbol{y}) = \alpha(\boldsymbol{x}, \boldsymbol{y})$ （αは実数） (4.11)

(4) $(\boldsymbol{x}, \boldsymbol{x}) \geq 0$ （等号は $\boldsymbol{x}=\boldsymbol{0}$ のときに成り立つ） (4.12)

(1)～(4)より，

(5) $(\boldsymbol{x}, \boldsymbol{y}_1+\boldsymbol{y}_2) = (\boldsymbol{x}, \boldsymbol{y}_1) + (\boldsymbol{x}, \boldsymbol{y}_2)$ (4.13)

(6) $(\boldsymbol{x}, \alpha\boldsymbol{y}) = \alpha(\boldsymbol{x}, \boldsymbol{y})$ (4.14)

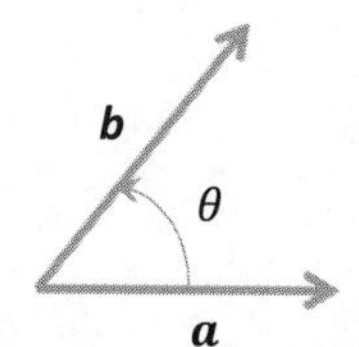

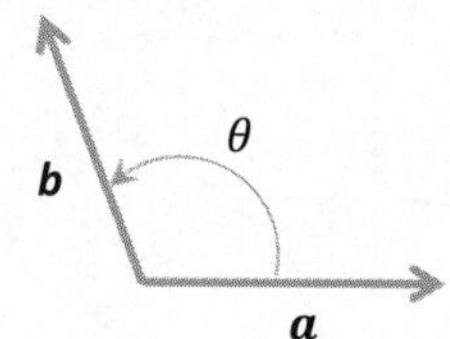

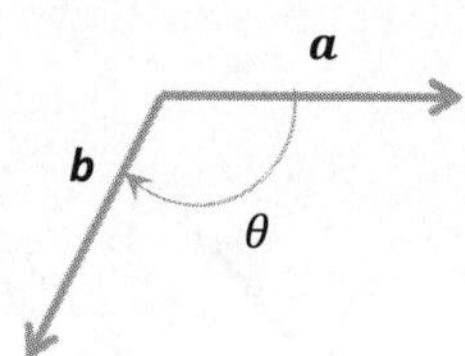

図 4.2　ユークリッド内積：$(\boldsymbol{a},\boldsymbol{b}) = \|\boldsymbol{a}\|\|\boldsymbol{b}\|cos\theta$　$(0 \leq \theta \leq \pi)$

このように内積の定義されたベクトル空間を計量ベクトル空間（metric vector space）または内積空間（inner product space）という．

内積空間の任意のベクトル $\boldsymbol{x}$ に対し，$\sqrt{(\boldsymbol{x},\boldsymbol{x})}$をベクトル $\boldsymbol{x}$ の大きさ，または長さといい $|\boldsymbol{x}|$，またはスカラの絶対値と区別するために$\|\boldsymbol{x}\|$で表す．すなわち，

$$\|\boldsymbol{x}\| = \sqrt{(\boldsymbol{x},\boldsymbol{x})}, \quad \|\boldsymbol{x}\|^2 = (\boldsymbol{x},\boldsymbol{x}) \tag{4.15}$$

で表され，n 次元数ベクトル空間 $\boldsymbol{R^n}$ における $\boldsymbol{x} = (x_1,\ x_2,\ \cdots,\ x_n)$ では，

$$\|\boldsymbol{x}\| = \sqrt{\boldsymbol{x}_1^2 + \boldsymbol{x}_2^2 + \cdots + \boldsymbol{x}_n^2} \tag{4.16}$$

となる．ここで $|\boldsymbol{x}|$ はスカラの絶対値と区別するため，$\|\boldsymbol{x}\|$で表す場合もある．

n 次元数ベクトル空間 $\boldsymbol{R^n}$ の２つの元，$\boldsymbol{x} = (x_1,\ x_2,\ \cdots,\ x_n)$，$\boldsymbol{y} = (y_1,\ y_2,\ \cdots,\ y_n)$ に対して，

$$(\boldsymbol{x},\boldsymbol{y}) = (x_1y_1 + x_2y_2 + \cdots + x_ny_n) \tag{4.17}$$

が成り立つとすると，$\boldsymbol{R^n}$ は内積空間となる．これを $\boldsymbol{R^n}$ の自然の内積（または単に内積）という．

［定理 4. 1］ 内積空間のベクトル $\boldsymbol{V}$ の大きさについて，次のことが成り立つ．

(1)　$\|\boldsymbol{x}\| \geq 0$　(等号は $\boldsymbol{x} = \boldsymbol{0}$ のときに成り立つ)

(2)　任意の実数 α に対し，$\|\alpha\boldsymbol{x}\| = |a|\|\boldsymbol{x}\|$

(3)　$\|(\boldsymbol{x},\boldsymbol{y})\| \leq \|\boldsymbol{x}\|\|\boldsymbol{y}\|$　　(シュワルツの不等式)

(4)　$\|\boldsymbol{x}+\boldsymbol{y}\| \leq \|\boldsymbol{x}\| + \|\boldsymbol{y}\|$　　(三角不等式)

4・1・3 線形空間の次元(dimension of vector space)

与えられた線形空間 $\boldsymbol{V}$ に属する１次独立（線形独立）なベクトルの最大数をその空間 $\boldsymbol{V}$ の次元という．

線形空間の次元を定義するために１次独立と１次従属について考える．

ベクトルの１次独立（線形独立）とは，ベクトル$\boldsymbol{a}_1, \boldsymbol{a}_2, \cdots, \boldsymbol{a}_n$ について考えると，

$$c_1\boldsymbol{a}_1 + c_2\boldsymbol{a}_2 + \cdots + c_n\boldsymbol{a}_n = 0 \tag{4.18}$$

を満たすスカラ $c_1, c_2, \cdots, c_n$ が$c_1 = c_2 = \cdots = c_n = 0$ の場合のみであるとき，$\boldsymbol{a}_1, \boldsymbol{a}_2, \cdots, \boldsymbol{a}_n$は線形独立（linearly independent），または１次独立であるという．また，ベクトルが線形独立でない場合，そのベクトルは線形従属（linearly dependent），または１次従属という．

これは具体的には，２つのベクトル $\boldsymbol{a}_1$，$\boldsymbol{a}_2$ を例に挙げると，図 4.3 のように，$\boldsymbol{a}_1$，$\boldsymbol{a}_2$ が同一直線上に存在しないことと，１次独立であることは同値である．

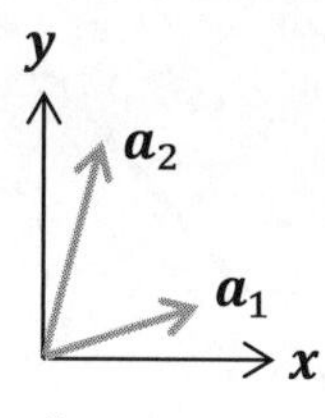

(i)　１次独立

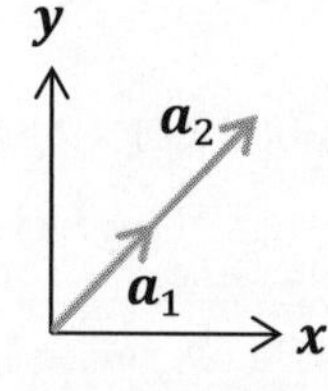

(ii)　１次従属

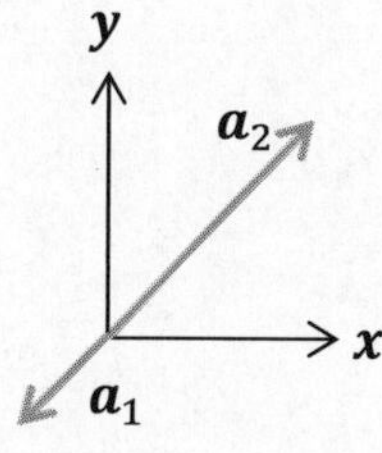

(iii)　１次従属

図4.3　１次独立と１次従属

次に単位ベクトルについて考える．

$$\boldsymbol{e}_1 = \begin{bmatrix}1\\0\\0\end{bmatrix},\quad \boldsymbol{e}_2 = \begin{bmatrix}0\\1\\0\end{bmatrix},\quad \boldsymbol{e}_3 = \begin{bmatrix}0\\0\\1\end{bmatrix} \tag{4.19}$$

このベクトルは，３次元空間内のそれぞれ x_1, x_2, x_3 方向の各方向の大きさが１のベクトル，すなわち単位ベクトルを示している．

３次元線形空間中の任意の位置ベクトルはすべてこの単位ベクトル $\boldsymbol{e}_1, \boldsymbol{e}_2, \boldsymbol{e}_3$ の線形結合を用いて示すことができる．すなわち，

$$\boldsymbol{x} = \begin{bmatrix} x_1 \\ x_2 \\ x_3 \end{bmatrix} = x_1\boldsymbol{e}_1 + x_2\boldsymbol{e}_2 + x_3\boldsymbol{e}_3 \tag{4.20}$$

4・1・4 線形空間の基底（bases of vector space）

上記の例では，3 次元線形空間で考えたが，$\boldsymbol{V}$ が n 次元空間考えても同じであり，$\boldsymbol{V}$ の任意のベクトルが線形独立（一次独立）なベクトル $\boldsymbol{a}_1, \boldsymbol{a}_2, \cdots, \boldsymbol{a}_n$ の線形結合として表されるとき，ベクトル $\boldsymbol{a}_1, \boldsymbol{a}_2, \cdots, \boldsymbol{a}_n$ を n 次元線形空間 $\boldsymbol{V}$ の基底（base）という．この基底はその空間を張るベクトルの集合であり，また n 次元線形空間 $\boldsymbol{V}$ の基底の数は n で線形独立である．

したがって線形空間 $\boldsymbol{V}$ が n 個のベクトルから構成される基底をもつことと，$\boldsymbol{V}$ に含まれる 1 次独立なベクトルの最大個数が n であることは同値である．

【例 4. 1】　n 次元線形空間 V の任意の要素 $\boldsymbol{a}$ は基底 $\boldsymbol{a}_1, \boldsymbol{a}_2, \cdots, \boldsymbol{a}_n$ を用いて，つぎの形に一意的に表されることを示しなさい．

$$\boldsymbol{a} = \lambda_1\boldsymbol{a}_1 + \lambda_2\boldsymbol{a}_2 + \cdots + \lambda_n\boldsymbol{a}_n \tag{4.21}$$

【解答】　式(4. 21)のように任意の要素 $\boldsymbol{a}$ が一意的でなく，次のように表されたとする．

$$\boldsymbol{a} = \lambda_1'\boldsymbol{a}_1 + \lambda_2'\boldsymbol{a}_2 + \cdots + \lambda_n'\boldsymbol{a}_n$$

この式と式(4. 21)との差をとると，

$$(\lambda_1 - \lambda_1')\boldsymbol{a}_1 + (\lambda_2 - \lambda_2')\boldsymbol{a}_2 + \cdots + (\lambda_n - \lambda_n')\boldsymbol{a}_n = \boldsymbol{O}$$

ベクトル $\boldsymbol{a}_1, \boldsymbol{a}_2, \cdots, \boldsymbol{a}_n$ は一次独立なので，結局，

$$\lambda_1 = \lambda_1',\ \lambda_2 = \lambda_2', \cdots, \lambda_n = \lambda_n'$$

となり，式(4. 21)は一意性を持つものとなる．

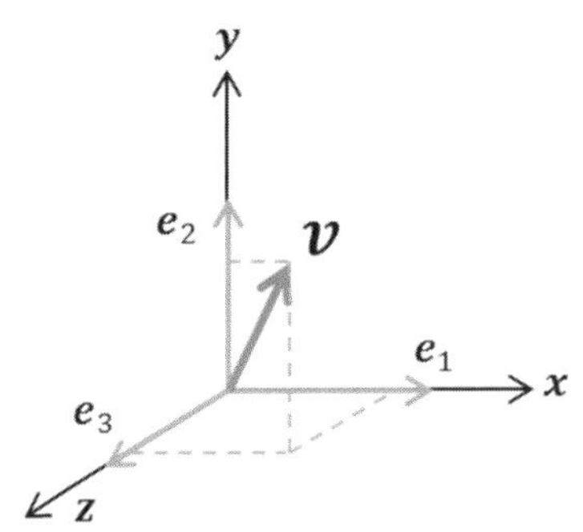

図 4.4　任意ベクトルの張る空間

n 次元線形空間 $\boldsymbol{V}$ の基底 $\boldsymbol{a}_1, \boldsymbol{a}_2, \cdots, \boldsymbol{a}_n$ には，無限の組み合わせがある．$i \neq j$ であるすべての組み合わせで $(\boldsymbol{a}_i, \boldsymbol{a}_j) = 0$ が成り立つとき（すなわち直交するとき），この基底を直交基底といい，その集合を直交集合であるという．

さらにすべての (i, j) の組み合わせに対して，

$$(\boldsymbol{a}_i, \boldsymbol{a}_j) = \boldsymbol{\delta}_{ij} \tag{4.22}$$

が成り立つ（ここで δ はクロネッカーのデルタ記号であり，$i = j$ のとき $\delta_{ij} = 1$，それ以外のときは $\delta_{ij} = 0$ となる関数）．このときの基底を正規直交基底（orthogonal bases）という．ここで正規とは，ベクトルの大きさが 1 であることを示す．

また直交座標系の単位ベクトルからなり，1 つの成分のみが 1 である基底を標準基底（canonical basis）という．したがってこの標準基底は正規直交基底の一つである．

【例 4. 2】　次のベクトルの組は，どのような基底か調べよ．

(1) $\boldsymbol{a}_1 = \begin{bmatrix} \frac{\sqrt{3}}{2} \\ \frac{1}{2} \end{bmatrix}$, $\boldsymbol{a}_2 = \begin{bmatrix} \frac{1}{2} \\ -\frac{\sqrt{3}}{2} \end{bmatrix}$ (2) $\boldsymbol{a}_1 = \begin{bmatrix} 0 \\ 1 \\ 0 \end{bmatrix}, \boldsymbol{a}_2 = \begin{bmatrix} \frac{1}{\sqrt{2}} \\ 0 \\ \frac{1}{\sqrt{2}} \end{bmatrix}, \boldsymbol{a}_3 = \begin{bmatrix} \frac{1}{\sqrt{2}} \\ 0 \\ -\frac{1}{\sqrt{2}} \end{bmatrix}$

【解答】 (1) ２つのベクトルの内積を計算する.

$$(\boldsymbol{a}_1, \boldsymbol{a}_2) = \frac{\sqrt{3}}{2} \cdot \frac{1}{2} + \frac{1}{2} \cdot \left(-\frac{\sqrt{3}}{2}\right) = 0$$

したがって直交基底であり，さらに,

$$\|\boldsymbol{a}_1\| = \sqrt{\left(\frac{\sqrt{3}}{2}\right)^2 + \left(\frac{1}{2}\right)^2} = 1, \quad \|\boldsymbol{a}_2\| = \sqrt{\left(\frac{1}{2}\right)^2 + \left(-\frac{\sqrt{3}}{2}\right)^2} = 1,$$

により正規化されているため，このベクトルの組は，正規直交行基底である.

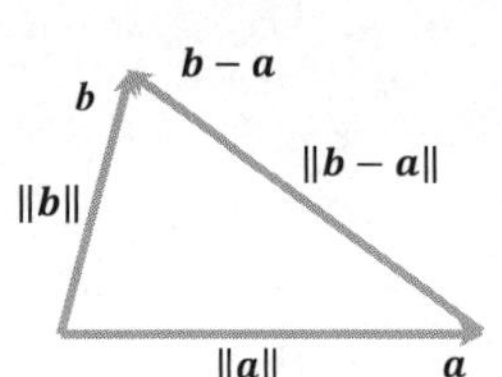

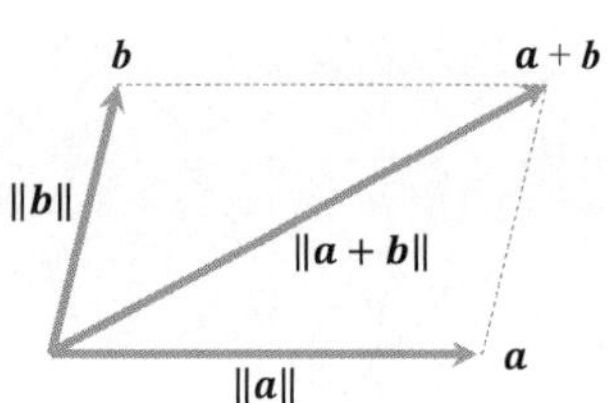

図 4.5　２つのベクトルが作る大きさ

(2) ３つのベクトルのうち，２つの組の内積を計算を行う.

$$(\boldsymbol{a}_1, \boldsymbol{a}_2) = 0 \times \frac{1}{\sqrt{2}} + 1 \times 0 + 0 \times \frac{1}{\sqrt{2}} = 0$$

$$(\boldsymbol{a}_2, \boldsymbol{a}_3) = \frac{1}{\sqrt{2}} \times \frac{1}{\sqrt{2}} + 0 \times 0 + \frac{1}{\sqrt{2}} \times \left(-\frac{1}{\sqrt{2}}\right) = 0$$

$$(\boldsymbol{a}_3, \boldsymbol{a}_1) = \frac{1}{\sqrt{2}} \times 0 + 0 \times 1 + \left(-\frac{1}{\sqrt{2}}\right) \times 0 = 0$$

したがって，$(\boldsymbol{a}_1, \boldsymbol{a}_2) = (\boldsymbol{a}_2, \boldsymbol{a}_3) = (\boldsymbol{a}_3, \boldsymbol{a}_1) = 0$ が成り立ち，まず３つのベクトルは直交基底であることが分かる．さらに,

$$\|\boldsymbol{a}_1\| = \|\boldsymbol{a}_2\| = \|\boldsymbol{a}_3\| = 1$$

が成り立ち，正規化されていることから，３つのベクトルは正規直交基底である.

【例 4. 3】 線形空間 $\boldsymbol{V}$ の基底 $\boldsymbol{x}_1, \boldsymbol{x}_2, \dots, \boldsymbol{x}_n$ から正規直交系 $\boldsymbol{a}_1, \boldsymbol{a}_2, \dots, \boldsymbol{a}_n$ を求めよ.

【解答】

手順 1) $\boldsymbol{x}'_1 = \boldsymbol{x}_1$ とおく.

手順 2) $\boldsymbol{x}'_1$ を正規化するため，$\boldsymbol{a}_1 = \frac{1}{\|\boldsymbol{x}'_1\|}\boldsymbol{x}'_1$ とする.

手順 3) 以降，$k = 2, 3, \cdots, n$ として，$\boldsymbol{a}_n$ が求まるまで次式を繰り返す.

$$\boldsymbol{x}'_k = \boldsymbol{x}_k - \sum_{i=1}^{k-1} (\boldsymbol{x}_k, \boldsymbol{a}_i)\, \boldsymbol{a}_i \tag{4.23}$$

$$\boldsymbol{a}_k = \frac{1}{\|\boldsymbol{x}'_k\|} \boldsymbol{x}'_k \tag{4.24}$$

この方法を（グラム・）シュミットの直交化法(Gram-Schmidt orthogonalization process)と呼ぶ.

【例 4. 4】 次のベクトル $\boldsymbol{x}_1, \boldsymbol{x}_2, \boldsymbol{x}_3$ をシュミットの直交化法で正規直交基底 $\boldsymbol{a}_1, \boldsymbol{a}_2, \boldsymbol{a}_3$ を求めよ.

$$\boldsymbol{x}_1 = \begin{bmatrix}1\\0\\1\end{bmatrix},\ \boldsymbol{x}_2 = \begin{bmatrix}2\\1\\0\end{bmatrix},\ \boldsymbol{x}_3 = \begin{bmatrix}-1\\0\\2\end{bmatrix}$$

【解答】

$$\boldsymbol{x}'_1 = \boldsymbol{x}_1$$

$$\therefore\ \boldsymbol{a}_1 = \frac{1}{\|\boldsymbol{x}'_1\|}\boldsymbol{x}'_1 = \frac{1}{\sqrt{2}}\begin{bmatrix}1\\0\\1\end{bmatrix}$$

$$\boldsymbol{x}'_2 = \boldsymbol{x}_2 - (\boldsymbol{x}_2, \boldsymbol{a}_1)\boldsymbol{a}_1 = \begin{bmatrix}2\\1\\0\end{bmatrix} - \frac{2}{\sqrt{2}}\cdot\frac{1}{\sqrt{2}}\begin{bmatrix}1\\0\\1\end{bmatrix} = \begin{bmatrix}1\\1\\-1\end{bmatrix}$$

$$\therefore\ \boldsymbol{a}_2 = \frac{1}{\|\boldsymbol{x}'_2\|}\boldsymbol{x}'_2 = \frac{1}{\sqrt{3}}\begin{bmatrix}1\\1\\-1\end{bmatrix}$$

$$\boldsymbol{x}'_3 = \boldsymbol{x}_3 - (\boldsymbol{x}_3, \boldsymbol{a}_1)\boldsymbol{a}_1 - (\boldsymbol{x}_3, \boldsymbol{a}_2)\boldsymbol{a}_2 = \begin{bmatrix}-1\\0\\2\end{bmatrix} - \frac{1}{\sqrt{2}}\cdot\frac{1}{\sqrt{2}}\begin{bmatrix}1\\0\\1\end{bmatrix} - \sqrt{3}\cdot\frac{1}{\sqrt{3}}\begin{bmatrix}1\\1\\-1\end{bmatrix}$$

$$= \begin{bmatrix}-1\\0\\2\end{bmatrix} - \frac{1}{2}\begin{bmatrix}1\\0\\1\end{bmatrix} + \begin{bmatrix}1\\1\\-1\end{bmatrix} = \frac{1}{2}\begin{bmatrix}-1\\2\\1\end{bmatrix}$$

$$\therefore\ \boldsymbol{a}_3 = \frac{1}{\|\boldsymbol{x}'_3\|}\boldsymbol{x}'_3 = \sqrt{\frac{2}{3}}\cdot\frac{1}{2}\begin{bmatrix}-1\\2\\1\end{bmatrix} = \frac{1}{\sqrt{6}}\begin{bmatrix}-1\\2\\1\end{bmatrix}$$

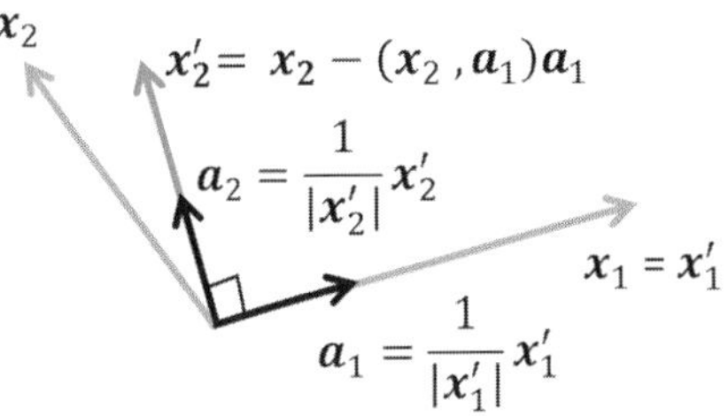

図 4.6　2 つのベクトルのグラムシュミットによる直交化

以上より，正規直交基底は

$$\boldsymbol{a}_1 = \frac{1}{\sqrt{2}}\begin{bmatrix}1\\0\\1\end{bmatrix},\ \boldsymbol{a}_2 = \frac{1}{\sqrt{3}}\begin{bmatrix}1\\1\\-1\end{bmatrix},\ \boldsymbol{a}_3 = \frac{1}{\sqrt{6}}\begin{bmatrix}-1\\2\\1\end{bmatrix}$$

4・1・5 ベクトル演算の計算(calculation of vector operations)と行列式(determinant)

行列の転置，等価，和，スカラ倍，ゼロベクトル，内積，ノルムの定義，1次独立と1次従属.

(1)　ベクトルの転置

ベクトルの転置は，列ベクトルを行ベクトル，または列ベクトルを行ベクトルに書き換えることであり，以下のように右上添え字 T，または左上添え字 t の記号を用いて，

$$\boldsymbol{a} = \begin{bmatrix}a_1\\a_2\\a_3\end{bmatrix},\quad \boldsymbol{a}^T = [a_1\ a_2\ a_3] \tag{4.25}$$

のようになる.

(2)　ベクトルの等価

2 つのベクトルが等しいということは，2 つのベクトルの各成分が等しいということである. 2 つのベクトルが n 次元である場合，

$$\boldsymbol{a} = \boldsymbol{b} \Leftrightarrow a_i = b_i\ (i = 1 \sim n) \tag{4.26}$$

が成り立つとき，2 つのベクトルは等価である.

(3)　ベクトルの和

ベクトルの和は各成分の和を取ることである.

(4)　ベクトルのスカラー倍

ベクトルのスカラー倍は各成分をスカラー倍することである.

(5)　零ベクトル

零ベクトルはベクトルのすべての成分が零であるベクトルである.

(6)　ベクトルの内積

2 つのベクトルの内積は，2 つの同じ成分の積の総和をベクトルの内積と定義する. すなわち，

$$(\boldsymbol{a},\boldsymbol{b})=\sum_{i=1}^{n}a_i\,b_i=\boldsymbol{a}^T\boldsymbol{b} \tag{4.27}$$

(7)　ベクトルのノルム

ベクトルのノルムは，$\|\boldsymbol{a}\|$または，$|\boldsymbol{a}|$で表され，その計算は次式で定義される．

$$\|\boldsymbol{a}\|=\sqrt{(\boldsymbol{a},\boldsymbol{a})}=\sqrt{\sum_{i=1}^{n}a_i\,a_i}=\sqrt{\boldsymbol{a}^T\boldsymbol{a}} \tag{4.28}$$

ここで，$\|a\|\geq 0$である．

(8)　1 次独立･1 次従属と行列式

2 つのベクトル，$\boldsymbol{a}=\begin{bmatrix}a_1\\a_2\end{bmatrix}$，$\boldsymbol{b}=\begin{bmatrix}b_1\\b_2\end{bmatrix}$について考える．

この 2 つのベクトルが張る平行四辺形の面積Sは，次式で表される．

$$S=\|\boldsymbol{a}\|\|\boldsymbol{b}\|sin\theta \tag{4.29}$$

ただしθは 2 つのベクトルのなす角である．

$$cos\theta=\frac{(\boldsymbol{a},\boldsymbol{b})}{\|\boldsymbol{a}\|\|\boldsymbol{b}\|} \tag{4.30}$$

により，

$$(cos\theta)^2=\frac{(\boldsymbol{a},\boldsymbol{b})^2}{\|\boldsymbol{a}\|^2\|\boldsymbol{b}\|^2}=\frac{(a_1b_1+a_2b_2)^2}{(a_1^2+a_2^2)(b_1^2+b_2^2)} \tag{4.31}$$

$$\begin{aligned}(sin\theta)^2&=1-(cos\theta)^2\\&=1-\frac{(a_1b_1+a_2b_2)^2}{(a_1^2+a_2^2)(b_1^2+b_2^2)}\\&=\frac{(a_1b_2-a_2b_1)^2}{(a_1^2+a_2^2)(b_1^2+b_2^2)}\end{aligned} \tag{4.32}$$

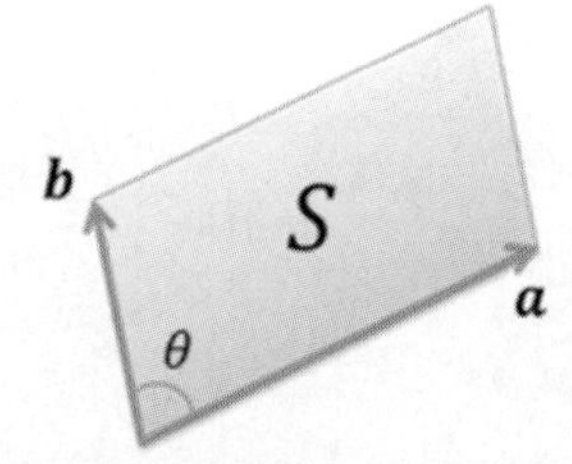

図 4.7　異なる 2 つのベクトルが張る平行四辺系の面積

これら利用して，

$$\begin{aligned}S&=\|\boldsymbol{a}\|\|\boldsymbol{b}\|sin\theta\\&=\sqrt{(a_1^2+a_2^2)(b_1^2+b_2^2)}\frac{a_1b_2-a_2b_1}{\sqrt{(a_1^2+a_2^2)(b_1^2+b_2^2)}}\\&=a_1b_2-a_2b_1\end{aligned} \tag{4.33}$$

これは，$a_1b_2-a_2b_1\neq 0$であれば，平行四辺形の面積 S が求められ，$a_1b_2-a_2b_1=0$のとき，面積は 0 となる．すなわち，2 つのベクトル$\boldsymbol{a},\boldsymbol{b}$において，$a_1b_2-a_2b_1\neq 0$であれば 1 次独立，$a_1b_2-a_2b_1=0$のとき1次従属となる．これを次のように表すことにする．

$$det[\,\boldsymbol{a}\ \ \boldsymbol{b}\,]=det\begin{bmatrix}a_1&b_1\\a_2&b_2\end{bmatrix}=a_1b_2-a_2b_1 \tag{4.34}$$

と定義する．これを行列式(determinant）と呼ぶ．

これはn 本のn 次元ベクトルでも成り立ち，例えば 3 つのベクトルにおいても同様であり，

$$det[\,\boldsymbol{a}\ \boldsymbol{b}\ \boldsymbol{c}\,] = det\begin{bmatrix} a_1 & b_1 & c_1 \\ a_2 & b_2 & c_2 \\ a_3 & b_3 & c_3 \end{bmatrix} \tag{4.35}$$
$$= a_1b_2c_3 + a_2b_3c_1 + a_3b_1c_2 - a_3b_1c_2 - a_2b_1c_3 - a_1b_3c_2$$

で与えられる．式(4.35)の行列式の展開方法は図 4.8 のように，サラスの方法と呼ばれるもので，4 次以上の場合には使えないので注意する．また行列式は，$\begin{vmatrix} a_1 & b_1 & c_1 \\ a_2 & b_2 & c_2 \\ a_3 & b_3 & c_3 \end{vmatrix}$と書く場合も多い．

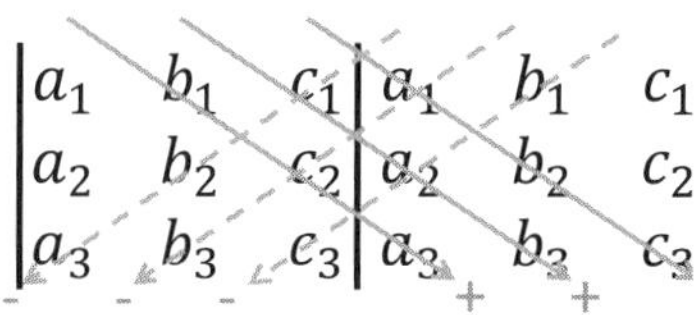

図 4.8　3 次の行列式の展開

【例 4. 5】2 次元の xy 空間において，三角形の頂点の座標を$A(x_1, y_1), B(x_2, y_2), C(x_3, y_3)$とするときの三角形の面積は下記の式で求められる．

$$S = \frac{1}{2}\begin{vmatrix} 1 & x_1 & y_1 \\ 1 & x_2 & y_2 \\ 1 & x_3 & y_3 \end{vmatrix}$$

この面積S を求めよ．

【解答】3 次元の行列式のため，サラスの方法を使うことができる．

$$S = \frac{1}{2}(x_2y_3 + x_3y_1 + x_1y_2 - x_2y_1 - x_3y_2 - x_1y_3)$$

【例 4. 6】　四面体の頂点の座標を$A(x_1, y_1, z_1), B(x_2, y_{2,}, z_2), C(x_3, y_3, z_3), D(x_4, y_4, z_4)$として，その体積を求めよ．

解答）$\boldsymbol{R}^3$における 4 つの点でできる四面体の体積は次式で与えられる．

$$V = \frac{1}{6}\begin{vmatrix} 1 & x_1 & y_1 & z_1 \\ 1 & x_2 & y_2 & z_2 \\ 1 & x_3 & y_3 & z_3 \\ 1 & x_4 & y_4 & z_4 \end{vmatrix}$$

4 次の行列式であるので，サラスの方法は使えない．したがって，余因子展開を用いて展開する．しかしここでは，各点のベクトルを考えることで，次元を一つ下げて計算できることを示す．すなわち，各点の座標をベクトルとして考える．

$\boldsymbol{p}_1 = (x_1,\ y_1,\ z_1),\ \boldsymbol{p}_2 = (x_2,\ y_2,\ z_2), \boldsymbol{p}_1 = (x_3,\ y_3,\ z_3), \boldsymbol{p}_1 = (x_4,\ y_4,\ z_4)$ とおくと，

$$V = \frac{1}{6}det(\boldsymbol{p}_2 - \boldsymbol{p}_1, \boldsymbol{p}_3 - \boldsymbol{p}_1, \boldsymbol{p}_4 - \boldsymbol{p}_1) = \frac{1}{6}\begin{vmatrix} x_2 - x_1 & x_3 - x_1 & x_4 - x_1 \\ y_2 - y_1 & y_3 - y_1 & y_4 - y_1 \\ z_2 - z_1 & z_3 - z_1 & z_4 - z_1 \end{vmatrix}$$

$$= \frac{1}{6}[(x_2 - x_1)(y_3 - y_1)(z_4 - z_1) + (x_4 - x_1)(y_2 - y_1)(z_3 - z_1)$$
$$+ (x_3 - x_1)(y_4 - y_1)(z_2 - z_1) - (x_2 - x_1)(y_3 - y_1)(z_4 - z_1)$$
$$- (x_4 - x_1)(y_2 - y_1)(z_3 - z_1) - (x_3 - x_1)(y_4 - y_1)(z_2 - z_1)]$$

$$V(\boldsymbol{x_1}, \boldsymbol{x_2}, \cdots, \boldsymbol{x_n}) = \begin{pmatrix} 1 & 1 & 1 & \dots & 1 \\ x_1 & x_2 & x_3 & \dots & x_n \\ x_1^2 & x_2^2 & x_3^2 & \dots & x_n^2 \\ \vdots & \vdots & \vdots & \ddots & \vdots \\ x_1^{n-1} & x_2^{n-1} & x_3^{n-1} & \dots & x_n^{n-1} \end{pmatrix}$$

または，

$$V(\boldsymbol{x_1}, \boldsymbol{x_2}, \cdots, \boldsymbol{x_n}) = \begin{pmatrix} 1 & x_1 & x_1^2 & \dots & x_1^{n-1} \\ 1 & x_2 & x_2^2 & \dots & x_2^{n-1} \\ 1 & x_3 & x_3^2 & \dots & x_3^{n-1} \\ \vdots & \vdots & \vdots & \ddots & \vdots \\ 1 & x_n & x_n^2 & \dots & x_n^{n-1} \end{pmatrix}$$

の形の行列をファンデルモンド行列（Vandermonde matrix）という．

応用例）n 個の座標データ，$(x_1,\ y_1), (x_2,\ y_3),\ \cdots, (x_n,\ y_n)$ をすべて通る関数を求めよ．

解答）n 個の点であるので，$(n-1)$次多項式を作ることを考える．

その関数を次のようにおく．

$$f(x) = a_1 + a_2x + a_3x^2 + \cdots + a_nx^{n-1}$$

この式に各点の座標を代入することにより，次の連立方程式を得る．

$$\begin{cases} f(x_1) = a_1 + a_2x + a_3x_1^2 + \cdots + a_nx_1^{n-1} = y_1 \\ f(x_2) = a_1 + a_2x + a_3x_2^2 + \cdots + a_nx_2^{n-1} = y_2 \\ \vdots \\ f(x_n) = a_1 + a_2x_n + a_3x_n^2 + \cdots + a_nx_n^{n-1} = y_n \end{cases}$$

これを行列の形に書き改めると，つぎのファンデルモンド行列が表れる．

$$\begin{bmatrix} 1 & x_1 & x_1^2 & \dots & x_1^{n-1} \\ 1 & x_2 & x_2^2 & \dots & x_2^{n-1} \\ 1 & x_3 & x_3^2 & \dots & x_3^{n-1} \\ \vdots & \vdots & \vdots & \ddots & \vdots \\ 1 & x_n & x_n^2 & \dots & x_n^{n-1} \end{bmatrix}\begin{bmatrix} a_1 \\ a_2 \\ a_3 \\ \vdots \\ a_n \end{bmatrix} = \begin{bmatrix} y_1 \\ y_2 \\ y_3 \\ \vdots \\ y_n \end{bmatrix}$$

この n 元連立 1 次方程式を解くことにより，係数 $a_1, a_2, \cdots, a_n$ を決定することができ，関数が求められる．このような方法をラグランジュ補間（Lagrange interpolation）という．

4・2　線形写像（linear mapping）

4・2・1　ベクトルの変換(transformation of vector)

[例 4.6 別解]　余因子展開を用いると，次式のようにも展開できる．

$$S=\frac{1}{2}\left[1\begin{vmatrix}x_2 & y_2\\ x_3 & y_3\end{vmatrix}-x_1\begin{vmatrix}1 & y_2\\ 1 & y_3\end{vmatrix}+y_1\begin{vmatrix}1 & x_2\\ 1 & x_3\end{vmatrix}\right]$$

$$=\frac{1}{2}[(x_2y_3-y_2x_3)$$

$$-x_1(y_3-y_2)$$

$$+y_1(x_3-x_2)]$$

$$=\frac{1}{2}[x_2y_3-y_2x_3$$

$$-x_1y_3+x_1y_2+y_1x_3$$

$$-y_1x_2]$$

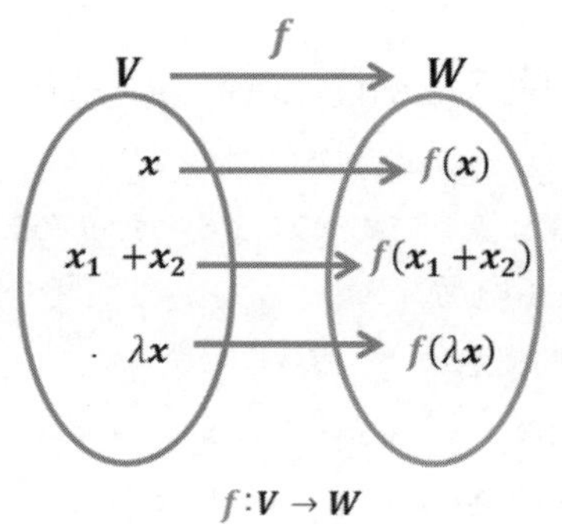

$f:\boldsymbol{V}\rightarrow\boldsymbol{W}$

図4.9　線形写像

［定義］線形空間$\boldsymbol{V}$の要素$\boldsymbol{x}$を別の線形空間$\boldsymbol{W}$の要素$\boldsymbol{y}$に変換する写像$\boldsymbol{f}$が次の式を満たすとき，この写像$\boldsymbol{f}$を線形写像という．

(1)　$$\boldsymbol{f}(\boldsymbol{x}_1+\boldsymbol{x}_2)=\boldsymbol{f}(\boldsymbol{x}_1)+\boldsymbol{f}(\boldsymbol{x}_2) \tag{4.36}$$

(2)　$$\boldsymbol{f}(\lambda\boldsymbol{x})=\lambda\boldsymbol{f}(\boldsymbol{x})=\lambda\boldsymbol{y}\quad(\lambda\text{はスカラー}) \tag{4.37}$$

【例 4. 7】$f(x)=x$は線形写像となることを示せ．

【解答】

$$f(x_1)=x_1,\qquad f(x_2)=x_2$$

より，両式の和をとると，

$$f(x_1)+f(x_2)=x_1+x_2$$

一方，$x=x_1+x_2$として，$f(x)$に代入すると，

$$f(x_1+x_2)=x_1+x_2$$

であるから，

$f(x_1+x_2)=f(x_1)+f(x_2)$

により，式（4. 37）が成り立つ．

また，$f(ax)$に対して，

$$f(ax)=ax=af(x)$$

であるので，(2)が成り立つ．したがって，$f(x)=x$において関数$f(x)$は線形写像を表している．

4・2・2　線形写像の表現(representation of linear map)

線形写像の行列への拡張として，行列への適用を考える．

【例 4. 8】ベクトル$\boldsymbol{x}=\begin{bmatrix}x_1\\ x_2\end{bmatrix}$が行列$\boldsymbol{A}=\begin{bmatrix}a_{11} & a_{12}\\ a_{21} & a_{22}\end{bmatrix}$の作用により，ベクトル$\boldsymbol{y}=\begin{bmatrix}y_1\\ y_2\end{bmatrix}$に変換される関係式を示せ．

［解答］

$$\boldsymbol{y}=\boldsymbol{A}\boldsymbol{x}\iff\begin{bmatrix}y_1\\ y_2\end{bmatrix}=\begin{bmatrix}\boldsymbol{a}_{11} & \boldsymbol{a}_{12}\\ \boldsymbol{a}_{21} & \boldsymbol{a}_{22}\end{bmatrix}\begin{bmatrix}x_1\\ x_2\end{bmatrix}=\begin{bmatrix}\boldsymbol{a}_{11}x_1+\boldsymbol{a}_{12}x_2\\ \boldsymbol{a}_{21}x_1+\boldsymbol{a}_{22}x_2\end{bmatrix}$$

ここでの行列$\boldsymbol{A}$は表現行列と呼ばれる．このように線形写像として表された関数$f(x)$と同様に，行列$\boldsymbol{A}$によって，数ベクトル空間への写像を表すことができる．

4・2・3 行列(matrix)

行列が線形写像を表す表現行列であることを述べたが，改めて行列について定義すると，行列は横の並びを「行(row)」といい，上から順に第１行，第２行，・・・という．また，縦の並びを「列(column)」といい，左から順に第２列，第２列，・・・という．

第i行の第j列目にある成分を，「ij成分」と略していう．

m行n列($m\times n$)の行列$\boldsymbol{A}$を次にように定義する．

$$\boldsymbol{A}=\begin{bmatrix}a_{11} & a_{12} & \cdots & a_{1n}\\ a_{21} & a_{22} & \cdots & a_{2n}\\ \vdots & \vdots & \ddots & \vdots\\ a_{m1} & a_{m2} & \cdots & a_{mn}\end{bmatrix} \tag{4.38}$$

特別な行列の例

(1) 零行列・・・行列のすべての成分で0となる行列．$\boldsymbol{O}$と略記される．

(2) 単位行列・・・正方行列のうち，対角成分のみが1で他のすべての成分が0である行列．$\boldsymbol{I}$や$\boldsymbol{E}$と略記される．

$$\begin{bmatrix}1 & 0\\0 & 1\end{bmatrix},\quad \begin{bmatrix}1 & 0 & 0\\0 & 1 & 0\\0 & 0 & 1\end{bmatrix}$$

(3) 対称行列・・・行列成分の行と列を入れ替えても元の行列と等しい行列．

$$\begin{bmatrix}a & c\\c & b\end{bmatrix},\quad \begin{bmatrix}a & c & d\\c & b & e\\d & e & a\end{bmatrix}$$

(4) **対角行列**・・・対角成分以外の成分はすべて0の行列．

$$\begin{bmatrix}a & 0\\0 & b\end{bmatrix},\quad \begin{bmatrix}a & 0 & 0\\0 & b & 0\\0 & 0 & c\end{bmatrix}$$

(5) **転置行列**・・・行列成分の行と列を入れ替えてできる行列．行列の右上にTや左上にtと略記される．

$$\begin{bmatrix}a & b\\c & d\end{bmatrix}^T=\begin{bmatrix}a & c\\b & d\end{bmatrix},\quad \begin{bmatrix}a_{11} & a_{12} & a_{13}\\a_{21} & a_{22} & a_{23}\\a_{31} & a_{32} & a_{33}\end{bmatrix}^T=\begin{bmatrix}a_{11} & a_{21} & a_{31}\\a_{12} & a_{22} & a_{32}\\a_{13} & a_{23} & a_{33}\end{bmatrix}$$

(6) **直交行列**・・・正方行列に対して，その行列の転置と元の行列の積が単位行列となる行列．つまり，正方行列$\boldsymbol{A}$とその転置行列$\boldsymbol{A}^T$の積が，$\boldsymbol{AA}^T=\boldsymbol{I}$を満たす$\boldsymbol{A}$を直交行列という．

$$\begin{bmatrix}\frac{1}{\sqrt{2}} & \frac{1}{\sqrt{2}}\\-\frac{1}{\sqrt{2}} & \frac{1}{\sqrt{2}}\end{bmatrix},\quad \begin{bmatrix}cos\theta & sin\theta\\sin\theta & -cos\theta\end{bmatrix},\quad \begin{bmatrix}cos\theta & -sin\theta & 0\\sin\theta & cos\theta & 0\\0 & 0 & 1\end{bmatrix}$$

【例4.9】 次の行列Aは直交行列であることを示せ．

$$\boldsymbol{A}=\begin{bmatrix}1 & 0 & 0\\0 & cos\theta & -sin\theta\\0 & sin\theta & cos\theta\end{bmatrix}$$

【解答】 行列Aの転置行列A^Tは，

$$\boldsymbol{A}^T=\begin{bmatrix}1 & 0 & 0\\0 & cos\theta & sin\theta\\0 & -sin\theta & cos\theta\end{bmatrix}$$

により，

$$\boldsymbol{A^TA}=\begin{bmatrix}1 & 0 & 0\\0 & cos\theta & sin\theta\\0 & -sin\theta & cos\theta\end{bmatrix}\begin{bmatrix}1 & 0 & 0\\0 & cos\theta & -sin\theta\\0 & sin\theta & cos\theta\end{bmatrix}$$

$$=\begin{bmatrix}1 & 0 & 0\\0 & (cos\theta)^2+(sin\theta)^2 & -cos\theta sin\theta+sin\theta cos\theta\\0 & -sin\theta cos\theta+cos\theta sin\theta & (-sin\theta)^2+(cos\theta)^2\end{bmatrix}=\begin{bmatrix}1 & 0 & 0\\0 & 1 & 0\\0 & 0 & 1\end{bmatrix}$$

$$\boldsymbol{AA^T}=\begin{bmatrix}1 & 0 & 0\\0 & cos\theta & sin\theta\\0 & -sin\theta & cos\theta\end{bmatrix}\begin{bmatrix}1 & 0 & 0\\0 & cos\theta & -sin\theta\\0 & sin\theta & cos\theta\end{bmatrix}$$

$$=\begin{bmatrix}1 & 0 & 0\\0 & (cos\theta)^2+(sin\theta)^2 & -sin\theta cos\theta+sin\theta cos\theta\\0 & -sin\theta cos\theta+cos\theta sin\theta & (-sin\theta)^2+(cos\theta)^2\end{bmatrix}=\begin{bmatrix}1 & 0 & 0\\0 & 1 & 0\\0 & 0 & 1\end{bmatrix}$$

∴ $\boldsymbol{AA^T}=\boldsymbol{A^TA}=\boldsymbol{I}$ （$\boldsymbol{I}$は単位行列）により，行列$\boldsymbol{A}$は直行行列．

4・2・3　行列の積

行ベクトルと列ベクトルの内積（ユークリッド内積），ベクトル積（外積），直積について定義する．ベクトルの内積は式(4.17)で定義されたが，ベクトル $\boldsymbol{a}$ の成分を(1, n)，ベクトル $\boldsymbol{b}$ の成分を(n, 1)とみなすと，行列積として内積と同様の値を得る．

$$[a_1 \ \ a_2]\begin{bmatrix} b_1 \\ b_2 \end{bmatrix} = a_1 b_1 + a_2 b_2 \tag{4.39}$$

$$[a_1 \ \ a_2 \ \ \cdots \ \ a_n]\begin{bmatrix} b_1 \\ b_2 \\ \vdots \\ b_n \end{bmatrix} = a_1 b_1 + a_2 b_2 + \cdots + a_n b_n \tag{4.40}$$

ベクトル積では，与えられた2つのベクトルのそれぞれに直交する第3のベクトルを構成する．空間内のベクトル $\boldsymbol{a} = (a_1, a_2, a_3)$，$\boldsymbol{b} = (b_1, b_2, b_3)$ から作られるベクトル，

$$\begin{aligned} \boldsymbol{a} \times \boldsymbol{b} &= \begin{vmatrix} \boldsymbol{i} & \boldsymbol{j} & \boldsymbol{k} \\ a_1 & a_2 & a_3 \\ b_1 & b_2 & b_3 \end{vmatrix} \\ &= (a_2 b_3 - a_3 b_2)\boldsymbol{i} - (a_1 b_3 - a_3 b_1)\boldsymbol{j} + (a_1 b_2 - a_2 b_1)\boldsymbol{k} \\ &= (a_2 b_3 - a_3 b_2,\ \ a_3 b_1 - a_1 b_3,\ \ a_1 b_2 - a_2 b_1) \end{aligned} \tag{4.41}$$

をベクトル $\boldsymbol{a}$ と $\boldsymbol{b}$ のベクトルの外積(cross product)という．ベクトルの内積がスカラになるのに対し，外積はベクトルになる．

また，ベクトル $\boldsymbol{a}$ の成分を(n, 1)，ベクトル $\boldsymbol{b}$ の成分を(1, n)とみなすと，次のように，ベクトルの直積(outor product)と呼ばれる行列積が定義される．

$$\begin{bmatrix} a_1 \\ a_2 \\ \vdots \\ a_n \end{bmatrix}[b_1 \ \ b_2 \ \ \cdots \ \ a_n] = \begin{bmatrix} a_1 b_1 & a_1 b_2 & \cdots & a_1 b_n \\ a_2 b_1 & a_2 b_2 & \cdots & a_2 b_n \\ \vdots & \vdots & \ddots & \vdots \\ a_n b_1 & a_n b_2 & \cdots & a_n b_n \end{bmatrix} \tag{4.42}$$

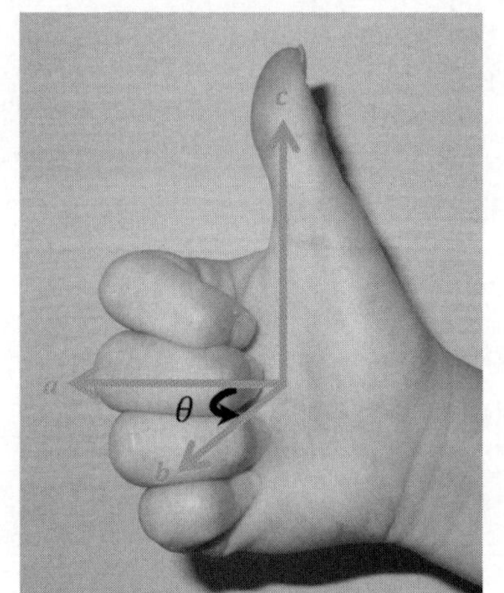

図4.10　ベクトルの外積（$\boldsymbol{c} = \boldsymbol{a} \times \boldsymbol{b}$）

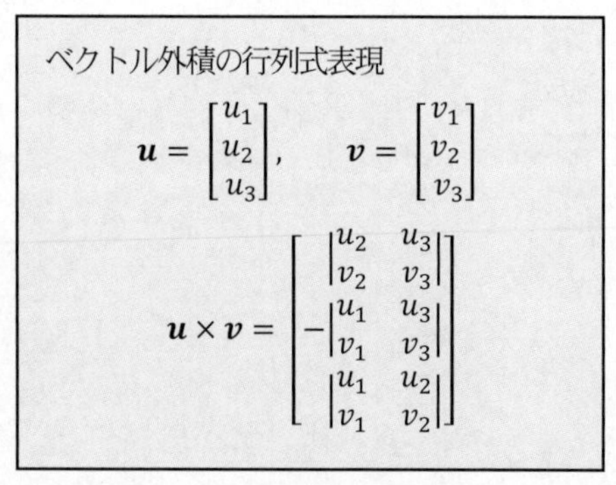
ベクトル外積の行列式表現

$$\boldsymbol{u} = \begin{bmatrix} u_1 \\ u_2 \\ u_3 \end{bmatrix}, \qquad \boldsymbol{v} = \begin{bmatrix} v_1 \\ v_2 \\ v_3 \end{bmatrix}$$

$$\boldsymbol{u} \times \boldsymbol{v} = \begin{bmatrix} \begin{vmatrix} u_2 & u_3 \\ v_2 & v_3 \end{vmatrix} \\ -\begin{vmatrix} u_1 & u_3 \\ v_1 & v_3 \end{vmatrix} \\ \begin{vmatrix} u_1 & u_2 \\ v_1 & v_2 \end{vmatrix} \end{bmatrix}$$

［例4.10］　2次正方行列と列ベクトルの積（行列ベクトル積）と n 次正方行列ベクトル積を求めよ

【解答】2×2の正方行列では，

$$\begin{bmatrix} a_{11} & a_{12} \\ a_{21} & a_{22} \end{bmatrix}\begin{bmatrix} b_1 \\ b_2 \end{bmatrix} = \begin{bmatrix} a_{11} b_1 + a_{12} b_2 \\ a_{21} b_1 + a_{22} b_2 \end{bmatrix} \tag{4.43}$$

$$\begin{bmatrix} a_{11} & a_{12} & \cdots & a_{1n} \\ a_{21} & a_{22} & \cdots & a_{2n} \\ \vdots & \vdots & \ddots & \vdots \\ a_{m1} & a_{m2} & \cdots & a_{mn} \end{bmatrix}\begin{bmatrix} b_1 \\ b_2 \\ \vdots \\ b_n \end{bmatrix} = \begin{bmatrix} a_{11}b_1 + a_{12}b_2 + \cdots + a_{1n}b_n \\ a_{21}b_1 + a_{22}b_2 + \cdots + a_{2n}b_n \\ \vdots \\ a_{n1}b_1 + a_{n2}b_2 + \cdots + a_{nn}b_n \end{bmatrix}$$

$$= \begin{bmatrix} \sum_{k=1}^{n} a_{1k}b_k \\ \sum_{k=1}^{n} a_{2k}b_k \\ \vdots \\ \sum_{k=1}^{n} a_{nk}b_k \end{bmatrix} \tag{4.44}$$

[例 4. 11]　２次正方行列$\boldsymbol{A}$, $\boldsymbol{B}$の行列積を求めよ

【解答】2×2 の正方行列では

$$\boldsymbol{AB} = \begin{bmatrix} a_{11} & a_{12} \\ a_{21} & a_{22} \end{bmatrix}\begin{bmatrix} b_{11} & b_{12} \\ b_{21} & b_{22} \end{bmatrix}$$
$$= \begin{bmatrix} a_{11}b_{11} + a_{12}b_{21} & a_{11}b_{12} + a_{12}b_{22} \\ a_{21}b_{11} + a_{22}b_{21} & a_{21}b_{12} + a_{22}b_{22} \end{bmatrix} \tag{4.45}$$

[例 4. 12]　(2×3)行列$\boldsymbol{A}$と, (3×2)行列$\boldsymbol{B}$の行列積を求めよ

【解答】

$$\begin{bmatrix} a_{11} & a_{12} & a_{13} \\ a_{21} & a_{22} & a_{23} \end{bmatrix}\begin{bmatrix} b_{11} & b_{12} \\ b_{21} & b_{22} \\ b_{31} & b_{32} \end{bmatrix}$$
$$= \begin{bmatrix} a_{11}b_{11} + a_{12}b_{21} + a_{13}b_{31} & a_{11}b_{12} + a_{12}b_{22} + a_{13}b_{32} \\ a_{21}b_{11} + a_{22}b_{21} + a_{23}b_{31} & a_{21}b_{12} + a_{22}b_{22} + a_{23}b_{32} \end{bmatrix}$$

上記の例のように, 正方行列同士でない行列積の場合, $(m \times n)$と$(n \times m)$行列の積は, $(m \times m)$行列となる. また, $(m \times n)$の行列$\boldsymbol{A}$と同じ成分をもつ, $(m \times n)$の行列$\boldsymbol{B}$の積は定義できないが, 行列$\boldsymbol{B}$を転置して$\boldsymbol{B}^T$を取れば, $(n \times m)$となり行列積を計算することができる.

4・2・4 行列のランク(rank of matrix)

【定義 4・2・4】　$m \times n$ 行列$\boldsymbol{A}$の列ベクトルのうち, 1 次独立なベクトルの個数の最大値の数を行列$\boldsymbol{A}$のランク (rank) または階数という. 行列$\boldsymbol{A}$のランクが$\boldsymbol{n}$のとき, $\mathrm{rank}(\boldsymbol{A}) = n$と書く.

[例 4. 13] 次の行列のランクを求めよ.

(1) $\begin{bmatrix} 1 & 2 & 3 \\ 4 & 5 & 6 \\ 7 & 8 & 9 \end{bmatrix}$　　(2) $\begin{bmatrix} 1 & 3 & 3 & 8 \\ -2 & -5 & 1 & -8 \\ 0 & 1 & 1 & 2 \end{bmatrix}$

【解答】　列ベクトルの 1 次独立なベクトルの数を数える上で, ここでは行列の変形（行基本操作）を行って考える.

[行基本操作]

1. 1 つの行に 0 でない数を掛ける.
2. 1 つの行にある数を掛けたものを他の行に加える.
3. 2 つの行を入れ替える.

$$\begin{bmatrix}1&2&3\\4&5&6\\7&8&9\end{bmatrix}\xrightarrow{(1\text{行目})\times4-2\text{行目}}\begin{bmatrix}1&2&3\\0&3&6\\7&8&9\end{bmatrix}\xrightarrow{(2\text{行目})/3}\begin{bmatrix}1&2&3\\0&1&2\\7&8&9\end{bmatrix}$$

$$\xrightarrow{(1\text{行目})\times7-3\text{行目}}\begin{bmatrix}1&2&3\\0&1&2\\0&6&12\end{bmatrix}\xrightarrow{(2\text{行目})\times6-3\text{行目}}\begin{bmatrix}1&2&3\\0&1&2\\0&0&0\end{bmatrix}$$

0でない行が2行あるので，ランクは2（$\mathrm{rank}(\boldsymbol{A})=2$）.

変形後の行列のように，0 でない成分を一番左として，下に行くにつれて左側に0成分が含まれるような形で，対角成分が0でない場合1とする行列を階段行列という.

(1)　(1) と同様に，行基本操作により，$\begin{bmatrix}1&3&3&8\\0&1&7&8\\0&0&1&1\end{bmatrix}$．したがってランクは3.

2次の正方行列の逆行列

$$\boldsymbol{A}=\begin{bmatrix}a_{11}&a_{12}\\a_{21}&a_{22}\end{bmatrix}$$

$$\boldsymbol{A}^{-1}=\frac{1}{\det(\boldsymbol{A})}\begin{bmatrix}a_{22}&-a_{12}\\-a_{21}&a_{11}\end{bmatrix}$$

$$\det(\boldsymbol{A})=a_{11}a_{22}-a_{12}a_{21}\neq0$$

4・2・5 逆行列(inverse of matrix)

[定義] n 次の正方行列 $\boldsymbol{A}$ に対して，$\boldsymbol{y}=\boldsymbol{Ax}$ は $\boldsymbol{x}$ から $\boldsymbol{y}$ への写像を表しているが，逆に $\boldsymbol{y}$ から $\boldsymbol{x}$ への写像を考えると，

$$\boldsymbol{x}=\boldsymbol{A}^{-1}\boldsymbol{y}\quad(\boldsymbol{A}\neq\boldsymbol{0})\tag{4.46}$$

と書け，このときの写像 $\boldsymbol{A}^{-1}$ は元の写像 $\boldsymbol{A}$ の逆写像となり，これも線形写像となる.

$\boldsymbol{A}^{-1}$ 表す行列を逆行列といい，その定義は正方行列 $\boldsymbol{A}\in\boldsymbol{R}^{n\times n}$ に対して

$$\boldsymbol{XA}=\boldsymbol{AX}=\boldsymbol{I}\tag{4.47}$$

を満たすような行列 $\boldsymbol{X}\in\boldsymbol{R}^{n\times n}$ が存在するとき，$\boldsymbol{X}$ は唯一定まり，このときの行列 $\boldsymbol{A}$ を正則行列という．このような $\boldsymbol{X}$ を $\boldsymbol{A}$ の逆行列（inverse matrix）といい，$\boldsymbol{A}^{-1}$ で表す.

また，n 次の正方行列 $\boldsymbol{A}$ が正則行列であるための必要十分条件は，$\det(\boldsymbol{A})\neq n$，または $\mathrm{rank}(\boldsymbol{A})=n$ である.

$$\boldsymbol{A}=\begin{bmatrix}a_{11}&a_{12}&\cdots&a_{1n}\\a_{21}&a_{11}&\cdots&\vdots\\\vdots&\vdots&\ddots&\vdots\\a_{n1}&\cdots&\cdots&a_{nn}\end{bmatrix}$$

$$det(\boldsymbol{A})=\begin{vmatrix}a_{11}&a_{12}&a_{13}\\a_{21}&a_{22}&a_{23}\\a_{31}&a_{32}&a_{33}\end{vmatrix}$$

$$=a_{11}a_{22}a_{33}+a_{12}a_{23}a_{31}+a_{13}a_{21}a_{32}-a_{13}a_{22}a_{31}-a_{23}a_{32}a_{11}-a_{12}a_{21}a_{33}$$

$det(\boldsymbol{A})\neq0$ の場合,

$$\boldsymbol{A}^{-1}=\frac{1}{det(\boldsymbol{A})}\begin{bmatrix}\tilde{a}_{11}&\tilde{a}_{21}&\cdots&\tilde{a}_{n1}\\\tilde{a}_{11}&\tilde{a}_{22}&\cdots&\vdots\\\vdots&\vdots&\ddots&\vdots\\\tilde{a}_{1n}&\cdots&\cdots&\tilde{a}_{nn}\end{bmatrix}=\frac{1}{det(\boldsymbol{A})}\widetilde{\boldsymbol{A}}$$

$$\widetilde{\boldsymbol{A}}=\begin{vmatrix}\begin{vmatrix}a_{22}&a_{23}\\a_{32}&a_{33}\end{vmatrix}&-\begin{vmatrix}a_{12}&a_{13}\\a_{32}&a_{33}\end{vmatrix}&\begin{vmatrix}a_{12}&a_{13}\\a_{22}&a_{23}\end{vmatrix}\\-\begin{vmatrix}a_{21}&a_{23}\\a_{31}&a_{33}\end{vmatrix}&\begin{vmatrix}a_{11}&a_{13}\\a_{31}&a_{33}\end{vmatrix}&-\begin{vmatrix}a_{11}&a_{13}\\a_{21}&a_{23}\end{vmatrix}\\\begin{vmatrix}a_{21}&a_{22}\\a_{31}&a_{32}\end{vmatrix}&-\begin{vmatrix}a_{11}&a_{12}\\a_{31}&a_{32}\end{vmatrix}&\begin{vmatrix}a_{11}&a_{12}\\a_{21}&a_{22}\end{vmatrix}\end{vmatrix}$$

[例 4.14]　次の行列に逆行列があれば求めよ.

$$\begin{bmatrix}-3&2&2\\-2&2&1\\2&-1&-1\end{bmatrix}$$

【解答】$\boldsymbol{A}=\begin{bmatrix}-3&2&2\\-2&2&1\\2&-1&-1\end{bmatrix}$ において,

$$\det(\boldsymbol{A})=+(-3)\begin{vmatrix}2&1\\-1&-1\end{vmatrix}-2\begin{vmatrix}-2&1\\2&-1\end{vmatrix}+2\begin{vmatrix}-2&2\\2&-1\end{vmatrix}=-1\neq0$$

より逆行列が存在する．行列 $\boldsymbol{A}$ の余因子行列 $\widetilde{\boldsymbol{A}}$ を用いて,

$$\boldsymbol{A}^{-1}=\frac{1}{det(\boldsymbol{A})}\widetilde{\boldsymbol{A}}$$

より逆行列を求めることができる.

$$\widetilde{\boldsymbol{A}}=\begin{bmatrix}-1&0&-2\\0&-1&-1\\-2&1&-2\end{bmatrix}\quad\therefore\boldsymbol{A}^{-1}=\frac{1}{det(\boldsymbol{A})}\begin{bmatrix}-1&0&-2\\0&-1&-1\\-2&1&-2\end{bmatrix}=\begin{bmatrix}1&0&2\\0&1&1\\2&-1&2\end{bmatrix}$$

$$\tilde{a}_{ij}=(-1)^{i+j}\begin{vmatrix}a_{11}&\cdots&a_{1j}&\cdots&a_{1n}\\\vdots&\ddots&\vdots&\square&\vdots\\a_{i1}&\cdots&a_{ij}&\cdots&a_{in}\\\vdots&\square&\vdots&\ddots&\vdots\\a_{n1}&\cdots&a_{nj}&\cdots&a_{nn}\end{vmatrix}$$

n 次正方行列 $\boldsymbol{A}$ の (i,j) 成分 a_{ij} の余因子.（第 i 行と第 j 列を除いて得られる）

つぎに行列の一般化を考え，$m\times n$ 行列の場合について考える．$m\neq n$ の場合行列は正則ではなく，逆行列を求めることができないが，次の条件を満たす行列 $\boldsymbol{A}^{+}$ について,

［定義］$m\times n$ 行列 $\boldsymbol{A}$ に対して,

(i)　$\boldsymbol{AA^{+}A}=\boldsymbol{A}$

(ii)　$\boldsymbol{A^{+}AA^{+}}=\boldsymbol{A}^{+}$

(iii)　$(\boldsymbol{AA}^+)^T = \boldsymbol{AA}^+$

(iv)　$(\boldsymbol{A}^+\boldsymbol{A})^T = \boldsymbol{A}^+\boldsymbol{A}$

を満足する $n\times m$ 行列 $\boldsymbol{A}^+$ が唯一存在する．この行列 $\boldsymbol{A}^+$ を行列 $\boldsymbol{A}$ の擬似逆行列（pseudo-inverse matrix），（または一般逆行列，ムーアペンローズ逆行列などと呼ばれる）という．この行列$\boldsymbol{A}$ において，$m=n$ で正則となる場合 $\boldsymbol{A}^+ = \boldsymbol{A}^{-1}$ となるため，一般化を与えているという意味になる．またこのときの擬似逆行列は以下の式で求められる．

$$(m < n) \qquad \boldsymbol{A}^+ = (\boldsymbol{A}^T\boldsymbol{A})^{-1}\boldsymbol{A}^T \tag{4.48}$$

$$(n < m) \qquad \boldsymbol{A}^+ = \boldsymbol{A}^T(\boldsymbol{AA}^T)^{-1} \tag{4.49}$$

[例4.15] 次の行列の擬似逆行列を求めよ．

$$\boldsymbol{A} = \begin{bmatrix} 1 & 0 \\ -1 & 0 \\ 0 & -1 \end{bmatrix}$$

[解答] 3×2 行列$\boldsymbol{A}$ について考える．

$$\boldsymbol{A}^T = \begin{bmatrix} 1 & -1 & 0 \\ 0 & 0 & -1 \end{bmatrix},\quad \boldsymbol{A}^T\boldsymbol{A} = \begin{bmatrix} 2 & 0 \\ 0 & 1 \end{bmatrix},\quad (\boldsymbol{A}^T\boldsymbol{A})^{-1} = \begin{bmatrix} \frac{1}{2} & 0 \\ 0 & 1 \end{bmatrix}$$

$$\therefore\ \boldsymbol{A}^+ = (\boldsymbol{A}^T\boldsymbol{A})^{-1}\boldsymbol{A}^T = \begin{bmatrix} \frac{1}{2} & 0 \\ 0 & 1 \end{bmatrix}\begin{bmatrix} 1 & -1 & 0 \\ 0 & 0 & -1 \end{bmatrix} = \begin{bmatrix} \frac{1}{2} & -\frac{1}{2} & 0 \\ 0 & 0 & -1 \end{bmatrix}$$

[例4.15]において，

$\boldsymbol{A}^+\boldsymbol{A}$

$$= \begin{bmatrix} 1/2 & -1/2 & 0 \\ 0 & 0 & -1 \end{bmatrix}\begin{bmatrix} 1 & 0 \\ -1 & 0 \\ 0 & -1 \end{bmatrix}$$

$$= \begin{bmatrix} 1 & 0 \\ 0 & 1 \end{bmatrix} = \boldsymbol{I}$$

であるが，

$\boldsymbol{AA}^+$

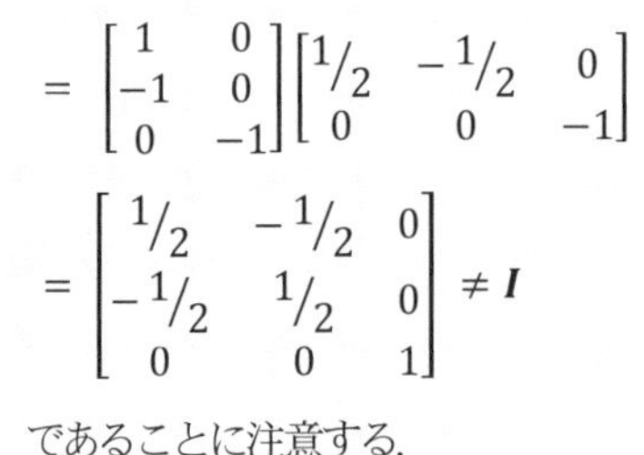

$$= \begin{bmatrix} 1 & 0 \\ -1 & 0 \\ 0 & -1 \end{bmatrix}\begin{bmatrix} 1/2 & -1/2 & 0 \\ 0 & 0 & -1 \end{bmatrix}$$

$$= \begin{bmatrix} 1/2 & -1/2 & 0 \\ -1/2 & 1/2 & 0 \\ 0 & 0 & 1 \end{bmatrix} \neq \boldsymbol{I}$$

であることに注意する．

4・3　行列の標準形（canonical form of matrix）

4・3・1 動機(motivation)

与えられた行列を適当に変換することでできるだけ簡単な形，たとえば対角行列や三角行列に変形することを考える．これらの変形には，固有値と呼ばれる行列の性質を表す特徴的な値を求めることにより決定する．

4・3・2 基底の変換(transformation of basis)

n 次元線形空間 $\boldsymbol{V}$ において，$\boldsymbol{a}_1, \boldsymbol{a}_2, \cdots, \boldsymbol{a}_n$が基底であるとし，この基底を用いて，$\boldsymbol{V}$ での新たな基底$\boldsymbol{b}_1, \boldsymbol{b}_2, \cdots, \boldsymbol{b}_n$をつくることを考える．すなわち，

$$\begin{aligned} \boldsymbol{b}_1 &= p_{11}\boldsymbol{a}_1 + p_{12}\boldsymbol{a}_2 + \cdots + p_{1n}\boldsymbol{a}_n \\ \boldsymbol{b}_2 &= p_{21}\boldsymbol{a}_1 + p_{22}\boldsymbol{a}_2 + \cdots + p_{2n}\boldsymbol{a}_n \\ &\vdots \\ \boldsymbol{b}_n &= p_{n1}\boldsymbol{a}_1 + p_{n2}\boldsymbol{a}_2 + \cdots + p_{nn}\boldsymbol{a}_n \end{aligned} \tag{4.50}$$

と一意に表され，このときのn 次の行列を $(p_{ij}) = P$ も一意に存在する．この式を書き換えると，

$$[\boldsymbol{b}_1 \quad \boldsymbol{b}_2 \quad \cdots \quad \boldsymbol{b}_n] = [\boldsymbol{a}_1 \quad \boldsymbol{a}_2 \quad \cdots \quad \boldsymbol{a}_n]\begin{bmatrix} p_{11} & p_{12} & \cdots & p_{1n} \\ p_{21} & p_{22} & \cdots & p_{2n} \\ \vdots & \vdots & \ddots & \vdots \\ p_{n1} & p_{n2} & \cdots & p_{nn} \end{bmatrix} \tag{4.51}$$

$$\Leftrightarrow \boldsymbol{B} = \boldsymbol{AP}$$

となり，このときの行列$\boldsymbol{P}$ を基底を変換する行列（または単に，基底変換行列）(state transition matrix)という．

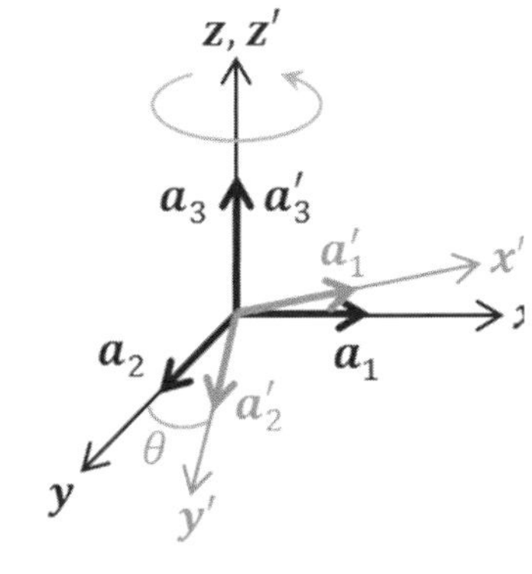

図4.11　基底の変換（z 軸まわりでの場合）

クラーメルの公式による連立方程式の求解

３次正方行列に対して，連立方程式を解くことを考える．

$$\begin{cases} a_{11}x_1 + a_{12}x_2 + a_{13}x_3 = b_1 \\ a_{21}x_1 + a_{22}x_2 + a_{23}x_3 = b_2 \\ a_{31}x_1 + a_{32}x_2 + a_{33}x_3 = b_3 \end{cases}$$

$$\Leftrightarrow \begin{bmatrix} a_{11} & a_{12} & a_{13} \\ a_{21} & a_{22} & a_{23} \\ a_{31} & a_{32} & a_{33} \end{bmatrix}\begin{bmatrix} x_1 \\ x_2 \\ x_3 \end{bmatrix} = \begin{bmatrix} b_1 \\ b_2 \\ b_3 \end{bmatrix}$$

クラーメル(Cramer)の公式を適用する．

$$\begin{vmatrix} a_{11} & a_{12} & a_{13} \\ a_{21} & a_{22} & a_{23} \\ a_{31} & a_{32} & a_{33} \end{vmatrix} \neq 0$$

であるとき，

$$x_1 = \frac{\begin{vmatrix} b_1 & a_{12} & a_{13} \\ b_2 & a_{22} & a_{23} \\ b_3 & a_{32} & a_{33} \end{vmatrix}}{\begin{vmatrix} a_{11} & a_{12} & a_{13} \\ a_{21} & a_{22} & a_{23} \\ a_{31} & a_{32} & a_{33} \end{vmatrix}}$$

$$x_2 = \frac{\begin{vmatrix} a_{11} & b_1 & a_{13} \\ a_{21} & b_2 & a_{23} \\ a_{31} & b_3 & a_{33} \end{vmatrix}}{\begin{vmatrix} a_{11} & a_{12} & a_{13} \\ a_{21} & a_{22} & a_{23} \\ a_{31} & a_{32} & a_{33} \end{vmatrix}}$$

$$x_3 = \frac{\begin{vmatrix} a_{11} & a_{12} & b_1 \\ a_{21} & a_{22} & b_2 \\ a_{31} & a_{32} & b_3 \end{vmatrix}}{\begin{vmatrix} a_{11} & a_{12} & a_{13} \\ a_{21} & a_{22} & a_{23} \\ a_{31} & a_{32} & a_{33} \end{vmatrix}}$$

高次方程式の解法

５次以上の代数方程式の厳密解を求める公式が存在しないことや，nの次数が大きくなると式(4.55)のような多項式への展開が困難となり，次元数の大きい問題への適用は難しい．そこで計算方法として，ヤコビ法やQR法といった近似解法を用いることが一般的となる．

[例 4.16]　つぎの２組のベクトルについて考える．

$$\boldsymbol{a_1} = \begin{bmatrix} 1 \\ 2 \\ 1 \end{bmatrix}, \quad \boldsymbol{a_2} = \begin{bmatrix} 1 \\ 3 \\ 5 \end{bmatrix}, \quad \boldsymbol{a_3} = \begin{bmatrix} -2 \\ -3 \\ 1 \end{bmatrix}$$

$$\boldsymbol{b_1} = \begin{bmatrix} 0 \\ -3 \\ -2 \end{bmatrix}, \quad \boldsymbol{b_2} = \begin{bmatrix} 0 \\ 1 \\ -2 \end{bmatrix}, \quad \boldsymbol{b_3} = \begin{bmatrix} 0 \\ 3 \\ -1 \end{bmatrix}$$

(1)　$\boldsymbol{a}_1, \boldsymbol{a}_2, \boldsymbol{a}_3$ が基底であることを示せ

(2)　$\boldsymbol{a}_1, \boldsymbol{a}_2, \boldsymbol{a}_3$が $\boldsymbol{b}_1, \boldsymbol{b}_2, \boldsymbol{b}_3$ に変換されるときの変換する行列を求めよ

[解答]

(1)　$[\boldsymbol{a_1} \quad \boldsymbol{a_2} \quad \boldsymbol{a_3}] = \begin{bmatrix} 1 & 1 & -2 \\ 2 & 3 & -3 \\ 1 & 5 & 1 \end{bmatrix}$ において，$\begin{vmatrix} 1 & 1 & -2 \\ 2 & 3 & -3 \\ 1 & 5 & 1 \end{vmatrix} = 3\ (\neq 0)$

よって，基底である．

(2)　$\begin{bmatrix} 0 \\ -3 \\ -2 \end{bmatrix} = \boldsymbol{P}\begin{bmatrix} 1 \\ 2 \\ 1 \end{bmatrix}, \quad \begin{bmatrix} 0 \\ 1 \\ -2 \end{bmatrix} = \boldsymbol{P}\begin{bmatrix} 1 \\ 3 \\ 5 \end{bmatrix}, \quad \begin{bmatrix} 0 \\ 3 \\ -1 \end{bmatrix} = \boldsymbol{P}\begin{bmatrix} -2 \\ -3 \\ 1 \end{bmatrix}$ より，

$$\begin{bmatrix} 0 & 1 & 0 \\ -3 & 1 & 3 \\ -2 & -2 & -1 \end{bmatrix} = \boldsymbol{P}\begin{bmatrix} 1 & 1 & -2 \\ 2 & 3 & -3 \\ 1 & 5 & 1 \end{bmatrix}$$

$$\Leftrightarrow \boldsymbol{P} = \begin{bmatrix} 0 & 1 & 0 \\ -3 & 1 & 3 \\ -2 & -2 & -1 \end{bmatrix}\begin{bmatrix} 1 & 1 & -2 \\ 2 & 3 & -3 \\ 1 & 5 & 1 \end{bmatrix}^{-1} = \begin{bmatrix} 0 & 0 & 0 \\ 38 & -24 & 7 \\ 33 & -20 & 5 \end{bmatrix}$$

4・3・3 行列の固有値(eigenvalue of matrix)

【定義４・３・３】固有値とは

$$\boldsymbol{Ax} = \lambda \boldsymbol{x} \tag{4.52}$$

で定義される行列の方程式で，λを固有値（eigenvalue)，$\boldsymbol{x}$を固有ベクトル（eigenvector)，という．このときλはスカラーであり，

$$(\boldsymbol{A} - \lambda \boldsymbol{I})\boldsymbol{x} = \boldsymbol{o} \tag{4.53}$$

と書くことができる．

この方程式の固有ベクトル$\boldsymbol{x}$が零ベクトル以外の解を持つには，固有値λに対する次の特性方程式を解くことによりλを決定する．すなわち，行列$(\boldsymbol{A} - \lambda \boldsymbol{I})$が特異な行列（正則でない行列）であるための条件を課す．

$$\det(A - \lambda I) = \begin{vmatrix} a_{11} - \lambda & a_{12} & \cdots & a_{1n} \\ a_{21} & a_{22} - \lambda & \cdots & a_{2n} \\ \vdots & \vdots & \ddots & \vdots \\ a_{n1} & \cdots & \cdots & a_{nn} - \lambda \end{vmatrix} = 0 \tag{4.54}$$

この式を展開すると，

$$\lambda^n + b_1\lambda^{n-1} + b_2\lambda^{n-2} + \cdots + b_{n-1}\lambda + b_n = 0 \tag{4.55}$$

の形のn次の代数方程式が得られる。この方程式を特性多項式（characteristic polynomial)または、特性方程式（characteristic equation）という．

式(4.55)の特性方程式を解くことにより，具体的な固有値を求めることができる．行列$\boldsymbol{A}$の性質によりλの性質が変化する。

【定理4・3・3】

(1) 行列$\boldsymbol{A}$が正則でないとき，固有値λは0を持つ

(2) 行列 $\boldsymbol{A}$は正則であるとき，λはn個の値（$\lambda_1, \lambda_2, \cdot\cdot\cdot \lambda_n$）が求められ，$\lambda_i$に重複がない（重解がない）場合には，$n$個の一次独立な固有ベクトル$\boldsymbol{x}$（$\boldsymbol{x}_1, \boldsymbol{x}_2, \cdot\cdot\cdot \boldsymbol{x}_n$）が存在する。

[例4.17]　次の行列の固有値と固有ベクトルを求めよ

(1) $\begin{bmatrix} 2 & 0 & 0 \\ 0 & 5 & 0 \\ 0 & 0 & 1 \end{bmatrix}$　(2) $\begin{bmatrix} 3 & -1 & 1 \\ 0 & 2 & 1 \\ 0 & 0 & 3 \end{bmatrix}$　(3) $\begin{bmatrix} 0 & -1 \\ 1 & 0 \end{bmatrix}$

解答)

(1) 特性方程式$(\lambda-1)(\lambda-2)(\lambda-5)=0$ より，$\lambda=1,2,5$

$\lambda=1$に対する固有ベクトルは，$k\begin{bmatrix} 0 \\ 0 \\ 1 \end{bmatrix}$，$\lambda=2$ に対する固有ベクトルは，$l\begin{bmatrix} 1 \\ 0 \\ 0 \end{bmatrix}$，

$\lambda=5$ に対する固有ベクトルは，$m\begin{bmatrix} 0 \\ 1 \\ 0 \end{bmatrix}$，よって求める固有ベクトルは，

$$\therefore\ k\begin{bmatrix} 0 \\ 0 \\ 1 \end{bmatrix},\ l\begin{bmatrix} 1 \\ 0 \\ 0 \end{bmatrix},\ m\begin{bmatrix} 0 \\ 1 \\ 0 \end{bmatrix}$$ （k,l,mは0でない任意の実数）

(2) 特性方程式 $(\lambda-3)^2(\lambda-2)=0$ より，$\lambda=\ 3$（重解），2より

$\lambda=3$に対する固有ベクトルは，

$$(\boldsymbol{A}-\lambda\boldsymbol{I})\boldsymbol{x}=\begin{bmatrix} 3-3 & -1 & 1 \\ 0 & 2-3 & 1 \\ 0 & 0 & 3-3 \end{bmatrix}\begin{bmatrix} x_1 \\ x_2 \\ x_3 \end{bmatrix}=\begin{bmatrix} 0 \\ 0 \\ 0 \end{bmatrix}$$

$$\therefore\begin{bmatrix} 0 & -1 & 1 \\ 0 & -1 & 1 \\ 0 & 0 & 0 \end{bmatrix}\begin{bmatrix} x_1 \\ x_2 \\ x_3 \end{bmatrix}=\begin{bmatrix} 0 \\ 0 \\ 0 \end{bmatrix} \Leftrightarrow \begin{cases} -x_2+\ x_3=0 \\ -x_2+\ x_3=0 \end{cases}$$

ここで，$x_2=k$，$x_2=\ x_3=l$ とおくと，

$$\begin{bmatrix} x_1 \\ x_2 \\ x_3 \end{bmatrix}=\begin{bmatrix} k \\ l \\ l \end{bmatrix}=\begin{bmatrix} k \\ 0 \\ 0 \end{bmatrix}+\begin{bmatrix} 0 \\ l \\ l \end{bmatrix}=k\begin{bmatrix} 1 \\ 0 \\ 0 \end{bmatrix}+l\begin{bmatrix} 0 \\ 1 \\ 1 \end{bmatrix}$$

よって，$k\begin{bmatrix} 1 \\ 0 \\ 0 \end{bmatrix}$，$l\begin{bmatrix} 0 \\ 1 \\ 1 \end{bmatrix}$ の2つの固有ベクトルが得られる.

$\lambda=2$ に対する固有ベクトルは，

$$(\boldsymbol{A}-\lambda\boldsymbol{I})\boldsymbol{x}=\begin{bmatrix} 3-2 & -1 & 1 \\ 0 & 2-2 & 1 \\ 0 & 0 & 3-2 \end{bmatrix}\begin{bmatrix} x_1 \\ x_2 \\ x_3 \end{bmatrix}=\begin{bmatrix} 0 \\ 0 \\ 0 \end{bmatrix}$$

$$\therefore\begin{bmatrix} 1 & -1 & 1 \\ 0 & 0 & 1 \\ 0 & 0 & 1 \end{bmatrix}\begin{bmatrix} x_1 \\ x_2 \\ x_3 \end{bmatrix}=\begin{bmatrix} 0 \\ 0 \\ 0 \end{bmatrix} \Leftrightarrow \begin{cases} x_1-x_2+\ x_3=0 \\ \qquad\quad x_3=0 \end{cases}$$

ここで，$x_1=x_2=m$ とおくと，

$$\begin{bmatrix} x_1 \\ x_2 \\ x_3 \end{bmatrix}=m\begin{bmatrix} 1 \\ 1 \\ 0 \end{bmatrix}$$

よって求める固有ベクトルは，

$$k\begin{bmatrix} 1 \\ 0 \\ 0 \end{bmatrix},\ l\begin{bmatrix} 0 \\ 1 \\ 1 \end{bmatrix},\ m\begin{bmatrix} 1 \\ 1 \\ 0 \end{bmatrix}$$ （k,l,mは0でない任意の実数）

ケーリー・ハミルトンの定理

2次正方行列を考える.

$$\boldsymbol{A}=\begin{bmatrix} a_{11} & a_{12} \\ a_{21} & a_{22} \end{bmatrix}$$

行列$\boldsymbol{A}$に対する特性多項式は，

$$\lambda^2-(a_{11}+a_{22})\lambda+a_{11}a_{22}-a_{12}a_{21}\ =0$$

これは，

$$tr(\boldsymbol{A})=\ a_{11}+a_{22}$$

$$det(\boldsymbol{A})=\ a_{11}a_{22}-a_{12}a_{21}$$

とおくと，

$$\lambda^2-tr(\boldsymbol{A})\lambda+det(\boldsymbol{A})=0$$

と書くことができる．この特性多項式のλを行列$\boldsymbol{A}$に書き換えても成り立つ.

すなわち，

$$\boldsymbol{A}^2-tr(\boldsymbol{A})\boldsymbol{A}+det(\boldsymbol{A})\boldsymbol{I}=0$$

となる．これをケーリー・ハミルトンの定理という.

これを用いると，$\boldsymbol{A}^3, \boldsymbol{A}^2, \boldsymbol{A}^{-1}$ などの計算が容易になる．例えば，

$$\boldsymbol{A}^2=tr(\boldsymbol{A})\boldsymbol{A}-det(\boldsymbol{A})\boldsymbol{I}$$

として右辺を計算すれば$\boldsymbol{A}^2$が求まり，さらに両辺から$\boldsymbol{A}^{-1}$を掛けると，

$$\boldsymbol{A}^{-1}\boldsymbol{A}^2=tr(\boldsymbol{A})\boldsymbol{A}^{-1}\boldsymbol{A}-det(\boldsymbol{A})\boldsymbol{A}^{-1}$$

$$\therefore\ \boldsymbol{A}^{-1}=\frac{1}{det(\boldsymbol{A})}[\ tr(\boldsymbol{A})\boldsymbol{I}-\boldsymbol{A}]$$

として，逆行列を求めることができる.

また，

$$\boldsymbol{A}^3=tr(\boldsymbol{A})\boldsymbol{A}^2-det(\boldsymbol{A})\ \boldsymbol{I}$$

として，対角成分の積と差のみで計算できる.

Gram 行列

$\boldsymbol{x_1}, \boldsymbol{x_2}, \cdots, \boldsymbol{x_n} \in \boldsymbol{V}$　に対して，$\boldsymbol{X} = (\boldsymbol{x_1}, \boldsymbol{x_2}, \cdots, \boldsymbol{x_n})$ とすると，

$$\boldsymbol{G}(\boldsymbol{x_1}, \boldsymbol{x_2}, \cdots, \boldsymbol{x_n}) = \boldsymbol{X^T X}$$

$$= \begin{bmatrix} \boldsymbol{x_1^T} \\ \boldsymbol{x_2^T} \\ \vdots \\ \boldsymbol{x_n^T} \end{bmatrix} [\boldsymbol{x_1} \quad \boldsymbol{x_2} \quad \cdots \quad \boldsymbol{x_n}]$$

$$= \begin{bmatrix} (\boldsymbol{x_1}, \boldsymbol{x_1}) & (\boldsymbol{x_1}, \boldsymbol{x_2}) & \cdots & (\boldsymbol{x_1}, \boldsymbol{x_n}) \\ (\boldsymbol{x_2}, \boldsymbol{x_1}) & (\boldsymbol{x_2}, \boldsymbol{x_2}) & \cdots & (\boldsymbol{x_2}, \boldsymbol{x_n}) \\ \vdots & \vdots & \ddots & \vdots \\ (\boldsymbol{x_n}, \boldsymbol{x_1}) & (\boldsymbol{x_n}, \boldsymbol{x_2}) & \cdots & (\boldsymbol{x_n}, \boldsymbol{x_n}) \end{bmatrix}$$

で表される行列を，**Gram 行列**（Gram matrix）といい，その行列式を **Gram 行列式**（Gramian）という．

この Gram 行列は，$\boldsymbol{x_1}, \boldsymbol{x_2}, \cdots, \boldsymbol{x_n}$ が一次従属ならば，Gram 行列は正則にならないという性質をもつ．すなわち，

$$|\boldsymbol{G}(\boldsymbol{x_1}, \boldsymbol{x_2}, \cdots, \boldsymbol{x_n})|$$

$$= \begin{vmatrix} (\boldsymbol{x_1}, \boldsymbol{x_1}) & (\boldsymbol{x_1}, \boldsymbol{x_2}) & \cdots & (\boldsymbol{x_1}, \boldsymbol{x_n}) \\ (\boldsymbol{x_2}, \boldsymbol{x_1}) & (\boldsymbol{x_2}, \boldsymbol{x_2}) & \cdots & (\boldsymbol{x_2}, \boldsymbol{x_n}) \\ \vdots & \vdots & \ddots & \vdots \\ (\boldsymbol{x_n}, \boldsymbol{x_1}) & (\boldsymbol{x_n}, \boldsymbol{x_2}) & \cdots & (\boldsymbol{x_n}, \boldsymbol{x_n}) \end{vmatrix}$$

$$\neq 0$$

ならば，$\boldsymbol{x_1}, \boldsymbol{x_2}, \cdots, \boldsymbol{x_n}$ は一次独立であり，

$$|\boldsymbol{G}(\boldsymbol{x_1}, \boldsymbol{x_2}, \cdots, \boldsymbol{x_n})| = 0$$

ならば，一次従属となる．

このグラム行列式は，$\boldsymbol{x_1}, \boldsymbol{x_2}, \cdots, \boldsymbol{x_n} \in \boldsymbol{V}$ に対する一次独立か否かの判別に役立つ．

(3) $\lambda^2 + 1 = 0$ より，$\lambda = \pm i$

$\lambda = i$ に対して，

$$(\boldsymbol{A} - \lambda \boldsymbol{I})\boldsymbol{x} = \begin{bmatrix} 0 - i & -1 \\ 1 & 0 - i \end{bmatrix} \begin{bmatrix} x_1 \\ x_2 \end{bmatrix} = \begin{bmatrix} 0 \\ 0 \end{bmatrix} \Leftrightarrow \begin{cases} -ix_1 - x_2 = 0 \\ x_1 - ix_2 = 0 \end{cases}$$

ここで，$x_1 = k$ とおくと，$x_2 = -ik$

$$\therefore \begin{bmatrix} x_1 \\ x_2 \end{bmatrix} = k \begin{bmatrix} 1 \\ -i \end{bmatrix}$$

同様に，$\lambda = -i$ に対して，

$$(\boldsymbol{A} - \lambda \boldsymbol{I})\boldsymbol{x} = \begin{bmatrix} 0 + i & -1 \\ 1 & 0 + i \end{bmatrix} \begin{bmatrix} x_1 \\ x_2 \end{bmatrix} = \begin{bmatrix} 0 \\ 0 \end{bmatrix} \Leftrightarrow \begin{cases} ix_1 - x_2 = 0 \\ x_1 + ix_2 = 0 \end{cases}$$

ここで，$x_1 = l$ とおくと，$x_2 = il$

$$\therefore \begin{bmatrix} x_1 \\ x_2 \end{bmatrix} = l \begin{bmatrix} 1 \\ i \end{bmatrix}$$

以上より，求める固有ベクトルは

$$k \begin{bmatrix} 1 \\ -i \end{bmatrix}, \ l \begin{bmatrix} 1 \\ i \end{bmatrix} \quad (k, l \text{ は } 0 \text{ でない任意の実数})$$

4・3・4 行列の標準化（canonical form of matrix）

n 次の正方行列 $\boldsymbol{A}$ の相異なる n 個の固有値 $\lambda_1, \lambda_2, \cdots \lambda_n$ を持つとき，

$$\boldsymbol{P}^{-1}\boldsymbol{A}\boldsymbol{P} = \begin{bmatrix} \lambda_1 & 0 & \cdots & 0 \\ 0 & \lambda_2 & \cdots & 0 \\ \vdots & \vdots & \ddots & 0 \\ 0 & 0 & 0 & \lambda_n \end{bmatrix} \tag{4.56}$$

と対角成分のみの行列（対角行列）を作ることができる．ただし，行列 $\boldsymbol{P}$ は固有ベクトルを並べて作った行列である．このように行列 $\boldsymbol{P}$ を用いて行列 $\boldsymbol{A}$ を対角行列にすることを**行列の対角化**（diagonalization）といい，このときの行列 $\boldsymbol{P}$ を変換行列という．

［例 4. 18］　正方行列 $\boldsymbol{A}$ の対角化（式(4. 56)）を導け．

【解答】　正方行列 $\boldsymbol{A}$ の相異なる固有値 $\lambda_1, \lambda_2, \cdots \lambda_n$ とし，それに対応する固有ベクトルを $\boldsymbol{v}_1, \boldsymbol{v}_2, \cdots \boldsymbol{v}_n$ とする．固有値の定義により，$\boldsymbol{A}\boldsymbol{v}_1 = \lambda_1 \boldsymbol{v}_1$，$\boldsymbol{A}\boldsymbol{v}_2 = \lambda_2 \boldsymbol{v}_2$，・・・，$\boldsymbol{A}\boldsymbol{v}_n = \lambda_n \boldsymbol{v}_n$.

ここで，行列 $\boldsymbol{P} = [\boldsymbol{v}_1 \quad \boldsymbol{v}_2 \quad \cdots \quad \boldsymbol{v}_n]$ と置くと，

$$\boldsymbol{P} = [\lambda_1 \boldsymbol{v}_1 \quad \lambda_2 \boldsymbol{v}_2 \quad \cdots \quad \lambda_n \boldsymbol{v}_n]$$

$$= [\boldsymbol{v}_1 \quad \boldsymbol{v}_2 \quad \cdots \quad \boldsymbol{v}_n] \begin{bmatrix} \lambda_1 & \cdots & \cdots & 0 \\ \vdots & \lambda_2 & \cdots & 0 \\ \vdots & \vdots & \ddots & \vdots \\ 0 & 0 & \cdots & \lambda_n \end{bmatrix}$$

$$= \boldsymbol{P} \begin{bmatrix} \lambda_1 & \cdots & \cdots & 0 \\ \vdots & \lambda_2 & \cdots & 0 \\ \vdots & \vdots & \ddots & \vdots \\ 0 & 0 & \cdots & \lambda_n \end{bmatrix}$$

固有ベクトルで作られた行列 $\boldsymbol{P}$ は正則であるので，逆行列を持つ．したがって，

$$P^{-1}AP=\begin{bmatrix}\lambda_1 & \cdots & \cdots & 0\\ \vdots & \lambda_2 & \cdots & 0\\ \vdots & \vdots & \ddots & \vdots\\ 0 & 0 & \cdots & \lambda_n\end{bmatrix}$$

[例 4.19]　次の行列を対角化および，変換行列を求めよ．

$$A=\begin{bmatrix}1 & 1 & 3\\ 1 & 5 & 1\\ 3 & 1 & 1\end{bmatrix}$$

各固有値に対する固有ベクトルは一意でないため，単に対角化するための変換行列も一意ではないことに注意する．

【解答】　特性方程式は，$\lambda^3-7\lambda^2+3=0$ より，固有値は$\lambda=6,3,-2$ となる．異なる 3 つの固有値をもつので，行列A はそのまま対角化でき，

$$P^{-1}AP=\begin{bmatrix}6 & 0 & 0\\ 0 & 3 & 0\\ 0 & 0 & -2\end{bmatrix}$$

となる．変換行列P は，$\lambda=6$に対する固有ベクトルが$\begin{bmatrix}1\\2\\1\end{bmatrix}$，$\lambda=3$に対する固有ベクトルが$\begin{bmatrix}-1\\1\\-1\end{bmatrix}$，$\lambda=-2$に対する固有ベクトルが$\begin{bmatrix}1\\0\\-1\end{bmatrix}$であるので，これを並べて

$$P=\begin{bmatrix}1 & -1 & 1\\ 2 & 1 & 0\\ 1 & -1 & -1\end{bmatrix}$$

4・3・5　ジョルダン標準形（Jordan Normal Form）

n 次正方行列に対して，n 個の相異なる固有値を持つ場合に行列を対角化することができた．しかし必ずしも相異なるn個の固有値をもつとは限らない．ここでは固有値が重解となる場合について考える．

[例 4.20]　次の行列を対角化及び，その変換行列を求めよ．

$$A=\begin{bmatrix}1 & 1\\ -1 & 3\end{bmatrix}$$

【解答】　固有値をλ，固有ベクトルをxとおくと，

$$Ax=\lambda x$$

を満たすλとxを求める．

$$(A-\lambda I)x=o \;\Rightarrow\; \begin{vmatrix}1-\lambda & 1\\ -1 & 3-\lambda\end{vmatrix}=0$$

この特性方程式を解くと，$\lambda=2$（重解）を得る．つぎにこの固有値から固有ベクトルを求める．

$$\begin{bmatrix}1-2 & 1\\ -1 & 3-2\end{bmatrix}\begin{bmatrix}x_1\\x_2\end{bmatrix}=\begin{bmatrix}0\\0\end{bmatrix} \;\Leftrightarrow\; \begin{cases}-x_1+x_2=0\\ -x_1+x_2=0\end{cases}$$

よって固有ベクトルの一つは，$\begin{bmatrix}1\\1\end{bmatrix}$となる．ここで固有値が重解となっていることから，線形独立な 2 つの異なる固有ベクトルを作ることができないため，これまでの方法で対角化を行うことができない．したがって，変換行列P を作ることができない．そこで別の線形独立なベクトルを作ることを考える．

重解となって得られた固有値を，固有値の定義式(4.53)から，

$$(\boldsymbol{A}-\lambda_1\boldsymbol{I})\boldsymbol{v}_1=\boldsymbol{o} \tag{4.59}$$

を満たす．また重解であるものも満たすため，

$$(\boldsymbol{A}-\lambda_1\boldsymbol{I})^2\boldsymbol{v}_1=\boldsymbol{o} \tag{4.60}$$

も成り立つ．ここで，

$$(\boldsymbol{A}-\lambda_1\boldsymbol{I})\boldsymbol{v}_2=\boldsymbol{v}_1 \tag{4.60}$$

を満たす $\boldsymbol{v}_2$ を考える．これは，

$$\boldsymbol{A}\boldsymbol{v}_2-\lambda_1\boldsymbol{v}_2=\boldsymbol{v}_1 \tag{4.61}$$

であるので，固有値の求められた式と連立して，

$$\begin{cases}\boldsymbol{A}\boldsymbol{v}_1=\lambda_1\boldsymbol{v}_1\\ \boldsymbol{A}\boldsymbol{v}_2=\lambda_1\boldsymbol{v}_2+\boldsymbol{v}_1\end{cases}$$

$$\Leftrightarrow \boldsymbol{A}[\boldsymbol{v}_1\quad \boldsymbol{v}_2]=[\lambda_1\boldsymbol{v}_1\quad \lambda_1\boldsymbol{v}_2+\boldsymbol{v}_1] \tag{4.62}$$

$$\Leftrightarrow \boldsymbol{A}[\boldsymbol{v}_1\quad \boldsymbol{v}_2]=[\boldsymbol{v}_1\quad \boldsymbol{v}_2]\begin{bmatrix}\lambda_1 & 1\\ 0 & \lambda_1\end{bmatrix}$$

したがって，

$$\boldsymbol{AP}=\boldsymbol{PJ} \tag{4.63}$$

と表せる．ただし，

$$\boldsymbol{J}=\begin{bmatrix}\lambda_1 & 1\\ 0 & \lambda_1\end{bmatrix} \tag{4.64}$$

である．さらに $\boldsymbol{P}$ の逆行列を用いて，

$$\widehat{\boldsymbol{A}}=\boldsymbol{P}^{-1}\boldsymbol{AP}=\boldsymbol{J} \tag{4.65}$$

となる行列 $\widehat{\boldsymbol{A}}$ を求めることができる．このときの $\boldsymbol{J}$ をジョルダン標準形（Jordan normal form）という．ジョルダン標準形では，完全な対角行列でなく，上三角行列になっていることに注意する．

しかし，ここまででではまだ具体的な $\boldsymbol{P}$ を決定していない．変換行列である $\boldsymbol{P}$ を決定するために，式(4.60)より固有ベクトルを求める．すなわち，

$$\begin{bmatrix}1-2 & 1\\ -1 & 3-2\end{bmatrix}\begin{bmatrix}\boldsymbol{v}_1\\ \boldsymbol{v}_2\end{bmatrix}=\begin{bmatrix}1\\ 1\end{bmatrix}\ \Rightarrow\ \begin{cases}-\boldsymbol{v}_1+\boldsymbol{v}_2=1\\ -\boldsymbol{v}_1+\boldsymbol{v}_2=1\end{cases}$$

より，$-\boldsymbol{v}_1+\boldsymbol{v}_2=1$ から，$\boldsymbol{v}_1=k$ とおくと，$\boldsymbol{v}_2=1+k$ となり，$k=0$ と取ることにすると，新たに求められた固有ベクトルは，

$$\begin{bmatrix}\boldsymbol{v}_1\\ \boldsymbol{v}_2\end{bmatrix}=\begin{bmatrix}0\\ 1\end{bmatrix}$$

となる．この新たに求められた固有ベクトルを一般化固有ベクトル（generalized eigenvector）という．

これで変換行列 $\boldsymbol{P}$ を作成するための固有ベクトルが揃ったことになり，これを並べると，

$$\boldsymbol{P}=\begin{bmatrix}1 & 0\\ 1 & 1\end{bmatrix}$$

なる変換行列 $\boldsymbol{P}$ が求められたことになる．

［例 4. 21］　固有値 α の n 次ジョルダン細胞を求めよ．

【解答】n 次正方行列であって，対角成分すべて α，その上の成分がすべて 1，その他はすべて 0 であるものを，固有値 α の n 次ジョルダン細胞（Jordan cell）といい，$J_n(\alpha)$ と書く．ここでいう細胞とは，ジョルダン細胞を大きな行列を対称に区分けした時に対角ブロックに置くためである．

$$J_1(\alpha) = (\alpha) \tag{4.66}$$

$$J_2(\alpha) = \begin{bmatrix} \alpha & 1 \\ 0 & \alpha \end{bmatrix} \tag{4.67}$$

$$J_3(\alpha) = \begin{bmatrix} \alpha & 1 & 0 \\ 0 & \alpha & 1 \\ 0 & 0 & \alpha \end{bmatrix} \tag{4.68}$$

［例 4. 22］　2 次正方行列の場合の $\boldsymbol{P}^{-1}\boldsymbol{A}\boldsymbol{P}$ を求めよ

行列 $\boldsymbol{A}$ に対する固有値 λ の特性方程式を $\Phi_A(\lambda)$ とおく．
特性多項式，$\Phi_A(\lambda) = (\lambda - \alpha)(\lambda - \beta)$ に対し，$\boldsymbol{P}^{-1}\boldsymbol{A}\boldsymbol{P}$ は

$\alpha \neq \beta$	$\begin{bmatrix} \alpha & 0 \\ 0 & \beta \end{bmatrix}$	(4.69)
$\alpha = \beta$　かつ $(\boldsymbol{A} - \alpha\boldsymbol{I}) = \boldsymbol{O}$	$\begin{bmatrix} \alpha & 0 \\ 0 & \alpha \end{bmatrix}$	(4.70)
$\alpha = \beta$　かつ $(\boldsymbol{A} - \alpha\boldsymbol{I}) \neq \boldsymbol{O}$	$\begin{bmatrix} \alpha & 1 \\ 0 & \beta \end{bmatrix}$	(4.71)

［例 4. 23］　3 次正方行列の場合の $\boldsymbol{P}^{-1}\boldsymbol{A}\boldsymbol{P}$ を求めよ

(i) $\Phi_A(\lambda) = (\lambda - \alpha)(\lambda - \beta)(\lambda - \gamma)$ のとき，$\boldsymbol{P}^{-1}\boldsymbol{A}\boldsymbol{P}$ は

相異なる α, β, γ	$\begin{bmatrix} \alpha & 0 & 0 \\ 0 & \beta & 0 \\ 0 & 0 & \gamma \end{bmatrix} = J_1(\alpha) \oplus J_1(\beta) \oplus J_1(\gamma)$	(4.72)

(ii) $\Phi_A(\lambda) = (\lambda - \alpha)^2(\lambda - \beta)$ のとき

$(\boldsymbol{A} - \alpha\boldsymbol{I})(\boldsymbol{A} - \beta\boldsymbol{I}) = \boldsymbol{O}$	$\begin{bmatrix} \alpha & 0 & 0 \\ 0 & \alpha & 0 \\ 0 & 0 & \beta \end{bmatrix} = J_1(\alpha) \oplus J_1(\alpha) \oplus J_1(\beta)$	(4.73)
$(\boldsymbol{A} - \alpha\boldsymbol{I})(\boldsymbol{A} - \beta\boldsymbol{I}) \neq \boldsymbol{O}$	$\begin{bmatrix} \alpha & 1 & 0 \\ 0 & \alpha & 0 \\ 0 & 0 & \beta \end{bmatrix} = J_2(\alpha) \oplus J_1(\beta)$	(4.74)

(iii) $\Phi_A(\lambda) = (\lambda - \alpha)^3$ のとき

$(\boldsymbol{A} - \alpha\boldsymbol{I}) = \boldsymbol{O}$	$\begin{bmatrix} \alpha & 0 & 0 \\ 0 & \alpha & 0 \\ 0 & 0 & \alpha \end{bmatrix} = J_1(\alpha) \oplus J_1(\alpha) \oplus J_1(\alpha)$	(4.75)

$(\boldsymbol{A}-\alpha\boldsymbol{I}) \neq \boldsymbol{O}$ かつ $(\boldsymbol{A}-\alpha\boldsymbol{I})^2 = \boldsymbol{O}$	$\begin{bmatrix} \alpha & 1 & 0 \\ 0 & \alpha & 0 \\ 0 & 0 & \alpha \end{bmatrix} = J_2(\alpha) \oplus J_1(\alpha)$	(4.76)
$(\boldsymbol{A}-\alpha\boldsymbol{I}) \neq \boldsymbol{O}$ かつ $(\boldsymbol{A}-\alpha\boldsymbol{I})^2 \neq \boldsymbol{O}$	$\begin{bmatrix} \alpha & 1 & 0 \\ 0 & \alpha & 1 \\ 0 & 0 & \alpha \end{bmatrix} = J_3(\alpha)$	(4.77)

［例 4. 24］　次の行列のジョルダン標準形を求めよ

(1) $\begin{bmatrix} 1 & 3 & -2 \\ -3 & 13 & -7 \\ -5 & 19 & -10 \end{bmatrix}$　(2) $\begin{bmatrix} 3 & -3 & -1 \\ 3 & -4 & -2 \\ -4 & 7 & 4 \end{bmatrix}$　(3) $\begin{bmatrix} 0 & 2 & 1 \\ -4 & 6 & 2 \\ 4 & -4 & 0 \end{bmatrix}$

【解答】(1)　行列$\boldsymbol{A}$の特性多項式は

$$\Phi_A(\lambda) = (1-\lambda)^2(2-\lambda)$$

よって，$\lambda = 1$（重解)，2.

ここで，$(\boldsymbol{A}-\boldsymbol{I})(\boldsymbol{A}-2\boldsymbol{I}) \neq \boldsymbol{O}$より，ジョルダン細胞は$J_2(1)$，$J_1(2)$．したがってジョルダンの標準形は，

$$\boldsymbol{P}^{-1}\boldsymbol{A}\boldsymbol{P} = J_2(1) \oplus J_1(2) = \begin{bmatrix} 1 & 1 & 0 \\ 0 & 1 & 0 \\ 0 & 0 & 2 \end{bmatrix}$$

(2)　行列$\boldsymbol{A}$の特性多項式は

$$\Phi_A(\lambda) = (1-\lambda)^3$$

$\lambda = 1$（3 重解).

$$(\boldsymbol{A}-\boldsymbol{I})^2 = \begin{bmatrix} 2 & -3 & -1 \\ 3 & -5 & -2 \\ -4 & 7 & 3 \end{bmatrix}^2 = \begin{bmatrix} -1 & 2 & 1 \\ -1 & 2 & 1 \\ 1 & -2 & -1 \end{bmatrix} \neq \boldsymbol{O}$$

より，ジョルダン細胞は$J_3(1)$．よってジョルダンの標準形は，

$$\boldsymbol{P}^{-1}\boldsymbol{A}\boldsymbol{P} = J_3(1) = \begin{bmatrix} 1 & 1 & 0 \\ 0 & 1 & 1 \\ 0 & 0 & 1 \end{bmatrix}$$

(3)　行列$\boldsymbol{A}$の特性多項式は

$$\Phi_A(\lambda) = (2-\lambda)^3$$

$\lambda = 2$（3 重解).

$$(\boldsymbol{A}-2\boldsymbol{I})^2 = \begin{bmatrix} -2 & 2 & 1 \\ -4 & 4 & 2 \\ 4 & -4 & -2 \end{bmatrix}^2 = \begin{bmatrix} 0 & 0 & 0 \\ 0 & 0 & 0 \\ 0 & 0 & 0 \end{bmatrix} = \boldsymbol{O}$$

によって，ジョルダン細胞は$J_2(2)$，$J_1(2)$．したがってジョルダンの標準形は，

$$\boldsymbol{P}^{-1}\boldsymbol{A}\boldsymbol{P} = J_2(2) \oplus J_1(2) = \begin{bmatrix} 2 & 1 & 0 \\ 0 & 2 & 0 \\ 0 & 0 & 2 \end{bmatrix}$$

［例 4. 25］　次の行列のジョルダン標準形とその変換行列$\boldsymbol{P}$を求めよ.

$$\boldsymbol{A} = \begin{bmatrix} 1 & 1 & -1 \\ -1 & 2 & 0 \\ -1 & 1 & 1 \end{bmatrix}$$

【解答】行列$\boldsymbol{A}$の特性多項式は

$$\Phi_A(\lambda) = (1-\lambda)^2(2-\lambda)$$

より，固有値は，$\lambda = 1$（重解），2．またそれぞれの固有値からは，

$$(\boldsymbol{A}-\boldsymbol{I})(\boldsymbol{A}-2\boldsymbol{I}) \neq \boldsymbol{o}$$

であるので，ジョルダン細胞は $J_2(1)$，$J_1(2)$ となる．したがって，ジョルダン標準形は，

$$\boldsymbol{P}^{-1}\boldsymbol{A}\boldsymbol{P} = J_2(1) \oplus J_1(2) = \begin{bmatrix} 1 & 1 & 0 \\ 0 & 1 & 0 \\ 0 & 0 & 2 \end{bmatrix}$$

$\lambda = 1$ のときの固有ベクトルは，$(\boldsymbol{A}-\boldsymbol{I})\boldsymbol{x} = \boldsymbol{o}$ を満たす $\boldsymbol{x}$ ベクトルであるので，これを解いて，スカラ倍を除いた唯一の解，$\boldsymbol{p}_1 = \begin{bmatrix} 1 \\ 1 \\ 1 \end{bmatrix}$ が得られる．

さらに，$\lambda = 1$ は重解であるので，$(\boldsymbol{A}-\boldsymbol{I})\boldsymbol{x} = \boldsymbol{p}_1$ を満たす $\boldsymbol{x}$ ベクトルを求めると，

$$\boldsymbol{p}_2 = \begin{bmatrix} 0 \\ 1 \\ 0 \end{bmatrix}$$

を得る．同様に $\lambda = 2$ のときの固有ベクトルは，

$$\boldsymbol{p}_3 = \begin{bmatrix} 0 \\ 1 \\ 1 \end{bmatrix}$$

を得る．以上より変換行列 $\boldsymbol{P}$ は，

$$\boldsymbol{P} = [\boldsymbol{p}_1 \quad \boldsymbol{p}_2 \quad \boldsymbol{p}_3] = \begin{bmatrix} 1 & 0 & 0 \\ 1 & 1 & 1 \\ 1 & 0 & 1 \end{bmatrix}$$

となる．

これまで $n \times n$ の正方行列を考えてきたが，正方行列でない場合に拡張する．$m \times n$ $(m > n)$ 行列 $\boldsymbol{A}$（縦長の行列）に対して，次の行列を定義する．

$$\boldsymbol{D} = \boldsymbol{A}^T\boldsymbol{A} \tag{4.78}$$

また，$n \times m$ $(m > n)$ 行列 $\boldsymbol{A}$（横長の行列）である場合には，次式で定義する．

$$\boldsymbol{D} = \boldsymbol{A}\boldsymbol{A}^T \tag{4.79}$$

ここで行列 $\boldsymbol{D}$ はいずれの場合でも $n \times n$ の正方行列であるので，その固有値はすべて非負の実数となる．そこで，その固有値を大きい順に並べたとすると，

$$\lambda_1 \geqq \lambda_2 \geqq \cdots \geqq \lambda_r > 0, \quad \lambda_{r+1} \cdots \lambda_n = 0 \tag{4.80}$$

とおき，正の固有値 λ_i $(i = 1, 2, \cdots, r)$ に対して，

$$\sigma_i = \sqrt{\lambda_i} \quad (i = 1, 2, \cdots, r) \tag{4.81}$$

で定義する値を，行列の特異値(singular value)という．

［例 4. 26］　次の行列の特異値を求めよ

$$\boldsymbol{A} = \begin{bmatrix} 1 & -1 & 0 \\ 0 & -1 & 1 \end{bmatrix}$$

【解答】$\boldsymbol{A}^T = \begin{bmatrix} 1 & 0 \\ -1 & -1 \\ 0 & 1 \end{bmatrix}$ をもちいて，

$$\boldsymbol{D} = \boldsymbol{A}\boldsymbol{A}^T = \begin{bmatrix} 1 & -1 & 0 \\ 0 & -1 & 1 \end{bmatrix} \begin{bmatrix} 1 & 0 \\ -1 & -1 \\ 0 & 1 \end{bmatrix} = \begin{bmatrix} 2 & 1 \\ 1 & 2 \end{bmatrix}$$

つぎにこの行列 $\boldsymbol{D}$ の固有値を求める．この行列の特性多項式は，

$$\Phi_D(\lambda) = \lambda^2 - 4\lambda + 3 = (\lambda - 1)(\lambda - 3)$$

となるので，行列 $\boldsymbol{D}$ の固有値は，

$$\lambda_1 = 3,\ \lambda_2 = 1$$

したがって，その特異値は

$$\sigma_1 = \sqrt{\lambda_1} = \sqrt{3}\ ,\qquad \sigma_2 = \sqrt{\lambda_2} = 1$$

4・3・6　特異値分解(Singular Value Decomposition ; SVD)

$m \times n\ (m < n)$行列$\boldsymbol{A}$ に対して，ある直交行列$\boldsymbol{U}, \boldsymbol{V}$ によって，

$$\boldsymbol{A} = \boldsymbol{U}\Sigma\boldsymbol{V}^T \tag{4.82}$$

式(4.82)の$\boldsymbol{U}, \boldsymbol{V}$ は，直交行列であるので，

$$\boldsymbol{U}\boldsymbol{U}^T = \boldsymbol{U}^T\boldsymbol{U} = \boldsymbol{I}$$
$$\boldsymbol{V}\boldsymbol{V}^T = \boldsymbol{V}^T\boldsymbol{V} = \boldsymbol{I}$$

を満たす．

と分解できたとする．ここで，

$$\Sigma = \begin{bmatrix} \Sigma_{r\times r} & \boldsymbol{O}_{r\times(n-r)} \\ \boldsymbol{O}_{(m-r)\times n} & \boldsymbol{O}_{(m-r)\times(n-r)} \end{bmatrix} \tag{4.83}$$

$$\Sigma_{r\times r} = diag(\sigma_1, \sigma_2, \cdots, \sigma_r) = \begin{bmatrix} \sigma_1 & 0 & \cdots & 0 \\ 0 & \sigma_2 & & \vdots \\ \vdots & & \ddots & 0 \\ 0 & \cdots & 0 & \sigma_r \end{bmatrix} \tag{4.84}$$

である．このような分解を特異値分解(singular value decomposition; SVD)という．　また このときの$\boldsymbol{U}, \boldsymbol{V}$ は直交行列となるように，固有ベクトルは正規化されたものを並べる．

[例 4. 27]　$\begin{bmatrix} 1 & 1 & -1 \\ -1 & -1 & 1 \end{bmatrix}$ を特異値分解せよ

【解答】　$\boldsymbol{A}\boldsymbol{A}^T = \begin{bmatrix} 1 & 1 & -1 \\ -1 & -1 & 1 \end{bmatrix}\begin{bmatrix} 1 & -1 \\ 1 & -1 \\ -1 & 1 \end{bmatrix} = \begin{bmatrix} 3 & -3 \\ -3 & 3 \end{bmatrix}$，この固有値はλ = 6，0．

したがって特異値はσ = $\sqrt{6}$，0 より，$\boldsymbol{\Sigma} = \begin{bmatrix} \sqrt{6} & 0 & 0 \\ 0 & 0 & 0 \end{bmatrix}$

$\lambda = 6$ に対して，$v_1 = \begin{bmatrix} \frac{1}{\sqrt{2}} \\ -\frac{1}{\sqrt{2}} \end{bmatrix}$，$\lambda = 0$ に対して，$v_2 = \begin{bmatrix} \frac{1}{\sqrt{2}} \\ \frac{1}{\sqrt{2}} \end{bmatrix}$　$\therefore\ \boldsymbol{V} = [v_1\ v_2] = \begin{bmatrix} \frac{1}{\sqrt{2}} & \frac{1}{\sqrt{2}} \\ -\frac{1}{\sqrt{2}} & \frac{1}{\sqrt{2}} \end{bmatrix}$

$$\boldsymbol{A}^T\boldsymbol{A} = \begin{bmatrix} 1 & -1 \\ 1 & -1 \\ -1 & 1 \end{bmatrix}\begin{bmatrix} 1 & 1 & -1 \\ -1 & -1 & 1 \end{bmatrix} = \begin{bmatrix} 2 & 2 & -2 \\ 2 & 2 & -2 \\ -2 & -2 & 2 \end{bmatrix}$$

$\lambda = 6$ に対して，$x_1 = x_2$，$x_2 = -x_3$　から正規化した固有ベクトルは$\boldsymbol{u}_1 = \begin{bmatrix} \frac{1}{\sqrt{3}} \\ \frac{1}{\sqrt{3}} \\ -\frac{1}{\sqrt{3}} \end{bmatrix}$，

$\lambda = 0$ に対して，$x_1 + x_2 - x_3 = 0$ から，$\boldsymbol{u}_2 = \begin{bmatrix} \frac{1}{\sqrt{2}} \\ 0 \\ \frac{1}{\sqrt{2}} \end{bmatrix}$，$\boldsymbol{u}_3 = \begin{bmatrix} \frac{1}{\sqrt{6}} \\ -\frac{2}{\sqrt{6}} \\ -\frac{1}{\sqrt{6}} \end{bmatrix}$

$$\therefore\ \boldsymbol{U}=[\boldsymbol{u}_1\ \boldsymbol{u}_2\ \boldsymbol{u}_3]=\begin{bmatrix}\frac{1}{\sqrt{3}} & \frac{1}{\sqrt{2}} & \frac{1}{\sqrt{6}}\\ \frac{1}{\sqrt{3}} & 0 & -\frac{2}{\sqrt{6}}\\ -\frac{1}{\sqrt{3}} & \frac{1}{\sqrt{2}} & -\frac{1}{\sqrt{6}}\end{bmatrix}$$

したがって，特異値分解は

$$\boldsymbol{A}=\boldsymbol{V\Sigma U}^T=\begin{bmatrix}\frac{1}{\sqrt{2}} & \frac{1}{\sqrt{2}}\\ -\frac{1}{\sqrt{2}} & \frac{1}{\sqrt{2}}\end{bmatrix}\begin{bmatrix}\sqrt{6} & 0 & 0\\ 0 & 0 & 0\end{bmatrix}\begin{bmatrix}\frac{1}{\sqrt{3}} & \frac{1}{\sqrt{3}} & -\frac{1}{\sqrt{3}}\\ \frac{1}{\sqrt{2}} & 0 & \frac{1}{\sqrt{2}}\\ \frac{1}{\sqrt{6}} & -\frac{2}{\sqrt{6}} & -\frac{1}{\sqrt{6}}\end{bmatrix}$$

4・4　まとめ（summary）

本章では，3 次元空間で定義したベクトルをより高次元な空間へと拡張した．また，ベクトルからベクトルへの線形写像は行列で表現されることも示した．また行列は適当な変換を行うことで，対角化や三角行列に変換することができた．この後の章による微分方程式を含む方程式に対しても，この行列表現が非常に有効となる．

【問題 4・1】

(1)　シュヴァルツの不等式（**[定理 4. 1]** (3)）を証明せよ

(2)　三角不等式（**[定理 4. 1]** (4)）を証明せよ

【問題 4・2】次の$\boldsymbol{R}^3$のベクトルの組は，1 次独立であるかどうか調べよ．

(1)　$\boldsymbol{a}_1=\begin{bmatrix}1\\2\\3\end{bmatrix},\ \boldsymbol{a}_2=\begin{bmatrix}2\\3\\4\end{bmatrix},\ \boldsymbol{a}_3=\begin{bmatrix}1\\1\\1\end{bmatrix}$

(2)　$\boldsymbol{a}_1=\begin{bmatrix}2\\-1\\4\end{bmatrix},\ \boldsymbol{a}_2=\begin{bmatrix}3\\6\\2\end{bmatrix},\ \boldsymbol{a}_3=\begin{bmatrix}2\\10\\-4\end{bmatrix}$

(3)　$\boldsymbol{a}_1=\begin{bmatrix}1\\3\\3\end{bmatrix},\ \boldsymbol{a}_2=\begin{bmatrix}0\\1\\4\end{bmatrix},\ \boldsymbol{a}_3=\begin{bmatrix}5\\6\\3\end{bmatrix},\ \boldsymbol{a}_4=\begin{bmatrix}7\\2\\-1\end{bmatrix}$

【問題 4・3】単位ベクトル$\boldsymbol{e}_1,\boldsymbol{e}_2,\boldsymbol{e}_3$は，1 次独立であることを示せ．

【問題 4・4】次のベクトルの組は，どのような基底か．

(1)　$\boldsymbol{a}_1=\begin{bmatrix}1\\0\\0\end{bmatrix},\ \boldsymbol{a}_2=\begin{bmatrix}0\\1\\0\end{bmatrix},\ \boldsymbol{a}_3=\begin{bmatrix}0\\0\\1\end{bmatrix}$

(2)　$\boldsymbol{a}_1=\begin{bmatrix}1\\-1\\0\end{bmatrix},\boldsymbol{a}_2=\begin{bmatrix}-1\\1\\0\end{bmatrix},\boldsymbol{a}_3=\begin{bmatrix}1\\1\\1\end{bmatrix}$

【問題４・５】　ベクトルの集合(a)から(d)のうち，正規直交集合となるものを選べ

(1)

(a)　$(1,0)$,　$(0,2)$

(b)　$\left(\frac{1}{\sqrt{2}},-\frac{1}{\sqrt{2}}\right), \left(\frac{1}{\sqrt{2}},-\frac{1}{\sqrt{2}}\right)$

(c)　$\left(\frac{1}{\sqrt{2}},\frac{1}{\sqrt{2}}\right), \left(-\frac{1}{\sqrt{2}},-\frac{1}{\sqrt{2}}\right)$

(d)　$(1,0)$, $(0,0)$

(2)

(a)　$\left(\frac{1}{\sqrt{2}},0,\frac{1}{\sqrt{2}}\right), \left(\frac{1}{\sqrt{3}},\frac{1}{\sqrt{3}},-\frac{1}{\sqrt{3}}\right), \left(-\frac{1}{\sqrt{2}},0,\frac{1}{\sqrt{2}}\right)$

(b)　$\left(\frac{2}{3},-\frac{2}{3},\frac{1}{3}\right), \left(\frac{2}{3},\frac{1}{3},-\frac{2}{3}\right), \left(\frac{1}{3},\frac{2}{3},\frac{2}{3}\right)$

(c)　$(1,0,0), \left(1,\frac{1}{\sqrt{2}},\frac{1}{\sqrt{2}}\right), (0,0,1)$

(d)　$\left(\frac{1}{\sqrt{6}},\frac{1}{\sqrt{6}},-\frac{2}{\sqrt{6}}\right), \left(\frac{1}{\sqrt{2}},-\frac{1}{\sqrt{2}},0\right)$

【問題４・６】次の１次独立なベクトルをシュミットの直交化法により，正規直交基底を求めよ.

(1)　$\boldsymbol{x}_1 = \begin{bmatrix} 2 \\ 0 \end{bmatrix}$, $\boldsymbol{x}_2 = \begin{bmatrix} -1 \\ 2 \end{bmatrix}$

(2)　$\boldsymbol{x}_1 = \begin{bmatrix} 1 \\ 0 \\ 1 \end{bmatrix}$, $\boldsymbol{x}_2 = \begin{bmatrix} 1 \\ 1 \\ 1 \end{bmatrix}$, $\boldsymbol{x}_3 = \begin{bmatrix} 1 \\ -1 \\ 0 \end{bmatrix}$

(3)　$\boldsymbol{x}_1 = \begin{bmatrix} 0 \\ 2 \\ 1 \\ 0 \end{bmatrix}$, $\boldsymbol{x}_2 = \begin{bmatrix} 1 \\ -1 \\ 0 \\ 0 \end{bmatrix}$, $\boldsymbol{x}_3 = \begin{bmatrix} 1 \\ 2 \\ 0 \\ -1 \end{bmatrix}$, $\boldsymbol{x}_4 = \begin{bmatrix} 1 \\ 0 \\ 0 \\ 1 \end{bmatrix}$

【問題４・７】次の行列式を計算せよ.

(1)　$\begin{vmatrix} 1 & 0 & 2 \\ -1 & -1 & 1 \\ 2 & 1 & 2 \end{vmatrix}$

(2)　$\begin{vmatrix} sin\theta cos\varphi & sin\theta sin\varphi & cos\theta \\ rcos\theta cos\varphi & rcos\theta sin\varphi & -rsin\theta \\ -rsin\theta sin\varphi & rsin\theta cos\varphi & 0 \end{vmatrix}$

【問題４・８】次の行列式が

$$\begin{vmatrix} 1 & 1 & 1 & 1 \\ x_1 & x_2 & x_3 & x_4 \\ x_1^2 & x_2^2 & x_3^2 & x_4^2 \\ x_1^3 & x_1^3 & x_1^3 & x_1^3 \end{vmatrix} = (x_2 - x_1)(x_3 - x_1)(x_4 - x_1)(x_3 - x_2)(x_4 - x_2)(x_4 - x_3)$$

となることを示せ.

【問題４・９】２次元のxy空間において，三角形の頂点の座標を$(1,2)$，$(3,1)$，$(2,4)$とするときの面積を求めよ.

4・4　まとめ

【問題4・10】4点$(2,1,0)$, $(1,1,1)$, $(-1,0,1)$, $(3,2,2)$ を頂点とする四面体の体積を求めよ.

【問題4・11】

(1)　$\boldsymbol{A}=\begin{bmatrix}2 & -5\\ -1 & 3\end{bmatrix}$, $\boldsymbol{B}=\begin{bmatrix}3 & 5\\ 1 & 2\end{bmatrix}$ のとき, $\boldsymbol{AB},\boldsymbol{BA}$ を計算せよ.

(2)　$\boldsymbol{A}=\begin{bmatrix}cos\theta & -sin\theta\\ sin\theta & cos\theta\end{bmatrix}$, $\boldsymbol{x}=\begin{bmatrix}x_1\\ x_2\end{bmatrix}$ のとき, $\boldsymbol{Ax}$を計算せよ

【問題4・12】次のベクトル$\boldsymbol{u}$ と$\boldsymbol{v}$ の内積と外積を求めよ.

$$\boldsymbol{u}=\begin{bmatrix}1\\ 2\\ -2\end{bmatrix},\qquad \boldsymbol{v}=\begin{bmatrix}3\\ 0\\ 1\end{bmatrix}$$

【問題4・13】

次の式を証明せよ

(1)　$\boldsymbol{A}=\begin{bmatrix}a & 0\\ 0 & b\end{bmatrix}$ のとき, $\boldsymbol{A}^n=\begin{bmatrix}a^n & 0\\ 0 & b^n\end{bmatrix}$

(2)　$(\boldsymbol{P}^{-1}\boldsymbol{AP})^n=\boldsymbol{P}^{-1}\boldsymbol{A}^n\boldsymbol{P}$,　$(\boldsymbol{PAP}^{-1})^n=\boldsymbol{PA}^n\boldsymbol{P}^{-1}$

【問題4・14】次の各行列は正則であるかどうかを判定せよ.

(1)　$\begin{bmatrix}1 & 1 & 1\\ 1 & 1 & 1\\ 1 & 1 & 1\end{bmatrix}$　(2)　$\begin{bmatrix}\frac{1}{2} & \frac{\sqrt{3}}{2} & 0\\ -\frac{\sqrt{3}}{2} & \frac{1}{2} & 0\\ 0 & 0 & 1\end{bmatrix}$　(3)　$\begin{bmatrix}1 & 0 & 0\\ 0 & 2 & 0\\ 0 & 0 & 3\end{bmatrix}$

【問題4・15】次の各行列が正則となるための条件を求めよ.

(1)　$\begin{bmatrix}a & b\\ c & d\end{bmatrix}$　(2)　$\begin{bmatrix}a & 0 & 0\\ 0 & b & 0\\ 0 & 0 & c\end{bmatrix}$　(3)　$\begin{bmatrix}a & b & c\\ 0 & a & d\\ 0 & 0 & a\end{bmatrix}$

【問題4・16】 行列$\boldsymbol{A},\boldsymbol{B}$ が正則行列であるとき, 次の関係式を示せ.

(1)　$(A^{-1})^{-1}=A$　(2)　$(AB)^{-1}=B^{-1}A^{-1}$

【問題4・17】次の行列の固有値と固有ベクトルを求めよ

(1)　$\begin{bmatrix}3 & 1\\ -2 & 0\end{bmatrix}$　(2)　$\begin{bmatrix}6 & -3 & -7\\ -1 & 2 & 1\\ 5 & -3 & -6\end{bmatrix}$　(3)　$\begin{bmatrix}3 & 8 & 12\\ 2 & 3 & 6\\ -2 & -4 & -7\end{bmatrix}$

【問題4・18】次の行列を対角化及びその変換行列を求めよ.

(1)　$\begin{bmatrix}1 & 0\\ 4 & 2\end{bmatrix}$　(2)　$\begin{bmatrix}2 & 1 & 0\\ 1 & 2 & 0\\ 0 & 0 & 2\end{bmatrix}$　(3)　$\begin{bmatrix}1 & 0 & 0\\ 0 & 1 & 1\\ 0 & 1 & 1\end{bmatrix}$

【問題４・19】次の行列$\boldsymbol{A}$を対角化することにより，$\boldsymbol{A}^{\boldsymbol{n}}$を求めよ．

(1)　$\boldsymbol{A}=\begin{bmatrix}1 & 0 & -1\\1 & 2 & 1\\2 & 2 & 3\end{bmatrix}$　(2)　$\boldsymbol{A}=\begin{bmatrix}1 & 0 & -1\\0 & -1 & 0\\-1 & 0 & 1\end{bmatrix}$

【問題４・20】次の行列のジョルダン標準形及びその変換行列を求めよ．

(1)　$\begin{bmatrix}5 & 4\\-1 & 1\end{bmatrix}$　(2)　$\begin{bmatrix}0 & 1 & 2\\0 & 0 & 1\\0 & 0 & 0\end{bmatrix}$　(3)　$\begin{bmatrix}6 & -3 & -2\\4 & -1 & -2\\3 & -2 & 0\end{bmatrix}$

【問題４・21】次の行列の特異値を求め，特異値分解せよ．

$$\boldsymbol{A}=\begin{bmatrix}1 & 0\\1 & 2\\0 & 1\end{bmatrix}$$

参考文献

・　G. ストラング著，山口昌哉監訳，井上　昭訳，線形代数とその応用，産業図書
・　寺田文行，線形代数（サイエンスライブラリ　理工学系の数学），サイエンス社
・　薩摩順吉，四ツ谷昌二，キーポイント線形代数，理工学系数学のキーポイント・２，岩波書店
・　Howard Anton 著，山下純一訳，アントンのやさしい線型代数，現代数学社
・　齋藤正彦，線型代数入門（基礎数学１），東京大学出版会
・　齋藤正彦，線型代数演習（基礎数学４），東京大学出版会
・　中岡稔，服部晶夫，線形代数入門 -大学理工系の代数・幾何-，紀伊國屋書店

第 5 章

運動の時間発展　(微分方程式)

Time Evolution of Motion

5・1　微分方程式とは　(differential equation)

求めるべき関数に関する方程式が，関数およびその微分によって与えられている場合，その方程式を微分方程式という．

5・1・1　常微分方程式と偏微分方程式　(ordinary differential equation and partial differential equation)

一般に, ただ 1 つの独立変数 t に依存する関数 $x(t)$ に関する微分方程式は, 適当な関数 F を用いて

$$F\left(t, x, \frac{\mathrm{d}x}{\mathrm{d}t}, \frac{\mathrm{d}^2 x}{\mathrm{d}t^2}, \ldots, \frac{\mathrm{d}^m x}{\mathrm{d}t^m}\right) = 0 \tag{5.1}$$

と書くことができる．このように 1 独立変数の方程式を常微分方程式(ordinary differential equation)という．微分方程式(5.1)に表れる関数 $x(t)$ の微分の最高階数 m を微分方程式の階数(order)という．

弾性波，音波，電磁波などを代表とする振動現象を表す波動方程式(wave equation)は,

$$\frac{\partial^2 u}{\partial t^2} = c^2\left(\frac{\partial^2 u}{\partial x^2} + \frac{\partial^2 u}{\partial y^2} + \frac{\partial^2 u}{\partial z^2}\right) \tag{5.2}$$

で与えられる．ここで，x, y, z は空間変数，t は時間変数で，$u(x, y, z, t)$ は時刻 t の空間 (x, y, z) における振動の変位，c はシステムに依存して決まる定数を意味している．式(5.2)にも $u(x, y, z, t)$ の x, y, z, t に関するそれぞれの 2 階の導関数が含まれており，式(5.2)も微分方程式である．

微分方程式(5.2)は関数が複数の独立変数 x, y, z, t をもち，関数の偏微分 $\frac{\partial^2 u}{\partial x^2}, \frac{\partial^2 u}{\partial y^2}, \frac{\partial^2 u}{\partial z^2}$ を含む．例えば，$u(x, y, t)$ に対する 2 階の微分方程式を最も一般的な形で表せば

$$G\left(x, y, t, u, \frac{\partial u}{\partial t}, \frac{\partial u}{\partial x}, \frac{\partial u}{\partial y}, \frac{\partial^2 u}{\partial t^2}, \frac{\partial^2 u}{\partial x^2}, \frac{\partial^2 u}{\partial y^2}, \frac{\partial^2 u}{\partial t \partial x}, \frac{\partial^2 u}{\partial t \partial y}, \frac{\partial^2 u}{\partial x \partial y}\right) = 0 \tag{5.3}$$

と書ける．このような方程式を式(5.1)と区別して偏微分方程式(partial differential equation)と呼んでいる．

本書では常微分方程式を主な対象とすることとし，偏微分方程式については 5･6 節で簡単にふれることとする．

【例 5.1】　図 5.1 のように断面が一様でない棒に引張力 P が作用するときの伸びを求めるための微分方程式を導け．ただし，棒の左端から x の距離における断面積を $A(x)$，$\mathrm{d}x$ の区間の伸びを $\mathrm{d}\lambda$ とする．

【解答】　微小長さ $\mathrm{d}x$ の部分の伸びを $\mathrm{d}\lambda$ とする. 縦弾性係数を E とすると, この部分に生じる応力は $\sigma = P/A(x)$ ，この部分のひずみ ε は,

$$\varepsilon = \frac{\mathrm{d}\lambda}{\mathrm{d}x} \tag{5.4}$$

したがって，$\varepsilon = \sigma/E$ であるから，

$$\frac{\mathrm{d}\lambda}{\mathrm{d}x} = \frac{P}{EA(x)} \tag{5.5}$$

5・1・2　微分方程式の解

微分方程式を解くとは，微分方程式と等価で微分を含まない独立変数と従属変数の関係式に変換することである．その関係式は微分方程式の解と呼ばれる．

関数およびその導関数についての 1 次式で表される微分方程式を線形(linear)と呼び，そうでないものを非線形(nonlinear)という．

5・2　求積法　(quadrature)

発見的解法：解の候補を見つけ，それを微分方程式に代入することにより，発見的に解を見つける方法．発見した解以外の解は存在しないのかといった問題が生じる．

求積法：方程式を変形し，あるときは変数変換を用いて不定積分により解を求める方法．

本書では，求積法について考えていく．

5・2・1　一般解と特殊解

関数 x に関する m 階常微分方程式

$$\frac{\mathrm{d}^m x}{\mathrm{d}t^m} = f\left(t, x, \frac{\mathrm{d}x}{\mathrm{d}t}, \ldots, \frac{\mathrm{d}^{m-1}x}{\mathrm{d}t^{m-1}}\right) \tag{5.6}$$

の解は m 個の任意定数を含む形で表される．任意定数を含んだ解を一般解，任意定数に特定の値を代入して得られる解を特殊解と呼ぶ．

なお，一般解の任意定数にある値を与えることでは得られないような解が生ずる場合がある．そのような解を方程式の特異解という．特異解は，工学の問題にもまれに現れることがあるが，本書では取り扱わないこととする．

5・2・2　初期値問題と境界値問題

(a)　初期値問題

まず，1 階の常微分方程式

$$\frac{\mathrm{d}x}{\mathrm{d}t} = f(t, x)$$

(5.7)

の解 $x(t)$ で，条件

$$x(t_0) = x_0$$

を満足するものを求める問題を常微分方程式(5.7) に対する初期値問題(initial value problem)という．ここで，t_0 は初期時刻，式

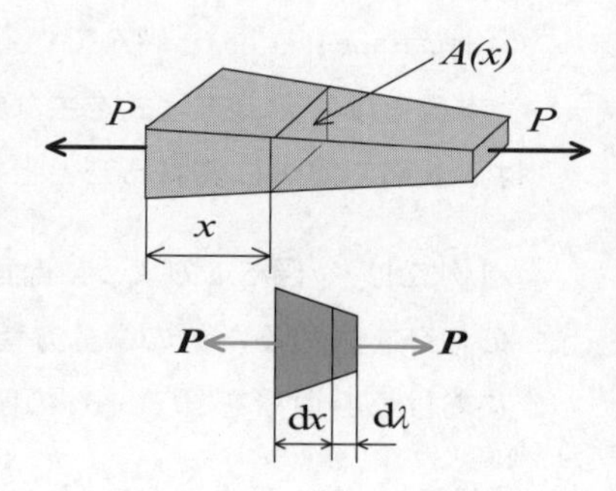

図 5.1　断面が一様でない棒

(5.8)を初期条件といい，その右辺に表れる x_0 を初期値と呼ぶ．

高階微分方程式

$$\frac{d^m x}{dt^m} = f\left(t, x, \frac{dx}{dt}, \dots, \frac{d^{m-1}x}{dt^{m-1}}\right) \tag{5.9}$$

の場合は，初期条件は通常

$$\frac{d^k x}{dt^k}(t_0) = x_k \quad (k = 0, 1, \dots, m-1) \tag{5.10}$$

の形に書かれる．ここで，$\frac{d^0 x}{dt^0}$ は $x(t)$ を意味するものとする．式(5.9)の一般解は m 個の任意定数を含むので，具体的なシステムの時間発展を知るためには m 個の条件が必要となる．式(5.10)のように初期条件が与えられれば具体的にシステムの挙動を知ることができる．

【例 5.2】　図 5.2 に示す長さ L の一様な両端単純支持はりに，一様分布荷重 p が作用している．はりに生じるせん断力 F および曲げモーメント M を求めよ．

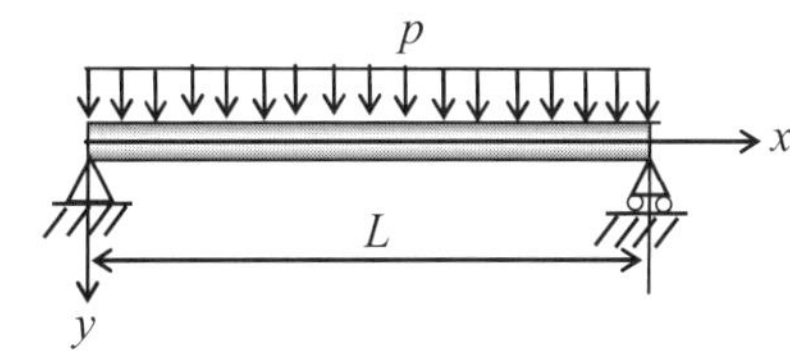

図 5.2　一様分布荷重を受ける両端単純支持はり

【解答】　p と F の間には次の微分方程式が成立する．

$$\frac{dF}{dx} = -p \tag{5.11}$$

式(5.11)の解は次式のようになる．

$$F = -px + c_1 \tag{5.12}$$

はりの左端（x=0）で F=pl/2 であるから，

$$c_1 = \frac{pl}{2} \tag{5.13}$$

したがって，

$$F = -px + \frac{pl}{2} \tag{5.14}$$

さらに，F と M の間には次式が成り立つ．

$$\frac{dM}{dx} = F \tag{5.15}$$

式(5.15)の解は次式のようになる．

$$M = \int F dx = \int\left(-px + \frac{pl}{2}\right)dx = -\frac{p}{2}x^2 + \frac{pl}{2}x + c_2 \tag{5.16}$$

はりの左端（x=0）で M=0 であるから，c_2=0 である．したがって

$$M = -\frac{p}{2}x^2 + \frac{pl}{2}x \tag{5.17}$$

【例 5.3】　図 5.3 の振り子で t=0 のときに θ=0rad，$\frac{d\theta}{dt}$ = 1rad/s である場合の解を求めよ．ただし，L=1m であり，θは小さいとしてよい．

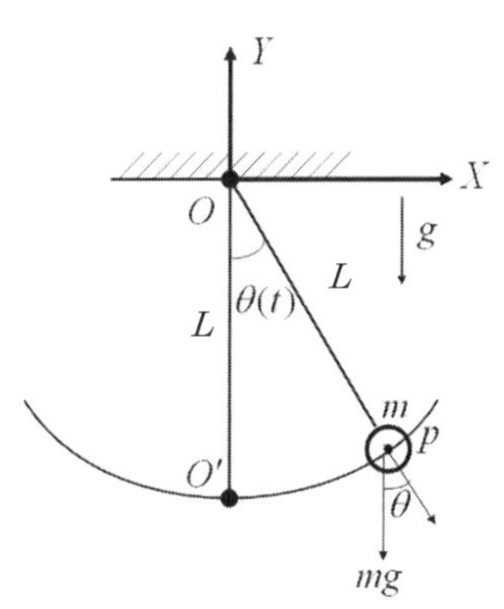

図 5.3　振り子

【解答】　θが小さいときに運動方程式は次式で与えられる．

$$mL^2 \frac{d^2\theta}{dt^2} + mgL\theta = 0 \tag{5.18}$$

両辺を mL^2 で割ると，

$$\frac{d^2\theta}{dt^2}+\frac{g}{L}\theta=0 \tag{5.19}$$

ここで，$\alpha=\sqrt{\frac{g}{L}}$ とおくと，バネと質量によって生じる振動と同様な微分方程式となる．したがって，一般解は次式のようになる．

$$\theta=c_1\cos\alpha t+c_2\sin\alpha t \tag{5.20}$$

となる．t=0 のときに θ=0rad であるから，

$$\theta=c_1=0 \tag{5.21}$$

式(5.20)を微分すると，$\frac{d\theta}{dt}=\alpha(-c_1\sin\alpha t+c_2\cos\omega t)$　(5.22)

また，t=0 のときに $\frac{d\theta}{dt}=1$rad/s であるから，式(5.22)を用いて，

$$\frac{d\theta}{dt}=\alpha c_2=1 \tag{5.23}$$

したがって，

$$c_2=\frac{1}{\alpha} \tag{5.24}$$

式(5.21)および式(5.24)を式(5.20)に代入すると，特殊解は

$$\theta=\frac{1}{\alpha}\sin\alpha t \tag{5.25}$$

さらに，L=1m，g=9.8m/s^2 を代入すると，

$$\theta=0.319\sin 3.13t\ [\mathrm{rad}]$$

(b)　境界値問題

有界区間 $a\le r\le b$ の上で定義された関数 $w(r)$ で微分方程式

$$F\left(r,w,\frac{dw}{dr},\frac{d^2w}{dr^2}\right)=0\quad (a\le r\le b) \tag{5.26}$$

を満足し，かつ区間の両端点における条件，例えば

$$w(a)=\alpha,\quad w(b)=\beta \tag{5.27}$$

を満足するものを求める問題は境界値問題(boundary value problem)の一つである．ここで，条件(5.27)を境界条件という．境界条件の代表的なタイプは以下のようである．

(1)　$w(a)=\alpha,\quad w(b)=\beta$

(2)　$\frac{dw}{dr}(a)=\alpha,\quad \frac{dw}{dr}(b)=\beta$

(3)　$\frac{dw}{dr}(a)+\xi w(a)=\alpha,\quad \frac{dw}{dr}(b)+\eta w(b)=\beta$

ここで，α,β,ξ,η はあらかじめ与えられた実数である．

【例 5.4】　図 5.4 のように下端が固定支持され，上端が軸線から e だけ離れたところに圧縮荷重 P が作用する長さ L の長柱のたわみを求めよ．

【解答】　先端のたわみを δ とおき，固定端 O から x の点における長柱のた

わみを y とすれば，この断面のたわみによる曲げモーメント M は，

$$M=-P(\delta+e-y) \tag{5.28}$$

たわみと曲げモーメントの関係式は次式で与えられる．

$$\frac{\mathrm{d}^2y}{\mathrm{d}x^2}=-\frac{M}{EI} \tag{5.29}$$

式(5.28)を式(5.29)に代入すると，

$$\frac{\mathrm{d}^2y}{\mathrm{d}x^2}=\frac{P(\delta+e-y)}{EI} \tag{5.30}$$

$$\frac{P}{EI}=a^2$$

とおくと，

$$\frac{\mathrm{d}^2y}{\mathrm{d}x^2}+a^2y=a^2(\delta+e) \tag{5.31}$$

式(5.31)の解は次式で与えられる．（解の求め方は例【5.14】を参照）

$$y=A\sin ax+B\cos ax+\delta+e \tag{5.32}$$

境界条件は下端が固定されているから，

$$x=0\text{ で }\frac{\mathrm{d}y}{\mathrm{d}x}=0,\quad y=0 \tag{5.33}$$

さらに上端のたわみが δ であるから，

$$x=L\text{ で }y=\delta \tag{5.34}$$

式(5.33)および式(5.34)の条件から，

$$\begin{cases}Aa=0\\ B+\delta+e=0\\ A\sin aL+B\cos aL+e=0\end{cases} \tag{5.35}$$

式(5.35)から A，B，δ は次式のようになる．

$$A=0,\ B=\frac{-e}{\cos aL},\ \delta=\frac{1-\cos aL}{\cos aL}e \tag{5.36}$$

したがって，式(5.36)を式(5.32)に用いると，たわみは

$$y=\frac{1-\cos ax}{\cos aL}e \tag{5.37}$$

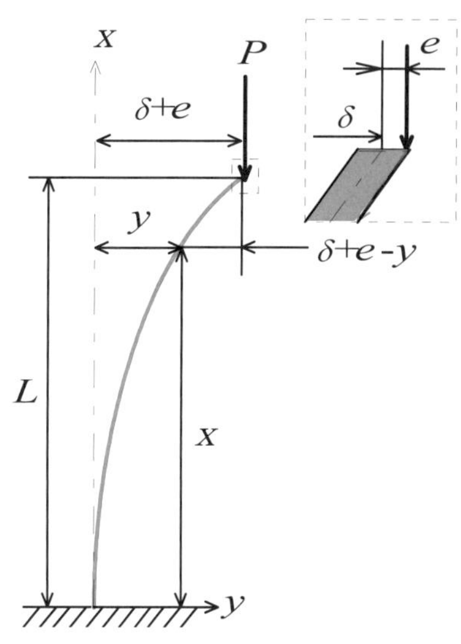

図 5.4　下端が固定支持され，上端に圧縮荷重を受ける長柱

5・3　1階微分方程式

本節では，関数 $x(t)$ はスカラー値であるものとする．関数 $x(t)$ に関する 1 階常微分方程式は

$$Q(t,x)\frac{\mathrm{d}x}{\mathrm{d}t}+P(t,x)=0 \tag{5.38}$$

と表せる．

> 1 階常微分方程式の一般形は
>
> $$F\left(t,x,\frac{\mathrm{d}x}{\mathrm{d}t}\right)=0$$
>
> と表される．ここでは式(5.38)で表される場合を考える．

5・3・1　変数分離形

まず，1 階微分方程式が変数分離形の場合の解法について説明する．式(5.38)において，$P(t,x)=f(t)$，$Q(t,x)=g(x)$ であるとき，

$$g(x)\frac{\mathrm{d}x}{\mathrm{d}t}+f(t)=0 \tag{5.39}$$

となる．式(5.39)を

$$g(x)\mathrm{d}x = -f(t)\mathrm{d}t \tag{5.40}$$

と書く．式(5.40)は左辺は x だけの関数，右辺は t だけの関数と変数分離(separation of variables)されているので，このような形の微分方程式を変数分離形微分方程式とよぶ．式(5.40)の両辺を積分すると．

$$\int g(x)\mathrm{d}x = -\int f(t)\mathrm{d}t \tag{5.41}$$

式(5.41)を計算することにより解を得ることができる．

【例 5.5】　図 5.5 のように体積 V の物体に p の圧力がかかっている．体積弾性係数を K とすると，圧力変化 dp と体積変化 dV の間には次のような関係が成り立つ．

$$\mathrm{d}p = -K\frac{\mathrm{d}V}{V} \tag{5.42}$$

P と V の関係を求めよ．

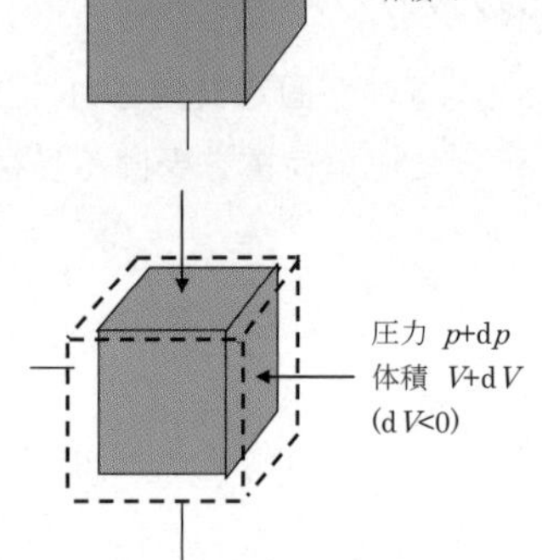

図 5.5　圧力を受ける流体

【解答】　式(5.42)は変数分離型の微分方程式であるから，両辺を積分すると，

$$\int \mathrm{d}p = -K\int\frac{\mathrm{d}V}{V} \tag{5.43}$$

したがって，

$$p = -K\ln V + c \tag{5.44}$$

さらに，

$$p - c = -K\ln V$$

$$V = e^{-\frac{p}{K}+\frac{c}{K}} = e^{-\frac{p}{K}}e^{\frac{c}{K}} \tag{5.45}$$

ここで，$C = e^{\frac{c}{K}}$ とおくと，

$$V = Ce^{-\frac{p}{K}} \tag{5.46}$$

【例 5.6】　密度 ρ，比熱 c，表面積 S，温度 T の物体が周囲温度 T_∞ の流体中にさらされている．高温物体が周囲物体に放熱し，微小時間 dt の間に物体温度が dT だけ変化したとすると，次の微分方程式が成り立つ（集中熱容量モデル）．

$$c\rho\frac{\mathrm{d}T}{\mathrm{d}t} = -hS(T - T_\infty) \tag{5.47}$$

ただし，h は物体と流体の間の熱伝導率である．物体の温度 T の時間に対する変化を求めよ．

【解答】　式(5.47)は次のように変数分離型の微分方程式となる．

$$\frac{\mathrm{d}T}{T - T_\infty} = -\frac{hS}{c\rho}\mathrm{d}t \tag{5.48}$$

両辺を積分すると，

$$\ln(T - T_\infty) = -\frac{hS}{c\rho}t + a \tag{5.49}$$

$$T - T_\infty = e^{-\frac{hS}{c\rho}t + a} \tag{5.50}$$

$C = e^a$ とおくと，

$$T = Ce^{-\frac{hS}{c\rho}t} + T_\infty \tag{5.51}$$

右辺第 1 項は時間とともに減少し，0 に収束することから，時間が経過すると物体の温度は周囲温度 T_∞ に近づく．

【例 5.7】　【例 5.1】で図 5.6 のように幅 b が一定で高さ h_1 から h_2 に一様に変化する長さ L の棒の両端を荷重 P で引張ったときの棒の伸び δ を求めよ．

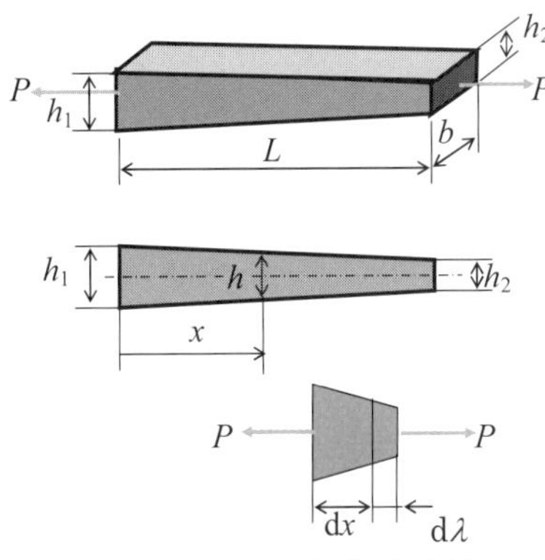

図 5.6　断面が変化する棒

【解答】　棒の左端から x の距離における高さは，

$$h(x) = h_1 + (h_2 - h_1)\frac{x}{L} \tag{5.52}$$

したがってこの部分の断面積を $A(x)$ とすると

$$A(x) = h(x)b \tag{5.53}$$

微分方程式は例【5.1】から次式で与えられる．

$$\frac{\mathrm{d}\lambda}{\mathrm{d}x} = \frac{P}{EA(x)} \tag{5.54}$$

式 (5.52) および式 (5.53) を式 (5.54) に代入して変形すると，

$$\mathrm{d}\lambda = \frac{PL}{Eb}\frac{1}{h_1 L + (h_2 - h_1)x}\mathrm{d}x \tag{5.55}$$

両辺を積分すると，

$$\lambda = \frac{PL}{Eb}\frac{1}{h_2 - h_1}\ln\left|h_1 L + (h_2 - h_1)x\right| + c \tag{5.56}$$

左端 $(x=0)$ で $\lambda=0$ とすると，

$$c = -\frac{PL}{Eb}\frac{1}{h_2 - h_1}\ln\left|h_1 L\right| \tag{5.57}$$

したがって，

$$\lambda = \frac{PL}{Eb}\frac{1}{h_2 - h_1}\ln\left|h_1 L + (h_2 - h_1)x\right| - \frac{PL}{Eb}\frac{1}{h_2 - h_1}\ln\left|h_1 L\right| \tag{5.58}$$

棒全体の伸びは $x = L$ での λ を求めればよい．式(5.58)に $x = L$ を代入すると，

$$\begin{aligned}\delta &= \frac{PL}{Eb}\frac{1}{h_2 - h_1}\ln\left|h_2 L\right| - \frac{P\ell}{Eb}\frac{1}{h_2 - h_1}\ln\left|h_1 L\right| \\ &= \frac{PL}{Eb}\frac{1}{h_2 - h_1}\ln\frac{h_2}{h_1}\end{aligned}$$

5・3・2　完全微分形

1 階微分方程式が完全微分形の場合の解法について説明する．1 階常微分方程式である(5.38)において，係数 $P(t,x)$, $Q(t,x)$ がある関数 $f(t,x)$ を用いて

$$P(t,x)=\frac{\partial f}{\partial t},\quad Q(t,x)=\frac{\partial f}{\partial x} \tag{5.59}$$

のように表されたとき，式(5.38)と等価な

$$P(t,x)\mathrm{d}t+Q(t,x)\mathrm{d}x=0 \tag{5.60}$$

は，式(5.59)を用いると

$$\frac{\partial f}{\partial t}\mathrm{d}t+\frac{\partial f}{\partial x}\mathrm{d}x=\mathrm{d}f=0 \tag{5.61}$$

となり，全微分の形で書ける．このような微分方程式(5.60)は完全微分形であるという．微分方程式(5.38)が完全微分形で書けるための必要条件は

$$\frac{\partial P}{\partial x}=\frac{\partial Q}{\partial t}$$

が成り立つことである．この条件は必要条件であるだけでなく十分条件であることも知られている．

微分方程式(5.38)が完全微分形である場合，完全微分方程式(exact differential euation)とよばれ，その一般解は

$$\int Q(t,x)\mathrm{d}x+\int\left\{P(t,x)-\frac{\partial}{\partial t}\int Q(t,x)dx\right\}\mathrm{d}t=c \tag{5.62}$$

で与えられる．ここで，cは任意定数である．

【例 5.8】　【例 5.5】で与えられる微分方程式

$$\mathrm{d}p=-K\frac{\mathrm{d}V}{V}$$

が完全微分方程式であることを示し，解を求めよ．

【解答】　微分方程式を次のように変形する．

$$\mathrm{d}p+\frac{K}{V}\mathrm{d}V=0 \tag{5.63}$$

$P(p,V)=1$, $Q(p,V)=K/V$ とおくと，

$$\frac{\partial P}{\partial V}=0,\quad \frac{\partial Q}{\partial p}=0 \tag{5.64}$$

であるので，完全微分方程式である．したがって，

$$\int\frac{K}{V}\mathrm{d}V+\int\left(1-\frac{\partial}{\partial p}\int\frac{K}{V}\mathrm{d}V\right)\mathrm{d}p=c \tag{5.65}$$

積分をすると，

$$K\ln V+p=c$$

$$\ln V=\frac{c-p}{K}c$$

$$V=e^{\frac{c-p}{K}}$$

ここで，$C=e^{\frac{c}{K}}$ とおくと，

$$V=Ce^{-\frac{p}{K}}$$

5・3・3　1階線形微分方程式

非同次1階微分方程式(nonhomogeneous first order differential equation)

$$\frac{\mathrm{d}x}{\mathrm{d}t}+p(t)x=q(t) \tag{5.66}$$

を考える．ただし，$p(t)$, $q(t)$は任意に与えられたtに関する連続関数である．

(a) 定数変化法

式(5.66)に対応する同次微分方程式(homogeneous differential equation)

$$\frac{\mathrm{d}x}{\mathrm{d}t}+p(t)x=0 \tag{5.67}$$

の解はc_2を任意定数として

$$x=c_2e^{-\int p(t)\mathrm{d}t} \tag{5.68}$$

となる．次に，非同次方程式(5.66)の解を任意定数c_2をtの関数とした

$$x=c_2(t)e^{-\int p(t)\mathrm{d}t} \tag{5.69}$$

の形で求める．式(5.69)を式(5.66)に代入して整理すると$c_2(t)$は

$$\frac{dc_2}{dt}=e^{\int p(t)\mathrm{d}t}q(t)$$

を満足するので，

$$c_2(t)=\int e^{\int p(t)\mathrm{d}t}q(t)\mathrm{d}t+c \tag{5.70}$$

となり，式(5.70)を式(5.69)に代入すれば，

$$x(t)=e^{-\int p(t)\mathrm{d}t}\left(\int e^{\int p(t)\mathrm{d}t}q(t)\mathrm{d}t+c\right) \tag{5.71}$$

・式(5.70)の導出

式(5.69)の両辺を微分すると，

$$\frac{\mathrm{d}x}{\mathrm{d}t}=\frac{\mathrm{d}c_2(t)}{\mathrm{d}t}e^{-\int p(t)\mathrm{d}t}-p(t)c_2(t)e^{-\int p(t)\mathrm{d}t} \tag{a}$$

式(5.69)を式(5.66)に代入すると，

$$\frac{\mathrm{d}x}{\mathrm{d}t}+p(t)c_2(t)e^{-\int p(t)\mathrm{d}t}=q(t) \tag{b}$$

式(a)を式(b)に代入すると，

$$\frac{dc_2(t)}{dt}e^{-\int p(t)\mathrm{d}t}=q(t) \tag{c}$$

したがって，

$$\frac{dc_2(t)}{dt}=e^{\int p(t)\mathrm{d}t}q(t) \tag{d}$$

式(d)を積分すると，

$$c_2(t)=\int e^{\int p(t)\mathrm{d}t}q(t)\mathrm{d}t+c \tag{e}$$

【例 5.9】　入力$x(t)$と出力$y(t)$が次のような微分方程式で表される系を一次遅れ要素(first order lag element)という．

$$T\frac{\mathrm{d}y(t)}{\mathrm{d}t}+y(t)=x(t)$$

ここでTは時定数である．T=0.5s で$x(t)$が次式で与えられる場合の応答を求めよ，ただし，系は入力を受けるまで(t=0まで)釣合い位置($y(t)$=0)にある．

$$x(t)=\begin{cases}0:t<0\\2:t\geq 0\end{cases}$$

【解答】　t<0では系は静止しているから$y(t)$=0である．

$t\geq 0$では一次遅れ系を表す微分方程式は，

$$0.5\frac{\mathrm{d}y(t)}{\mathrm{d}t}+y(t)=2 \tag{5.72}$$

したがって，

$$\frac{\mathrm{d}y(t)}{\mathrm{d}t}+2y(t)=4 \tag{5.73}$$

この微分方程式の解は，

$$
\begin{aligned}
y(t) &= e^{-\int 2\mathrm{d}t}\left(\int e^{\int 2\mathrm{d}t} 4\mathrm{d}t + c\right) \\
&= e^{-2t}\left(\int 4e^{2t}\mathrm{d}t + c\right) \\
&= e^{-2t}\left(2e^{2t} + c\right) \\
&= 2 + ce^{-2t}
\end{aligned}
\tag{5.74}
$$

t=0 で $y(t)$=0 だから，

$$0 = 2 + c$$

$$c = -2$$

したがって，

$$
y(t) = \begin{cases} 0: & : t < 0 \\ 2 - 2e^{-2t} & : t \geq 0 \end{cases}
$$

(b)　積分因子法

与えられた方程式

$$P(t,x)\mathrm{d}t + Q(t,x)\mathrm{d}x = 0 \tag{5.75}$$

は完全微分形ではないが適当な関数 $F(t,x)$（$\neq 0$）を掛けることによって完全微分形にすることができる場合，$F(t,x)$ を式(5.75)の積分因子(integrating factor)という．

非同次１階微分方程式である式(5.66)は

$$\{p(t)x - q(t)\}\mathrm{d}t + \mathrm{d}x = 0$$

と書ける．積分因子 $F = e^{\int p(t)\mathrm{d}t}$ を掛けると

$$e^{\int p(t)\mathrm{d}t}\{p(t)x - q(t)\}\mathrm{d}t + e^{\int p(t)\mathrm{d}t}\mathrm{d}x = 0 \tag{5.76}$$

となる．ここで

$$\frac{\partial F\{p(t)x - q(t)\}}{\partial x} = \frac{\partial F}{\partial t}$$

が示され，式(5.76)が完全微分形であることがわかる．したがって，式(5.75)において

$$Q(t,x) = e^{\int p(t)\mathrm{d}t}, \quad P(t,x) = e^{\int p(t)\mathrm{d}t}\{p(t)x - q(t)\}$$

とおけば，式(5.62)より

$$x(t) = e^{-\int p(t)\mathrm{d}t}\left(\int e^{\int p(t)\mathrm{d}t} q(t)\mathrm{d}t + c_1\right)$$

となる．

別解　また，式(5.76)は

$$e^{\int p\mathrm{d}t}\frac{\mathrm{d}x}{\mathrm{d}t} + e^{\int p\mathrm{d}t}px = e^{\int p(t)\mathrm{d}t}q$$

であり，すなわち

$$\frac{d}{dt}\left(e^{\int p\mathrm{d}t}x\right) = e^{\int p\mathrm{d}t}q \tag{5.77}$$

$F = e^{\int p(t)\mathrm{d}t}$

であり，

$$\frac{\partial}{\partial x}e^{\int p(t)\mathrm{d}t}\{p(t)x - q(t)\}\mathrm{d}t = e^{\int p(t)\mathrm{d}t}p(t)$$

$$\frac{\partial}{\partial t}e^{\int p(t)\mathrm{d}t} = p(t)e^{\int p(t)\mathrm{d}t}$$

であるから，

$$\frac{\partial F\{p(t)x - q(t)\}}{\partial x} = \frac{\partial F}{\partial t}$$

となる．式(5.77)を積分すれば

$$e^{\int p\mathrm{d}t}x=\int e^{\int p\mathrm{d}t}q\mathrm{d}t+c_1$$

を得る．よって

$$x(t)=e^{-\int p\mathrm{d}t}\left(\int e^{\int p\mathrm{d}t}q\mathrm{d}t+c_1\right)$$

となる．

【例 5.10】　【例 5.8】で与えられる微分方程式

$$\mathrm{d}p=-K\frac{\mathrm{d}V}{V}$$

を次のように変形する．

$$V\mathrm{d}p+K\mathrm{d}V=0$$

この式が完全微分方程式であるか確かめよ．完全微分方程式でない場合には積分因子を求め，解を求めよ．

【解答】　$P(p,V)=V$, $Q(p,V)=K$ とおくと，

$$\frac{\partial P}{\partial V}=1,\quad \frac{\partial Q}{\partial p}=0 \tag{5.78}$$

したがって完全微分方程式ではない．

ここで，$F(p,V)=1/V$,とおく．両辺に $F(p,V)$を掛けると，

$$\mathrm{d}p+\frac{K}{V}\mathrm{d}V=0 \tag{5.79}$$

式(5.79)は例【5.8】で示したように完全微分方程式であるから $1/V$ は積分因子である．式(5.79)を解くと，例【5.8】の結果から解は次のようになる．

$$V=e^{\frac{c-p}{K}}$$

【例 5.11】　例題 5.9 の一次遅れ要素の微分方程式

$$\frac{\mathrm{d}y(t)}{\mathrm{d}t}+2y(t)=4 \tag{5.80}$$

を次のように変形する．

$$\{2y(t)-4\}\mathrm{d}t+\mathrm{d}y(t)=0 \tag{5.81}$$

このとき，$F=e^{2t}\left(=e^{\int 2\mathrm{d}t}\right)$が積分因子であることを示せ．

【解答】　式(5.81)の両辺に F を掛けると．

$$\{2y(t)-4\}e^{2t}\mathrm{d}t+e^{2t}\mathrm{d}y(t)=0 \tag{5.82}$$

$P(y,t)=\{2y(t)-4\}e^{2t}$，$Q(y,t)=e^{2t}$ とおくと，

$$\frac{\partial P(y(t),t)}{\partial y(t)}=2e^{2t}$$

$$\frac{\partial Q(y,t)}{\partial t} = 2e^{2t}$$

したがって，式(5.82)は完全微分方程式であるため，$F = e^{2t}$ は積分因子である．

5・4　線形微分方程式

5・4・1　線形系 (linear system) と重ね合わせの原理 (principle of superposition)

(a)　線形系

未知関数 $x_1(t)$ およびその導関数についての 1 次式で書き表される常微分方程式を線形常微分方程式と呼ぶ．その一般形は

$$a_o(t)\frac{\mathrm{d}^m x_1}{\mathrm{d}t^m} + a_1(t)\frac{\mathrm{d}^{m-1} x_1}{\mathrm{d}t^{m-1}} + \cdots + a_m(t)x_1 = f(t) \tag{5.83}$$

と書かれる．

式(5.83)における最高階の係数 $a_0(t)$ が 0 でない場合（$a_0(t) \neq 0$）には

$$\frac{\mathrm{d}\mathbf{x}}{\mathrm{d}t} = \mathbf{A}(t)\mathbf{x} + \mathbf{g}(t) \tag{5.84}$$

と変形することができる．ただし，

$$\begin{aligned} x_2 &= \frac{\mathrm{d}x_1}{\mathrm{d}t}, \\ x_3 &= \frac{\mathrm{d}x_2}{\mathrm{d}t} = \frac{\mathrm{d}^2 x_1}{\mathrm{d}t^2}, \\ &\vdots \\ x_m &= \frac{\mathrm{d}x_{m-1}}{\mathrm{d}t} = \frac{\mathrm{d}^{m-1} x_1}{\mathrm{d}t^{m-1}} \end{aligned} \tag{5.85}$$

とおいており，

$$\boldsymbol{x}(t) = [x_1(t) \cdots x_m(t)]^T$$

$$\boldsymbol{A}(t) = \begin{bmatrix} 0 & 1 & 0 & \cdots & 0 \\ 0 & 0 & 1 & \cdots & 0 \\ \vdots & \vdots & \vdots & \ddots & \vdots \\ 0 & 0 & 0 & \cdots & 1 \\ \dfrac{a_m}{a_0} & \dfrac{a_{m-1}}{a_0} & \dfrac{a_{m-2}}{a_0} & \cdots & \dfrac{a_1}{a_0} \end{bmatrix}, \quad \boldsymbol{g} = \begin{bmatrix} 0 \\ 0 \\ \vdots \\ 0 \\ \dfrac{1}{a_0} \end{bmatrix} \tag{5.86}$$

である．式(5.83)はスカラーの未知関数をもつ m 階の微分方程式であるが，それに等価な式(5.84)は m 次元の未知関数ベクトルをもつ 1 階の微分方程式で表現されている．

(b)　重ね合わせの原理

一般の線形常微分方程式に関する同次方程式

$$\frac{\mathrm{d}\mathbf{x}}{\mathrm{d}t} = \mathbf{A}(t)\mathbf{x}, \quad \mathbf{x}(t) = [x_1(t) \cdots x_n(t)]^T, \quad \mathbf{A} = \begin{bmatrix} a_{11}(t) & \cdots & a_{1n}(t) \\ \vdots & & \vdots \\ a_{n1}(t) & \cdots & a_{nn}(t) \end{bmatrix} \tag{5.87}$$

の場合には任意個の解 $x^1(t),\cdots,x^k(t)$ の 1 次結合

$$c_1x^1(t)+\cdots+c_kx^k(t)$$

は再び同じ方程式の解となる．これを重ね合わせの原理(principle of superposition)と呼ぶ．

次の線形微分方程式を考える．

$$a_o(t)\frac{\mathrm{d}^m x_1}{\mathrm{d}t^m}+a_1(t)\frac{\mathrm{d}^{m-1}x_1}{\mathrm{d}t^{m-1}}+...+a_m(t)x_1=f_1(t)+f_2(t)+...+f_n(t)$$

この場合，

$$a_0(t)\frac{d^m x}{\mathrm{d}t^m}+a_1(t)\frac{\mathrm{d}^{m-1}x}{\mathrm{d}t^{m-1}}+\cdots+a_m(t)x=f_1(t)$$

$$a_0(t)\frac{\mathrm{d}^m x}{\mathrm{d}t^m}+a_1(t)\frac{\mathrm{d}^{m-1}x}{\mathrm{d}t^{m-1}}+\cdots+a_m(t)x=f_2(t)$$

$$\vdots$$

$$a_0(t)\frac{\mathrm{d}^m x}{\mathrm{d}t^m}+a_1(t)\frac{\mathrm{d}^{m-1}x}{\mathrm{d}t^{m-1}}+\cdots+a_m(t)x=f_n(t)$$

の解をそれぞれ $x_1,x_2,....,x_n$ とするとき，

$$x=x_1+x_2+....+x_n$$

が元の微分方程式の解になる．このことも重ね合わせの原理という．

【例 5.12】　図 5.7 のばね・質点系が静止状態から次の入力 $f(t)$を受けるときの運動方程式は次式で与えられる．

$$m\frac{\mathrm{d}^2x}{\mathrm{d}t^2}+kx=f(t)$$

この系の応答を求めよ．ここで，$f(t)$は次式で与えられるものとする．

$$f(t)=\begin{cases}0:t\le 0\\1:0<t\le t_0\\3:t>t_0\end{cases}$$

ただし t_0>0 である．

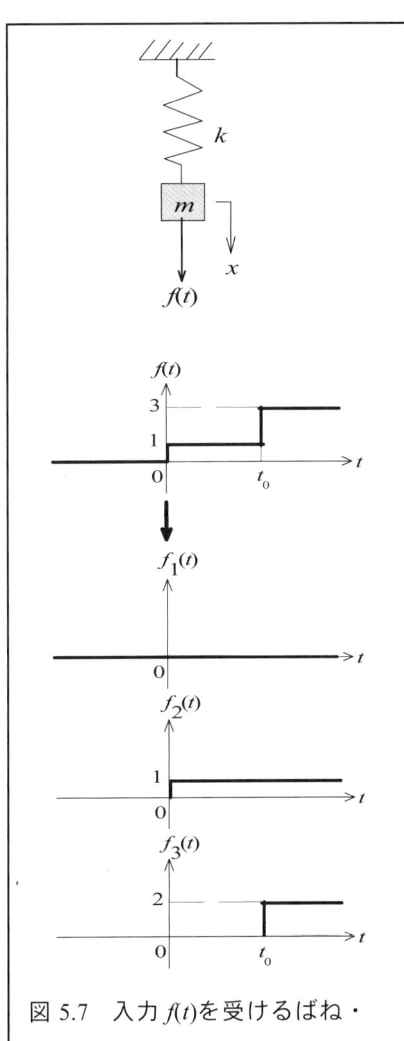

図 5.7　入力 $f(t)$を受けるばね・質点系と力の和

【解答】　$f(t)$は次の 3 つの力の和で表される．

$$f(t)=f_1(t)+f_2(t)+f_3(t)$$

$$\begin{cases}f_1(t)=0:t\le 0\\f_2(t)=1:0<t\le t_0\\f_3(t)=2:t>t_0\end{cases} \tag{5.88}$$

したがって，応答は次の 3 つの微分方程式の解の和となる．

$$\begin{cases}m\dfrac{\mathrm{d}^2x}{\mathrm{d}t^2}+kx=0:t\le 0\\m\dfrac{\mathrm{d}^2x}{\mathrm{d}t^2}+kx=1:0<t\le t_0\\m\dfrac{\mathrm{d}^2x}{\mathrm{d}t^2}+kx=2:t_0>0\end{cases} \tag{5.89}$$

第 1 式の解は

$$x=0$$

$\frac{k}{m}=\omega_n{}^2$ とすると，第２式の解は

$$x=C_1\sin\omega_n t+C_2\cos\omega_n t+\frac{1}{m\omega_n{}^2} \tag{5.90}$$

$x(0)=0,\ \dot{x}(0)=0$ であるとき

$$x=\frac{1}{m\omega_n{}^2}(1-\cos\omega_n t) \tag{5.91}$$

第３式の解は

$$x=C_1\sin\omega_n t+C_2\cos\omega_n t+\frac{2}{m\omega_n{}^2} \tag{5.92}$$

$x(t_0)=0,\ \dot{x}(t_0)=0$ であるとき

$$x=\frac{2}{m\omega_n{}^2}\{1-\cos\omega_n(t-t_0)\} \tag{5.93}$$

したがって，

$$x=\begin{cases}0 & :t\le 0\\ \frac{1}{m\omega_n{}^2}(1-\cos\omega_n t) & :0<t\le t_0\\ \frac{1}{m\omega_n{}^2}(1-\cos\omega_n t)+\frac{2}{m\omega_n{}^2}\{1-\cos\omega_n t(t-t_0)\} & :t>t_0\end{cases} \tag{5.94}$$

第３式で，$x(t_0)=0$ であるから，

$$C_1\sin\omega_n t_0+C_2\cos\omega_n t_0=-\frac{2}{m\omega_n{}^2} \quad \text{(a)}$$

$$\dot{x}=\omega_n C_1\sin\omega_n t-\omega_n C_2\cos\omega_n t$$

であり，$\dot{x}(t_0)=0$ であるから，

$$C_1\sin\omega_n t_0-C_2\cos\omega_n t_0=0 \quad \text{(b)}$$

式(a)および(b)から，

$$C_1=-\frac{2}{m\omega_n{}^2}\sin\omega_n t_0$$

$$C_2=-\frac{2}{m\omega_n{}^2}\cos\omega_n t_0$$

したがって，

$$\begin{aligned}x&=\frac{2}{m\omega_n{}^2}\{1-(\cos\omega_n t\cos\omega_n t_0\\&\quad+\sin\omega_n t\sin\omega_n t_0)\}\\&=\frac{2}{m\omega_n{}^2}\{1-\cos\omega_n(t-t_0)\}\end{aligned}$$

5・4・2　定数係数高階微分方程式

(a)　演算子法

係数がすべて定数であるような線形常微分方程式（定数係数線形常微分方程式）においては，微分演算子法を用いることにより，簡単な代数的計算のみによって解を求めることができる．微分演算を１つの文字（演算子）で表し，微分方程式をあたかもこの文字についての代数方程式のように扱って解くことができる．これを微分演算子法という．t についての微分を表す微分演算子(differential operator)D を用いて x の微分を次のように表すことができる．

$$Dx=\frac{\mathrm{d}}{\mathrm{d}t}x$$

２階の導関数は，

$$D(Dx)=D^2x=\frac{\mathrm{d}^2x}{\mathrm{d}t^2}$$

微分演算子 D の逆演算子 D^{-1} は次式のように積分を表す．

$$D^{-1}x=\frac{1}{D}x=\int x\mathrm{d}t=\int_0^t x(s)\mathrm{d}s$$

n 次の多項式

$$P(\lambda)=a_0\lambda^n+a_1\lambda^{n-1}+\cdots+a_n$$

で λ を D でおきかえると微分演算子多項式

$$P(D) = a_0 D^n + a_1 D^{n-1} + \cdots + a_n$$

となり，式(5.83)で $x_1 = x$ とすると，$P(D)x = f(t)$ と表される．その解は形式的に

$$x(t) = P(D)^{-1} f(t) = \left(\frac{1}{P(D)} f(t) \right)$$

と書くことができる．$P(\lambda) = 0$ を微分方程式 $P(D) = 0$ の特性方程式 (characteristic equation)という．$P(D)$に関してαを定数とすると次式が成立つ．

(i)　$P(D)\{e^{\alpha t} f(t)\} = e^{\alpha t} P(D+\alpha) f(t)$　(5.95)

(ii)　$\dfrac{1}{P(D)}\{e^{\alpha t} f(t)\} = e^{\alpha t} \dfrac{1}{P(D+\alpha)} f(t) \quad (P(D+\alpha) \neq 0)$　(5.96)

○n 階の常微分方程式

$$\frac{d^n}{dt^n} x = f \tag{5.97}$$

の解は，

$$\begin{aligned} x &= D^{-n} f \\ &= \int_0^t \int_0^{s_1} \cdots \int_0^{s_{n-1}} f(s_n) ds_n \ldots ds_2 ds_1 + \sum_{k=0}^{n-1} c_k t^k \\ &= \int_0^t \frac{(t-s)^{n-1}}{(n-1)!} f(s) ds + \sum_{k=0}^{n-1} c_k t^k \end{aligned}$$

○1 階の常微分方程式

$$\frac{dx}{dt} - ax = f(t) \tag{5.98}$$

は微分演算子 D を用いると

$$(D-a)x = f(t)$$

と書き直すことができるので，

$$\begin{aligned} x &= \frac{1}{D-a} f(t) \\ &= e^{at} \frac{1}{D} \left(e^{-at} f \right) \\ &= e^{at} \left\{ \int_0^t e^{-as} f(s) ds + c \right\} \\ &= ce^{at} + \int_0^t e^{a(t-s)} f(s) ds \end{aligned}$$

を得る．

○2 階の常微分方程式

$$\frac{d^2 x}{dt^2} - (\lambda_1 + \lambda_2) \frac{dx}{dt} + \lambda_1 \lambda_2 x = f(t) \tag{5.99}$$

は微分演算子 D を用いると

$$(D-\lambda_1)(D-\lambda_2)x = f(t)$$

・$\lambda_1 \neq \lambda_2$ の場合

$$\begin{aligned}x&=\frac{1}{(D-\lambda_1)(D-\lambda_2)}f\\&=\frac{1}{\lambda_1-\lambda_2}\left(\frac{1}{D-\lambda_1}-\frac{1}{D-\lambda_2}\right)f\\&=\frac{1}{\lambda_1-\lambda_2}\left\{c_1e^{\lambda_1 t}+\int_0^t e^{\lambda_1(t-s)}f(s)\mathrm{d}s-c_2e^{\lambda_2 t}-\int_0^t e^{\lambda_2(t-s)}f(s)\mathrm{d}s\right\}\\&=c_3e^{\lambda_1 t}+c_4e^{\lambda_2 t}+\frac{1}{\lambda_1-\lambda_2}\int_0^t\left\{e^{\lambda_1(t-s)}-e^{\lambda_2(t-s)}\right\}f(s)\mathrm{d}s\end{aligned}\tag{5.100}$$

・$\lambda_1=\lambda_2$ の場合

$$\begin{aligned}x&=\frac{1}{(D-\lambda_1)^2}f\\&=e^{\lambda_1 t}\frac{1}{D^2}e^{-\lambda_1 t}f\\&=e^{\lambda_1 t}\left\{\int_0^t(t-s)e^{-\lambda_1 s}f(s)\mathrm{d}s+c_5+c_6t\right\}\\&=c_5e^{\lambda_1 t}+c_6te^{\lambda_1 t}+\int_0^t(t-s)e^{\lambda_1(t-s)}f(s)\mathrm{d}s\end{aligned}\tag{5.101}$$

となる.

【例 5.13】　【例 5.9】で示したような一次遅れ系の応答を表す微分方程式

$$\frac{\mathrm{d}y(t)}{\mathrm{d}t}+2y(t)=4$$

を微分演算子を用いて解け.

解答：

$D=\dfrac{\mathrm{d}}{\mathrm{d}t}$ とおくと，微分方程式は次式のようになる.

$$(D+2)y=4$$

したがって,

$$\begin{aligned}y&=\frac{4}{D+2}\\&=e^{-2t}\frac{1}{D}\left(4e^{2t}\right)\\&=e^{-2t}\left(\int_0^t 4e^{2s}\mathrm{d}s+c\right)\\&=ce^{-2t}+\int_0^t 4e^{2(s-t)}\mathrm{d}s\\&=ce^{-2t}+\left[\frac{4e^{2(s-t)}}{2}\right]_0^t\\&=ce^{-2t}+2\left(1-e^{-2t}\right)\end{aligned}$$

t=0 で y=0 であるから,

$$c=0$$

したがって,

【例題 5.13】の別解

$$\begin{aligned}y&=\frac{4}{D+2}\\&=e^{-2t}\frac{1}{D}\left(4e^{2t}\right)\\&=e^{-2t}\left(\int_0^t 4e^{2s}\mathrm{d}s+c\right)\\&=e^{-2t}\left(\left[2e^{2s}\right]_0^t+c\right)\\&=e^{-2t}\left(2e^{2t}-2+c\right)\end{aligned}$$

ここで，$-2+c=c_1$ とおくと,

$$\begin{aligned}y&=e^{-2t}\left(2e^{2t}+c_1\right)\\&=2+c_1e^{-2t}\end{aligned}$$

t=0 で y=0 であるから, c_1=-2 である．したがって,

$$\begin{aligned}y&=e^{-2t}\left(2e^{2t}+c_1\right)\\&=2+c_1e^{-2t}\end{aligned}$$

$$y = 2\left(1 - e^{-2t}\right)$$

【例 5.14】　【例 5.4】で示したように長柱のたわみを表す微分方程式は次式で表される.

$$\frac{d^2 y}{dx^2} + a^2 y = a^2(\delta + e)$$

この微分方程式を微分演算子を用いて解け.

【解答】　$D = \dfrac{d}{dt}$ とおくと，微分方程式は次式のようになる.

$$\left(D^2 + a^2\right)y = a^2(\delta + e)$$

したがって j を虚数単位（$j^2 = -1$）とすると，

$$y = \frac{a^2(\delta + e)}{D^2 + a^2}$$

$$= \frac{a^2(\delta + e)}{(D + aj)(D - aj)}$$

$$= \frac{1}{-aj - aj}\left(\frac{1}{D + aj} - \frac{1}{D - aj}\right)a^2(\delta + e)$$

$$= -\frac{1}{2aj}\left[e^{-ajt}\frac{1}{D}\left(e^{ajt}a^2(\delta + e)\right) - e^{ajt}\frac{1}{D}\left(e^{-ajt}a^2(\delta + e)\right)\right]$$

$$= -\frac{1}{2aj}\left[e^{-ajt}\frac{1}{D}\left(e^{ajt}a^2(\delta + e)\right) - e^{ajt}\frac{1}{D}\left(e^{-ajt}a^2(\delta + e)\right)\right]$$

$$= -\frac{1}{2aj}\left[e^{-ajt}\left\{\int_0^t e^{ajs}a^2(\delta + e)ds + c_1\right\} - e^{ajt}\left\{\int_0^t e^{-ajs}a^2(\delta + e)ds + c_2\right\}\right]$$

$$= -\frac{1}{2aj}\left[c_1 e^{-ajt} + \int_0^t e^{aj(s-t)}a^2(\delta + e)ds - c_2 e^{ajt} - \int_0^t e^{aj(t-s)}a^2(\delta + e)ds\right]$$

$$= \frac{1}{2aj}\left[c_1 e^{-ajt} + \frac{1}{aj}\left[e^{aj(s-t)}\right]_0^t a^2(\delta + e) - c_2 e^{ajt} - \frac{1}{-aj}\left[e^{aj(t-s)}\right]_0^t a^2(\delta + e)\right]$$

$$= -\frac{1}{2aj}\left\{c_1 e^{-ajt} - c_2 e^{ajt} + \frac{1}{aj}\left(1 - e^{-ajt}\right)a^2(\delta + e) + \frac{1}{aj}\left(1 - e^{ajt}\right)a^2(\delta + e)\right\}$$

$$= -\frac{1}{2aj}\left\{c_1 e^{-ajt} - c_2 e^{ajt} + \frac{1}{aj}a^2(\delta + e)\left(\left(1 - e^{-ajt}\right) + \left(1 - e^{ajt}\right)\right)\right\}$$

$$= -\frac{1}{2aj}\left\{c_1(\cos at - j\sin at) - c_2(\cos at + j\sin at)\right.$$
$$\left. + \frac{1}{aj}a^2(\delta + e)(1 - \cos at + j\sin at + 1 - \cos at - j\sin at)\right\}$$

ここで,{　}内の第 1 項と第 2 項は c_1 と c_2 が共役複素数であることから,

$$\begin{cases} c_1 = b_1 + b_2 j \\ c_1 = b_1 - b_2 j \end{cases}$$

とおくと,

$$c_1(\cos at - j\sin at) - c_2(\cos at + j\sin at)$$
$$= (b_1 + b_2 j)(\cos at - j\sin at) - (b_1 - b_2 j)c_2(\cos at + j\sin at))$$
$$= b_1\cos at - jb_1\sin at + jb_2\cos at + b_2\sin at$$
$$-b_1\cos at - jb_1\sin at + jb_2\cos at - b_2\sin at$$
$$= -jb_1\sin at + jb_2\cos at$$

【例題 5.14】の別解

$$\frac{1}{D^2 + a^2}f(x)$$
$$= \frac{1}{a}\left\{\sin ax\int f(x)\cos ax dx - \cos ax\int f(x)\sin ax dx\right\}$$

を使う.

$$\frac{1}{D^2 + a^2}\left\{a^2(\delta + e)\right\}$$
$$= a(\delta + e)\left\{\sin ax\int\cos ax dx - \cos ax\int\sin ax dx\right.$$
$$= a(\delta + e)\left\{\sin ax\left(\frac{1}{a}\sin ax + c_1\right) - \cos ax\left(-\frac{1}{a}\cos ax + c_2\right)\right\}$$
$$= a(\delta + e)\left\{\frac{1}{a}\left(\sin^2 ax + \cos^2 ax\right) + c_1\sin ax - c_2\cos ax\right\}$$
$$= A\sin ax + B\cos ax + \delta + e$$

ここで，$A = a(\delta + e)c_1$,
$B = -a(\delta + e)c_2$

したがって，

$$
\begin{aligned}
&-\frac{1}{2aj}\{c_1(\cos at - j\sin at) - c_2(\cos at + j\sin at) \\
&\qquad + \frac{1}{aj}a^2(\delta+e)(1-\cos at + j\sin at + 1 - \cos at - j\sin at)\Big\} \\
&= -\frac{1}{2aj}\left\{-jb_1\sin at + jb_2\cos at + \frac{2}{aj}a^2(\delta+e)(1-\cos at)\right\} \\
&= \frac{b_1}{2a}\sin at - \frac{b_2}{2a}\cos at + \frac{2}{2a^2}a^2(\delta+e)(1-\cos at) \\
&= \frac{b_1}{2a}\sin at - \left\{\frac{b_2}{2a} + (\delta+e)\right\}\cos at + (\delta+e)
\end{aligned}
$$

ここで，

$$A = \frac{b_1}{2a},\ B = -\left\{\frac{b_2}{2a} + (\delta+e)\right\}$$

とおくと，

$$y = A\sin at + B\cos at + (\delta+e)$$

○n 階同次定数係数線形常微分方程式

$$P(D)x = 0 \tag{5.102}$$

の特性方程式 $P(\lambda)=0$ が互いに異なる実根 $\lambda_1, \lambda_2, ..., \lambda_k$ のみをもつとし，それぞれの重複度を $m_1, m_2, ..., m_k$ $(m_1 + m_2 + ... + m_k = n)$ とすれば，解は

$$x(t) = \sum_{l=1}^{k}\left(\sum_{i=1}^{m} c_{li}t^{i-1}\right)e^{\lambda_l t} \tag{5.103}$$

と書くことができる．

○ n 階同次定数係数線形常微分方程式

$$P(D)x = 0 \tag{5.104}$$

の特性方程式 $P(\lambda)=0$ が互いに異なる実根 $\lambda_1, \lambda_2, ..., \lambda_s$ および互いに異なる虚根 $a_1 \pm jb_1, a_2 \pm jb_2, ..., a_l \pm jb_l$ をもつとし，それらの重複度をそれぞれ $m_1, m_2, ..., m_s,\ n_1, n_2, ..., n_l$ $(m_1 + m_2 + ... + m_s + n_1 + n_2 + ... + n_l = n)$ とすると一般解は，

$$x(t) = \sum_{i=1}^{s} f_i(t)e^{\lambda_i t} + \sum_{k=1}^{l}\left\{g_k(t)e^{a_k t}\cos b_k t + h_k(t)e^{a_k t}\sin b_b t\right\} \tag{5.105}$$

で与えられる．ここで，$f_i(t)$ $(i=1,...,s)$ は $m_i - 1$ 次以下の多項式，$g_i(t), h_i(t)$ $(i=1,...,l)$ は $n_i - 1$ 次以下の多項式である．

5・4・3　定数係数連立線形常微分方程式

式(5.87)の n 元連立 1 階線形常微分方程式の係数 a_{ij} $(i=1,...,n,\ j=1,...,n)$ がすべて定数である n 元連立 1 階同次微分方程式

$$\frac{\mathrm{d}\mathbf{x}}{\mathrm{d}t} = \mathbf{Ax} \tag{5.106}$$

を考える．ここで

$$A = \begin{bmatrix} a_{11} & a_{12} & \cdots & a_{1n} \\ a_{21} & a_{22} & \cdots & a_{2n} \\ \vdots & \vdots & \ddots & \vdots \\ a_{n1} & a_{n2} & \cdots & a_{nn} \end{bmatrix}$$

であり，$\boldsymbol{A}$は定数行列である．$n\times n$行列$\boldsymbol{A}$の指数関数を

$$\begin{aligned} e^{\boldsymbol{A}} &= \boldsymbol{I} + \frac{1}{1!}\boldsymbol{A} + \frac{1}{2!}\boldsymbol{A}^2 + \cdots + \frac{1}{k!}\boldsymbol{A}^k + \cdots \\ &= \sum_{k=1}^{\infty} \frac{\boldsymbol{A}^k}{k!} \end{aligned} \tag{5.107}$$

と定義する．ここで，$\boldsymbol{I}$は単位行列である．行列の指数関数に関して以下の定理が良く知られている．

> 任意の$n\times n$行列$\boldsymbol{A}, \boldsymbol{B}$に対して，次が成り立つ．
>
> (i)　$\boldsymbol{AB} = \boldsymbol{BA}$ならば$e^{\boldsymbol{A}+\boldsymbol{B}} = e^{\boldsymbol{A}}e^{\boldsymbol{B}} = e^{\boldsymbol{B}}e^{\boldsymbol{A}}$
>
> (ii)　$e^{\boldsymbol{A}}$は正則行列であり，$\left(e^{\boldsymbol{A}}\right)^{-1} = e^{-\boldsymbol{A}}$
>
> (iii)　正則行列$\boldsymbol{P}$に対して$e^{\boldsymbol{P}^{-1}\boldsymbol{AP}} = \boldsymbol{P}^{-1}e^{\boldsymbol{A}}\boldsymbol{P}$，および$e^{\boldsymbol{PAP}^{-1}} = \boldsymbol{P}e^{\boldsymbol{A}}\boldsymbol{P}^{-1}$

また，

$$\frac{\mathrm{d}}{\mathrm{d}t}e^{t\boldsymbol{A}} = \boldsymbol{A}e^{t\boldsymbol{A}}$$

○初期値問題

$$\frac{\mathrm{d}\boldsymbol{x}}{\mathrm{d}t} = \boldsymbol{Ax}, \quad \boldsymbol{x}(0) = \boldsymbol{x}_0 \tag{5.108}$$

の解は

$$\boldsymbol{x}(t) = e^{t\boldsymbol{A}}\boldsymbol{x}_0 \tag{5.109}$$

(i)　$\boldsymbol{A}$が対角化可能行列の場合

初期値問題(5.108)において，行列$\boldsymbol{A}$が対角化可能とする．その固有値（eigenvalue）を$\lambda_1, \lambda_2, ..., \lambda_n$，対応する固有ベクトル(eigenvector)を$\boldsymbol{v}_1, \boldsymbol{v}_2, ..., \boldsymbol{v}_n$とおく（多重固有値は重複して数える）．このとき同次定数係数連立線形常微分方程式の初期値問題(5.108)の一般解は

$$\boldsymbol{x}(t) = c_1 e^{\lambda_1 t}\boldsymbol{v}_1 + c_2 e^{\lambda_2 t}\boldsymbol{v}_2 + \cdots + c_n e^{\lambda_n t}\boldsymbol{v}_n \tag{5.110}$$

と与えられる．ここで，$c_1, c_2, ..., c_n$は任意定数である．とくに，

$$\boldsymbol{x}_0 = c_1\boldsymbol{v}_1 + c_2\boldsymbol{v}_2 + \cdots + c_n\boldsymbol{v}_n \tag{5.111}$$

を満足するように$c_1, c_2, ..., c_n$を選べば，初期値問題(5.108)の解が得られる．具体的には，$\boldsymbol{A}$が対称行列のとき$c_i = (\boldsymbol{x}_0, \boldsymbol{v}_i)$とすればよい．

(ii) $\boldsymbol{A}$が対角化できない行列の場合

$\boldsymbol{A}$が対角化できない場合にはジョルダン標準形(Jordan canonical form)を用いて，初期値問題(5.108)の解を求める．第4章で学んだように，$n\times n$行列$\boldsymbol{A}$に対して，適当な正則行列$\boldsymbol{P}$が存在して，$\boldsymbol{J} = \boldsymbol{P}^{-1}\boldsymbol{AP}$とする．$\boldsymbol{A}$が対角化できない場合の，初期値問題(5.108)の解は，実ジョルダン標準形$\boldsymbol{J}$を用いて

$$x(t)=Pe^{tJ}P^{-1}x_0 \tag{5.112}$$

となる．ただし，$P=\lceil v_1, v_2, \cdots, v_n \rceil$と定義する．

○２×２行列の実ジョルダン標準形とその指数関数の例

(i)　A が実数固有値λとμをもち対角化可能（$\lambda=\mu$ の場合を許す）の場合

$$J=\begin{bmatrix}\lambda & 0\\ 0 & \mu\end{bmatrix},\qquad e^{tJ}=\begin{bmatrix}e^{\lambda t} & 0\\ 0 & e^{\mu t}\end{bmatrix}$$

(ii)　Aが虚数固有値 $\alpha\pm j\beta(\beta\neq 0)$をもつ場合

$$J=\begin{bmatrix}\alpha & -\beta\\ \beta & \alpha\end{bmatrix},\qquad e^{tJ}=e^{\alpha t}\begin{bmatrix}\cos\beta t & -\sin\beta t\\ \sin\beta t & \cos\beta\end{bmatrix}$$

(iii)　Aが重複固有値$\lambda=\mu$をもち対角化できない場合

$$J=\begin{bmatrix}\lambda & 1\\ 0 & \lambda\end{bmatrix},\qquad e^{tJ}=e^{\lambda t}\begin{bmatrix}1 & t\\ 0 & 0\end{bmatrix}$$

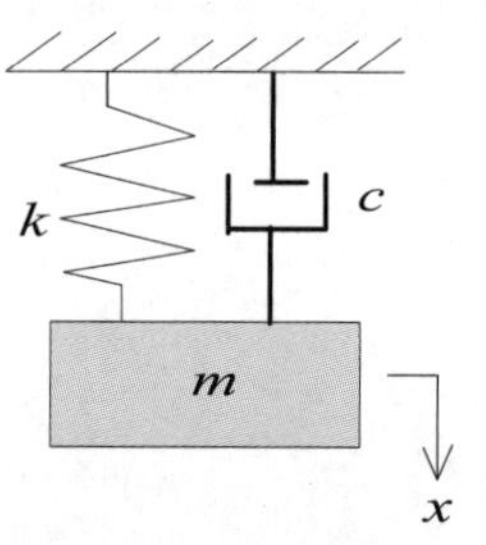

図 5.8　ばね・ダンパ・質点系

【例 5.15】　図 5.8 に示すようなばね・ダンパ・質点系の運動を表す微分方程式は次式で表される．

$$\frac{\mathrm{d}^2x}{\mathrm{d}t^2}+2\zeta\omega_n\frac{\mathrm{d}x}{\mathrm{d}t}+\omega_n{}^2x=0$$

ここで，$\omega_n=\sqrt{\dfrac{k}{m}}, \zeta=\dfrac{c}{2\sqrt{mk}}$

1. 微分方程式を状態量を用いて表せ．

2. ω_n=5rad/s とし，ζ=2.6, 1.0, 0.6 としたときの運動の状態量の関係を求めよ．

【解答】

1.　$x_1=x,\ \ x_2=\dot{x}$ とおくと，次の２つの式が得られる．

$$\begin{cases}\dot{x}_1=x_2\\ \dot{x}_2=-2\zeta\omega x_2-\omega_n{}^2x_1\end{cases}$$

$x=(x_1\ x_2)^T$ として，$\dot{\boldsymbol{x}}=\boldsymbol{A}\boldsymbol{x}$ の形式で表すと，

$$\begin{pmatrix}\dot{x}_1\\ \dot{x}_2\end{pmatrix}=\begin{pmatrix}0 & 1\\ -\omega^2 & -2\zeta\omega_n\end{pmatrix}\begin{pmatrix}x_1\\ x_2\end{pmatrix}$$

2. (1) ζ=2.6 のとき，

$$A=\begin{pmatrix}0 & 1\\ -25 & -26\end{pmatrix}$$

$\det|\lambda I-A|=0$ から固有値λを求める．ここで，

$$I=\begin{pmatrix}1 & 0\\ 0 & 1\end{pmatrix}$$

$$\det|\lambda I-A|=\det\begin{vmatrix}\lambda & -1\\ 25 & \lambda+26\end{vmatrix}=0$$

であるから，

$$\lambda^2+26\lambda+25=(\lambda+1)(\lambda+25)=0$$

したがって，固有値はλ_1=－1，λ_2=－25 である．固有ベクトルを $\boldsymbol{v}$ とすると，$\boldsymbol{A}v=\lambda\boldsymbol{v}$ の関係がある．それぞれの固有値に対する固有ベクトルを $\boldsymbol{v}_1=(v_{11}\ v_{12})^T$ および $\boldsymbol{v}_2=(v_{21}\ v_{22})^T$ とすると，

$$\begin{pmatrix}0 & 1\\ -25 & -26\end{pmatrix}\begin{pmatrix}v_{11}\\ v_{12}\end{pmatrix}=\begin{pmatrix}v_{11}\\ v_{12}\end{pmatrix}$$

$$\begin{pmatrix}0 & 1\\ -25 & -26\end{pmatrix}\begin{pmatrix}v_{21}\\ v_{22}\end{pmatrix}=25\begin{pmatrix}v_{21}\\ v_{22}\end{pmatrix}$$

したがって，$\boldsymbol{v}_1=(a\ -a)^T$，$\boldsymbol{v}_2=(b\ -25b)^T$ となる．ただし $a\neq 0, b\neq 0$ である．

ここで，x_1 を基準として固有ベクトルを表すと，$\boldsymbol{v}_1=(1\ -1)^T$，$\boldsymbol{v}_2=(1\ -25)^T$ となる．これらのベクトルを縦に並べると，変換行列 P は

$$\boldsymbol{P}=\begin{pmatrix}1 & 1\\ -1 & -25\end{pmatrix}$$

逆行列 $\boldsymbol{P}^{-1}$ は，

$$\boldsymbol{P}^{-1}=-\frac{1}{24}\begin{pmatrix}-25 & -1\\ 1 & 1\end{pmatrix}$$

であるから，

$$\boldsymbol{J}=\boldsymbol{P}^{-1}\boldsymbol{AP}=-\frac{1}{24}\begin{pmatrix}-25 & -1\\ 1 & 1\end{pmatrix}\begin{pmatrix}0 & 1\\ -25 & -26\end{pmatrix}\begin{pmatrix}1 & 1\\ -1 & -25\end{pmatrix}=\begin{pmatrix}-1 & 0\\ 0 & -25\end{pmatrix}$$

$\boldsymbol{A}$ は上式のように対角化される．微分方程式の解は，初期条件を $x_1(0)$ および $x_2(0)$ とすると，

$$\boldsymbol{x}=\boldsymbol{P}e^{t\boldsymbol{J}}\boldsymbol{P}^{-1}\boldsymbol{x}_0=-\frac{1}{24}\begin{pmatrix}1 & 1\\ -1 & -25\end{pmatrix}\begin{pmatrix}e^{-t} & 0\\ 0 & e^{-25t}\end{pmatrix}\begin{pmatrix}-25 & -1\\ 1 & 1\end{pmatrix}\begin{Bmatrix}x_1(0)\\ x_2(0)\end{Bmatrix}$$

$$=-\frac{1}{24}\begin{pmatrix}-25e^{-t}+e^{-25t} & -e^{-t}+e^{-25t}\\ 25e^{-t}-25e^{-25t} & e^{-t}-25e^{-25t}\end{pmatrix}\begin{Bmatrix}x_1(0)\\ x_2(0)\end{Bmatrix}$$

(2)ζ=1.0 のとき

$$\boldsymbol{A}=\begin{pmatrix}0 & 1\\ -25 & -10\end{pmatrix}$$

固有値と固有ベクトルは，

$$\det|\lambda I-\boldsymbol{A}|=\det\begin{vmatrix}\lambda & -1\\ 25 & \lambda+10\end{vmatrix}=0$$

であるから，

$$\lambda^2+10\lambda+25=(\lambda+5)^2=0$$

したがって，固有値はλ_1=λ_2=－5（重根）である．固有値に対する固有ベクトルを $\boldsymbol{v}_1=(v_{11}\ v_{12})^T$ とすると，

$$\begin{pmatrix}0 & 1\\ -25 & -10\end{pmatrix}\begin{pmatrix}v_{11}\\ v_{12}\end{pmatrix}=-5\begin{pmatrix}v_{11}\\ v_{12}\end{pmatrix}$$

であるから，$\boldsymbol{v}_1=(1\ -5)^T$ となる．もうひとつの一般化固有ベクトル

【例題 5.15】 (1),(2)の別解

(1)ζ=2.6 のとき

式(5.100)から，

$$x=c_1e^{-t}+c_2e^{-25t} \qquad \text{(a)}$$

式(a)を t で微分すると，

$$\dot{x}=-c_1e^{-t}-25c_2e^{-25t} \qquad \text{(b)}$$

初期条件 t=0 で $x=x_1(0)$，$\dot{x}=x_2(0)$ を考慮すると，

$$\begin{cases}x_1(0)=c_1+c_2\\ x_2(0)=-c_1-25c_2\end{cases} \qquad \text{(c)}$$

であるから，

$$\begin{cases}c_1=\dfrac{1}{24}\{25x_1(0)+x_2(0)\}\\ c_2=-\dfrac{1}{24}\{x_1(0)+x_2(0)\}\end{cases} \qquad \text{(d)}$$

(2)ζ=1.0 のとき

式(5.101)から，

$$x=c_1e^{-5t}+c_2te^{-5t} \qquad \text{(e)}$$

式(e)を t で微分すると，

$$\dot{x}=(c_2-5c_1)e^{-5t}-5c_2te^{-5t} \qquad \text{(f)}$$

初期条件 t=0 で $x=x_1(0)$，$\dot{x}=x_2(0)$ を考慮すると，

$$\begin{cases}x_1(0)=c_1\\ x_2(0)=-5c_1+c_2\end{cases} \qquad \text{(g)}$$

であるから，

$$\begin{cases}c_1=x_1(0)\\ c_2=5x_1(0)+x_2(0)\end{cases} \qquad \text{(h)}$$

$\boldsymbol{v}_2 = (v_{21}\ v_{22})^T$ は $(\boldsymbol{A} - \lambda_1 \boldsymbol{I})\boldsymbol{v}_2 = \boldsymbol{v}_1$ より，

$$\begin{pmatrix} 5 & 1 \\ -25 & -5 \end{pmatrix}\begin{pmatrix} v_{21} \\ v_{22} \end{pmatrix} = \begin{pmatrix} 1 \\ -5 \end{pmatrix}$$

上式から $5v_{21} + v_{22} = 1$ となるので，たとえば $\boldsymbol{v}_2 = (0\ 1)^T$ と選ぶと，

$$\boldsymbol{P} = \begin{pmatrix} 1 & 0 \\ -5 & 1 \end{pmatrix}$$

逆行列 $\boldsymbol{P}^{-1}$ は，

$$\boldsymbol{P}^{-1} = \begin{pmatrix} 1 & 0 \\ 5 & 1 \end{pmatrix}$$

であるから，$\boldsymbol{A}$ は次のようなのジョルダン標準形に変換される．

$$\boldsymbol{J} = \boldsymbol{P}^{-1}\boldsymbol{A}\boldsymbol{P} = \begin{pmatrix} 1 & 0 \\ 5 & 1 \end{pmatrix}\begin{pmatrix} 0 & 1 \\ -25 & -10 \end{pmatrix}\begin{pmatrix} 1 & 0 \\ -5 & 1 \end{pmatrix} = \begin{pmatrix} -5 & 1 \\ 0 & -5 \end{pmatrix}$$

したがって，微分方程式の解は，

$$\boldsymbol{x} = \boldsymbol{P}e^{t\boldsymbol{J}}\boldsymbol{P}^{-1}\boldsymbol{x}_0 = \begin{pmatrix} 1 & 0 \\ -5 & 1 \end{pmatrix} e^{-5t}\begin{pmatrix} 1 & t \\ 0 & 1 \end{pmatrix}\begin{pmatrix} 1 & 0 \\ 5 & 1 \end{pmatrix}\begin{Bmatrix} x_1(0) \\ x_2(0) \end{Bmatrix}$$
$$= e^{-5t}\begin{pmatrix} 1+5t & t \\ -25t & 1-5t \end{pmatrix}\begin{Bmatrix} x_1(0) \\ x_2(0) \end{Bmatrix}$$

(3)ζ=0.6 のとき

$$\boldsymbol{A} = \begin{pmatrix} 0 & 1 \\ -25 & -6 \end{pmatrix}$$

固有値と固有ベクトルは，

$$\det|\lambda I - A| = \det\begin{vmatrix} \lambda & -1 \\ 25 & \lambda+6 \end{vmatrix} = 0$$

であるから，

$$\lambda^2 + 6\lambda + 25 = 0$$

したがって，固有値は $\lambda_1 = -3+4j$，$\lambda_2 = -3-4j$ である．固有ベクトルを $\boldsymbol{v}$ とすると，$\boldsymbol{A}\boldsymbol{v} = \lambda\boldsymbol{v}$ の関係がある．それぞれの固有値に対する固有ベクトルを $\boldsymbol{v}_1 = (v_{11}\ v_{12})^T$ および $\boldsymbol{v}_2 = (v_{21}\ v_{22})^T$ とすると，

$$\begin{pmatrix} 0 & 1 \\ -25 & -6 \end{pmatrix}\begin{pmatrix} v_{11} \\ v_{12} \end{pmatrix} = (-3+4j)\begin{pmatrix} v_{11} \\ v_{12} \end{pmatrix}$$
$$\begin{pmatrix} 0 & 1 \\ -25 & -6 \end{pmatrix}\begin{pmatrix} v_{21} \\ v_{22} \end{pmatrix} = (-3-4j)\begin{pmatrix} v_{21} \\ v_{22} \end{pmatrix}$$

したがって，固有ベクトルは $\boldsymbol{v}_1 = (1\ \ -3+4j)^T$，$\boldsymbol{v}_2 = (1\ \ -3-4j)^T$ となる．これらのベクトルを縦に並べると，変換行列 $\boldsymbol{P}$ は

$$\boldsymbol{P} = \begin{pmatrix} 1 & 1 \\ -3+4j & -3-4j \end{pmatrix}$$

逆行列 $\boldsymbol{P}^{-1}$ は，

$$\boldsymbol{P}^{-1} = -\frac{1}{8j}\begin{pmatrix} -3-4j & -1 \\ 3-4j & 1 \end{pmatrix}$$

【例題 5.15】 (3)の別解

(3)ζ=0.6 のとき

式(5.100)から，

$$x = c_1 e^{(-3+4j)t} + c_2 e^{(-3-4j)t}$$
$$= e^{-3t}(c_3 \cos 4t + c_4 \sin 4t) \tag{i}$$

式(i)を t で微分すると，

$$\dot{x} = -3e^{-3t}(c_3 \cos 4t + c_4 \sin 4t)$$
$$-4e^{-3t}(c_3 \sin 4t - c_4 \cos 4t) \tag{j}$$

初期条件 t=0 で $x = x_1(0)$，$\dot{x} = x_2(0)$ を考慮すると，

$$\begin{cases} x_1(0) = c_3 \\ x_2(0) = -3c_3 + 4c_4 \end{cases} \tag{k}$$

であるから，

$$\begin{cases} c_3 = x_1(0) \\ c_4 = \dfrac{1}{4}\{3x_1(0) + x_2(0)\} \end{cases} \tag{l}$$

であるから，

$$J=P^{-1}AP=-\frac{1}{8i}\begin{pmatrix}-3-4j & -1\\ 3-4j & 1\end{pmatrix}\begin{pmatrix}0 & 1\\ -25 & -6\end{pmatrix}\begin{pmatrix}1 & 1\\ -3+4j & -3-4j\end{pmatrix}=\begin{pmatrix}-3+4j & 0\\ 0 & -3-4j\end{pmatrix}$$

Jは上式のように複素数を含む形で対角化される．

微分方程式の実数解を求めてみる．変換行列を

$$P=\begin{pmatrix}1 & 0\\ -3 & 4\end{pmatrix}$$

逆行列 P^{-1} は，

$$P^{-1}=\frac{1}{4}\begin{pmatrix}4 & 0\\ 3 & 1\end{pmatrix}$$

であるから，

$$J=P^{-1}AP=\frac{1}{4}\begin{pmatrix}4 & 0\\ 3 & 1\end{pmatrix}\begin{pmatrix}0 & 1\\ -25 & -6\end{pmatrix}\begin{pmatrix}1 & 0\\ -3 & 4\end{pmatrix}=\begin{pmatrix}-3 & 4\\ -4 & -3\end{pmatrix}$$

Aは上式のようにジョルダン標準形に変換される．微分方程式の解は，

$$x=Pe^{tJ}P^{-1}x_0=\frac{1}{4}\begin{pmatrix}1 & 0\\ -3 & 4\end{pmatrix}e^{-3t}\begin{pmatrix}\cos 4t & \sin 4t\\ -\sin 4t & \cos 4t\end{pmatrix}\begin{pmatrix}4 & 0\\ 3 & 1\end{pmatrix}\begin{Bmatrix}x_1(0)\\ x_2(0)\end{Bmatrix}$$

$$=\frac{e^{-3t}}{4}\begin{pmatrix}4\cos 4t+3\sin 4t & \sin 4t\\ -25\sin 4t & 4\cos 4t-3\sin 4t\end{pmatrix}\begin{Bmatrix}x_1(0)\\ x_2(0)\end{Bmatrix}$$

○非同次定数係数連立線形常微分方程式

$$\frac{\mathrm{d}\mathbf{x}}{\mathrm{d}t}=\mathbf{Ax}+\mathbf{f}(t),\quad \mathbf{x}(0)=\mathbf{x}_0 \tag{5.113}$$

の解は

$$\mathbf{x}(t)=e^{t\mathbf{A}}\mathbf{x}_0+\int_0^t e^{(t-s)\mathbf{A}}\mathbf{f}(s)\mathrm{d}s \tag{5.114}$$

で与えられる．

【例 5.16】　【例 5.12】のようにばね・質点系が静止状態から入力 $f(t)$を受けるときの運動方程式は次式で与えられる．

$$m\frac{\mathrm{d}^2x}{\mathrm{d}t^2}+kx=f(t) \tag{5.115}$$

m=2kg，k=200N/s であり，$f(t)$=40N(t>0)であるときの応答を式(5.114)を用いて求めよ．ただし，初期条件を $x(0)$=0m，$\dot{x}(0)=0$ m/s とせよ．

【解答】　式(5.115)の両辺を m で割ると次式のようになる．

$$\frac{\mathrm{d}^2x}{\mathrm{d}t^2}+\frac{k}{m}x=\frac{f(t)}{m}$$

数値を代入すると，

$$\frac{\mathrm{d}^2x}{\mathrm{d}t^2}+100x=20$$

$x_1=x,\quad x_2=\dot{x}$ とおくと，次の 2 つの式が得られる．

【例 5.16】の別解

図 5.9 のばね・質点系が短時間(Δt)に力積 I で表される力を受けた場合に，質点は瞬間的に $\dot{x}=I/m$ で運動を始める．

（続く）

【例 5.16】の別解（続き）

$$m\frac{\mathrm{d}^2x}{\mathrm{d}t^2}+kx=0 \quad \text{(a)}$$

の解は

$$x=A\sin\omega_n t+B\cos\omega_n t \quad \text{(b)}$$

となり，

$$\dot{x}=\omega_n A\cos\omega_n t-\omega_n B\sin\omega_n t \quad \text{(c)}$$

この場合，初期条件

$$x(0)=0,\ \dot{x}(0)=I/m\omega_n \quad \text{(d)}$$

で運動することと等価であるから，これらの条件を式(b)および式(c)に代入すると，

$$A=I/m,\ B=0 \quad \text{(e)}$$

したがって，

$$x=\frac{I}{m\omega_n}\sin\omega_n t \quad \text{(f)}$$

ここで，$\Delta t\to 0, I\to 0$となるような力（単位インパルス入力）を考えると，

$$h(t)=\frac{1}{m\omega_n}\sin\omega_n t \quad \text{(g)}$$

任意の時刻 $t=\tau$において微小時間$(\Delta\tau)$に作用する入力 $f(\tau)$を考えると，応答は次式で与えられる．

$$h(t-\tau)f(\tau)\Delta\tau \quad \text{(h)}$$

したがって，時刻 t における応答は$\Delta\tau\to 0$として次式のようにτに関して 0 から t まで積分することによって求まる．

$$x=\int_0^t h(t-\tau)f(\tau)\mathrm{d}\tau \quad \text{(i)}$$

式(i)に式(g)を用いると，

$$\begin{aligned}x&=\int_0^t\frac{1}{m\omega_n}\sin\omega_n(t-\tau)f(\tau)\mathrm{d}\tau\\&=\int_0^t\frac{1}{20}\sin 10(t-\tau)\cdot 40\mathrm{d}\tau\\&=\left[\frac{2}{10}\cos 10(t-\tau)\right]_0^t\\&=0.2(1-\cos 10t)\end{aligned}$$

この式を t で微分すると，

$$\dot{x}=2\sin 10t$$

$$\begin{cases}\dot{x}_1=x_2\\ \dot{x}_2=-100x_1+20\end{cases}$$

$\boldsymbol{x}=(x_1\ x_2)^T$として，式(5.113)のように$\dot{\boldsymbol{x}}=\boldsymbol{A}\boldsymbol{x}+\boldsymbol{f}(t)$の形式で表すと，

$$\begin{pmatrix}\dot{x}_1\\ \dot{x}_2\end{pmatrix}=\begin{pmatrix}0&1\\-100&0\end{pmatrix}\begin{pmatrix}x_1\\x_2\end{pmatrix}+\begin{pmatrix}0\\20\end{pmatrix}$$

初期条件は，

$$\boldsymbol{x}_0(t)=\begin{pmatrix}x_1(0)\\x_2(0)\end{pmatrix}=\begin{pmatrix}0\\0\end{pmatrix}$$

行列 $\boldsymbol{A}=\begin{pmatrix}0&1\\-100&0\end{pmatrix}$の固有値は固有値と固有ベクトルは，

$$\det|\lambda I-\boldsymbol{A}|=\det\begin{vmatrix}\lambda&-1\\100&\lambda\end{vmatrix}=0$$

であるから，

$$\lambda^2+100=0$$

したがって，固有値はλ_1=10i, λ_2=-10i である．固有ベクトルを $\boldsymbol{v}$ とすると，$\boldsymbol{A}\boldsymbol{v}=\lambda\boldsymbol{v}$ の関係がある．それぞれの固有値に対する固有ベクトルを

$\boldsymbol{v}_1=(v_{11}\ v_{12})^T$ および $\boldsymbol{v}_2=(v_{21}\ v_{22})^T$ とすると，

$$\begin{pmatrix}0&1\\-100&0\end{pmatrix}\begin{pmatrix}v_{11}\\v_{12}\end{pmatrix}=10i\begin{pmatrix}v_{11}\\v_{12}\end{pmatrix}$$

$$\begin{pmatrix}0&1\\-100&0\end{pmatrix}\begin{pmatrix}v_{21}\\v_{22}\end{pmatrix}=-10i\begin{pmatrix}v_{21}\\v_{22}\end{pmatrix}$$

したがって，固有ベクトルは$\boldsymbol{v}_1=(1\quad 10i)^T$，$\boldsymbol{v}_2=(1\quad -10i)^T$となる．

ここで，実数解を求めてみる．変換行列を

$$\boldsymbol{P}=\begin{pmatrix}1&0\\0&10\end{pmatrix}$$

逆行列 $\boldsymbol{P}^{-1}$は，

$$\boldsymbol{P}^{-1}=\frac{1}{10}\begin{pmatrix}10&0\\0&1\end{pmatrix}$$

であるから，

$$\boldsymbol{J}=\boldsymbol{P}^{-1}\boldsymbol{A}\boldsymbol{P}=\frac{1}{10}\begin{pmatrix}10&0\\0&1\end{pmatrix}\begin{pmatrix}0&1\\-100&0\end{pmatrix}\begin{pmatrix}1&0\\0&10\end{pmatrix}=\begin{pmatrix}0&10\\-10&0\end{pmatrix}$$

$\boldsymbol{A}$は上式のようにジョルダン標準形に変換される．式(5.114)から微分方程式の解は $x(0)$=0, $\dot{x}(t)=0$であることから，

$$\begin{aligned}\mathbf{x}&=\mathbf{P}e^{t\mathbf{J}}\mathbf{P}^{-1}\mathbf{x}_0+\int_0^t\mathbf{P}e^{(t-s)\mathbf{J}}\mathbf{P}^{-1}\mathbf{f}(s)\mathrm{d}s\\&=\int_0^t\frac{1}{10}\begin{pmatrix}1&0\\0&10\end{pmatrix}\begin{pmatrix}\cos 10(t-s)&\sin 10(t-s)\\-\sin 10(t-s)&\cos 10(t-s)\end{pmatrix}\begin{pmatrix}10&0\\0&1\end{pmatrix}\begin{pmatrix}0\\20\end{pmatrix}\mathrm{d}s\\&=\int_0^t\begin{pmatrix}2\sin 10(t-s)\\20\cos 10(t-s)\end{pmatrix}\mathrm{d}s\end{aligned}$$

$$= \begin{Bmatrix} 0.2(1-\cos 10t) \\ 2\sin 10t \end{Bmatrix}$$

5・5　解のふるまい

5・5・1　安定性

未知の n 次元関数ベクトル $\boldsymbol{x}(t)$ に関する自励的微分方程式

$$\frac{\mathrm{d}\mathbf{x}}{\mathrm{d}t} = \mathbf{f}(\mathbf{x}(t)) \tag{5.116}$$

の解のふるまいを理解する指標として，安定性は重要な役割をはたす．ここで，$\boldsymbol{x} = \lceil x_1 \cdots x_n \rceil^T$，$\boldsymbol{f} = \lceil f_1 \cdots f_n \rceil^T$ であり，一般に平衡点(equilibrium point)はいくつかあるが，ここでは原点 $x = 0$ も平衡点あるとする．ここで，平衡点とは式(5.116)において $\boldsymbol{f}(\boldsymbol{x}) = 0$ を満たす点 x である．安定性の意味も様々（リアプノフ安定，漸近安定，指数安定）であるが，ここでは原点に収束する場合を安定，そうでない場合を不安定とする．

> 平衡点
> 自励的微分方程式
> $\dfrac{\mathrm{d}\mathbf{x}}{\mathrm{d}t} = \mathbf{f}(\mathbf{x})$
> において $\boldsymbol{f}(\boldsymbol{x}) = 0$ を満たす軌道 x

【例 5.17】　次の 2 つの微分方程式の解の安定性を調べよ．

$$\dot{x}_1 = -\frac{1}{t}x_1, \quad x_1(0) = 1$$

$$\dot{x}_2 = x_2, \quad x_2(0) = 1$$

【解答】これらの微分方程式を解くと，

$x_1 = \dfrac{1}{t}$，$x_2 = e^t$ となる．x_1 は時間 t が無限大で 0 に収束するので安定である．x_2 は時間 t が無限大で発散するので不安定である．

5・5・2　解の時間発展と相平面(phase plane)の解曲線

相空間とは，運動の状態を 1 点で対応させることができるようにした高次元空間であり，質点の位置と速度の各々の x, y, z 成分を直交軸（座標）とする空間のことである．1 階の微分方程式

$$\frac{\mathrm{d}x_i}{\mathrm{d}t} = f_i(x_1, x_2, \ldots, x_n, t) \qquad (i = 1, 2, \ldots., n)) \tag{5.117}$$

が，任意の時刻 t を与えると解が相空間上の 1 つの点として表され，解の時間発展は相空間上の 1 つの曲線として表される．相空間にすべての解軌道を書き込んだものを相図あるいは相空間図という．実際にはすべての解軌道を書くことはできないので，いくつかの代表的な軌道を書いたものを相図と呼んでいる．

【例 5.18】　【例 5.15】に示したばね・ダンパ・質点系の運動を表す次の微分方程式

$$\frac{\mathrm{d}^2x}{\mathrm{d}t^2}+2\zeta\omega_n\frac{\mathrm{d}x}{\mathrm{d}t}+\omega_n{}^2x=0$$

についてω_n=5rad/s とし，ζ=2.6，1.0，0.6 の場合についての解軌道を示せ．

初期条件は $y=\dfrac{\mathrm{d}x}{\mathrm{d}t}$ としたときに

(a) $x(0)$=1m，$y(0)$=0m/s　(b) $x(0)$= −1 m，$y(0)$=0m/s

とする．

【解答】

微分方程式は次式のようになる．

$$\begin{cases}\dot{x}=y\\ \dot{y}=-2\zeta\omega_n y-\omega_n{}^2x\end{cases}$$

(1)ζ=2.6 のとき，【例 5.15】から

$$\begin{pmatrix}x\\y\end{pmatrix}=-\frac{1}{24}\begin{pmatrix}-25e^{-t}+e^{-25t} & -e^{-t}+e^{-25t}\\ 25e^{-t}-25e^{-25t} & e^{-t}-255e^{-25t}\end{pmatrix}\begin{Bmatrix}x(0)\\y(0)\end{Bmatrix}$$

(a)初期条件 $x(0)$=1m，$y(0)$=0 m/s を代入すると，

$$\begin{cases}x=\dfrac{1}{24}\left(25e^{-t}-e^{-25t}\right)\\ y=-\dfrac{1}{24}\left(25e^{-t}-25e^{-25t}\right)\end{cases}$$

(b) 初期条件 $x(0)$= −1 m，$y(0)$=0 m/s を代入すると，

$$\begin{cases}x=\dfrac{-1}{24}\left(25e^{-t}-e^{-25t}\right)\\ y=\dfrac{1}{24}\left(25e^{-t}-25e^{-25t}\right)\end{cases}$$

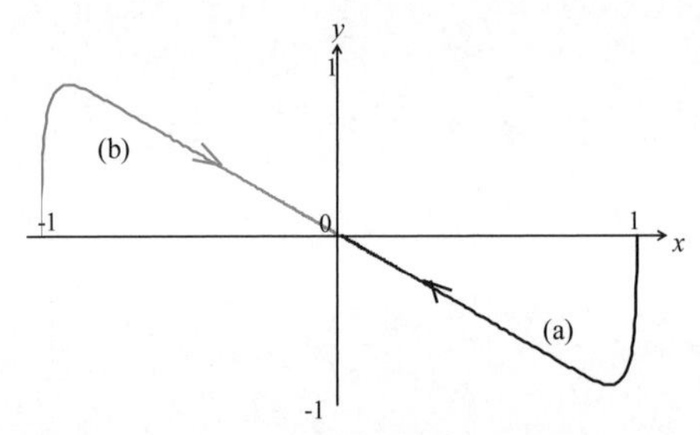

図 5.9　解軌道(ζ=2.6)

解軌跡を図 5.9 に示す．

(2) ζ=1.0 のとき，【例 5.15】から

$$\begin{pmatrix}x\\y\end{pmatrix}=e^{-5t}\begin{pmatrix}1+5t & t\\ -25t & -5t+1\end{pmatrix}\begin{Bmatrix}x(0)\\y(0)\end{Bmatrix}$$

(a)初期条件 $x(0)$=1，$y(0)$=0 m/s を代入すると，

$$\begin{cases}x=(1+5t)e^{-5t}\\ y=-25te^{-5t}\end{cases}$$

(b) 初期条件 $x(0)$= −1，$y(0)$=0m/s を代入すると，

$$\begin{cases}x=-(1+5t)e^{-5t}\\ y=25te^{-5t}\end{cases}$$

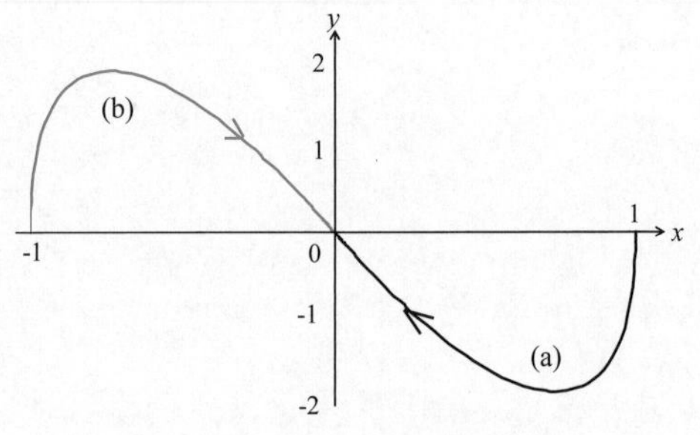

図 5.10　解軌道(ζ=1.0)

解軌跡を図 5.10 に示す．

(3)ζ=0.6 のとき，【例 5.15】から

$$\begin{pmatrix} x \\ y \end{pmatrix} = \frac{e^{-3t}}{4}\begin{pmatrix} 4\cos 4t + 3\sin 4t & \sin 4t \\ -25\sin 4t & 4\cos 4t - 3\sin 4t \end{pmatrix}\begin{Bmatrix} x(0) \\ y(0) \end{Bmatrix}$$

(a)初期条件 $x(0)=1$，$y(0)=0$ m/s を代入すると，

$$\begin{cases} x = e^{-3t}\left(\cos 4t + \dfrac{3}{4}\sin 4t\right) \\ y = -\dfrac{25}{4}e^{-3t}\sin 4t \end{cases}$$

(b) 初期条件 $x(0)=-1$，$y(0)=0$ m/s を代入すると，

$$\begin{cases} x = -e^{-3t}\left(\cos 4t + \dfrac{3}{4}\sin 4t\right) \\ y = \dfrac{25}{4}e^{-3t}\sin 4t \end{cases}$$

解軌跡を図 5.11 に示す．

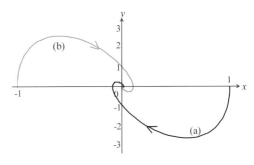

図 5.11　解軌道(ζ=0.6)

5・6　振動と微分方程式

5・6・1　調和振動

一定の時間間隔をおいて同じ現象が繰り返されるような振動を周期運動(periodic motion)という．

【例 5.19】　図 5.12 に示した 2 慣性系の固有振動数を求め，初期条件が $u_1(0)=0.2$m，$u_2(0)=0.4$m，$\dot{u}_1(0)=\dot{u}_2(0)=0$ m/s のときの振動を求めよ．ただし，$m_1=m_2=1$kg，$k_1=k_2=k_3=100$N/m である．

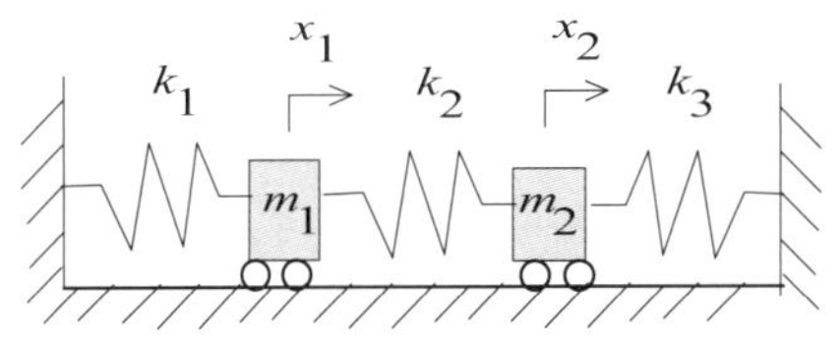

図 5.12　2 慣性系

【解答】　運動を表す微分方程式は，ばねに生じる反力を考慮した力のつり合いから

$$\begin{cases} m_1\dfrac{\mathrm{d}^2u_1}{\mathrm{d}t^2} = -k_1u_1 - k_2(u_1 - u_2) \\ m_2\dfrac{\mathrm{d}^2u_2}{\mathrm{d}t^2} = -k_3u_2 - k_2(u_2 - u_1) \end{cases} \tag{5.118}$$

ここで，$u_1=x_1$，$u_2=x_2$，$\dfrac{\mathrm{d}u_1}{\mathrm{d}t}=x_3$，$\dfrac{\mathrm{d}u_2}{\mathrm{d}t}=x_4$ とおいて微分方程式をベクトル表示すると

$$\frac{\mathrm{d}}{\mathrm{d}t}\begin{bmatrix} x_1 \\ x_2 \\ x_3 \\ x_4 \end{bmatrix} = \begin{bmatrix} 0 & 0 & 1 & 0 \\ 0 & 0 & 0 & 1 \\ -\dfrac{k_1}{m_1}-\dfrac{k_2}{m_1} & \dfrac{k_2}{m_1} & 0 & 0 \\ \dfrac{k_2}{m_2} & -\dfrac{k_2}{m_2}-\dfrac{k_3}{m_2} & 0 & 0 \end{bmatrix}\begin{bmatrix} x_1 \\ x_2 \\ x_3 \\ x_4 \end{bmatrix} \tag{5.119}$$

を得る．式(5.119)は 4 元連立 1 階線形常微分方程式であるので

$$\dot{\boldsymbol{x}} = \boldsymbol{A}\boldsymbol{x}, \qquad \boldsymbol{x}(0) = \boldsymbol{x}_0 \tag{5.120}$$

と書ける．ただし，

$$\boldsymbol{x} = [x_1\ x_2\ x_3\ x_4]^T, \quad \boldsymbol{x}(0) = [x_1(0)\,x_2(0)\,x_3(0)\,x_4(0)]^T$$

【例 5.19】の別解

外から力が働かない場合の質点の振動は

$$\begin{cases} u_1 = U_1\sin(\omega t + \alpha) \\ u_2 = U_2\sin(\omega t + \alpha) \end{cases} \tag{a}$$

で表される．式(a)を t で 2 回微分すると，

$$\begin{cases} \ddot{u}_1 = -\omega^2 U_1\sin(\omega t + \alpha) \\ \ddot{u}_2 = -\omega^2 U_2\sin(\omega t + \alpha) \end{cases} \tag{b}$$

式(a)および式(b)を式(5.118)に代入し，両辺を $\sin(\omega t+\alpha)$で割って整理すると，

$$\begin{cases} (k_1 + k_2 - m_1\omega^2)U_1 - k_2U_2 = 0 \\ -k_2U_1 + (k_2 + k_3 - m_2\omega^2)U_2 = 0 \end{cases} \tag{c}$$

(続く)

【例 5.19】の別解（続き）

式 (c) を行列表示すると，

$$\begin{bmatrix} k_1+k_2-m_1\omega^2 & -k_2 \\ -k_2 & k_2+k_3-m_2\omega^2 \end{bmatrix}\begin{bmatrix} U_1 \\ U_2 \end{bmatrix} = \begin{bmatrix} 0 \\ 0 \end{bmatrix} \quad \text{(d)}$$

式(d)が成立つためには

$$\begin{vmatrix} k_1+k_2-m_1\omega^2 & -k_2 \\ -k_2 & k_2+k_3-m_2\omega^2 \end{vmatrix} = 0 \quad \text{(e)}$$

でなければならない．式(e)を展開すると，

$$\begin{aligned}&\left(k_1+k_2-m_1\omega^2\right)\left(k_2+k_3-m_2\omega^2\right)-k_2{}^2\\&=m_1m_2\omega^4-\{(k_1+k_2)m_2+(k_2+k_3)m_1\}\\&\quad+(k_1+k_2)(k_2+k_3)-k_2{}^2=0\end{aligned} \quad \text{(f)}$$

両辺を m_1m_2 で割ると，

$$\omega^4-\left(\frac{k_1+k_2}{m_1}+\frac{k_2+k_3}{m_2}\right)\omega^2+\frac{k_1+k_2}{m_1}\frac{k_2+k_3}{m_2}-\frac{k_2{}^2}{m_1m_2}=0 \quad \text{(g)}$$

ここで，

$$A=\frac{k_1+k_2}{m_1},\ B=\frac{k_2+k_3}{m_2},\ C=\frac{k_2{}^2}{m_1m_2}$$

とおくと，

$$\omega^4-(A+B)\omega^2+AB-C=0 \quad \text{(h)}$$

であるから，

$$\omega^2=\frac{(A+B)\pm\sqrt{(A-B)^2+4C}}{2} \quad \text{(i)}$$

式(i)は正の実数解であるから，

$$\begin{cases}\omega_1=\sqrt{\dfrac{(A+B)-\sqrt{(A-B)^2+4C}}{2}}\\ \omega_2=\sqrt{\dfrac{(A+B)+\sqrt{(A-B)^2+4C}}{2}}\end{cases} \quad \text{(j)}$$

1 次振動数に対する質点 1 と質点 2 の振幅をそれぞれ U_{11} および U_{12} とすると，式(c)から，

（続く）

$$\boldsymbol{A}=\begin{bmatrix}0&0&1&0\\0&0&0&1\\a_{11}&a_{12}&0&0\\a_{21}&a_{22}&0&0\end{bmatrix}$$

ここで，

$$a_{11}=-\frac{k_1}{m_1}-\frac{k_2}{m_1},\ a_{12}=\frac{k_2}{m_1},\ a_{21}=\frac{k_2}{m_2},\ a_{22}=-\frac{k_2}{m_2}-\frac{k_3}{m_2},$$

である．行列の指数関数を用いて式(5.120)の解を求める．行列 $\boldsymbol{A}$ の固有値は特性方程式

$$\begin{aligned}\det(s\boldsymbol{I}-\boldsymbol{A})&=s^4-(a_{11}+a_{22})s^2+a_{11}a_{22}-a_{12}a_{21}\\&=s^4+bs^2+c=0\end{aligned}$$

ここで，

$$b=-(a_{11}+a_{22})=\frac{k_1}{m_1}+\frac{k_2}{m_1}+\frac{k_2}{m_2}+\frac{k_3}{m_2},\ c=\frac{k_1k_2}{m_1m_2}+\frac{k_1k_3}{m_1m_2}+\frac{k_2k_3}{m_1m_2}$$

の解であり，

$$s^2=\frac{-b\pm\sqrt{b^2-4c}}{2}$$

したがって，行列 $\boldsymbol{A}$ の固有値は

$$s=\pm j\sqrt{\frac{b\pm\sqrt{b^2-4c}}{2}}$$

となる．

$\omega_1=\sqrt{\dfrac{b-\sqrt{b^2-4c}}{2}},\ \omega_2=\sqrt{\dfrac{b+\sqrt{b^2-4c}}{2}}$ とおくと，行列 $\boldsymbol{A}$ に対する実ジョルダン標準形 $\boldsymbol{J}$ とその指数関数 $e^{t\boldsymbol{J}}$ は

$$\boldsymbol{J}=\begin{bmatrix}0&-\omega_1&0&0\\\omega_1&0&0&0\\0&0&0&-\omega_2\\0&0&\omega_2&0\end{bmatrix},\ e^{t\boldsymbol{J}}=\begin{bmatrix}\cos\omega_1&-\sin\omega_1t&0&0\\\sin\omega_1t&\cos\omega_1t&0&0\\0&0&\cos\omega_2t&-\sin\omega_2t\\0&0&\sin\omega_2t&\cos\omega_2t\end{bmatrix}$$

また，式(5.112)から

$$\boldsymbol{x}=\boldsymbol{P}e^{t\boldsymbol{J}}\boldsymbol{P}^{-1}\boldsymbol{x}_0$$

となる．$\boldsymbol{x}_0$ を任意とすれば変換行列 $\boldsymbol{P}$ は実数行列であるので式(5.118)の一般解は

$$\begin{aligned}u_1&=c_{11}\sin\omega_1t+c_{12}\cos\omega_1t+c_{13}\sin\omega_2t+c_{14}\cos\omega_2t\\u_2&=c_{21}\sin\omega_1t+c_{22}\cos\omega_1t+c_{23}\sin\omega_2t+c_{24}\cos\omega_2t\end{aligned}$$

となる．ここで，$c_{13}=c_{14}=c_{23}=c_{24}=0$ とすると，1 次振動数の振動だけが生じる．この条件で u_1 および u_2 を微分方程式に代入し，任意の t に対して上式が成立することから，次の関係が得られる．

$$\frac{c_{21}}{c_{11}}=\frac{c_{22}}{c_{12}}=\frac{k_1+k_2-m_1\omega_1{}^2}{k_2}=\frac{k_2}{k_2+k_3-m_2\omega_1{}^2}=r_1$$

同様に $c_{11}=c_{12}=c_{21}=c_{22}=0$ とすると，2 次振動数の振動だけが生じ，次の関係が得られる．

$$\frac{c_{23}}{c_{13}}=\frac{c_{24}}{c_{14}}=\frac{k_1+k_2-m_1\omega_2{}^2}{k_2}=\frac{k_2}{k_2+k_3-m_2\omega_2{}^2}=r_2$$

したがって，次式が得られる．

$$u_1=c_{11}\sin\omega_1 t+c_{12}\cos\omega_1 t+c_{13}\sin\omega_2 t+c_{14}\cos\omega_2 t$$
$$u_2=r_1c_{21}\sin\omega_1 t+r_1c_{22}\cos\omega_1 t+r_2c_{23}\sin\omega_2 t+r_2c_{24}\cos\omega_2 t$$

これらの式を t で微分すると，

$$\dot{u}_1=c_{11}\omega_1\cos\omega_1 t-c_{12}\omega_1\sin\omega_1 t+c_{13}\omega_2\cos\omega_2 t-c_{14}\omega_2\sin\omega_2 t$$
$$\dot{u}_2=r_1c_{11}\omega_1\cos\omega_1 t-r_1c_{12}\omega_1\sin\omega_1 t+r_2c_{13}\omega_2\cos\omega_2 t-r_2c_{14}\omega_2\sin\omega_2 t$$

与えられた数値を代入すると，ω_1=10rad/s，ω_2=17.3rad/s となり，r_1=1，r_2=-1 となる．上式にこれらの値と t=0 を代入すると，

$$u_1(0)=c_{12}+c_{14}=0.2$$
$$u_2(0)=c_{12}-c_{14}=0.4$$
$$\dot{u}_1(0)=10c_{11}+1.73c_{13}=0$$
$$\dot{u}_2(0)=10c_{11}-1.73c_{13}=0$$

これらの式から，c_{11}=0，c_{12}=0.3，c_{13}=0，c_{14}=-0.1 となる．

以上のことから図 5.12 の振動は次のようになる．

$$u_1=0.3\cos 10t-0.1\cos 17.3t$$
$$u_2=0.3\cos 10t+0.1\cos\omega 17.3t$$

【例 5.19】の別解（続き）

$$\frac{U_{12}}{U_{11}}=\frac{k_1+k_2-m_1\omega_1{}^2}{k_2}=\frac{k_2}{k_2+k_3-m_2\omega_1{}^2}=r_1 \qquad \text{(k)}$$

同様に，2 次振動に対する質点 1 と質点 2 の振幅 U_{21} および U_{22} について，

$$\frac{U_{22}}{U_{21}}=\frac{k_1+k_2-m_1\omega_2{}^2}{k_2}=\frac{k_2}{k_2+k_3-m_2\omega_2{}^2}=r_2 \qquad \text{(l)}$$

したがって，次式が得られる．

$$\begin{cases} u_1=U_{11}\sin(\omega_1 t+\alpha_1)+U_{21}\sin(\omega_2 t+\alpha_2) \\ u_2=r_1U_{11}\sin(\omega_1 t+\alpha_1)+r_2U_{21}\sin(\omega_2 t+\alpha_2) \end{cases} \qquad \text{(m)}$$

式(m)およびこれを t で微分した式から与えられた初期条件に対する振動を求めることができる．

5・6・2　偏微分方程式へのいざない

【例 5.20】　図 5.13 に示す張力 P で引張られている弦の振動を求めよ．断面積 A，密度ρ，長さ L とする．ただし，w 方向の変位は小さいとする．

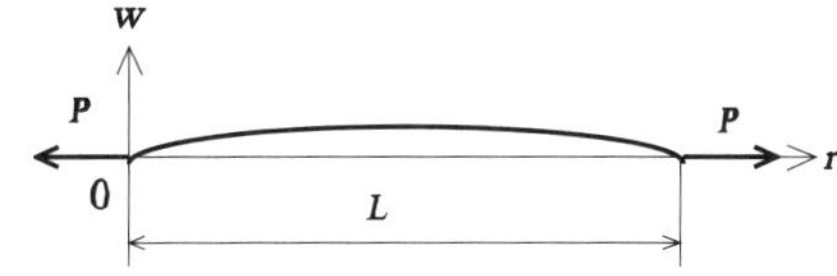

図 5.13　張力を受ける弦

【解答】　図 5.14 に示すような長さが dr である微小部分の運動を考える．微小部分の質量は$\rho A\mathrm{d}r$ で表される．加速度は時間 t のみの関数となるから，$\dfrac{\partial^2 w}{\partial t^2}$ となる．この部分に生じる慣性力は，

$$\rho A\mathrm{d}r\frac{\partial^2 w}{\partial t^2} \qquad (5.121)$$

この部分に作用する力は，w 方向の力を考えればよいから，

$$P\left(\theta+\frac{\partial\theta}{\partial r}\mathrm{d}r\right)-P\theta=P\frac{\partial\theta}{\partial r}\mathrm{d}r \qquad (5.122)$$

式（5.121）および式(5.122)から，この部分の運動を表す微分方程式は，

$$\rho A\mathrm{d}r\frac{\partial^2 w}{\partial t^2}=P\frac{\partial\theta}{\partial r}\mathrm{d}r \qquad (5.123)$$

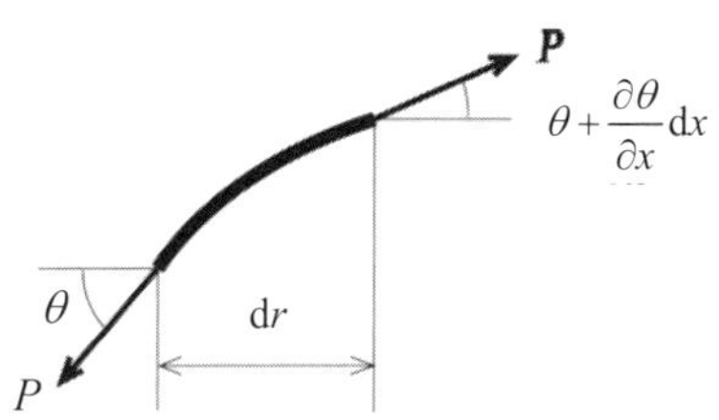

図 5.14　微小部分に作用する力

w 方向の変位が小さいことからθは次式で表される．

$$\theta=\frac{\partial w}{\partial r} \qquad (5.124)$$

式(5.124)を式(5.123)に代入し，両辺を dr で割ると，

$$\rho A\frac{\partial^2 w}{\partial t^2}=P\frac{\partial}{\partial x}\left(\frac{\partial w}{\partial r}\right)=P\frac{\partial^2 w}{\partial r^2}$$

両辺をρAで割ると，

$$\frac{\partial^2 w}{\partial t^2}=c^2\frac{\partial^2 w}{\partial r^2} \tag{5.125}$$

ここで，

$$c^2=\frac{P}{\rho A} \tag{5.126}$$

式(5.126)の解を次式のようにrの関数$\varphi(r)$とtの関数 $v(t)$の積で表すことができると仮定する．

$$w(t,r)=\varphi(r)v(t) \tag{5.127}$$

式(5.127)から，

$$\left.\begin{aligned}\frac{\partial^2 w}{\partial t^2}&=\varphi(r)\frac{\partial^2 v(t)}{\partial t^2}\\ \frac{\partial^2 w}{\partial r^2}&=v(t)\frac{\partial^2 \varphi(r)}{\partial r^2}\end{aligned}\right\} \tag{5.128}$$

これらを式(5.125)に代入すると，

$$\varphi(r)\frac{\partial^2 v(t)}{\partial t^2}=c^2 v(t)\frac{\partial^2 \varphi(r)}{\partial r^2} \tag{5.129}$$

式(5.129)は次式のようになる．

$$\frac{\partial^2 v(t)}{\partial t^2}\frac{1}{v(t)}=c^2\frac{\partial^2 \varphi(r)}{\partial r^2}\frac{1}{\varphi(r)}=-\omega^2 \tag{5.130}$$

式(5.130)から次のような２つの常微分方程式が得られる．

$$\left.\begin{aligned}&\frac{\mathrm{d}^2\varphi(x)}{\mathrm{d}r^2}+\frac{\omega^2}{c^2}\varphi(r)=0\\ &\frac{\mathrm{d}^2 v(t)}{\mathrm{d}t^2}+\omega^2 v(t)=0\end{aligned}\right\} \tag{5.131}$$

式(5.131)の第１式の解は，

$$\varphi(r)=A\cos\frac{\omega}{c}r+B\sin\frac{\omega}{c}r \tag{5.132}$$

弦の振動では両端(r=0，r=L)で$\varphi(r)$=0 である．式(5.132)で r=0 で$\varphi(r)$=0 であることから，A=0 となる．したがって，式(5.132)は次のように書くことができる．

$$\varphi(r)=B\sin\frac{\omega}{c}r \tag{5.133}$$

一方，r=Lで$\varphi(r)$=0 であるから，上の式から，

$$B\sin\frac{\omega}{c}L=0 \tag{5.134}$$

この式で B=0 とすると，式(5.132)から$\varphi(r)$は任意の r 対して 0 となってしまう．しがって，$B\neq 0$でなければならない．この条件では，

$$\sin\frac{\omega}{c}L=0 \tag{5.135}$$

となる．この式から，

$$\frac{\omega_i}{c}L = i\pi \ (i=1,2,3,.....) \tag{5.136}$$

となり，

$$\omega_i = \frac{i\pi c}{L} \ (i=1,2,3,.....) \tag{5.137}$$

式(5.137)が固有振動数を表す．この式を式(5.134)に代入すると，i 次の固有振動モードに対して，

$$\varphi_i(r) = B_i \sin\frac{i\pi}{L}r \tag{5.138}$$

図 5.15 に固有振動モードを示す．

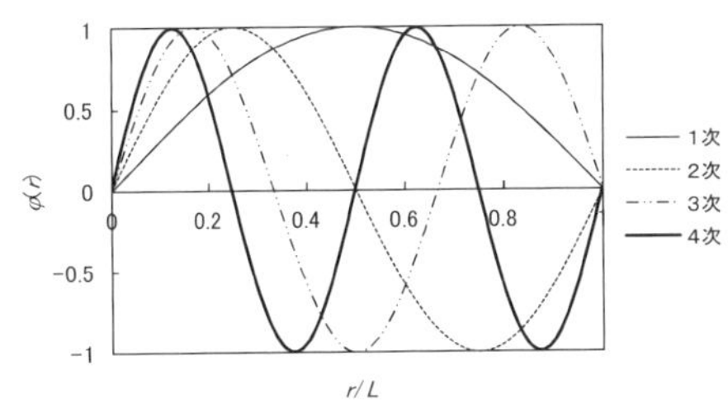

図 5.15　固有振動モード

式(5.131)の第 2 式の解は i 次のモードに対して，

$$v_i(t) = C_i \cos\omega_i t + D_i \sin\omega_i t \tag{5.139}$$

式(5.138)および式(5.139)を用いると，式(5.127)から i 次の固有振動モードに対する解は，

$$w_i(t,r) = B_i \sin\frac{i\pi}{L}r\left(C_i\cos\omega_i t + D_i \sin\omega_i t\right) \tag{5.140}$$

したがって，運動方程式の一般解は

$$w(t,r) = \sum_{i=1}^{\infty} y_i(t,r) = \sum_{i=1}^{\infty} B_i \sin\frac{i\pi}{L}r\left(C_i\cos\omega_i t + D_i \sin\omega_i t\right) \tag{5.141}$$

＝＝＝＝＝＝＝＝＝＝　演習問題　＝＝＝＝＝＝＝＝＝＝＝＝＝＝＝＝＝＝＝＝

【5.1】　図 5.16 のように速度に比例する抵抗を受けながら落下する物体の運動方程式を導き，速度の変化を求めよ．物体の質量を m，重力加速度を g，比例定数を c とせよ．また，t=0 のときに $\frac{dy}{dx}=0$ とせよ．

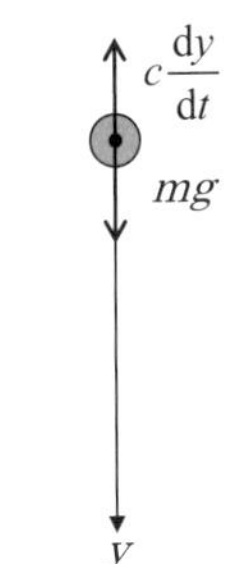

図 5.16　速度に比例する抵抗を受けながら落下する物体

【5.2】　図 5.17 に示すように，半径 R の円柱を液体（粘度μ）の入った円筒型容器に入れて一定の各速度ω_0で回転させる．円柱の長さが L であり，円柱と容器のすき間は h で一様である．h<<R であり，すき間の流れはクエット流れとみなすことができる．円柱端面や駆動軸にかかる粘性摩擦は無視できるものとする．円柱を定常回転させるために必要なトルク T を求め，t=0 で動力を遮断して粘性摩擦で減速させるときの角速度ωの時間 t に対する変化を求めよ．ただし，円柱と駆動軸の慣性モーメントの合計を I とする．

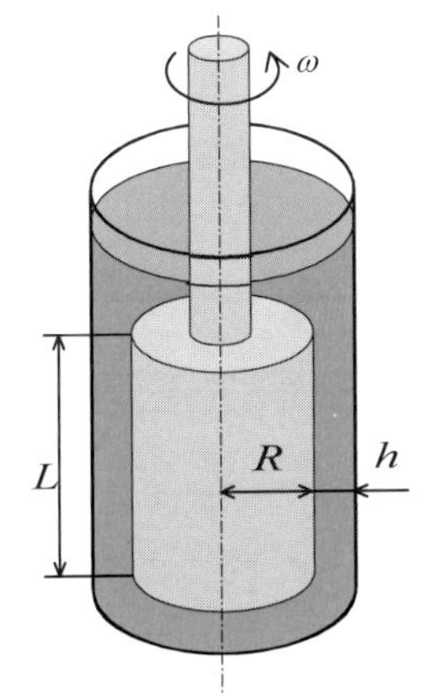

図 5.17　液体中で回転する円柱

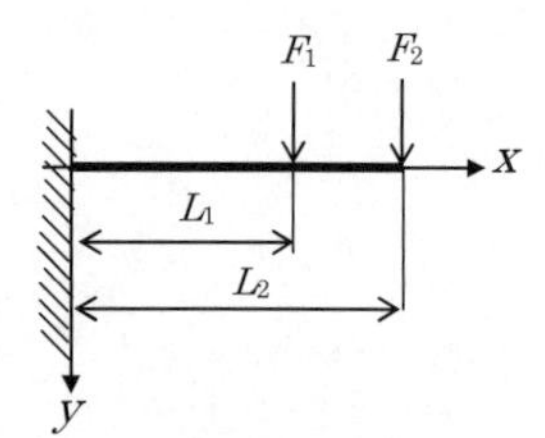

図 5.18　２つの集中荷重を受けるはり

【5.3】図 5.18 のように一端が固定され，他端が自由である２つの集中荷重を受ける一様なはりのたわみを求めよ．ただし，曲げ剛性を EI とすると，せん断力 F とモーメント M およびたわみ y とモーメント M の間にそれぞれ次の関係がある．

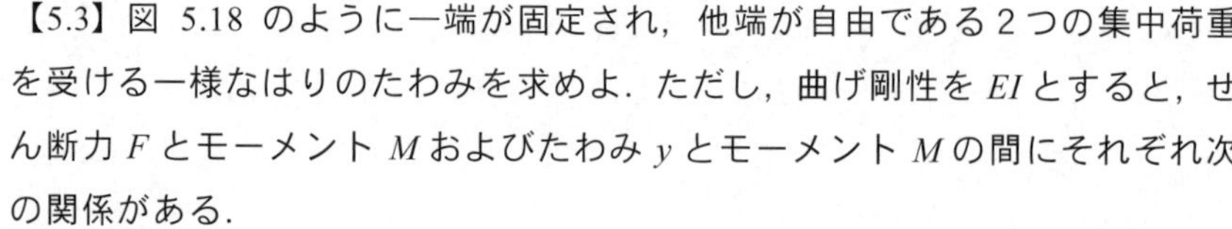

$$F=\frac{\mathrm{d}M}{\mathrm{d}x},\quad \frac{\mathrm{d}^2y}{\mathrm{d}x^2}=-\frac{M}{EI}$$

【5.4】　演習問題【5.1】で導いた運動方程式

$$m\frac{\mathrm{d}v}{\mathrm{d}t}=mg-cv$$

を変形した次式が完全微分方程式になることを示し，微分方程式を解け．

$$\mathrm{d}t-\frac{m}{mg-cv}\mathrm{d}v=0$$

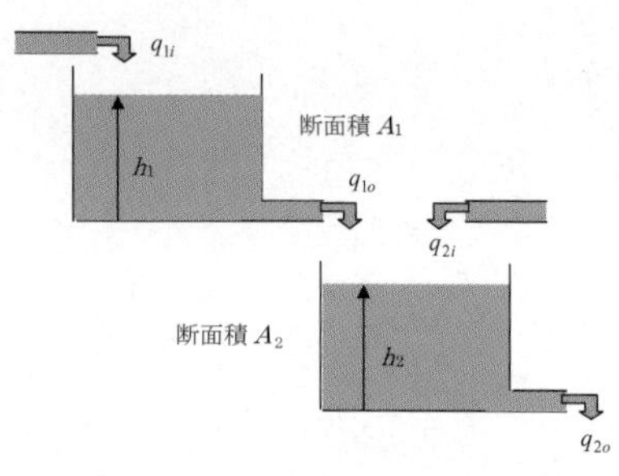

図 5.19　２つのタンクからなる水位計

【5.5】　図 5.19 に示す上下につながった２つのタンクからなる水位系を考える．上流側および下流側のそれぞれのタンクの断面積を A_1，A_2，他に時間あたりの流入量を $q_{1\mathrm{i}}$，$q_{2\mathrm{i}}$，流出量を $q_{1\mathrm{o}}$，$q_{2\mathrm{o}}$，タンクの水位を h_1，h_2 とする．ベルヌーイの定理から，k_1 と k_2 を定数として，

$$q_{1o}=k_1\sqrt{h_1},\quad q_{2o}=k_2\sqrt{h_2}$$

の関係が成立つとして平衡状態からの２つのタンクの微小変動分 Δh_1，Δh_2 に対して線形化した状態方程式は次のようになる．

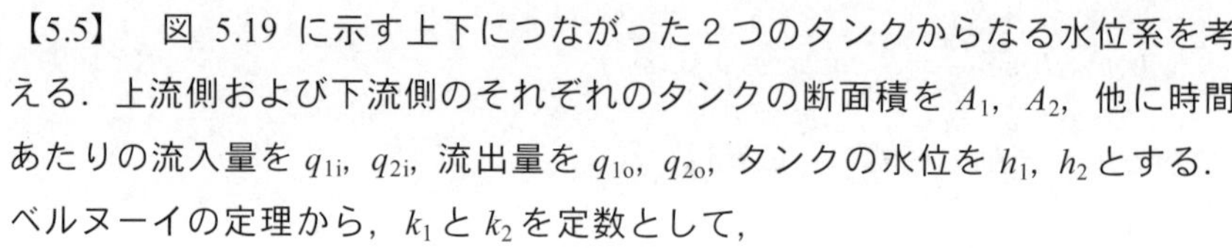

$$\begin{cases}\dfrac{\mathrm{d}\varDelta h_1}{\mathrm{d}t}=-\dfrac{k_1}{2A_1\sqrt{h_1}}\varDelta h_1+\dfrac{q_{1i}}{A_i}\\[2ex] \dfrac{\mathrm{d}\varDelta h_2}{\mathrm{d}t}=\dfrac{k_1}{2A_1\sqrt{h_1}}\varDelta h_1-\dfrac{k_2}{2A_2\sqrt{h_2}}\varDelta h_1+\dfrac{q_{2i}}{A_i}\end{cases}$$

平衡状態 $h_1=h_2=1$，$A_1=0.5$，$A_2=1$，$k_1=k_2=2$ としたときの自由システム $q_{1\mathrm{i}}=q_{2\mathrm{i}}=0$ のときの解を求めよ．

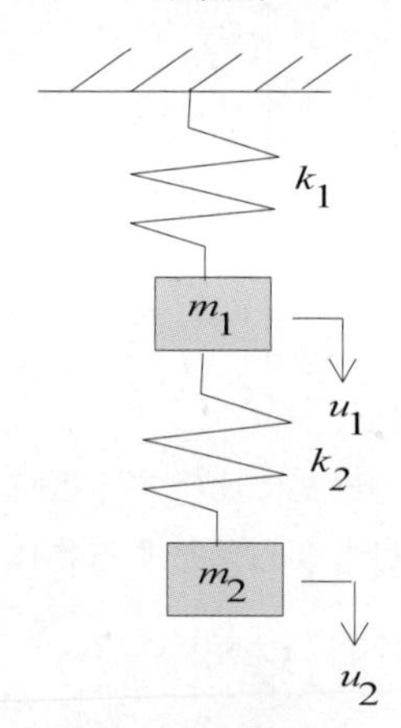

図 5.20　２慣性系

【5.6】　例【5.14】の別解で用いた下記の式を証明せよ。

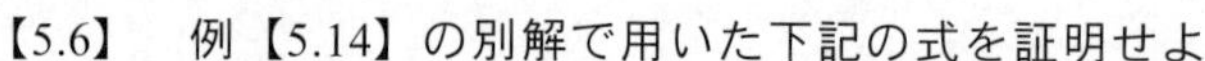

$$\frac{1}{D^2+a^2}f(x)=\frac{1}{a}\left\{\sin ax\int f(x)\cos ax\mathrm{d}x-\cos ax\int f(x)\sin ax\mathrm{d}x\right\}$$

【5.7】　図 5.20 に示した２慣性系の固有振動数を求め，初期条件を $u_1(0)=u_2(0)=0\mathrm{m}$，$\dot{u}_1(0)=1\ \mathrm{m/s}$ の $\dot{u}_2(0)=3\ \mathrm{m/s}$ のときの振動を求めよ．ただし，$m_1=2\mathrm{kg}$，$m_2=1\mathrm{kg}$，$k_1=200\mathrm{N/m}$，$k_2=100\mathrm{N/m}$ であり，重力の影響は考慮しなくてよい．

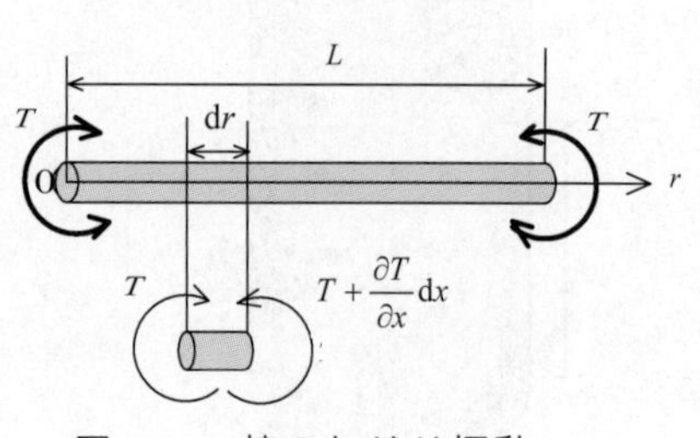

図 5.21　棒のねじり振動

【5.8】　図 5.21 のような一様な棒のねじり振動の運動方程式を導け。ただし、横断弾性係数を G、角変位をθ、密度をρ、極断面2次モーメントを I_p とせよ。また、棒の一端(r=0)で自由、他端(r=L)で固定されている場合の固有円振動数と固有振動モードを求めよ。

第 6 章

フーリエ解析

Fourier analysis

6・1　フーリエ級数

6・1・1　単純な波形から複雑な波形の作成

フーリエ級数展開は，フーリエが発見した「一見複雑に見える波は，周期的であれば単純な波の重ねあわせで表現できる」という原理が基になっている．実際に，単純な正弦波を重ねあわせ，その波形を描いてみる．

【例 6.1】　式(6.1)に示した関数 $f_1(t), f_2(t)$ および $f_3(t)$ の和 $F(t)$ をグラフに描け．ただし $-1 \le t \le 1$ とする．

$$\begin{cases} f_1(t) = \sin \pi t \\ f_2(t) = \sin 2\pi t \\ f_3(t) = \sin 3\pi t \end{cases} \tag{6.1}$$

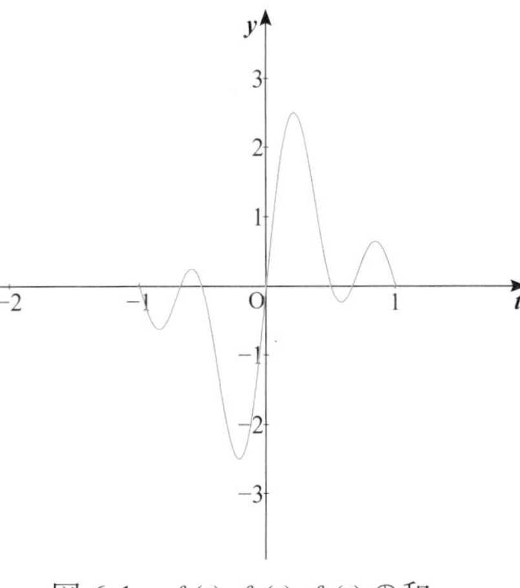

図 6.1　$f_1(t), f_2(t), f_3(t)$ の和

【解答】 $-1 \le t \le 1$ における関数 $f_1(t), f_2(t)$ および $f_3(t)$ の値，およびその和である $F(t)$ の値は以下の通りに求まる．

t	-1	- 5/6	- 2/3	- 1/2	- 1/3	- 1/6	0	1/6	1/3	1/2	2/3	5/6	1
sin(π t)	0.000	−0.500	−0.866	−1.000	−0.866	−0.500	0.000	0.500	0.866	1.000	0.866	0.500	0.000
sin(2 π t)	0.000	0.866	0.866	0.000	−0.866	−0.866	0.000	0.866	0.866	0.000	−0.866	−0.866	0.000
sin(3 π t)	0.000	−1.000	0.000	1.000	0.000	−1.000	0.000	1.000	0.000	−1.000	0.000	1.000	0.000
F(t)	0.000	−0.634	0.000	0.000	−1.732	−2.366	0.000	2.366	1.732	0.000	0.000	0.634	0.000

これを基にグラフを描くと，図 6.1 のようになる．

6・1・2　周期関数

すべての時間 t に対して

$$f(t) = f(t+T) \tag{6.2}$$

となる T が存在する場合，$f(t)$ は周期 T の周期関数(periodic function)という．

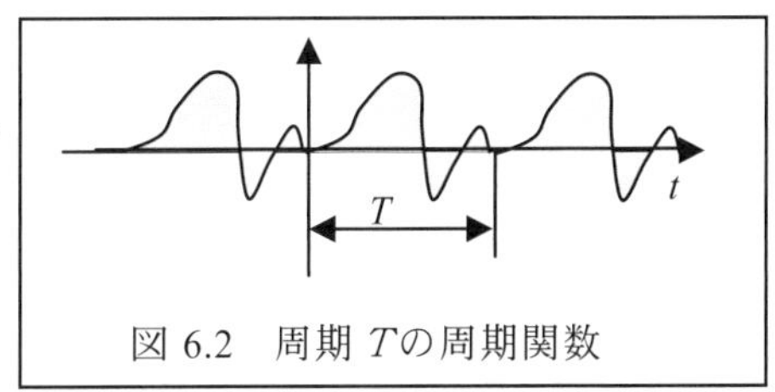

図 6.2　周期 T の周期関数

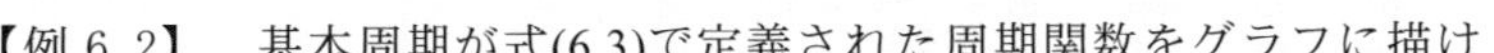

【例 6.2】　基本周期が式(6.3)で定義された周期関数をグラフに描け．

$$f(t) = \begin{cases} 1-t & 0 \le t < 1 \\ 1+t & -1 \le t < 0 \end{cases} \tag{6.3}$$

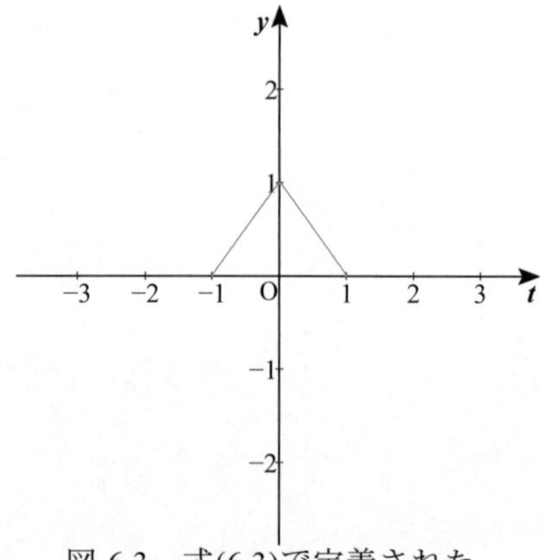

図 6.3　式(6.3)で定義された基本周期

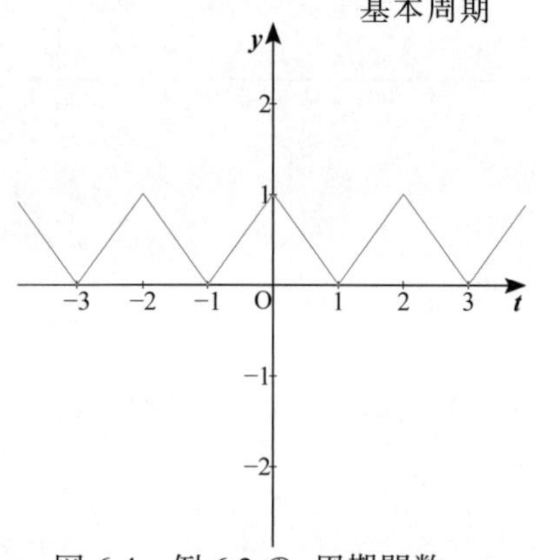

図 6.4　例 6.2 の 周期関数（基本周期 2）

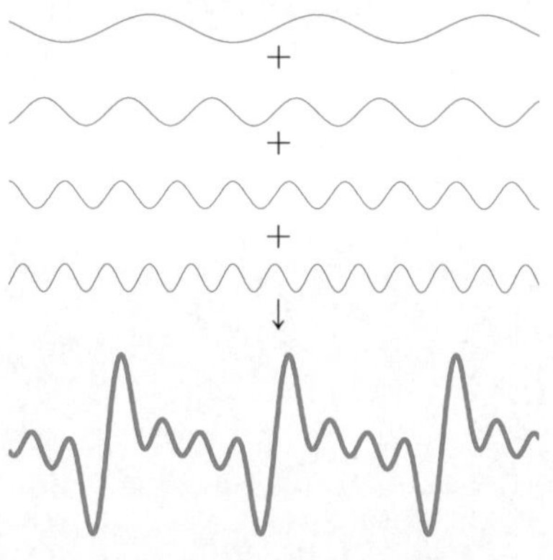
図 6.5　単純な波の重ね合わせ

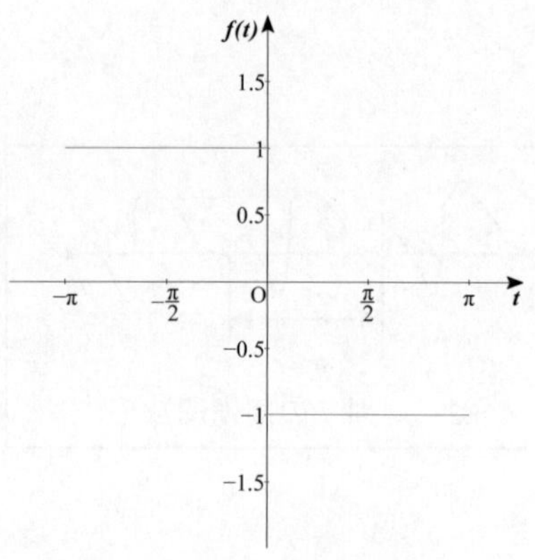

図 6.6　例 6.3 の関数（基本周期 2π）

【解答】　周期が 2 であることから，$-1 \le t < 1$ のグラフは図 6.3 のようになる．これと同じパターンが続くことから図 6.4 となる．

6・1・3　フーリエ級数

「一見複雑に見える波は，周期的であれば単純な波の重ねあわせで表現できる」というフーリエが発見した原理は，周期関数を適切な基底を選び，それらの一次結合で表現できること他ならない．

具体的に周期 2π をもつ周期関数 $f(t)$ とした場合，それは

$$f(t) = \frac{a_0}{2} + \sum_{k=1}^{\infty}(a_k \cos kt + b_k \sin kt) \tag{6.4}$$

と表現できる．これを $f(t)$ のフーリエ級数(Fourier series)といい

$$a_0 = \frac{1}{\pi}\int_{-\pi}^{\pi} f(t)\mathrm{d}t \tag{6.5}$$

$$a_k = \frac{1}{\pi}\int_{-\pi}^{\pi} f(t)\cos kt\mathrm{d}t \quad (k = 1, 2, \cdots) \tag{6.6}$$

$$b_k = \frac{1}{\pi}\int_{-\pi}^{\pi} f(t)\sin kt\mathrm{d}t \quad (k = 1, 2, \cdots) \tag{6.7}$$

を，$f(t)$ のフーリエ係数(Fourier coefficient)という．

【例 6.3】　式(6.8)に示した周期 2π の関数 $f(t)$ のフーリエ係数を求めよ．

$$f(t) = \begin{cases} -1 & 0 \le t < \pi \\ 1 & -\pi \le t < 0 \end{cases} \tag{6.8}$$

【解答】フーリエ係数の定義より以下のように求められる．

$$a_0 = \frac{1}{\pi}\int_{-\pi}^{\pi} f(t)\mathrm{d}t = -\frac{1}{\pi}\int_{0}^{\pi}\mathrm{d}t + \frac{1}{\pi}\int_{-\pi}^{0}\mathrm{d}t = 0 \tag{6.9}$$

$$a_k = \frac{1}{\pi}\int_{-\pi}^{\pi} f(t)\cos kt\mathrm{d}t = -\frac{1}{\pi}\int_{0}^{\pi}\cos kt\mathrm{d}t + \frac{1}{\pi}\int_{-\pi}^{0}\cos kt\mathrm{d}t$$

$$= -\frac{1}{\pi}\left[\frac{1}{k}\sin kt\right]_0^{\pi} + \frac{1}{\pi}\left[\frac{1}{k}\sin kt\right]_{-\pi}^{0} = 0 \tag{6.10}$$

$$b_k = \frac{1}{\pi}\int_{-\pi}^{\pi} f(t)\sin kt\mathrm{d}t = -\frac{1}{\pi}\int_{0}^{\pi}\sin kt\mathrm{d}t + \frac{1}{\pi}\int_{-\pi}^{0}\sin kt\mathrm{d}t$$

$$=-\frac{1}{\pi}\left[-\frac{1}{k}\cos kt\right]_0^{\pi}+\frac{1}{\pi}\left[-\frac{1}{k}\cos kt\right]_{-\pi}^{0}$$

$$=\frac{1}{k\pi}(\cos k\pi-1)-\frac{1}{k\pi}(1-\cos k(-\pi))$$

$$=\frac{1}{k\pi}\left\{(-1)^k-1\right\}-\frac{1}{k\pi}\left\{1-(-1)^k\right\}=\frac{2}{k\pi}\left\{(-1)^k-1\right\} \tag{6.11}$$

【例 6.4】　式(6.12)に示した周期 2π の関数 $f(t)$ のフーリエ係数を求めよ．

$$f(t)=\begin{cases} t & 0\le t<\pi \\ 0 & -\pi\le t<0 \end{cases} \tag{6.12}$$

【解答】フーリエ係数の定義より以下のように求められる．

$$a_0=\frac{1}{\pi}\int_{-\pi}^{\pi}f(t)\mathrm{d}t=\frac{1}{\pi}\int_0^{\pi}t\mathrm{d}t=\frac{1}{\pi}\left[\frac{1}{2}t^2\right]_0^{\pi}=\frac{\pi}{2} \tag{6.13}$$

$$a_k=\frac{1}{\pi}\int_{-\pi}^{\pi}f(t)\cos kt\mathrm{d}t=\frac{1}{\pi}\int_0^{\pi}t\cos kt\mathrm{d}t$$

$$=\frac{1}{\pi}\left\{\left[\frac{1}{k}t\sin kt\right]_0^{\pi}-\frac{1}{k}\int_0^{\pi}\sin kt\mathrm{d}t\right\}=\frac{1}{k\pi}\left[\frac{1}{k}\cos kt\right]_0^{\pi}$$

$$=\frac{1}{k^2\pi}((-1)^k-1) \tag{6.14}$$

$$b_k=\frac{1}{\pi}\int_{-\pi}^{\pi}f(t)\sin kt\mathrm{d}t=\frac{1}{\pi}\int_0^{\pi}t\sin kt\mathrm{d}t=\frac{1}{\pi}\left\{\left[-\frac{1}{k}t\cos kt\right]_0^{\pi}+\frac{1}{k}\int_0^{\pi}\cos kt\mathrm{d}t\right\}$$

$$=\frac{1}{\pi}\left\{-\frac{\pi}{k}(-1)^k+\left[\frac{1}{k}\sin kt\right]_0^{\pi}\right\}=-\frac{1}{k}(-1)^k \tag{6.15}$$

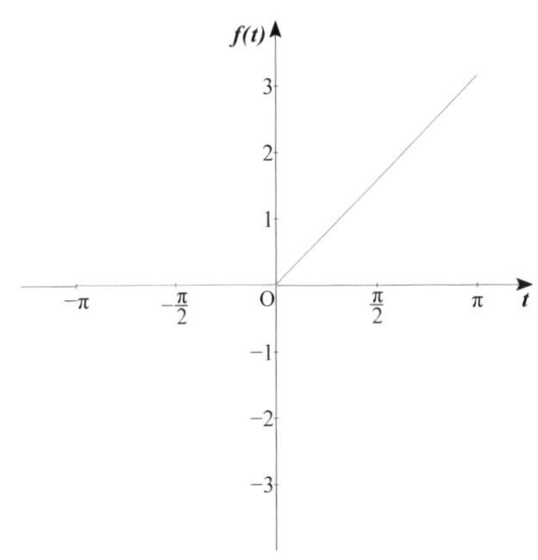

図 6.7　例 6.4 の関数（基本周期 2π）

6・1・4　複素フーリエ級数

前節ではフーリエ級数を正弦関数と余弦関数を用いて表現した．しかし，2つの関数が現れることから，式を変形する上では煩雑な場合が出てくる．そこで j を虚数単位($j^2=-1$）として，オイラーの公式

$$e^{\pm j\theta}=\cos\theta\pm j\sin\theta \tag{6.16}$$

を用いると

$$\cos\theta=\frac{e^{j\theta}+e^{-j\theta}}{2} \tag{6.17}$$

$$\sin\theta=\frac{e^{j\theta}-e^{-j\theta}}{2j} \tag{6.18}$$

となるので，式(6.17)，(6.18)を式(6.4)に代入すると

$$f(t) = \frac{a_0}{2} + \sum_{k=1}^{\infty}(a_k \cos kt + b_k \sin kt)$$

$$= \frac{a_0}{2} + \sum_{k=1}^{\infty}\left\{\frac{1}{2}(a_k - jb_k)e^{jkt} + \frac{1}{2}(a_k + jb_k)e^{-jkt}\right\} \tag{6.19}$$

と書き換えられる．ここで

$$c_0 = \frac{a_0}{2}, \quad c_k = \frac{a_k - jb_k}{2}, \quad c_{-k} = \frac{a_k + jb_k}{2}$$

とすれば，式(6.19)は

$$f(t) = \sum_{k=-\infty}^{\infty} c_k e^{jkt} \tag{6.20}$$

と非常にすっきりした形に書き換えられる．これを複素フーリエ級数(complex Fourier series)と呼ぶ．また，

$$c_k = \frac{1}{2\pi}\int_{-\pi}^{\pi} f(t)e^{-jkt}\mathrm{d}t \tag{6.21}$$

となり，複素フーリエ係数と呼ばれる．

【例 6.5】　式(6.22)に示した周期 2π の関数 $f(t)$ の複素フーリエ級数を求めよ．

$$f(t) = \begin{cases} -1 & 0 \le t < \pi \\ 1 & -\pi \le t < 0 \end{cases} \tag{6.22}$$

【解答】

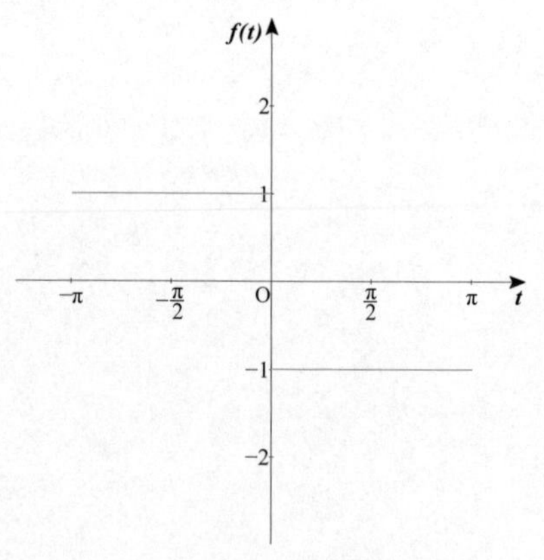

図 6.8　例 6.5 の関数
（基本周期 2π）

$$c_0 = \frac{1}{2\pi}\int_{-\pi}^{\pi} f(t)e^{-j0t}\mathrm{d}t = -\frac{1}{2\pi}\int_{0}^{\pi}\mathrm{d}t + \frac{1}{2\pi}\int_{-\pi}^{0}\mathrm{d}t = 0 \tag{6.23}$$

$$c_k = \frac{1}{2\pi}\int_{-\pi}^{\pi} f(t)e^{-jkt}\mathrm{d}t = -\frac{1}{2\pi}\int_{0}^{\pi}e^{-jkt}\mathrm{d}t + \frac{1}{2\pi}\int_{-\pi}^{0}e^{-jkt}\mathrm{d}t$$

$$= \frac{1}{2\pi}\left\{-\left[-\frac{1}{jk}e^{-jkt}\right]_0^{\pi} + \left[-\frac{1}{jk}e^{-jkt}\right]_{-\pi}^{0}\right\}$$

$$= \frac{1}{jk\pi}\left(\frac{e^{-jk\pi} + e^{jk\pi}}{2} - 1\right) = \frac{1}{jk\pi}(\cos k\pi - 1)$$

$$= \frac{1}{jk\pi}\left\{(-1)^k - 1\right\} \tag{6.24}$$

6・1・5　一般の周期関数のフーリエ級数・複素フーリエ級数

前節までは，周期 2π の周期関数におけるフーリエ級数および複素フーリエ級数について扱ってきた．ここでは，一般の周期関数の場合におけるフーリエ級数および複素フーリエ級数について表現する．

周期 $2l$（ただし，l は正の数）の周期関数 $f(t)$ のフーリエ級数は

$$f(t)=\frac{a_0}{2}+\sum_{k=1}^{\infty}(a_k\cos\frac{k\pi t}{l}+b_k\sin\frac{k\pi t}{l}) \tag{6.25}$$

と表現できる．また，$f(t)$ のフーリエ係数は

$$a_0=\frac{1}{l}\int_{-l}^{l}f(t)\mathrm{d}t \tag{6.26}$$

$$a_k=\frac{1}{l}\int_{-l}^{l}f(t)\cos\frac{k\pi t}{l}\mathrm{d}t \quad (k=1,2,\cdots) \tag{6.27}$$

$$b_k=\frac{1}{l}\int_{-l}^{l}f(t)\sin\frac{k\pi t}{l}\mathrm{d}t \quad (k=1,2,\cdots) \tag{6.28}$$

を，$f(t)$ のフーリエ係数という．

一方，複素フーリエ級数は

$$f(t)=\sum_{k=-\infty}^{\infty}c_k e^{j\frac{k\pi t}{l}} \tag{6.29}$$

と表現できる．また，複素フーリエ係数は

$$c_k=\frac{1}{2l}\int_{-l}^{l}f(t)e^{-j\frac{k\pi t}{l}}\mathrm{d}t \tag{6.30}$$

となる．

6・2　フーリエ変換

6・2・1　フーリエ変換

前節では，区間［$-\pi$，π］と定義した周期 T の周期関数について扱ってきた．しかし，実際の物理現象は図 6.9 の様に必ずしも周期的でないことから，そのような関数に対応できるよう区間［$-\infty$，∞］に拡張する必要がある．

図 6.9　非周期関数

関数 $f(t)$ に対して，

$$\int_{-\infty}^{\infty}|f(t)|\mathrm{d}t<\infty \tag{6.31}$$

であるとした場合，$f(t)$ のフーリエ変換(Fourier transform) $F(j\omega)$ は

$$F(j\omega)=\int_{-\infty}^{\infty}f(t)e^{-j\omega t}\mathrm{d}t=\mathcal{F}[f(t)] \tag{6.32}$$

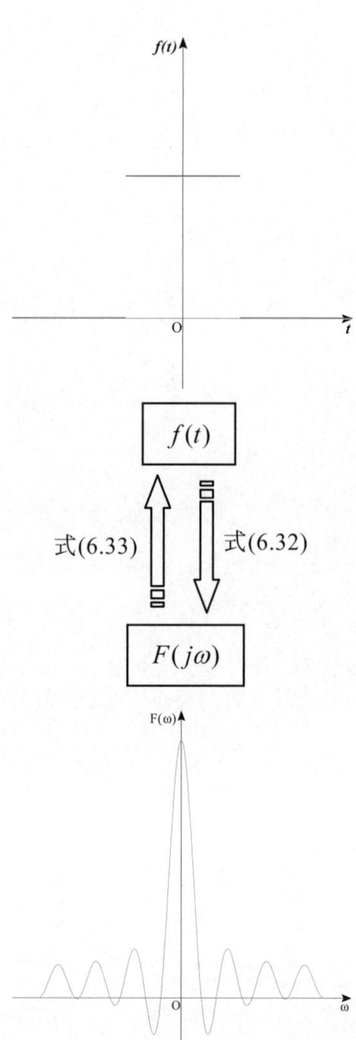

図 6.10　フーリエ変換と逆変換

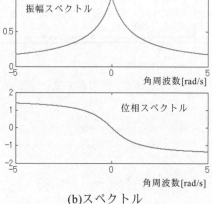

$F(j\omega)$ のフーリエ逆変換(inverse Fourier tansform) $f(t)$ は

$$f(t)=\frac{1}{2\pi}\int_{-\infty}^{\infty}F(j\omega)e^{j\omega t}\mathrm{d}\omega=\mathcal{F}^{-1}\left[F(j\omega)\right] \tag{6.33}$$

と定義する．また，$F(j\omega)$ は複素数であることから

$$F(j\omega)=R(\omega)+jX(\omega)=A(\omega)e^{j\theta(\omega)} \tag{6.34}$$

$$\theta(\omega)=\tan^{-1}\frac{X(\omega)}{R(\omega)} \tag{6.35}$$

と表現できる．

$A(\omega)=\left|F(j\omega)\right|$ を振幅スペクトル(amplitude spectrum)，$\theta(\omega)$ を位相スペクトル(phase spectrum)という．

【例 6.6】　式(6.36)に示した関数のフーリエ変換 $F(\omega)$ を求めよ．ただし $\lambda>0$ とする．

$$f(t)=\begin{cases} e^{-\lambda t} & t\geq 0 \\ 0 & t<0 \end{cases} \tag{6.36}$$

【解答】

$$F(j\omega)=\int_{-\infty}^{\infty}f(t)e^{-j\omega t}\mathrm{d}t=\int_{0}^{\infty}e^{-\lambda t}e^{-j\omega t}\mathrm{d}t=\int_{0}^{\infty}e^{-(\lambda+j\omega)t}\mathrm{d}t$$

$$=\left[-\frac{1}{\lambda+j\omega}e^{-(\lambda+j\omega)t}\right]_0^{\infty}=\frac{1}{\lambda+j\omega} \tag{6.37}$$

振幅スペクトル $A(\omega)=\dfrac{1}{\sqrt{\lambda^2+\omega^2}}$　(6.38)

位相スペクトル $\theta(\omega)=-\tan^{-1}\left(\dfrac{\omega}{\lambda}\right)$　(6.39)

と求められる．

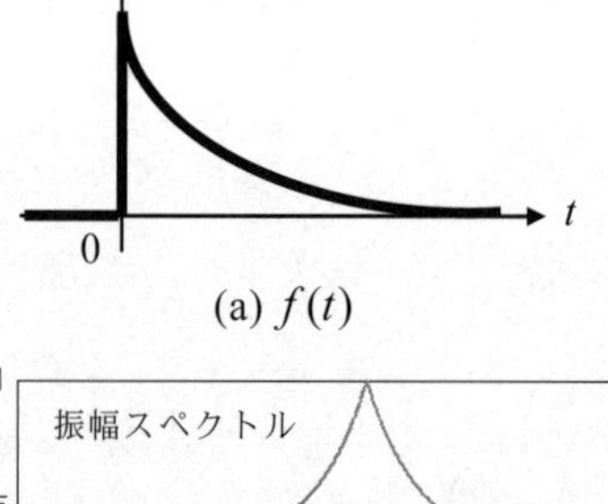

(a) $f(t)$

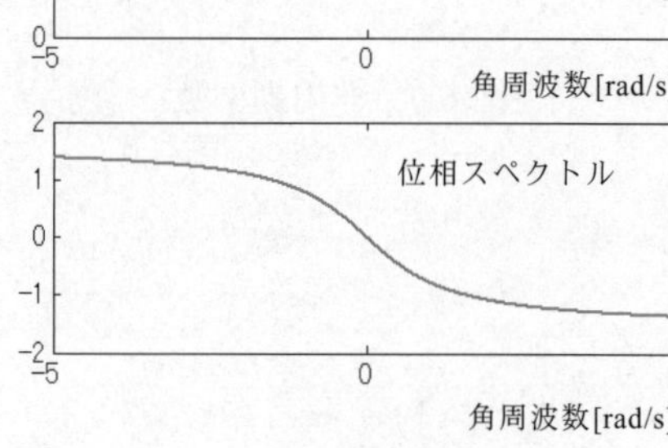

(b)スペクトル

図 6.11　フーリエ変換

6・2・2　フーリエ変換の諸性質

フーリエ変換では，以下のような関係が成り立つ．

(1)　推移性

(a)　時間推移性(time-shifting property)

$$\mathcal{F}\left[f(t-\tau)\right]=e^{-j\omega\tau}F(j\omega) \tag{6.40}$$

(b)　周波数推移性(frequency-shifting property)

$$\mathcal{F}\left[f(t)\right]e^{j\omega_0 t}=F(j(\omega-\omega_0)) \tag{6.41}$$

【例 6.7】式(6.42)示した関数 $f(t-\tau)$ のフーリエ変換を求めよ．ただし $\lambda>0$ とする．

$$f(t-\tau)=\begin{cases} e^{-\lambda(t-\tau)} & t\geq\tau \\ 0 & t<\tau \end{cases} \tag{6.42}$$

【解答】

その１

$$\mathcal{F}[f(t-\tau)]=\int_{-\infty}^{\infty}f(t-\tau)e^{-j\omega t}\mathrm{d}t \tag{6.43}$$

$s=t-\tau$ とおけば 式(6.43)は

$$\mathcal{F}[f(t-\tau)]=\int_{-\infty}^{\infty}f(s)e^{-j\omega(s+\tau)}\mathrm{d}s=e^{-j\omega\tau}\int_{\tau}^{\infty}f(s)e^{-j\omega s}\mathrm{d}s$$

$$=e^{-j\omega\tau}\int_{\tau}^{\infty}e^{-(\lambda+j\omega)s}\mathrm{d}s=e^{-j\omega\tau}\left[-\frac{1}{\lambda+j\omega}e^{-(\lambda+j\omega)s}\right]_{\tau}^{\infty}$$

$$=e^{-j\omega\tau}\frac{1}{\lambda+j\omega} \tag{6.44}$$

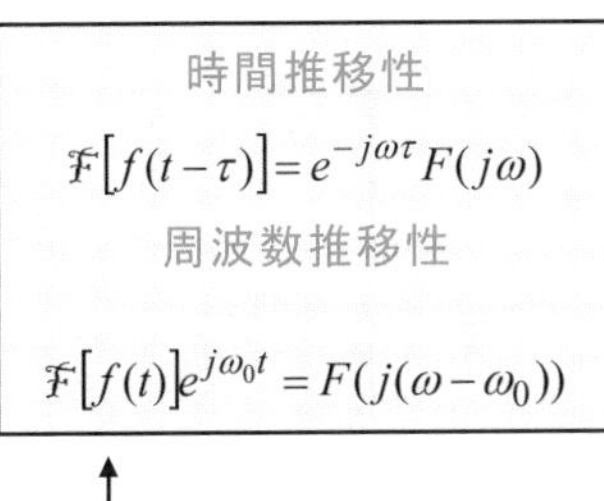

時間推移性
$\mathcal{F}[f(t-\tau)]=e^{-j\omega\tau}F(j\omega)$
周波数推移性
$\mathcal{F}[f(t)]e^{j\omega_0 t}=F(j(\omega-\omega_0))$

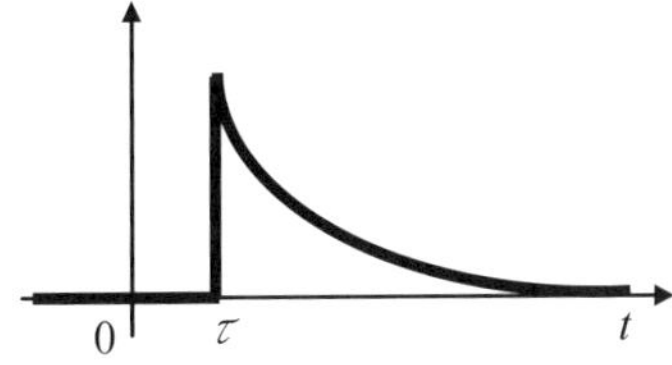

図 6.12　時間シフト

その２

式(6.36)のフーリエ変換 $F(j\omega)$ は

$$F(j\omega)=\frac{1}{\lambda+j\omega} \tag{6.45}$$

時間推移性の関係から

$$\mathcal{F}[f(t-\tau)]=e^{-j\omega\tau}F(j\omega)=e^{-j\omega\tau}\frac{1}{\lambda+j\omega} \tag{6.46}$$

(2)　線形性，縮尺性，対称性

(a)　線形性(linear property)

$$\mathcal{F}[c_1f_1(t)+c_2f_2(t)]=c_1F_1(j\omega)+c_2F_2(j\omega) \tag{6.47}$$

(b)　縮尺性(scaling property)

$$\mathcal{F}[f(\alpha t)]=\frac{1}{|\alpha|}F(j\frac{\omega}{\alpha}) \tag{6.48}$$

(c)　対称性(symmetry property)

$$\mathcal{F}[F(jt)]=2\pi f(-\omega) \tag{6.49}$$

【例 6.8】関数 $f(t)$ のフーリエ変換を $F(j\omega)$ とした場合，つぎのフーリエ変換を求めよ．

(1) $3f(t)+\frac{1}{2}f(t)$　　　　(2) $f(a(t-\tau))$

【解答】

(1) $\mathcal{F}\left[3f(t)+\dfrac{1}{2}f(t)\right]=3F(j\omega)+\dfrac{1}{2}F(j\omega)=\dfrac{7}{2}F(j\omega)$

(2) $\mathcal{F}\left[f(a(t-\tau))\right]=\dfrac{1}{|a|}F\left(j\dfrac{\omega}{a}\right)e^{-j\omega\tau}$

6・2・3　特殊関数のフーリエ変換

ここでは，いくつかの特殊関数のフーリエ変換について述べていく．

(1) デルタ関数

$$\delta(t)=\begin{cases}0 & (t\neq 0)\\ \infty & (t=0)\end{cases} \tag{6.50}$$

このように$t\neq 0$では常に0で，$t=0$で∞となり

$$\int_{-\infty}^{\infty}\delta(\tau)\mathrm{d}\tau=1 \tag{6.51}$$

を満たす関数をデルタ関数(delta function)という．デルタ関数のフーリエ変換は

$$\mathcal{F}\left[\delta(t)\right]=\int_{-\infty}^{\infty}\delta(t)e^{-j\omega t}\mathrm{d}t=1 \tag{6.52}$$

となる．

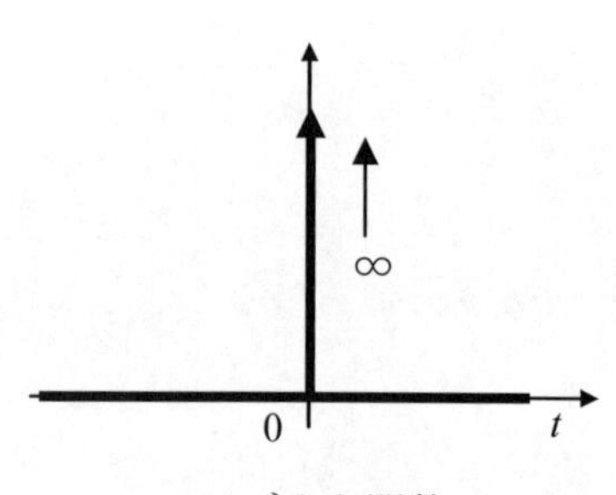

(a)デルタ関数

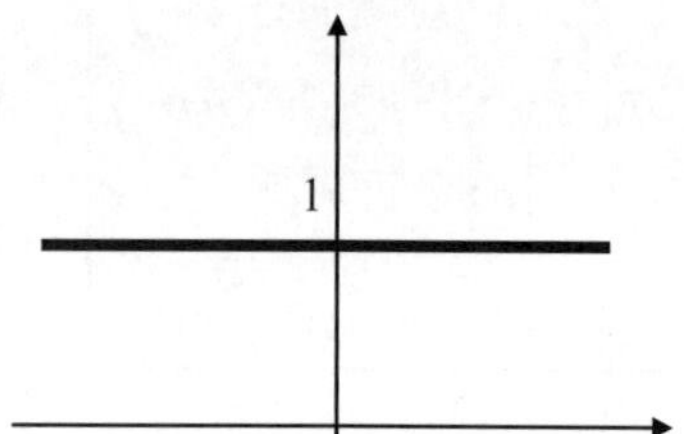

(b)デルタ関数のスペクトル

図 6.13 デルタ関数とスペクトル

(2) 定数

$$f(t)=1 \tag{6.53}$$

式(6.53)に示される定数のフーリエ変換は

$$\mathcal{F}\left[1\right]=\int_{-\infty}^{\infty}1\cdot e^{-j\omega t}\mathrm{d}t=2\pi\delta(\omega)=2\pi\delta(-\omega) \tag{6.54}$$

となる．また，

$$f(t)=A \tag{6.55}$$

の関数では

$$\mathcal{F}\left[A\right]=2\pi A\delta(\omega)=2\pi A\delta(-\omega) \tag{6.56}$$

と表現される．

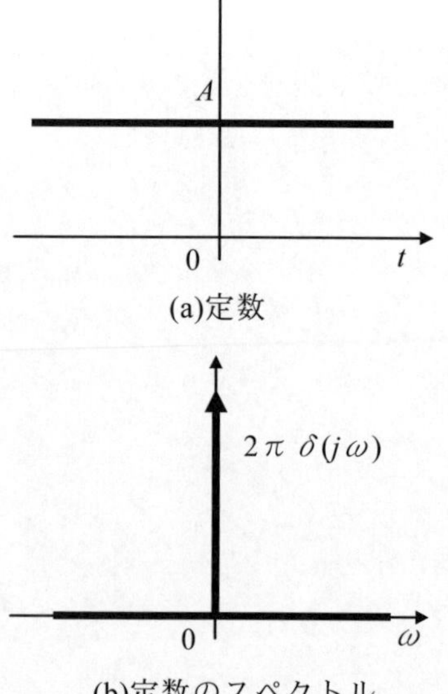

(a)定数

(b)定数のスペクトル

図 6.14　定数とスペクトル

【例 6.9】つぎに示した関数$f(t)$のフーリエ変換を求めよ．

$$f(t)=e^{j\alpha t} \tag{6.57}$$

【解答】　関数$f(t)$は

$$f(t)=e^{j\alpha t}=1\cdot e^{j\alpha t} \tag{6.58}$$

と表現できる．また，式(6.41)の周波数推移性を利用すれば

$$\mathcal{F}\left[f(t)\right]=2\pi\delta(\omega-\alpha) \tag{6.59}$$

と求められる.

(3) ステップ関数

$$u(t) = \begin{cases} 1 & (t > 0) \\ 0 & (t < 0) \end{cases} \tag{6.60}$$

このように $t>0$ では 1, $t<0$ では 0 となる関数をステップ関数(unit step function)という. ステップ関数 $u(t)$ のフーリエ変換は

$$\mathcal{F}[u(t)] = \pi\delta(j\omega) + \frac{1}{j\omega} \tag{6.61}$$

となる.

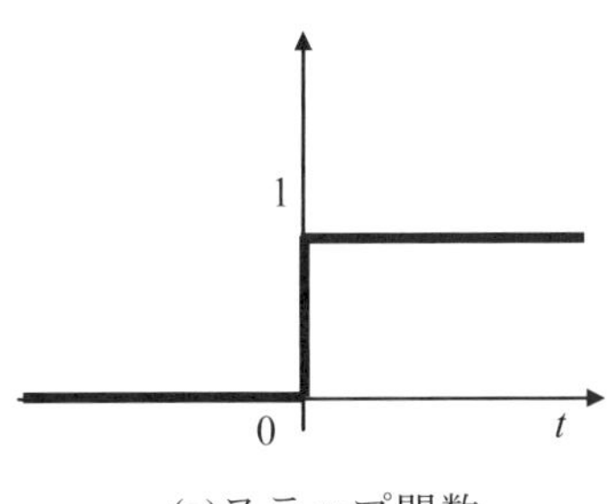

(a)ステップ関数

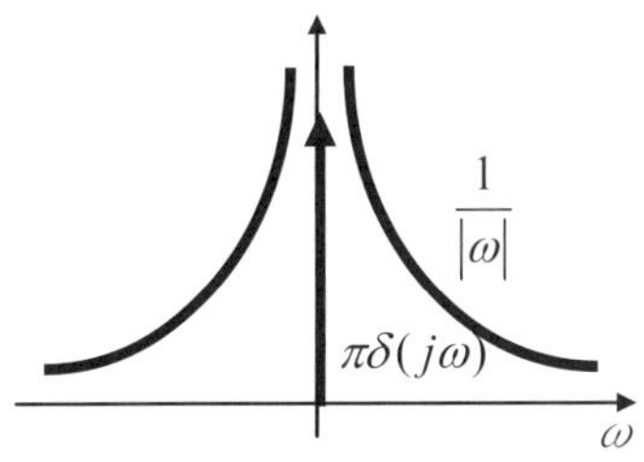

(b)ステップ関数のスペクトル

図 6.15　ステップ関数

6・2・4　フーリエ変換表

おもなフーリエ変換を表 6.2.1 に示しておく.

表 6.2.1 フーリエ変換表

$f(t)$	$F(j\omega)$	$f(t)$	$F(j\omega)$
$e^{-at}u(t)$	$\frac{1}{j\omega + a}$	$e^{-at}\sin btu(t)$	$\frac{b}{(j\omega+a)^2+b^2}$
$\frac{1}{b-a}(e^{-at}-e^{-bt})$	$\frac{1}{(j\omega+a)(j\omega+b)}$	$e^{-at}\cos btu(t)$	$\frac{j\omega+a}{(j\omega+a)^2+b^2}$
$\frac{t^{n-1}}{(n-1)!}e^{-at}u(t)$	$\frac{1}{(j\omega+a)^n}$	$\sin\omega_0 t$	$-j\pi[\delta(\omega-\omega_0) -\delta(\omega+\omega_0)]$
$\frac{1}{a^2+t^2}u(t)$	$\frac{\pi}{a}e^{-a\lvert\omega\rvert}$	$\cos\omega_0 t$	$\pi[\delta(\omega-\omega_0) +\delta(\omega+\omega_0)]$
$u(t)$	$\pi\delta(j\omega)+\frac{1}{j\omega}$	$\delta(t)$	1
$u(t-t_0)$	$\pi\delta(j\omega)+\frac{1}{j\omega}e^{-j\omega t_0}$	$\delta(t-t_0)$	$e^{-j\omega_0 t}$

6・3　ラプラス変換

6・3・1　ラプラス変換の定義

時刻 $t \geq 0$ で定義された関数 $f(t)$ から関数 $F(s)$ を求めることをラプラス変換(Laplace transform)と定義する.

$t \geq 0$ で, ある正の定数 K, σ において, 関数 $f(t)$ が

$$|f(t)| \leq Ke^{\sigma t} \tag{6.62}$$

を満たすとき, $s = \sigma + j\omega$ に対して

$$F(s) = \int_0^\infty e^{-st} f(t)\mathrm{d}t \tag{6.63}$$

を $f(t)$ のラプラス変換といい, $\mathcal{L}[f(t)] = F(s)$ と表現する.

ラプラス逆変換

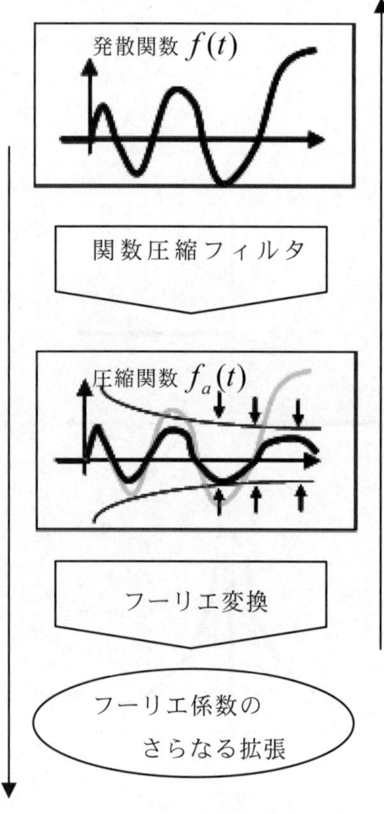

ラプラス変換

図 6.16　ラプラス変換の
アイディア

また，$F(s)$ に対して $\mathcal{L}[f(t)]=F(s)$ となる $f(t)$ が存在するならば

$$f(t)=\frac{1}{2\pi j}\int_{c-j\omega}^{c+j\omega}F(s)e^{st}\mathrm{d}s \qquad (t>0,\sigma_c<c) \tag{6.64}$$

を $F(s)$ のラプラス逆変換 (inverse Laplace transform) と定義し，$\mathcal{L}^{-1}[F(s)]=f(t)$ と表現する．

【例 6.10】次に示した関数のラプラス変換を求めよ．

(1) $f(t)=1$　(2) $f(t)=t$　(3) $f(t)=e^{at}$　(4) $f(t)=\sin\omega t$

【解答】

(1) $\mathcal{L}\ [f(t)]=\int_0^\infty e^{-st}\cdot 1\mathrm{d}t=\left[-\frac{1}{s}e^{-st}\right]_0^\infty=-\frac{1}{s}\lim_{t\to\infty}e^{-st}+\frac{1}{s}=\frac{1}{s}$

(2) $\mathcal{L}\ [f(t)]=\int_0^\infty e^{-st}\cdot t\mathrm{d}t=\left[-\frac{1}{s}e^{-st}t\right]_0^\infty-(-\frac{1}{s})\int_0^\infty e^{-st}\mathrm{d}t$

$$=-\frac{1}{s}\lim_{t\to\infty}e^{-st}t+\frac{1}{s}\left[-\frac{1}{s}e^{-st}\right]_0^\infty=0+\frac{1}{s}\left\{-\frac{1}{s}\lim_{t\to\infty}e^{-st}+\frac{1}{s}\right\}$$

$$=0+\frac{1}{s}\cdot\frac{1}{s}=\frac{1}{s^2}$$

(3) $\mathcal{L}\ [f(t)]=\int_0^\infty e^{-st}\cdot e^{at}\mathrm{d}t=\int_0^\infty e^{-(s-a)t}\mathrm{d}t=\left[-\frac{1}{s-a}e^{-(s-a)t}\right]_0^\infty$

$$=-\frac{1}{s-a}\lim_{t\to\infty}e^{-(s-a)t}+\frac{1}{s-a}=\frac{1}{s-a}$$

(4) 式(6.16)のオイラーの公式より

$$\sin\omega t=\frac{e^{j\omega t}-e^{-j\omega t}}{2j}$$

と表現できるので

$$\mathcal{L}\ [f(t)]=\int_0^\infty e^{-st}\cdot\sin\omega t\mathrm{d}t$$

$$=\int_0^\infty e^{-st}\cdot\frac{e^{j\omega t}-e^{-j\omega t}}{2j}\mathrm{d}t=\frac{1}{2j}\int_0^\infty\left\{e^{-(s-j\omega)t}-e^{-(s+j\omega)t}\right\}\mathrm{d}t$$

$$=\frac{1}{2j}\left\{\left[-\frac{1}{s-j\omega}e^{-e(s-j\omega)t}\right]_0^\infty-\left[-\frac{1}{s+j\omega}e^{-e(s+j\omega)t}\right]_0^\infty\right\}$$

$$=\frac{1}{2j}\{(-\frac{1}{s-j\omega}\lim_{t\to\infty}e^{-(s-j\omega)t}+\frac{1}{s-j\omega})-$$

$$(-\frac{1}{s+j\omega}\lim_{t\to\infty}e^{-(s+j\omega)t}+\frac{1}{s+j\omega})\}$$

$$=\frac{1}{2j}\left(\frac{1}{s-j\omega}-\frac{1}{s+j\omega}\right)=\frac{\omega}{s^2+\omega^2}$$

6・3・2　ラプラス変換の諸性質

ラプラス変換には以下の性質がある

・線形性(liner property)

$$\mathcal{L}\ [\alpha f(t)+\beta g(t)]=\alpha F(s)+\beta G(s)$$

ただし，α,β は定数　(6.65)

・相似性(similarity property)

$$\mathcal{L}\ [f(at)]=\frac{1}{a}F(\frac{s}{a})$$

ただし $a>0$　(6.66)

・移動性(mobility property)

$$\mathcal{L}\ [e^{at}f(t)]=F(s-a)$$

ただし $a>0$　(6.67)

> 線形性
> $\mathcal{L}[\alpha f(t)+\beta g(t)]$
> $=\alpha F(s)+\beta G(s)$
> 相似性
> $\mathcal{L}[f(at)]=\frac{1}{a}F(\frac{s}{a})$
> 移動性
> $\mathcal{L}[e^{at}f(t)]=F(s-a)$

【例 6.11】次に示した関数のラプラス変換をラプラス変換の性質を用いて求めよ．

(1) $f(t)=\sin 2t-3\cos 3t$　(2) $f(t)=e^{-t}\cos 2t$

(3) $f(t)=e^{-t}\cos 2t$ における $f(2t)$ のラプラス変換

【解答】

(1) $\mathcal{L}\ [f(t)]=\ \mathcal{L}\ [\sin 2t-3\cos 3t]$

$$=1\cdot\frac{2}{s^2+2^2}-3\cdot\frac{s}{s^2+3^2}=\frac{2}{s^2+4}-\frac{3s}{s^2+9}$$

(2) $\mathcal{L}\ [f(t)]=\dfrac{\{s-(-1)\}}{\{s-(-1)\}^2+2^2}=\dfrac{s+1}{(s+1)^2+4}=\dfrac{s+1}{s^2+2s+5}$

(3) $\mathcal{L}\ [f(2t)]=\dfrac{1}{2}\cdot\dfrac{\frac{s}{2}+1}{\left(\frac{s}{2}+1\right)^2+4}=\dfrac{s+2}{s^2+4s+20}$

6・3・3　ラプラス変換の微積分

ラプラス変換における微積分は，以下のようになる．

・微分定理(differential rule)　その 1

$$\mathcal{L}\ \left[\frac{\mathrm{d}f}{\mathrm{d}t}\right]=sF(s)-f(0) \quad (6.68)$$

さらに

$$\mathcal{L}\left[\frac{\mathrm{d}^{(n)}f}{\mathrm{d}t^{(n)}}\right]=s^nF(s)-s^{n-1}f(0)-\cdots-sf^{(n-2)}(0)-f^{(n-1)}(0)$$

ただし　$n=1,2,3,\cdots$　(6.69)

> 微分定理
> その 1
> $\mathcal{L}\left[\frac{\mathrm{d}^{(n)}f}{\mathrm{d}t^{(n)}}\right]=s^nF(s)-s^{n-1}f(0)-\cdots$
> $-sf^{(n-2)}(0)-f^{(n-1)}(0)$
> $n=1,2,3,\cdots$
> その 2
> $\mathcal{L}[t^nf(t)]=(-1)^n\frac{d^n}{ds^n}F(s)$
> $n=1,2,3,\cdots$

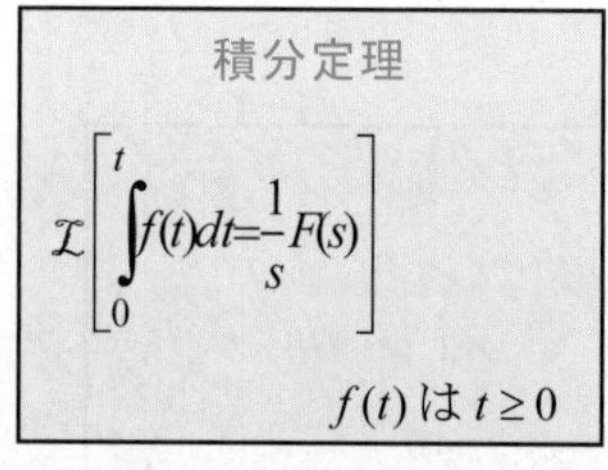

積分定理
$\mathcal{L}\left[\int_0^t f(t)dt = \frac{1}{s}F(s)\right]$
$f(t)$ は $t \geq 0$

たたみこみ積分
$\mathcal{L}[f(t)g(t)] = F(s)G(s)$

・微分定理(differential rule)　その２

$$\mathcal{L}\ [tf(t)] = -\frac{\mathrm{d}}{\mathrm{d}s}F(s) \tag{6.70}$$

さらに

$$\mathcal{L}\ [t^n f(t)] = (-1)^n \frac{\mathrm{d}^n}{\mathrm{d}s^n}F(s) \quad \text{ただし } n = 1,2,3,\cdots \tag{6.71}$$

・積分定理(integral rule)

$$\mathcal{L}\left[\int_0^t f(t)\mathrm{d}t\right] = \frac{1}{s}F(s) \tag{6.72}$$

ただし，$f(t)$ は $t \geq 0$ で定義されている．

・たたみ込み(convolution)

$$\mathcal{L}\ [\int_0^t f_1(\tau)f_2(t-\tau)d\tau] = F_1(s)F_2(s) \tag{6.73}$$

【例 6.12】

(1)つぎの微分方程式から求められる関数 $y(t)$ のラプラス変換について，与えられた初期条件を用いて求めよ．

$$y''-3y'+2y = e^t \quad \text{初期条件：} y(0)=0, y'(0)=0$$

(2)つぎに示した関数のラプラス変換を求めよ．

$$f(t) = \int_0^t t\sin t\mathrm{d}t$$

【解答】

(1) 与式の左辺をラプラス変換すると

$$\begin{aligned}&\mathcal{L}[y''-3y'+2y]\\&= s^2F(s) - sf(0) - f'(0) - 3(sF(s) - f(0)) + 2F(s)\\&= (s^2-3s+2)F(s) - (s-3)f(0) - f'(0) = (s^2-3s+2)F(s)\end{aligned}$$

また，与式の右辺をラプラス変換すると

$$\mathcal{L}\ [e^t] = \frac{1}{s-1}$$

ゆえに

$$(s^2-3s+2)F(s) = \frac{1}{s-1}$$

$$\therefore F(s) = \frac{1}{(s-1)(s^2-3s+2)}$$

(2) $\mathcal{L}\ [f(t)] = \mathcal{L}\left[\int_0^t t\sin t\mathrm{d}t\right] = \frac{1}{s}\mathcal{L}[t\sin t]$

また

$$\mathcal{L}\left[t\sin t\right]=-\frac{\mathrm{d}}{\mathrm{d}s}\left(\frac{1}{s^2+1^2}\right)=\frac{2s}{(s^2+1^2)^2}$$

ゆえに

$$\mathcal{L}\left[f(t)\right]=\frac{1}{s}\cdot\frac{2s}{(s^2+1^2)^2}=\frac{2}{\left(s^2+1\right)^2}$$

6・3・4　ラプラス逆変換

$F(s)$ に対して $\mathcal{L}\ [f(t)]=F(s)$ となる $f(t)$ が存在するならば

$$f(t)=\frac{1}{2\pi j}\int_{c-j\omega}^{c+j\omega}F(s)e^{st}\mathrm{d}s \qquad (t>0,\sigma_c<c) \tag{6.74}$$

を $F(s)$ のラプラス逆変換と定義し，$\mathcal{L}^{-1}[F(s)]=f(t)$ と表現する．

【例 6.13】次に示した関数のラプラス逆変換を求めよ．

(1) $F(s)=\dfrac{1}{s^3}+\dfrac{1}{2s+1}$　(2) $F(s)=\dfrac{s}{s^2-2s+2}$　(3) $F(s)=\dfrac{e^{-3s}}{s-2}$

【解答】

(1)　$f(t)=\mathcal{L}^{-1}\left[\dfrac{1}{s^3}+\dfrac{1}{2s+1}\right]=\ \mathcal{L}^{-1}\left[\dfrac{1}{s^3}\right]+\dfrac{1}{2}\mathcal{L}^{-1}\left[\dfrac{1}{s+\dfrac{1}{2}}\right]$

$$=\frac{1}{2!}t^{3-1}+\frac{1}{2}\cdot e^{-\frac{1}{2}t}=\frac{1}{2}(t^2+e^{-\frac{1}{2}t})$$

(2)　$f(t)=\mathcal{L}^{-1}\left[\dfrac{1}{s^2-2s+2}\right]=\mathcal{L}^{-1}\left[\dfrac{1}{s^2-2s+2}\right]=$

$$=\mathcal{L}^{-1}\left[\frac{1}{\left(s-1\right)^2+1}\right]=e^t\cdot\mathcal{L}^{-1}\left[\frac{1}{s^2+1^2}\right]=e^t\cdot\sin t$$

(3)　$e^{-\alpha s}$ があるとき

$$e^{-\alpha s}F(s)=U(t-\alpha)f(t-a)$$

が成り立つ．そこで，$F(s)=\dfrac{1}{s-2}$ とすれば

$$\mathcal{L}^{-1}\left[\frac{1}{s-2}\right]=e^{2t}$$

ゆえに

$$f(t)=\mathcal{L}^{-1}\left[\frac{e^{-3s}}{s-2}\right]=U(t-3)e^{2(t-3)}$$

6・3・5　ラプラス変換表

おもなラプラス変換を表 6.3.1 に示しておく．

表 6.3.1 ラプラス変換表

$f(t)$	$F(s)$
e^{-at}	$\frac{1}{s+a}$
$\frac{1}{b-a}(e^{-at}-e^{-bt})$	$\frac{1}{(s+a)(s+b)}$
$\frac{t^{n-1}}{(n-1)!}e^{-at}$	$\frac{1}{(s+a)^n}$
$u(t)$	$\frac{1}{s}$
$u(t-T)$	$\frac{1}{s}e^{-sT}$
$e^{-rt}(\cos rt - \frac{b}{r}\sin rt)$ $r=\sqrt{c-b^2}$	$\frac{s}{s^2+2bs+c}, b^2-c<0$
$e^{-at}\sin bt$	$\frac{b}{(s+a)^2+b^2}$
$e^{-at}\cos bt$	$\frac{s+a}{(s+a)^2+b^2}$
$\frac{1}{(n-1)!}t^{n-1}$	$\frac{1}{s^n}$
$\delta(t)$	1
$\delta(t-T)$	e^{-Ts}
$\frac{1}{r}e^{-bt}\sin rt$ $r=\sqrt{c-b^2}$	$\frac{s}{s^2+2bs+c}, b^2-c<0$

6・4　フーリエ解析の応用

微分方程式に初期値が与えられている場合，フーリエ級数，フーリエ変換やラプラス変換を用いると簡単に解を求めることができる．

6・4・1　定数係数線形微分方程式

微分方程式に初期値が与えられている場合，ラプラス変換を用いると簡単に解を求めることができる．

【例 6.14】

図 6.17 に示す長さ l の単振り子の運動方程式をたて，その解を求めよ．ただし，$t=0$ において $\theta(0)=\theta_0, \dot{\theta}(0)=\omega_0$ とする．

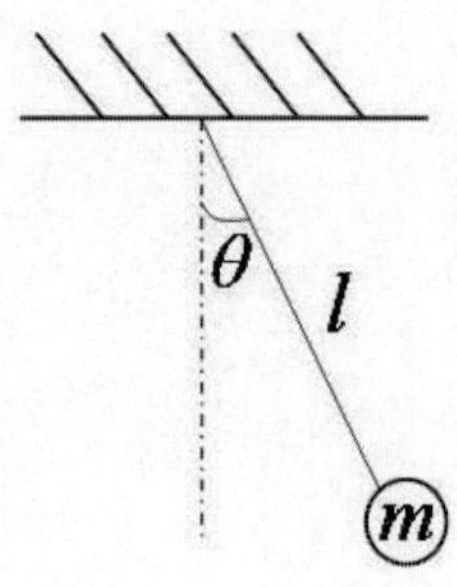

図 6.17　単振り子

【解答】

振動方向に加わる力は接線方向である．質量 m の物体にはたらく力は $-mg\sin\theta$ であり，また，接線方向の加速度は $l\ddot{\theta}$ と表せる．そのため，回転の運動方程式から

$$ml\ddot{\theta} = -mg\sin\theta \tag{6.75}$$

$$\ddot{\theta}+\frac{g}{l}\sin\theta=0 \tag{6.76}$$

と与えられる．θ が十分小さければ，$\sin\theta\cong\theta$ と表せる．また $\omega_n=\sqrt{\frac{g}{l}}$ とすれば，式(6.76)は

$$\ddot{\theta}+\omega_n^2\theta=0 \tag{6.77}$$

となる．ここで θ のラプラス変換を $\Theta(s)$ とし，式(6.76)の両辺をラプラス変換すると

$$s^2\Theta(s)-s\theta(0)-\dot{\theta}(0)+\omega_n^2\Theta(s)=0 \tag{6.78}$$

初期条件 $\theta(0)=\theta_0,\dot{\theta}(0)=\omega_0$ から

$$(s^2+\omega_n^2)\Theta(s)=s\theta_0+\omega_0$$

$$\Theta(s)=\frac{s}{s^2+\omega_n^2}\theta_0+\frac{1}{\omega_n}\cdot\frac{\omega_n}{s^2+\omega_n^2}\cdot\omega_0 \tag{6.79}$$

ここで，上式をラプラス逆変換すると

$$\theta=\theta_0\cos\omega_n t+\frac{\omega_0}{\omega_n}\sin\omega_n t \tag{6.80}$$

と求められる．

6・4・2　伝達関数

「入力に対して出力がどのように出てくるのか」を表す関数が求められると，いろいろな面で便利になる．このような関数を伝達関数(transfer function)と呼ぶ．特に，時間的幅が無限小で，高さが無限大のパルスと呼ばれる信号を入力したときのシステムからの出力をインパルス応答(impulse response)と言う．

【例 6.15】　質量 m，バネ定数 k のばねによって構成された減衰のない 1 自由度系の単位インパルス応答を求めよ．

【解答】　外力としてインパルス関数 $\delta(t)$ が入力されるので，運動方程式は

$$m\ddot{x}+kx=\delta(t) \tag{6.81}$$

ここで x のラプラス変換を $X(s)$ とし，両辺をラプラス変換すると

$$m\{s^2X(s)-sx(0)-\dot{x}(0)\}+kX(s)=1 \tag{6.82}$$

初期条件は $t=0$ で $x=0,\dot{x}=0$ であるから，これらを式(6.82)に代入すると

$$ms^2X(s)+kX(s)=1$$

$\omega_n=\sqrt{\frac{k}{m}}$ とすれば

$$X(s)=\frac{1}{ms^2+k}=\frac{\omega_n}{m\omega_n(s^2+\omega_n^2)} \tag{6.83}$$

式(6.83)のラプラス逆変換は

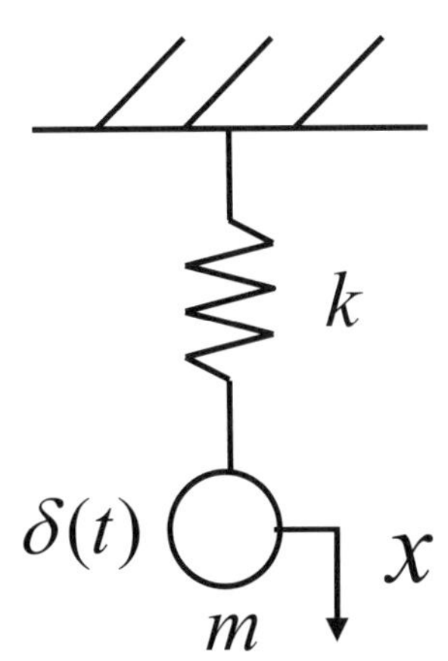

図 6.18　ばね振り子のインパルス応答

$$x = \frac{1}{m\omega_n} \sin \omega_n t \tag{6.84}$$

となる．

【例 6.16】　質量 m，バネ定数 k のばねによって構成された1自由度系があり，減衰比 ζ をもって振動する．この系に $F\sin\omega t$ の力を加えた場合の伝達関数を求めよ．ただし，$t=0$ において $x=x_0, \dot{x}=v_0$ とする．

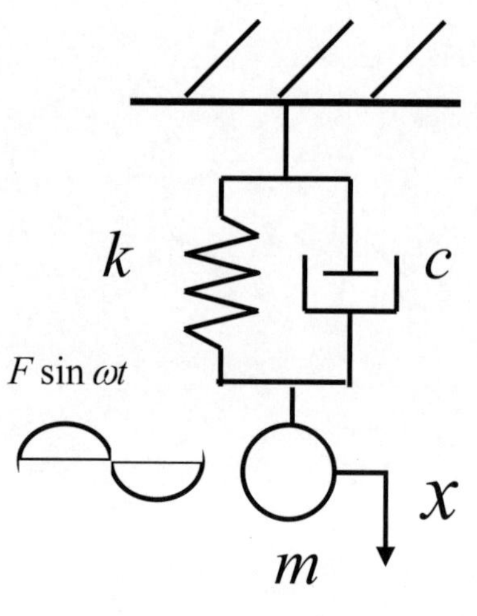

図 6.19　ばね振り子の強制振動応答

【解答】

運動方程式は

$$\ddot{x} + 2\xi\omega_n \dot{x} + \omega_n^2 x = \frac{F}{m} \sin \omega t \tag{6.85}$$

式(6.85)の右辺にある $F\sin\omega t$ を $f(t)$ と一般化すると

$$\ddot{x} + 2\xi\omega_n \dot{x} + \omega_n^2 x = \frac{f(t)}{m} \tag{6.86}$$

式(6.86)の両辺をラプラス変換すると

$$s^2 X(s) - sx(0) - \dot{x}(0) + 2\xi\omega_n \{sX(s) - x(0)\} + \omega_n^2 X(s) = \frac{F(s)}{m}$$

$$(s^2 + 2\xi\omega_n s + \omega_n^2) X(s) = (s + 2\xi\omega_n) x_0 + v_0 + \frac{F(s)}{m}$$

$$X(s) = \frac{(s+2\xi\omega_n)x_0}{s^2 + 2\xi\omega_n s + \omega_n^2} + \frac{v_0}{s^2 + 2\xi\omega_n s + \omega_n^2} + \frac{F(s)}{m} \cdot \frac{1}{s^2 + 2\xi\omega_n s + \omega_n^2} \tag{6.87}$$

ここで $x_0 = 0, v_0 = 0$ とすれば

$$X(s) = \frac{(s+2\xi\omega_n)x_0}{s^2 + 2\xi\omega_n s + \omega_n^2} + \frac{v_0}{s^2 + 2\xi\omega_n s + \omega_n^2} + \frac{F(s)}{m} \cdot \frac{1}{s^2 + 2\xi\omega_n s + \omega_n^2} \tag{6.88}$$

ゆえに

$$\frac{X(s)}{F(s)} = \frac{1}{m} \cdot \frac{1}{s^2 + 2\xi\omega_n s + \omega_n^2} \tag{6.89}$$

ここで，$s = j\omega$ を代入すると

$$\frac{X(j\omega)}{F(j\omega)} = \frac{1}{m} \cdot \frac{1}{-\omega^2 + 2\xi\omega_n \omega j + \omega_n^2} \tag{6.90}$$

となることから，振幅特性は

$$\left| \frac{X(j\omega)}{F(j\omega)} \right| = \frac{1}{m} \cdot \frac{1}{\sqrt{(\omega_n^2 - \omega^2)^2 + (2\xi\omega_n\omega)^2}} \tag{6.91}$$

位相特性は

$$\phi = -\tan^{-1}\left(\frac{2\xi\omega_n\omega}{\omega_n^2 - \omega^2} \right) \tag{6.92}$$

と求められる．

演習問題

【6.1】　次に示した関数 $f_1(t), f_2(t)$ および $f_3(t)$ の和 $F(t)$ をグラフに描け．ただし $-2 \le t < 2$ とする．

$$\begin{cases} f_1(t) = \sin \pi t \\ f_2(t) = \cos 2\pi t \\ f_3(t) = \dfrac{1}{2}\sin\dfrac{\pi}{2}t \end{cases}$$

【6.2】　次に示した周期 2 の周期関数をグラフに描け．

$$f(t) = \begin{cases} 0 & 0 \le t < 1 \\ -t & -1 \le t < 0 \end{cases}$$

【6.3】　次に示した関数は周期関数であるか判断せよ．また，周期関数であるならば，その周期を求めよ．

(1) $f(t) = t^2$　(2) $f(t) = \sin t + \sin 2t + \sin 3t$　(3) $f(t) = \sin\sqrt{2}t + \sin\sqrt{5}t$

【6.4】　次に示した関数のフーリエ係数を求めよ．ただし，周期は 2π とする．

(1) $f(t) = -1$　(2) $f(t) = -t$　(3) $f(t) = -t^2$

(4) $f(t) = |t|$　(5) $f(t) = 1 - |t|$　(6) $f(t) = |\sin t|$

【6.5】　次に示した関数の複素フーリエ係数を求めよ．ただし，周期は 2π とする．

(1) $f(t) = -t$　(2) $f(t) = -t^2$　(3) $f(t) = |\sin t|$

【6.6】つぎに示した関数のフーリエ変換 $F(j\omega)$ を求めよ．

(1)

$$f(t) = \begin{cases} 0 & |t| > 1 \\ 1 & |t| \le 1 \end{cases}$$

(2)

$$f(t) = \begin{cases} 0 & |t| > 1 \\ 1 - |t| & |t| < 1 \end{cases}$$

(3)

$$f(t) = e^{-a|t|} \quad \text{ただし } a > 0$$

【6.7】　関数 $f(t)$ が

$$f(t)=\begin{cases} 0 & t>0 \\ e^{t} & t<0 \end{cases}$$

であるとき，次に示す関数のフーリエ変換 $F(j\omega)$ を求めよ．

(1) $f(t-1)$　(2) $f(t/4)$　(3) $f(t)e^{2jt}$　(4) $f(t)\cos t$

【6.8】　つぎに示した関数のフーリエ変換を求めよ．ただし，$\delta(t)$ はデルタ関数，$u(t)$ はステップ関数とする．

(1) $\delta(t-1)$　(2) $\delta(t-1)+\delta(t+1)$　(3) $\sin\omega_0 t$　(4) $\sin\omega_0 t\cos\omega_0 t$

(5) $u(-t)$　(6) $u(t)e^{-j\omega_0 t}$

【6.9】　次に示した関数のラプラス変換を求めよ．

(1) $f(t)=2t^2-3t+1$　(2) $f(t)=3e^{-t}+2e^{2t}$

(3) $f(t)=3\sin 2t-2\cos 3t$　(4) $f(t)=\cos^2 t$

【6.10】　次に示した関数のラプラス変換を求めよ．

(1) $f(t)=e^{3t}\cos 2t$　(2) $f(t)=(2t+1)e^{2t}$

(3) $f(t)=t\sin 2t$　(4) $f(t)=t\sin^2 t$

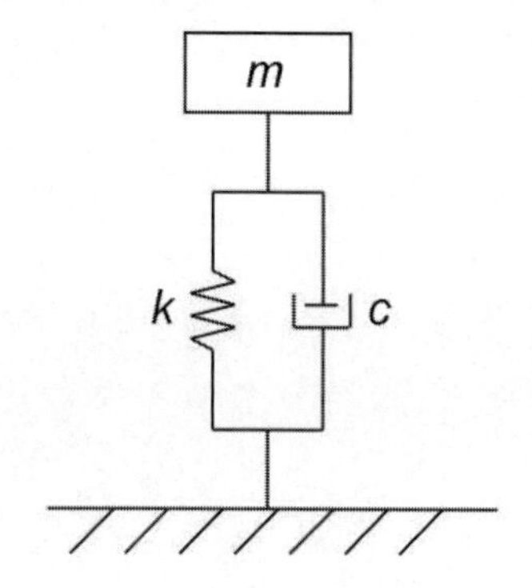

図 6.20　ばねと減衰器で構成された振り子

【6.11】次に示した関数のラプラス逆変換を求めよ．

(1) $\dfrac{1}{s^2}+\dfrac{1}{s-1}$　(2) $\dfrac{1}{s^2+4}$　(3) $\dfrac{2s}{s^2+2s+5}$　(4) $\dfrac{s}{4s^2-1}$　(5) $\dfrac{s+1}{s(s^2+s-6)}$

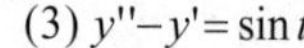

【6.12】

次の微分方程式を示された初期条件を用いて解け

(1) $y'+y=e^{y}$　($y(0)=1$)

(2) $y''+5y'-6y=1$　($y(0)=0, y'(0)=1$)

(3) $y''-y'=\sin t$　($y(0)=1, y'(0)=0$)

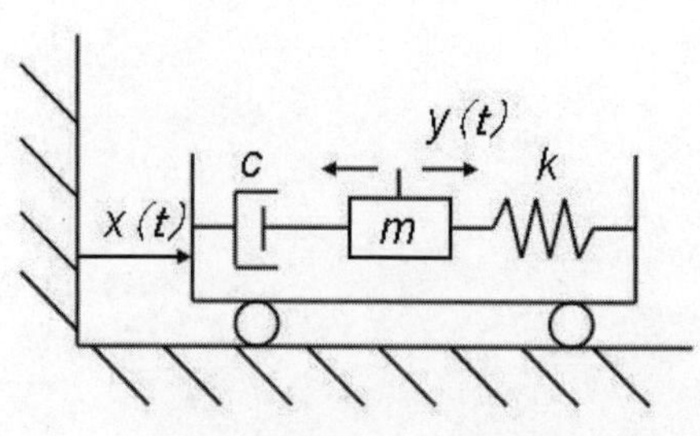

図 6.21　機械式加速度計のモデル

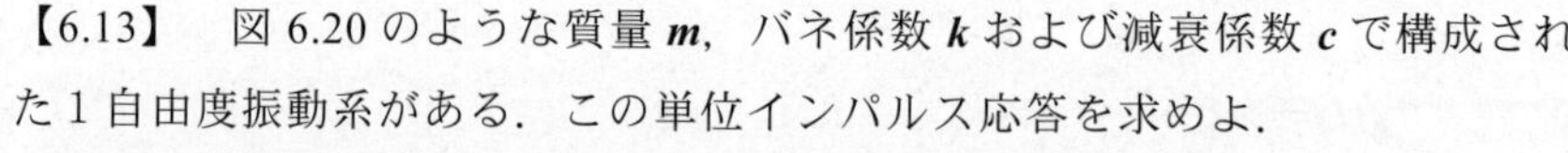

【6.13】　図 6.20 のような質量 $\boldsymbol{m}$，バネ係数 $\boldsymbol{k}$ および減衰係数 $\boldsymbol{c}$ で構成された 1 自由度振動系がある．この単位インパルス応答を求めよ．

【6.14】　図 6.21 に機械式加速度計のモデルを示してある．加速度計を搭載している車の変位を $\boldsymbol{x}$，加速度計に搭載された質量 $\boldsymbol{m}$ の変位を $\boldsymbol{y}$ としたときの運動方程式を求め，入力を $\boldsymbol{x}$，出力を $\boldsymbol{y}$ としたときの伝達関数を求めよ．ただし，$\boldsymbol{k}$ はバネ定数，$\boldsymbol{c}$ はダンパの減衰定数とし，初期値 $x(0)=0, x'(0)=0$，$y(0)=0, y'(0)=0$ とする．

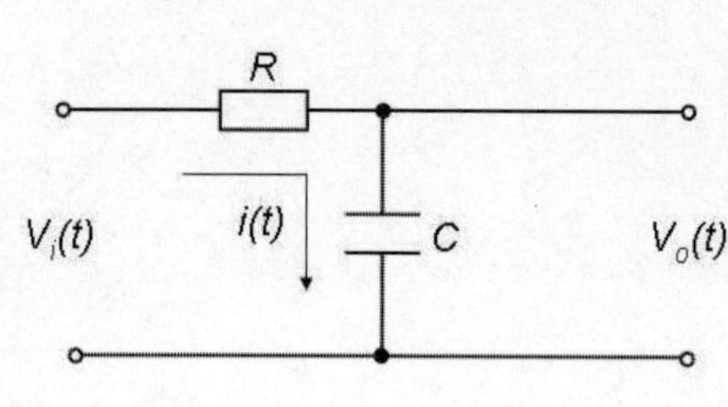

図 6.22　RC フィルター回路

【6.15】　図 6.22 に抵抗 $\boldsymbol{R}$ とコンデンサー $\boldsymbol{C}$ を用いて組まれたフィルター回路がある．入力電圧を $\boldsymbol{v_i(t)}$，出力電圧を $\boldsymbol{v_o(t)}$ とする．この回路における微分方程式をたて，伝達関数を求めよ．

練習問題解答

第 1 章　機械工学のための大学数学入門

【1.1】

$$y' = \frac{\frac{dy}{dt}}{\frac{dx}{dt}} = \frac{b\cos\frac{\pi}{4}}{-a\sin\frac{\pi}{4}} = -\frac{b}{a}$$ なので，式(1.1)より

$$y - \frac{b}{\sqrt{2}} = -\frac{b}{a}\left(x - \frac{a}{\sqrt{2}}\right)$$

$$y = -\frac{b}{a}x + \sqrt{2}b$$

【1.2】

(1)　$f'(x) = \cos x$　，　$f''(x) = -\sin x$　，　$f'''(x) = -\cos x$　，$f^{(4)}(x) = \sin x$ であり，

$f^{(2n)}(0) = 0$，　$f^{(4n+1)}(0) = 1$，　$f^{(4n+3)}(0) = -1$ なので，式(1.9)に代入して

$$\sin x = 0 + x + 0 - \frac{1}{3!}x^3 + 0 + \frac{1}{5!}x^5 + \cdots$$

$$= x - \frac{1}{3!}x^3 + \frac{1}{5!}x^5 + \cdots + \sum_{n=0}^{\infty}\frac{(-1)^n}{(2n+1)!}x^{2n+1}$$

(2)　$f(x) = \log(x+1)$，　$f'(x) = \frac{1}{x+1} = (x+1)^{-1}$，　$f''(x) = -(x+1)^{-2}$，

$f'''(x) = 2(x+1)^{-3}$，　$f^{(4)}(x) = -2\cdot 3(x+1)^{-4}$，　$\cdots$，

$f^{(n)}(x) = (-1)^{n-1}(n-1)!(x+1)^{-n}$ であり，　$f(0) = 0$，

$f^{(n)}(0) = (-1)^{n-1}(n-1)!$ なので，式(1.9)に代入して，

$$\log(x+1) = 0 + x - \frac{1}{2}x^2 + \frac{2!}{3!}x^3 - \frac{3!}{4!}x^4 + \cdots$$

$$= x - \frac{1}{2}x^2 + \frac{1}{3}x^3 + \cdots + \sum_{n=1}^{\infty}\frac{(-1)^{n-1}}{n}x^n$$

【1.3】

(1)

$$\int (x^2+2x)e^{2x}dx = \frac{1}{2}(x^2+2x)e^{2x} - \frac{1}{4}(2x+2)e^{2x} + 2\cdot\frac{1}{8}e^{2x}$$

$$= \left(\frac{x^2}{2} + \frac{x}{2} - \frac{1}{4}\right)e^{2x}$$

【問題 1.3(1)の解答に関する説明】

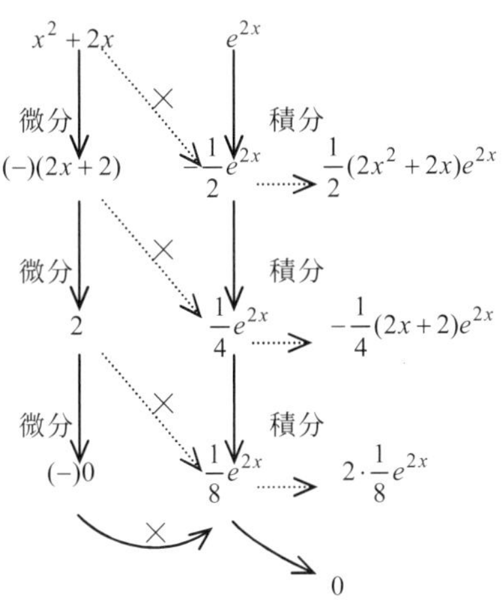

(2)　$\sin x = t$ とおくと $\cos x dx = dt$ なので

$$\int \sin^3 x\cos x dx = \int t^3 dt = \frac{t^4}{4} = \frac{\sin^4 x}{4}$$

(3)

$$\int \frac{x^2-x}{x^2-2x+2}\mathrm{d}x = \int\left(1 + \frac{x-2}{x^2-2x+2}\right)\mathrm{d}x$$

$$= \int\left(1 + \frac{x-1}{x^2-2x+2} - \frac{1}{x^2-2x+2}\right)\mathrm{d}x$$

$$= \int\left(1 + \frac{\frac{1}{2}(2x-2)}{x^2-2x+2} - \frac{1}{x^2-2x+2}\right)\mathrm{d}x = x + \frac{1}{2}\log\left|x^2-2x+2\right| - \int\frac{\mathrm{d}x}{(x-1)^2+1}$$

$\int\frac{\mathrm{d}x}{(x-1)^2+1}$ に関して，$x-1=t$ の置換積分法を用いると

$$\int\frac{\mathrm{d}x}{(x-1)^2+1} = \int\frac{\mathrm{d}t}{t^2+1} = \tan^{-1}t = \tan^{-1}(x-1)$$

と求まる．よって，

$$\int\frac{x^2-x}{x^2-2x+2}dx = x + \frac{1}{2}\log\left|x^2-2x+2\right| - \tan^{-1}(x-1)$$

(4) 三角関数の性質(半角の公式)を用いる．

$$\int_0^{\frac{\pi}{2}}\cos^2 x\mathrm{d}x = \int_0^{\frac{\pi}{2}}\frac{1+\cos 2x}{2}\mathrm{d}x = \left[\frac{1}{2}\left(x - \frac{1}{2}\sin 2x\right)\right]_0^{\frac{\pi}{2}}$$

$$= \frac{1}{2}\left(\frac{\pi}{2} - \frac{\sin\pi}{2} - \left(0 - \frac{\sin 0}{2}\right)\right) = \frac{\pi}{4}$$

(5)　$\log x = t$ とおくと $\frac{\mathrm{d}x}{x} = \mathrm{d}t$，　$\begin{cases} x: & 1 \to 2 \\ t: & 0 \to \log 2 \end{cases}$ なので

$$\int_1^2\frac{\log x}{x}\mathrm{d}x = \int_0^{\log 2}t\mathrm{d}x = \left[\frac{t^2}{2}\right]_0^{\log 2} = \frac{1}{2}(\log 2)^2$$

【1.4】

(1)　$r = e^{\theta}$ 対数らせんと $\theta = 0$，　$\theta = 2\pi$ で囲まれた部分

$$S = \frac{1}{2}\int_0^{2\pi}e^{2\theta}\mathrm{d}\theta = \left[\frac{1}{4}e^{2\theta}\right]_0^{2\pi} = \frac{1}{4}(e^{4\pi}-1)$$

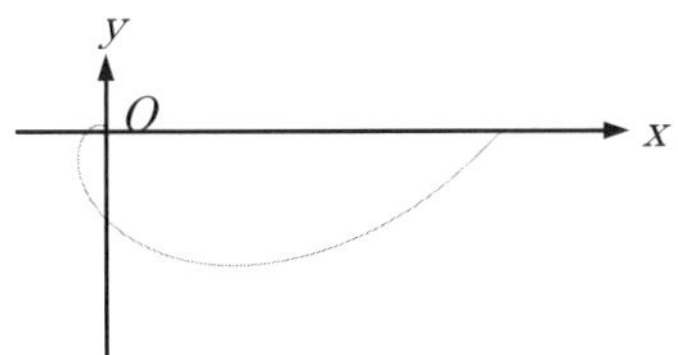

図 対数らせん

(2) 図の対称性より求める面積 S は

$$S = 4\cdot\frac{1}{2}\int_0^{\frac{\pi}{2}}(a\sin\theta)^2\mathrm{d}\theta = 2a^2\int_0^{\frac{\pi}{2}}\frac{1-\cos 2\theta}{1}\mathrm{d}\theta = a^2\left[\theta - \frac{1}{2}\sin 2\theta\right]_0^{\frac{\pi}{2}} = \frac{\pi}{2}a^2$$

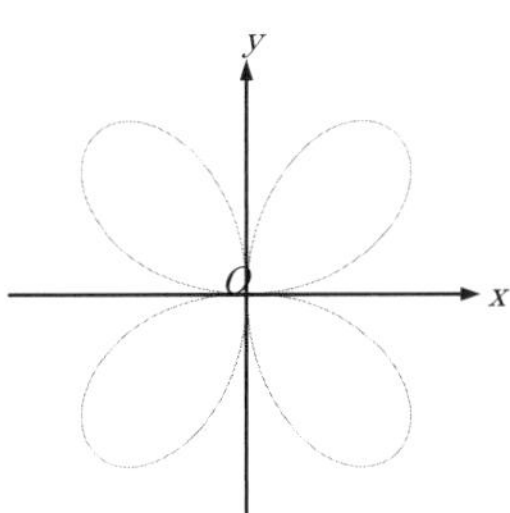

図 四葉線

$r=f(\theta)$ で $r<0$ となる場合は原点からの距離が $|r|$，x 軸からの角度が $\theta+\pi$ となる点を取る．

【1.5】

(1) $\lim_{n\to\infty}\frac{2^n+3^{n+1}}{3^n-1}=\lim_{n\to\infty}\frac{\left(\frac{2}{3}\right)^n+3}{1-\frac{1}{3^n}}=3$

(2)

$$\lim_{n\to\infty}\left(\sqrt{n^2+3n+2}-n\right)=\lim_{n\to\infty}\left(\sqrt{n^2+3n+2}-n\right)\frac{\sqrt{n^2+3n+2}+n}{\sqrt{n^2+3n+2}+n}$$

$$=\lim_{n\to\infty}\frac{3n+2}{\sqrt{n^2+3n+2}+n}=\lim_{n\to\infty}\frac{3+\frac{2}{n}}{\sqrt{1+\frac{3}{n}+\frac{2}{n^2}}+1}=\frac{3}{2}$$

(3) $\lim_{n\to\infty}(\log(2n+1)-\log n)=\lim_{n\to\infty}\log\frac{2n+1}{n}=\lim_{n\to\infty}\log\left(2+\frac{1}{n}\right)=\log 2$

【1.6】

(1)

$$\frac{1}{1\cdot 2}+\frac{1}{2\cdot 3}+\frac{1}{3\cdot 4}+\cdots$$

$$=\lim_{n\to\infty}\sum_{k=1}^{n}\frac{1}{k(k+1)}=\lim_{n\to\infty}\sum_{k=1}^{n}\left(\frac{1}{k}-\frac{1}{k+1}\right)=\lim_{n\to\infty}\left(1-\frac{1}{n+1}\right)=1$$

(2) 初項 1，公比 $-\frac{2}{3}$ の無限等比級数なので

$$1-\frac{2}{3}+\frac{4}{9}-\frac{8}{27}+\cdots=\frac{1}{1-\left(-\frac{2}{3}\right)}=\frac{3}{5}$$

【1.7】

(1) $\begin{pmatrix}-22 & 30\\ 9 & -12\end{pmatrix}$　(2) $\begin{pmatrix}3 & 5\\ -21 & -37\end{pmatrix}$　(3) $\begin{pmatrix}3 & -21\\ 5 & -37\end{pmatrix}$

(4) $\begin{pmatrix}28 & -20\\ 4 & -62\end{pmatrix}$　(5) $\begin{pmatrix}3 & 5\\ 34 & -37\end{pmatrix}$

【1.8】 ケーリー・ハミルトンと公式より

$$A^2-3A-E=O \qquad ①$$

$$A^4=\left(A^2-3A-E\right)\left(A^2+Ax+10E\right)+33A+10E \qquad ②$$

が成り立つから，式①を式②に代入すると，

$$A^4=33A+10E$$

となる．従って，

$$A^4=33\begin{pmatrix}2 & 1\\ 3 & 1\end{pmatrix}+\begin{pmatrix}10 & 0\\ 0 & 10\end{pmatrix}=\begin{pmatrix}76 & 33\\ 99 & 43\end{pmatrix}$$

【1.9】

(1) $\begin{cases}x+2y=3\\ -6y=-1\end{cases}$　(2 行目) − (1 行目)×2

$\begin{cases}x+2y=3\\ y=\frac{1}{6}\end{cases}$　(2 行目)÷ (−6)

$\begin{cases}x=\frac{8}{3}\\ y=\frac{1}{6}\end{cases}$　(1 行目) − (2 行目)×2

(2) $\begin{cases}x & +2y & +z & = & 3\\ ax & +5y & +4z & = & -1\\ 3x & +7y & +5z & = & 2\end{cases}$　(1 行目)÷2

$\begin{cases}x & +2y & +z & = & 3\\ & (5-2a)y & +(4-a)z & = & -1-3a\\ & y & +2z & = & -7\end{cases}$

$\begin{cases}x & +2y & +z & = & 3\\ & y & +2z & = & -7\\ & (5-2a)y & +(4-a)z & = & -1-3a\end{cases}$

$\begin{cases}x & & -3z & = & 17\\ & y & +2z & = & -7\\ & & (3a-6)z & = & 34-17a\end{cases}$

$\begin{cases}x & -3z & = & 17\\ y & +2z & = & -7\\ & z & = & -\frac{17}{3}\end{cases}$　(3 行目)÷ (3a − 6)

$x=0,\ \ y=\frac{13}{3},\ \ z=-\frac{17}{3}$

【1.10】 (1) 18　(2) 52　(3) −18　(4) 120

【1.11】

(1)

$$\begin{vmatrix}a & b & c\\ b & c & a\\ c & b & a\end{vmatrix}\underset{①}{=}a\begin{vmatrix}1 & \frac{b}{a} & \frac{c}{a}\\ b & c & a\\ c & b & a\end{vmatrix}\underset{②}{=}a\begin{vmatrix}1 & \frac{b}{a} & \frac{c}{a}\\ 0 & \frac{ac-b^2}{a} & \frac{a^2-bc}{a}\\ 0 & \frac{ab-bc}{a} & \frac{a^2-c^2}{a}\end{vmatrix}$$

$$\underset{③}{=}a\begin{vmatrix}\frac{ac-b^2}{a} & \frac{a^2-bc}{a}\\ \frac{b(a-c)}{a} & \frac{(a+c)(a-c)}{a}\end{vmatrix}=a\left(\frac{ac-b^2}{a}\cdot\frac{(a+c)(a-c)}{a}-\frac{b(a-c)}{a}\cdot\frac{a^2-bc}{a}\right)$$

$$=\frac{(a-c)}{a}\left\{(ac-b^2)(a+c)-b(a^2-bc)\right\}=(a-c)\left\{(c-b)(c+b)+a(c-b)\right\}$$

$$=(a-c)(c-b)(a+c+b)$$

①1 行目から a をくくり出す

②(第 2 行) − (第 1 行)× b

(第 3 行) − (第 1 行)× c

③第 1 列で展開

(2)

同様にして，$\begin{vmatrix}1 & x & x^2\\ x & x & x\\ x & 1 & 1\end{vmatrix}=-x^2(x-1)^2$

【1.12】

(1) $\begin{pmatrix}1 & 2\\ 2 & -2\end{pmatrix}\begin{pmatrix}x\\ y\end{pmatrix}=\begin{pmatrix}3\\ 5\end{pmatrix}$ なので

$$x=\frac{\begin{vmatrix}3 & 2\\ 5 & -2\end{vmatrix}}{\begin{vmatrix}1 & 2\\ 2 & -2\end{vmatrix}}=\frac{-16}{-6}=\frac{8}{3},\quad y=\frac{\begin{vmatrix}1 & 3\\ 2 & 5\end{vmatrix}}{\begin{vmatrix}1 & 2\\ 2 & -2\end{vmatrix}}=\frac{-1}{-6}=\frac{1}{6},$$

(2)

$$\begin{pmatrix}2 & 4 & 2\\ a & 5 & 4\\ 3 & 7 & 5\end{pmatrix}\begin{pmatrix}x\\ y\\ z\end{pmatrix}=\begin{pmatrix}6\\ -1\\ 2\end{pmatrix},\quad \begin{vmatrix}2 & 4 & 2\\ a & 5 & 4\\ 3 & 7 & 5\end{vmatrix}=12-6a \text{ なので}$$

$$x=\frac{1}{12-6a}\begin{vmatrix}6 & 4 & 2\\ -1 & 5 & 4\\ 2 & 7 & 5\end{vmatrix}=\frac{0}{12-6a}=0$$

$$y=\frac{1}{12-6a}\begin{vmatrix}2 & 6 & 2\\ a & -1 & 4\\ 3 & 2 & 5\end{vmatrix}=\frac{52-26a}{12-6a}=\frac{13}{3}$$

$$z=\frac{1}{12-6a}\begin{vmatrix}2 & 4 & 6\\ a & 5 & -1\\ 3 & 7 & 2\end{vmatrix}=\frac{-68+34a}{12-6a}=-\frac{17}{3}$$

【1.13】

(1)

$$\left[\begin{array}{cc|cc}1 & x & 1 & 0\\ x^2 & 1 & 0 & 1\end{array}\right]\Rightarrow\left[\begin{array}{cc|cc}1 & x & 1 & 0\\ 0 & 1-x^3 & -x^2 & 1\end{array}\right]$$

$$\Rightarrow\left[\begin{array}{cc|cc}1 & x & 1 & 0\\ 0 & 1 & -\dfrac{x^2}{1-x^3} & \dfrac{1}{1-x^3}\end{array}\right]$$

$$\Rightarrow\left[\begin{array}{cc|cc}1 & 0 & \dfrac{1}{1-x^3} & -\dfrac{x}{1-x^3}\\ 0 & 1 & -\dfrac{x^2}{1-x^3} & \dfrac{1}{1-x^3}\end{array}\right]$$

$$\begin{pmatrix}1 & x\\ x^2 & 1\end{pmatrix}^{-1}=\begin{pmatrix}\dfrac{1}{1-x^3} & -\dfrac{x}{1-x^3}\\ -\dfrac{x^2}{1-x^3} & \dfrac{1}{1-x^3}\end{pmatrix}$$

(2)

同様にして，$\begin{pmatrix}1 & 2 & 4\\ 2 & 1 & -2\\ 1 & 1 & 1\end{pmatrix}^{-1}=\begin{pmatrix}-3 & -2 & 8\\ 4 & 3 & -10\\ -1 & -1 & 3\end{pmatrix}$

【1.14】

(1) $\begin{vmatrix}2 & 3 & 1\\ 5 & 4 & 1\\ 2 & 6 & 3\end{vmatrix}=-5$ より

$$\begin{pmatrix}2 & 3 & 1\\ 5 & 4 & 1\\ 2 & 6 & 3\end{pmatrix}^{-1}=-\frac{1}{5}\begin{pmatrix}\begin{vmatrix}4 & 1\\ 6 & 3\end{vmatrix} & -\begin{vmatrix}3 & 1\\ 6 & 3\end{vmatrix} & \begin{vmatrix}3 & 1\\ 4 & 1\end{vmatrix}\\ -\begin{vmatrix}5 & 1\\ 2 & 3\end{vmatrix} & \begin{vmatrix}2 & 1\\ 2 & 3\end{vmatrix} & -\begin{vmatrix}2 & 1\\ 5 & 1\end{vmatrix}\\ \begin{vmatrix}5 & 4\\ 2 & 6\end{vmatrix} & -\begin{vmatrix}2 & 3\\ 2 & 6\end{vmatrix} & \begin{vmatrix}2 & 3\\ 5 & 4\end{vmatrix}\end{pmatrix}=-\frac{1}{5}\begin{pmatrix}6 & -3 & -1\\ -13 & 4 & 3\\ 22 & -6 & -7\end{pmatrix}$$

(2)

$\begin{vmatrix}1 & a & 2a\\ 1 & 4a & 3a\\ a & 3a^2 & 2a^2\end{vmatrix}=-2a^3$ より，同様にして，

$$\begin{pmatrix}1 & a & 2a\\ 1 & 4a & 3a\\ a & 3a^2 & 2a^2\end{pmatrix}^{-1}=-\frac{1}{2a^3}\begin{pmatrix}\begin{vmatrix}4a & 3a\\ 3a^2 & 2a^2\end{vmatrix} & -\begin{vmatrix}a & 2a\\ 3a^2 & 2a^2\end{vmatrix} & \begin{vmatrix}a & 2a\\ 4a & 3a\end{vmatrix}\\ -\begin{vmatrix}1 & 3a\\ a & 2a^2\end{vmatrix} & \begin{vmatrix}1 & 2a\\ a & 2a^2\end{vmatrix} & -\begin{vmatrix}1 & 2a\\ 1 & 3a\end{vmatrix}\\ \begin{vmatrix}1 & 4a\\ a & 3a^2\end{vmatrix} & -\begin{vmatrix}1 & a\\ a & 3a^2\end{vmatrix} & \begin{vmatrix}1 & a\\ 1 & 4a\end{vmatrix}\end{pmatrix}$$

$$=\begin{pmatrix}\dfrac{1}{2} & -2 & \dfrac{5}{2a}\\ -\dfrac{1}{2a} & 0 & \dfrac{1}{2a^2}\\ \dfrac{1}{2a} & \dfrac{1}{a} & -\dfrac{3}{2a^2}\end{pmatrix}$$

【1.15】 1つも不良品が含まれない確率は，

$$p(0)=\frac{\begin{pmatrix}4\\ 0\end{pmatrix}\begin{pmatrix}8\\ 2\end{pmatrix}}{\begin{pmatrix}12\\ 2\end{pmatrix}}=\frac{1\cdot 28}{66}=\frac{14}{33}$$

である．よって，不良品が1つは含まれる確率は，

$$1-p(0)=\frac{19}{33}$$

となる．

【1.16】 $p(1)={}_2C_1\cdot\left(\dfrac{1}{20}\right)^1\cdot\left(\dfrac{19}{20}\right)^1=2\cdot\dfrac{1}{20}\cdot\dfrac{19}{20}=\dfrac{19}{200}$

【1.17】

不良品が含まれない確率　　：

$$p(0)={}_2C_0\cdot\left(\frac{1}{10}\right)^0\cdot\left(\frac{9}{10}\right)^2=1\cdot 1\cdot\frac{81}{100}=\frac{81}{100}$$

1回だけ不良品が含まれる確率：

$$p(1)={}_2C_1\cdot\left(\frac{1}{10}\right)^1\cdot\left(\frac{9}{10}\right)^1=2\cdot\frac{1}{10}\cdot\frac{9}{10}=\frac{18}{100}$$

2回とも不良品が含まれる確率：

$$p(2)={}_2C_2\cdot\left(\frac{1}{10}\right)^2\cdot\left(\frac{9}{10}\right)^0=1\cdot\frac{1}{100}\cdot 1=\frac{1}{100}$$

平均値 $\mu=E(X)=0\cdot\dfrac{81}{100}+1\cdot\dfrac{18}{100}+2\cdot\dfrac{1}{100}=\dfrac{1}{5}$

自乗平均値 $E(X^2)=0^2\cdot\dfrac{81}{100}+1^2\cdot\dfrac{18}{100}+2^2\cdot\dfrac{1}{100}=\dfrac{11}{50}$

分散 $\sigma^2=E(X^2)-E(X)^2=\dfrac{11}{50}-\left(\dfrac{1}{5}\right)^2=\dfrac{9}{50}$

標準偏差 $\sigma=\sqrt{\dfrac{9}{50}}=\dfrac{3\sqrt{2}}{10}$

【1.18】

$$P(x\le 0.6046)=P\left(\frac{x-0.6000}{0.004}\le\frac{0.6046-0.6000}{0.004}\right)$$
$$=P(z\le 1.15)=0.8749$$

$$P(x\le 0.6034)=P\left(\frac{x-0.6000}{0.004}\le\frac{0.6034-0.6000}{0.004}\right)$$
$$=P(z\le 0.85)=0.8023$$

$$P(0.6034\le x\le 0.6046)=P(z\le 1.15)-P(z\le 0.85)$$
$$=0.8749-0.8023=0.0726$$

【1.19】　平均値は

$$\bar{x}=\frac{800+900+1100+1200}{4}=1000$$

$$\bar{y}=\frac{80+75+72+70}{4}=74.25$$

式(1.44)より共分散は次式のように求まる．

$$S(x,y)=\frac{1}{4}\left(-200\times 5.75-100\times 0.75-100\times 2.25-200\times 4.25\right)=-\frac{2300}{4}$$
$$=-575$$

$$\sqrt{\sum_{i=1}^{4}(x-x_i)^2}=\sqrt{(-200)^2+(-100)^2+100^2+200^2}=\sqrt{100000}=100\sqrt{10}$$

$$\sqrt{\sum_{i=1}^{4}(y-y_i)^2}=\sqrt{5.75^2+0.75^2+(-2.25)^2+(-4.25)^2}=\sqrt{56.75}$$

を用いると，式(1.45)より相関係数は

$$r=\frac{-2300}{100\sqrt{10}\times\sqrt{56.75}}=-0.9655$$

と求まる．焼きなまし温度とロックウェル硬さには，強い負の相関がある．

$$S(x,x)=\frac{1}{4}\left((-200)^2+(-100)^2+100^2+200^2\right)=\frac{100000}{4}=25000$$

$$y-74.25=\frac{-575}{25000}(x-1000)$$

となり，式を整理すると，回帰直線は，

$$y=-0.023x+97.25$$

である．

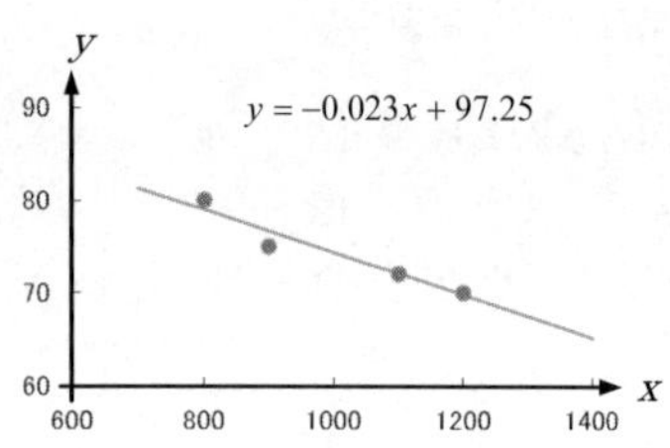

図　回帰直線

第２章　基礎解析

【2.1】

(a) $\frac{\partial f}{\partial x}=3x^2-3y=3\cdot 2^2-3\cdot 1=9$，$\frac{\partial f}{\partial y}=-3x+4y=-3\cdot 2+4\cdot 1=-2$

(b) $$\frac{\partial f}{\partial x}=\frac{1}{\sqrt{1-\left(\frac{y}{x}\right)^2}}\left(-\frac{y}{x^2}\right)=-\frac{y}{x\sqrt{x^2-y^2}}=-\frac{1}{2\sqrt{2^2-1^2}}=-\frac{1}{2\sqrt{3}}$$

$$\frac{\partial f}{\partial y}=\frac{1}{\sqrt{1-\left(\frac{y}{x}\right)^2}}\frac{1}{x}=\frac{1}{\sqrt{x^2-y^2}}=\frac{1}{\sqrt{2^2-1^2}}=\frac{1}{\sqrt{3}}$$

【2.2】

(a) $\frac{\partial f}{\partial x}=2x+3y^2$，$\frac{\partial f}{\partial y}=6xy-3y^2$より，

$\frac{\partial^2 f}{\partial x^2}=2$，$\frac{\partial^2 f}{\partial x\partial y}=6y$，$\frac{\partial^2 f}{\partial y^2}=6(x-y)$．

(b) $\frac{\partial f}{\partial x}=2xe^{x^2-y^2}$，$\frac{\partial f}{\partial y}=-2ye^{x^2-y^2}$より，$\frac{\partial^2 f}{\partial x^2}=2(2x^2+1)e^{x^2-y^2}$，

$\frac{\partial^2 f}{\partial x\partial y}=-4xye^{x^2-y^2}$，$\frac{\partial^2 f}{\partial x\partial y}=2(2y^2-1)e^{x^2-y^2}$．

(c) $\frac{\partial f}{\partial x}=2\cos(2x+3y)$，$\frac{\partial f}{\partial y}=3\cos(2x+3y)$より，

$\frac{\partial^2 f}{\partial x^2}=-4\sin(2x+3y)$，$\frac{\partial^2 f}{\partial x\partial y}=-6\sin(2x+3y)$，

$\frac{\partial^2 f}{\partial y^2}=-9\sin(2x+3y)$．

【2.3】

(a) $\sigma_x=\frac{\partial^2(-axy)}{\partial y^2}=0,\quad \sigma_y=\frac{\partial^2(-axy)}{\partial x^2}=0,\quad \tau_{xy}=-\frac{\partial^2(-axy)}{\partial x\partial y}=a$

せん断応力のみが生じている状態を表している．

(b) $\sigma_x=\frac{\partial^2(by^3/6)}{\partial y^2}=by,\quad \sigma_y=\frac{\partial^2(by^3/6)}{\partial x^2}=0,\quad \tau_{xy}=-\frac{\partial^2(by^3/6)}{\partial x\partial y}=0$

x 方向へ曲げ応力が生じている状態を表している．

【2.4】 式(2.22)および(2.23)を与式の左辺に代入する．

$$\left(\frac{\partial z}{\partial x}\right)^2+\left(\frac{\partial z}{\partial y}\right)^2=\left(\frac{\partial z}{\partial r}\cos\theta-\frac{\partial z}{\partial\theta}\frac{\sin\theta}{r}\right)^2+\left(\frac{\partial z}{\partial r}\sin\theta+\frac{\partial z}{\partial\theta}\frac{\cos\theta}{r}\right)^2$$

$$=\left(\frac{\partial z}{\partial r}\right)^2\cos^2\theta-2\frac{\partial z}{\partial r}\frac{\partial z}{\partial\theta}\frac{\sin\theta\cos\theta}{r}+\left(\frac{\partial z}{\partial\theta}\right)^2\frac{\sin^2\theta}{r^2}$$

$$+\left(\frac{\partial z}{\partial r}\right)^2\sin^2\theta+2\frac{\partial z}{\partial r}\frac{\partial z}{\partial\theta}\frac{\sin\theta\cos\theta}{r}+\left(\frac{\partial z}{\partial\theta}\right)^2\frac{\cos^2\theta}{r^2}$$

$$=\left[\left(\frac{\partial z}{\partial r}\right)^2+\frac{1}{r^2}\left(\frac{\partial z}{\partial\theta}\right)^2\right](\cos^2\theta+\sin^2\theta)=\text{与式の右辺}$$

【2.5】

(a) $$\sin(\Delta x+\Delta y)=\Delta x+\Delta y-\frac{1}{3!}(\Delta x+\Delta y)^3+\cdots+\frac{(-1)^n}{(2n+1)!}(\Delta x+\Delta y)^{2n+1}+\cdots$$

(b) $$e^{\Delta x\Delta y}=1+\Delta x\Delta y+\frac{1}{2}(\Delta x\Delta y)^2+\cdots+\frac{1}{n!}(\Delta x\Delta y)^n+\cdots$$

(c) $$\log(1+\Delta x+\Delta y)=\Delta x+\Delta y-\frac{1}{2}(\Delta x+\Delta y)^2+\cdots+\frac{(-1)^{n+1}}{n}(\Delta x+\Delta y)^n+\cdots$$

【2.6】

(a) $\frac{\partial f}{\partial x}=e^x(x^2-y^2)+2xe^x=e^x(x^2+2x-y^2)$，$\frac{\partial f}{\partial y}=-2e^x y$

$\frac{\partial f}{\partial x}=\frac{\partial f}{\partial y}=0$より停留点となるのは(0,0), (-2,0)の２点である．

$A=\frac{\partial^2 f}{\partial x^2}=e^x(x^2+2x-y^2)+e^x(2x+2)=e^x(x^2+4x+2-y^2)$，

$B=\frac{\partial^2 f}{\partial x\partial y}=-2e^x y$，$C=\frac{\partial^2 f}{\partial y^2}=-2e^x$，

$$D=-B^2+AC=-4e^{2x}y^2-2e^{2x}(x^2+4x+2-y^2)$$
$$=-2e^{2x}(x^2+4x+2+y^2)$$

(0,0)では $D=-4<0$ であるから(0,0)は極値をとらない．

(−2,0)では $A=-2e^{-2}<0$ かつ $D=4e^{-2}>0$ であるから(−2,0)は極大値をとる．

(b) $\dfrac{\partial f}{\partial x}=3y-3x^2$，$\dfrac{\partial f}{\partial y}=3x-3y^2$

$\dfrac{\partial f}{\partial x}=\dfrac{\partial f}{\partial y}=0$ より停留点となるのは(0,0), (1,1)の 2 点である．

$$A=\frac{\partial^2 f}{\partial x^2}=-6x,\quad B=\frac{\partial^2 f}{\partial x\partial y}=3,\quad C=\frac{\partial^2 f}{\partial y^2}=-6y,$$

$$D=-B^2+AC=-9+36xy$$

(0,0)では $D=-9<0$ であるから(0,0)は極値をとらない．

(1,1)では $A=-6<0$ かつ $D=27>0$ であるから(1,1)は極大値をとる．

(c) $\dfrac{\partial f}{\partial x}=6x-2\sqrt{y}-8$，$\dfrac{\partial f}{\partial y}=-\dfrac{x}{\sqrt{y}}+1$

$\dfrac{\partial f}{\partial x}=\dfrac{\partial f}{\partial y}=0$ より停留点となるのは(2, 4)の 1 点である．

$$A=\frac{\partial^2 f}{\partial x^2}=6,\quad B=\frac{\partial^2 f}{\partial x\partial y}=\frac{-1}{\sqrt{y}},\quad C=\frac{\partial^2 f}{\partial y^2}=\frac{x}{2\sqrt{y^3}},$$

$$D=-B^2+AC=-\frac{1}{y}+\frac{3x}{\sqrt{y^3}}$$

(2, 4)では $D=\dfrac{1}{2}>0$，$A=6>0$ であるから(2, 4)は極値をとる．

【2.7】

(a) $F=\dfrac{x^2}{a^2}+\dfrac{y^2}{b^2}-\dfrac{z^2}{c^2}-1$ とおくと，式(2.49)から

$$\boldsymbol{n}=\left[\frac{2x}{a^2},\frac{2y}{b^2},-\frac{2z}{c^2}\right]^T$$

点 P(x_0, y_0, z_0)においては

$$\boldsymbol{n}=\left[\frac{2x_0}{a^2},\frac{2y_0}{b^2},-\frac{2z_0}{c^2}\right]^T$$

接平面の方程式は式(2.48)から

$$\frac{2x_0}{a^2}(x-x_0)+\frac{2y_0}{b^2}(y-y_0)-\frac{2z_0}{c^2}(z-z_0)=0$$

$$\frac{x_0x}{a^2}+\frac{y_0y}{b^2}-\frac{z_0z}{c^2}=\frac{x_0^2}{a^2}+\frac{y_0^2}{b^2}-\frac{z_0^2}{c^2}$$

点 P(x_0, y_0, z_0)は一葉双曲面上にあるから上式右辺は 1 となる．したがって，

$$\frac{x_0x}{a^2}+\frac{y_0y}{b^2}-\frac{z_0z}{c^2}=1$$

(b) $F=-\dfrac{x^2}{a^2}-\dfrac{y^2}{b^2}+\dfrac{z^2}{c^2}-1$ とおくと，式(2.49)から

$$\boldsymbol{n}=\left[-\frac{2x}{a^2},-\frac{2y}{b^2},\frac{2z}{c^2}\right]^T$$

点 P(x_0, y_0, z_0)においては

$$\boldsymbol{n}=\left[-\frac{2x_0}{a^2},-\frac{2y_0}{b^2},\frac{2z_0}{c^2}\right]^T$$

接平面の方程式は式(2.48)から

$$-\frac{2x_0}{a^2}(x-x_0)-\frac{2y_0}{b^2}(y-y_0)+\frac{2z_0}{c^2}(z-z_0)=0$$

$$-\frac{x_0x}{a^2}-\frac{y_0y}{b^2}+\frac{z_0z}{c^2}=-\frac{x_0^2}{a^2}-\frac{y_0^2}{b^2}+\frac{z_0^2}{c^2}$$

点 P(x_0, y_0, z_0)は二葉双曲面上にあるから上式右辺は 1 となる．したがって，

$$-\frac{x_0x}{a^2}-\frac{y_0y}{b^2}+\frac{z_0z}{c^2}=1$$

(c) $F=\dfrac{x^2}{a^2}+\dfrac{y^2}{b^2}-z$ とおくと，式(2.49)から

$$\boldsymbol{n}=\left[\frac{2x}{a^2},\frac{2y}{b^2},-1\right]^T$$

点 P(x_0, y_0, z_0)においては

$$\boldsymbol{n}=\left[\frac{2x_0}{a^2},\frac{2y_0}{b^2},-1\right]^T$$

接平面の方程式は式(2.48)から

$$\frac{2x_0}{a^2}(x-x_0)+\frac{2y_0}{b^2}(y-y_0)-(z-z_0)=0$$

$$\frac{x_0x}{a^2}+\frac{y_0y}{b^2}-z=\frac{x_0^2}{a^2}+\frac{y_0^2}{b^2}-z_0$$

点 P(x_0, y_0, z_0)は楕円放物面上にあるから上式右辺は 0 なる．したがって，

$$\frac{x_0x}{a^2}+\frac{y_0y}{b^2}-z=0$$

(d) $F=\dfrac{x^2}{a^2}-\dfrac{y^2}{b^2}-z$ とおくと，式(2.49)から

$$\boldsymbol{n}=\left[\frac{2x}{a^2},-\frac{2y}{b^2},-1\right]^T$$

点 P(x_0, y_0, z_0)においては

$$\boldsymbol{n}=\left[\frac{2x_0}{a^2},-\frac{2y_0}{b^2},-1\right]^T$$

接平面の方程式は式(2.48)から

$$\frac{2x_0}{a^2}(x-x_0)-\frac{2y_0}{b^2}(y-y_0)-(z-z_0)=0$$

$$\frac{x_0x}{a^2}-\frac{y_0y}{b^2}-z=\frac{x_0^2}{a^2}-\frac{y_0^2}{b^2}-z_0$$

点 P(x_0, y_0, z_0)は双曲放物面上にあるから上式右辺は 0 なる．したがって，

$$\frac{x_0x}{a^2}-\frac{y_0y}{b^2}-z=0$$

【2.8】

(a)
$$\iint_D(x+y)\mathrm{d}x\mathrm{d}y=\int_0^1\left\{\int_{-1}^0(x+y)\mathrm{d}y\right\}\mathrm{d}x=\int_0^1\left[xy+\frac{y^2}{2}\right]_{y=-1}^{y=0}\mathrm{d}x$$
$$=-\int_0^1\left(-x+\frac{1}{2}\right)\mathrm{d}x=\int_0^1\left(x-\frac{1}{2}\right)\mathrm{d}x=\left[\frac{x^2}{2}-\frac{1}{2}x\right]_0^1=0$$

(b)
$$\iint_D x^2y\,\mathrm{d}x\mathrm{d}y=\int_1^2\left(\int_1^2 x^2y\,\mathrm{d}y\right)\mathrm{d}x=\int_1^2 x^2\left[\frac{y^2}{2}\right]_{y=1}^{y=2}\mathrm{d}x$$
$$=\int_1^2 x^2\left(2-\frac{1}{2}\right)\mathrm{d}x=\frac{3}{2}\left[\frac{x^3}{3}\right]_1^2=\frac{3}{2}\left(\frac{8}{3}-\frac{1}{3}\right)=\frac{7}{2}$$

(c) $\iint_{\mathrm{D}} \cos(x+y)\mathrm{d}x\mathrm{d}y = \int_0^{\pi/2}\left(\int_0^{\pi/2}\cos(x+y)\mathrm{d}y\right)\mathrm{d}x$

$$= \int_0^{\pi/2}\left[\sin(x+y)\right]_{y=0}^{y=\pi/2}\mathrm{d}x = \int_0^{\pi/2}\left\{\sin\left(x+\frac{\pi}{2}\right)-\sin x\right\}\mathrm{d}x$$

$$= \left[-\cos\left(x+\frac{\pi}{2}\right)+\cos x\right]_0^{\pi/2} = 0$$

(d) $\iint_{\mathrm{D}} e^{2x+y}\mathrm{d}x\mathrm{d}y = \int_0^1\left(\int_0^2 e^{2x+y}\mathrm{d}y\right)\mathrm{d}x = \int_0^1 e^{2x}\left[e^y\right]_{y=0}^{y=2}\mathrm{d}x$

$$= \int_0^1 e^{2x}(e^2-1)\mathrm{d}x = (e^2-1)\left[\frac{1}{2}e^{2x}\right]_0^1 = \frac{1}{2}(e^2-1)^2$$

【2.9】

(a) $\iint_{\mathrm{D}} x\,\mathrm{d}x\mathrm{d}y = \int_0^2 x\left(\int_0^{x^2}\mathrm{d}y\right)\mathrm{d}x = \int_0^2 x\left[y\right]_0^{x^2}\mathrm{d}x = \int_0^2 x^3\mathrm{d}x = \left[\frac{x^4}{4}\right]_0^2 = 4$

(b) $\iint_{\mathrm{D}}(x+y)\mathrm{d}x\mathrm{d}y = \int_0^1\left(\int_0^{2-2y}(x+y)\mathrm{d}x\right)\mathrm{d}y = \int_0^1\left[\frac{x^2}{2}+xy\right]_0^{2-2y}\mathrm{d}y$

$$= \int_0^1\left[\left(\frac{x}{2}+y\right)x\right]_0^{2-2y}\mathrm{d}y = \int_0^1\left(\frac{2-2y}{2}+y\right)(2-2y)\mathrm{d}y$$

$$= \int_0^1(2-2y)\mathrm{d}y = \left[2y-y^2\right]_0^1 = 1$$

(c) $\iint_{\mathrm{D}}\sqrt{y-x}\;\mathrm{d}x\mathrm{d}y = \int_0^1\int_x^1\sqrt{y-x}\mathrm{d}y\mathrm{d}x = \int_0^1\left[\frac{2}{3}(y-x)^{3/2}\right]_x^1\mathrm{d}x$

$$= \int_0^1\left\{\frac{2}{3}(1-x)^{3/2}\right\}\mathrm{d}x = \frac{2}{3}\left[-\frac{2}{5}(1-x)^{5/2}\right]_0^1 = \frac{4}{15}$$

(d) $\iint_{\mathrm{D}}\frac{1}{x^2+y^2}\mathrm{d}x\mathrm{d}y = \int_1^2\int_0^x\frac{1}{x^2+y^2}\mathrm{d}y\mathrm{d}x = \int_1^2\left[\frac{1}{x}\tan^{-1}\frac{y}{x}\right]_0^x\mathrm{d}x$

$$= \int_1^2\left(\frac{1}{x}\frac{\pi}{4}\right)\mathrm{d}x = \frac{\pi}{4}\left[\log x\right]_1^2 = \frac{\pi}{4}\log 2$$

(e) $\iint_{\mathrm{D}} y\;\mathrm{d}x\mathrm{d}y = 2\int_0^2\left(\int_0^{\sqrt{4-x^2}}y\mathrm{d}y\right)\mathrm{d}x = 2\int_0^2\left[\frac{y^2}{2}\right]_0^{\sqrt{4-x^2}}\mathrm{d}x$

$$= 2\int_0^2\left(\frac{4-x^2}{2}\right)\mathrm{d}x = \left[4x-\frac{x^3}{3}\right]_0^2 = \left(8-\frac{8}{3}\right) = \frac{16}{3}$$

【2.10】 (a) 円周上の点は極座標(r,θ)で表すと$r = 2a\cos\theta$となり，領域 D は次の不等式で表される．

$$0 \le x \le 2a\cos\theta, -\frac{\pi}{2} \le \theta \le \frac{\pi}{2}$$

これより

$$\iint_D y\mathrm{d}x\mathrm{d}y = \int_{-\frac{\pi}{2}}^{\frac{\pi}{2}}\left(\int_0^{2a\cos\theta} r\sin\theta\cdot r\mathrm{d}r\right)\mathrm{d}\theta = \int_{-\frac{\pi}{2}}^{\frac{\pi}{2}}\sin\theta\left(\int_0^{2a\cos\theta} r^2\mathrm{d}r\right)\mathrm{d}\theta$$

$$= \int_{-\frac{\pi}{2}}^{\frac{\pi}{2}}\sin\theta\left[\frac{r^3}{3}\right]_0^{2a\cos\theta}\mathrm{d}\theta = \int_{-\frac{\pi}{2}}^{\frac{\pi}{2}}\sin\theta\cdot\frac{8a^3}{3}\cos^3\theta\;\mathrm{d}\theta$$

$$= \frac{8a^3}{3}\int_{-\frac{\pi}{2}}^{\frac{\pi}{2}}\sin\theta\cos^3\theta\;\mathrm{d}\theta = \frac{8a^3}{3}\left[\frac{\cos^4\theta}{4}\right]_{-\frac{\pi}{2}}^{\frac{\pi}{2}} = 0$$

(b) 極座標(r,θ)を用いると領域 D は次の不等式で表される．

$$0 \le r \le a,\quad 0 \le \theta \le \frac{\pi}{2}$$

これより

$$\iint_D(3-\sqrt{x^2+y^2})\mathrm{d}x\mathrm{d}y = \int_0^{\frac{\pi}{2}}\left\{\int_0^a(3-r)r\mathrm{d}r\right\}\mathrm{d}\theta = \left[\frac{3r^2}{2}-\frac{r^3}{3}\right]_0^a\int_0^{\frac{\pi}{2}}\mathrm{d}\theta$$

$$= \left(\frac{3a^2}{2}-\frac{a^3}{3}\right)\frac{\pi}{2} = \frac{\pi a^2}{12}(9-2a)$$

(c) 極座標(r,θ)を用いると領域 D は次の不等式で表される．

$$0 \le r \le a,\quad -\pi \le \theta \le \pi$$

これより

$$\iint_D(2x^2+3y^2)\mathrm{d}x\mathrm{d}y = \int_{-\pi}^{\pi}\left\{\int_0^a\{2(r\cos\theta)^2+3(r\sin\theta)^2\}r\mathrm{d}r\right\}\mathrm{d}\theta$$

$$= \int_{-\pi}^{\pi}\left\{\int_0^a r^3\mathrm{d}r\{2(\cos^2\theta+\sin^2\theta)+\sin^2\theta\}\right\}\mathrm{d}\theta$$

$$= \int_{-\pi}^{\pi}\left\{\left[\frac{r^4}{4}\right]_0^a(2+\sin^2\theta)\right\}\mathrm{d}\theta = \frac{a^4}{4}\int_{-\pi}^{\pi}\left(2+\frac{1-\cos 2\theta}{2}\right)\mathrm{d}\theta$$

$$= \frac{a^4}{4}\left[\frac{5}{2}\theta-\frac{1}{4}\sin 2\theta\right]_{-\pi}^{\pi} = \frac{5a^4\pi}{4}$$

【2.11】

(a) $\frac{\mathrm{d}y}{\mathrm{d}x} = 2x$， $1+\left(\frac{\mathrm{d}y}{\mathrm{d}x}\right)^2 = 1+4x^2$

$$L = \int_0^1\sqrt{1+\left(\frac{\mathrm{d}y}{\mathrm{d}x}\right)^2}\mathrm{d}x = \int_0^1\sqrt{1+4x^2}\mathrm{d}x = 2\int_0^1\sqrt{x^2+\frac{1}{4}}\mathrm{d}x$$

$$= 2\left[\frac{1}{2}\left(x\sqrt{x^2+\frac{1}{4}}+\frac{1}{4}\log\left|x+\sqrt{x^2+\frac{1}{4}}\right|\right)\right]_0^1 = \frac{\sqrt{5}}{2}+\frac{1}{4}\log(2+\sqrt{5})$$

(b) $\frac{\mathrm{d}y}{\mathrm{d}x} = x^2-\frac{1}{4x^2}$， $1+\left(\frac{\mathrm{d}y}{\mathrm{d}x}\right)^2 = 1+\left(x^2-\frac{1}{4x^2}\right)^2 = \left(x^2+\frac{1}{4x^2}\right)^2$

$$L = \int_1^3\sqrt{1+\left(\frac{\mathrm{d}y}{\mathrm{d}x}\right)^2}\mathrm{d}x = \int_1^3\left(x^2+\frac{1}{4x^2}\right)\mathrm{d}x = \left[\frac{1}{3}x^3-\frac{1}{4x}\right]_1^3 = \frac{53}{6}$$

【2.12】

(a) $\frac{\mathrm{d}x}{\mathrm{d}t} = -3a\cos^2 t\sin t$， $\frac{\mathrm{d}y}{\mathrm{d}t} = 3a\sin^2 t\cos t$

$$L = \int_0^{\pi/2}\sqrt{(-3a\cos^2 t\sin t)^2+(3a\sin^2 t\cos t)^2}\mathrm{d}t$$

$$= 3a\int_0^{\pi/2}\sqrt{\cos^2 t\sin^2 t(\cos^2 t+\sin^2 t)}\mathrm{d}t = 3a\int_0^{\pi/2}\cos t\sin t\mathrm{d}t$$

$$= 3a\int_0^{\pi/2}\frac{\sin 2t}{2}\mathrm{d}t = 3a\left[\frac{-\cos 2t}{4}\right]_0^{\pi/2} = \frac{3a}{2}$$

(b) $\frac{\mathrm{d}x}{\mathrm{d}t} = e^t(\cos t-\sin t)$， $\frac{\mathrm{d}y}{\mathrm{d}t} = e^t(\sin t+\cos t)$

$$L = \int_0^{2\pi}\sqrt{e^{2t}(\cos t-\sin t)^2+e^{2t}(\sin t+\cos t)^2}\mathrm{d}t$$

$$= \int_0^{2\pi}e^t\sqrt{2(\cos^2 t+\sin^2 t)}\mathrm{d}t = \sqrt{2}\int_0^{2\pi}e^t\mathrm{d}t$$

$$= \sqrt{2}\left[e^t\right]_0^{2\pi} = \sqrt{2}(e^{2\pi}-1)$$

【2.13】 (a)式(2.66)より

$$\int_C(x+2yz)\mathrm{d}s = \int_0^1(t+2t\cdot t)\sqrt{(1)^2+(1)^2+(1)^2}\mathrm{d}t = \sqrt{3}\int_0^1(t+2t^2)\mathrm{d}t$$

$$= \sqrt{3}\left[\frac{t^2}{2}+\frac{2t^3}{3}\right]_0^1 = \frac{7\sqrt{3}}{6}$$

(b) 式(2.66)より

$$\int_C (x+2yz)\mathrm{d}s = \int_0^1 (t+2t\cdot t^2)\sqrt{(1)^2+(1)^2+(2t)^2}\,\mathrm{d}t$$
$$= \int_0^1 \left\{t(1+2t^2)\sqrt{2(1+2t^2)}\right\}\mathrm{d}t$$
$$= \sqrt{2}\int_0^1 \left\{t(1+2t^2)^{3/2}\right\}\mathrm{d}t = \sqrt{2}\int_1^3 u^{3/2}\cdot\frac{1}{4}\mathrm{d}u \quad (\because u = 1+2t^2)$$
$$= \frac{\sqrt{2}}{4}\left[\frac{2}{5}u^{5/2}\right]_1^3 = \frac{\sqrt{2}}{10}(9\sqrt{3}-1)$$

【2.14】　(a) $z = g(x,y) = -2x - y + 4 \ge 0$ であるから $2x + y \le 4$．
よって，$0 \le x \le 2$，$0 \le y \le 2(2-x)$．式(2.68)より

$$\int_D (x-y+z)\sqrt{1+(-2)^2+(-1)^2}\,\mathrm{d}x\mathrm{d}y = \int_D \{x-y+(-2x-y+4)\}\cdot\sqrt{6}\ \ \mathrm{d}x\mathrm{d}y$$
$$= \sqrt{6}\int_0^2 \left\{\int_0^{2(2-x)}(-x-2y+4)\ \ \mathrm{d}y\right\}\mathrm{d}x = \sqrt{6}\int_0^2 \left[-xy-y^2+4y\right]_0^{2(2-x)}\mathrm{d}x$$
$$= \sqrt{6}\int_0^2 \left[(-x-y+4)y\right]_0^{2(2-x)}\ \ \mathrm{d}x = \sqrt{6}\int_0^2 \{-x-2(2-x)+4\}\cdot 2(2-x)\,\mathrm{d}x$$
$$= 2\sqrt{6}\int_0^2 x(2-x)\,\mathrm{d}x = 2\sqrt{6}\int_0^2 (2x-x^2)\,\mathrm{d}x = 2\sqrt{6}\left[x^2-\frac{x^3}{3}\right]_0^2 = \frac{8\sqrt{6}}{3}$$

(b) $z = g(z,x) = -\dfrac{2}{3}x - \dfrac{1}{3}y + 2 \ge 0$ であるから $y \le 2(3-x)$．
よって，$0 \le x \le 3$，$0 \le y \le 2(3-x)$．式(2.68)より

$$\int_D (x-y-3z)\sqrt{1+\left(-\frac{2}{3}\right)^2+\left(-\frac{1}{3}\right)^2}\,\mathrm{d}x\mathrm{d}y$$
$$= \int_D \left\{x-y-3\left(-\frac{2}{3}x-\frac{1}{3}y+2\right)\right\}\cdot\frac{\sqrt{14}}{3}\ \ \mathrm{d}x\mathrm{d}y$$
$$= \sqrt{14}\int_0^3 \left\{\int_0^{2(3-x)}(x-2)\ \ \mathrm{d}y\right\}\mathrm{d}x = \sqrt{14}\int_0^3 (x-2)\left[y\right]_0^{2(3-x)}\ \ \mathrm{d}x$$
$$= \sqrt{14}\int_0^3 (x-2)\cdot 2(3-x)\ \ \mathrm{d}x = -2\sqrt{14}\int_0^3 (x^2-5x+6)\,\mathrm{d}x$$
$$= -2\sqrt{14}\left[\frac{x^3}{3}-\frac{5x^2}{2}+6x\right]_0^3 = -9\sqrt{14}$$

【2.15】　(a)ラグランジュの未定乗数としてλを使って

$$h(x,y,\lambda) = x + y + \lambda(x^2+y^2-1)$$

とおくと，$\dfrac{\partial h}{\partial x} = \dfrac{\partial h}{\partial y} = \dfrac{\partial h}{\partial \lambda} = 0$ より，

$$\begin{cases} \partial h/\partial x = 1 + 2\lambda x = 0 \\ \partial h/\partial y = 1 + 2\lambda y = 0 \\ \partial h/\partial \lambda = x^2 + y^2 - 1 = 0 \end{cases}$$

が得られる．これを解くと，$x = y = \pm\dfrac{\sqrt{2}}{2}$ となり，極値は $\pm\sqrt{2}$ (複合同順)である．

(b) ラグランジュの未定乗数としてλを使って

$$h(x,y,\lambda) = xy + \lambda(x^2+y^2-1)$$

とおくと，$\dfrac{\partial h}{\partial x} = \dfrac{\partial h}{\partial y} = \dfrac{\partial h}{\partial \lambda} = 0$ より，

$$\begin{cases} \partial h/\partial x = y + 2\lambda x = 0 \\ \partial h/\partial y = x + 2\lambda y = 0 \\ \partial h/\partial \lambda = x^2 + y^2 - 1 = 0 \end{cases}$$

これらより $x^2 = y^2 = \dfrac{1}{2}$ が得られ，

$$(x,y) = \left(\frac{\sqrt{2}}{2},\frac{\sqrt{2}}{2}\right),\ \left(\frac{\sqrt{2}}{2},-\frac{\sqrt{2}}{2}\right),\ \left(-\frac{\sqrt{2}}{2},\frac{\sqrt{2}}{2}\right),\ \left(-\frac{\sqrt{2}}{2},-\frac{\sqrt{2}}{2}\right)$$ と

なり，極値はそれぞれ $\dfrac{1}{2}$，$-\dfrac{1}{2}$，$-\dfrac{1}{2}$，$\dfrac{1}{2}$ である．

【2.16】　曲げモーメント M を受けるはりの断面に生じる最大応力$\sigma_{\max}$ は $\sigma_{\max} = M/Z$ で表わされる．Z は断面係数であり，高さ a 幅 b の長方形断面に場合には $Z=a^2b/6$ となる．したがって，最大応力を最小にすることは，断面係数を最大にすることに置き換えることができる．その長方形が直径 d の円の内部に収まらなければならなく，長方形断面の対角線が直径 d と一致することから，制約条件として次式が与えられる．

$$a^2 + b^2 = d^2$$

ラグランジュの未定乗数としてλを使って

$$h(a,b,\lambda) = \frac{a^2b}{6} + \lambda(a^2+b^2-d^2)$$

とおくと，

$$\frac{\partial h}{\partial a} = \frac{\partial h}{\partial b} = \frac{\partial h}{\partial \lambda} = 0$$

より，

$$\frac{\partial h}{\partial a} = \frac{ab}{3} + 2\lambda a = 0,\quad \frac{\partial h}{\partial b} = \frac{a^2}{6} + 2\lambda b = 0,\quad \frac{\partial h}{\partial \lambda} = a^2 + b^2 - d^2 = 0$$

が得られる．これを解くと $a = \sqrt{\dfrac{2}{3}}d$，$b = \dfrac{d}{\sqrt{3}}$ となる．最大応力は $\sigma_{\max} = \dfrac{9\sqrt{3}M}{d^3}$ となる．

【2.17】　$g(x,y) = x^3 + y^3 - 3xy = 0$ とおくと，

$$\frac{\partial g}{\partial y} = 3y^2 - 3x$$

$\dfrac{\partial g}{\partial y} \ne 0$ となる $y^3 - x = 0$ 以外の点において

$$\frac{\partial y}{\partial x} = -\frac{\partial g/\partial x}{\partial g/\partial y} = -\frac{3x^2-3y}{3y^2-3x} = \frac{y-x^2}{y^2-x}$$

【2.18】　$\boldsymbol{x} = \begin{bmatrix} x \\ y \end{bmatrix}$ とおき，$\nabla f = \begin{bmatrix} \partial f/\partial x \\ \partial f/\partial y \end{bmatrix} = \begin{bmatrix} 2x \\ 6y \end{bmatrix}$．

式(2.75)より

$$\begin{bmatrix} x^{i+1} \\ y^{i+1} \end{bmatrix} = \begin{bmatrix} x^i \\ y^i \end{bmatrix} - 0.25\begin{bmatrix} 2x^i \\ 6y^i \end{bmatrix} = \begin{bmatrix} 0.5x^i \\ -0.5y^i \end{bmatrix}$$

実行結果を以下の表に示す．

i	x^i	y^i	f^i
0	6.000	3.000	63.000
1	3.000	-1.500	15.750
2	1.500	0.750	3.938
3	0.750	-0.375	0.984
4	0.375	0.188	0.246
5	0.188	-0.094	0.062
6	0.094	0.047	0.015

第 3 章　3 次元運動の数学

【3.1】原点が球の中心であるから，球面の法単位ベクトル $\boldsymbol{n}$ は $\boldsymbol{r}$ に平行で，

$$m\frac{\mathrm{d}^2\boldsymbol{r}}{\mathrm{d}t^2}=-mg\boldsymbol{kn}=\boldsymbol{r}/|\boldsymbol{r}|=\boldsymbol{r}/a$$

抗力は $\boldsymbol{R}=R\boldsymbol{n}$ であるから，

$$\boldsymbol{R}=R\boldsymbol{n}=\frac{R}{|\boldsymbol{r}|}\boldsymbol{r}=\lambda\boldsymbol{r}$$

ここで，$\lambda=R/a$ とおいた．また，重力は $F=-mg\boldsymbol{k}$ であるから，この質点の運動方程式は，

$$m\frac{\mathrm{d}^2\boldsymbol{r}}{\mathrm{d}t^2}=\boldsymbol{F}+\boldsymbol{R}=-mg\boldsymbol{k}+\lambda\boldsymbol{r}$$

運動方程式の両辺と $\dot{r}$ の内積を作ると，

$$m\frac{\mathrm{d}\boldsymbol{r}}{\mathrm{d}t}\cdot\frac{\mathrm{d}^2\boldsymbol{r}}{\mathrm{d}t^2}=\lambda\boldsymbol{r}\cdot\frac{\mathrm{d}\boldsymbol{r}}{\mathrm{d}t}-mg\frac{\mathrm{d}\boldsymbol{r}}{\mathrm{d}t}\cdot\boldsymbol{k}$$

しかし，$|r|=a$ であるから，$r\cdot\dot{r}=0$.

ゆえに

$$\frac{\mathrm{d}}{\mathrm{d}t}\left(\frac{1}{2}m\left(\frac{\mathrm{d}\boldsymbol{r}}{\mathrm{d}t}\right)^2+mg\boldsymbol{r}\cdot\boldsymbol{k}\right)=m\frac{\mathrm{d}\boldsymbol{r}}{\mathrm{d}t}\cdot\frac{\mathrm{d}^2\boldsymbol{r}}{\mathrm{d}t^2}+mg\frac{\mathrm{d}\boldsymbol{r}}{\mathrm{d}t}\cdot\boldsymbol{k}=0$$

$$\therefore\ \frac{1}{2}m\left(\frac{\mathrm{d}\boldsymbol{r}}{\mathrm{d}t}\right)^2=-mg\boldsymbol{r}\cdot\boldsymbol{k}=E=const.$$

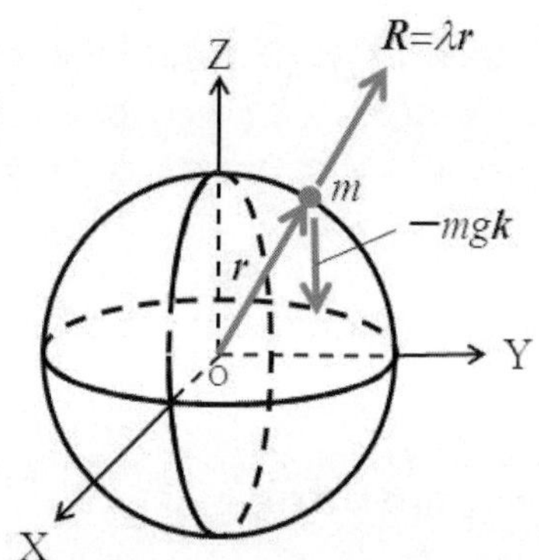

図　質量 m の質点の力の場 $\boldsymbol{F}$ 内で運動

【3.2】支点から力 $\boldsymbol{F}$ の作用点に引いたベクトル $\boldsymbol{r}_1$ は $\boldsymbol{r}_1=a\boldsymbol{i}$，また物体の重力の作用点に引いたベクトル $\boldsymbol{r}_2$ は $\boldsymbol{r}_2=-b\boldsymbol{j}$ である．力 $\boldsymbol{F}$ の大きさを F，重力 $\boldsymbol{F}_2$ で表すと

$\boldsymbol{F}=-F\boldsymbol{j}$，$\boldsymbol{F}_2=-mg\boldsymbol{j}$

となるから，力のモーメントは

$$\boldsymbol{N}_1=\boldsymbol{r}_1\times\boldsymbol{F}=(a\boldsymbol{i})\times(-F\boldsymbol{j})=-aF\boldsymbol{k}$$

$$\boldsymbol{N}_2=\boldsymbol{r}_2\times\boldsymbol{F}_2=(-b\boldsymbol{i})\times(-mg\boldsymbol{j})=bmg\boldsymbol{k}$$

と計算できる．力 $\boldsymbol{F}$ による力のモーメントは紙面に垂直下向きであり，重力によるモーメントは紙面に垂直上向きである．

2 つのモーメントがつり合う条件は

$$\boldsymbol{N}_1+\boldsymbol{N}_2=0$$

つまり

$$-aF\boldsymbol{k}+bmg\boldsymbol{k}=0$$

である．したがって，

$$F=\frac{b}{a}mg$$

が得られる．これは，てこのつり合いの条件である．

【3.3】質点 m の運動方程式は

$$m\frac{\mathrm{d}\boldsymbol{v}}{\mathrm{d}t}=\boldsymbol{F}$$

この両辺と

$$\boldsymbol{v}=\frac{\mathrm{d}\boldsymbol{r}}{\mathrm{d}t}$$

の内積をとれば

$$m\boldsymbol{v}\cdot\frac{\mathrm{d}\boldsymbol{v}}{\mathrm{d}t}=\boldsymbol{F}\cdot\frac{\mathrm{d}\boldsymbol{r}}{\mathrm{d}t},\quad\therefore\frac{\mathrm{d}}{\mathrm{d}t}\left(\frac{1}{2}mv^2\right)\cdot=\boldsymbol{F}\cdot\frac{\mathrm{d}\boldsymbol{r}}{\mathrm{d}t}$$

時刻 $t=a$ と $t=b$ での質点の位置をそれぞれ A と B とし，上式を $t=a$ から $t=b$ まで積分すると，

$$\left[\frac{1}{2}mv^2\right]_{t=a}^{t=b}=\int_a^b\boldsymbol{F}\cdot\frac{\mathrm{d}\boldsymbol{r}}{\mathrm{d}t}\mathrm{d}t=\int_A^B\boldsymbol{F}\cdot\mathrm{d}\boldsymbol{r}=-\int_A^B(\nabla\varphi)\cdot\mathrm{d}\boldsymbol{r}=-\varphi(B)+\varphi(A)$$

したがって，

$$\frac{1}{2}mv_B{}^2-\frac{1}{2}mv_A{}^2=-\varphi(B)+\varphi(A)$$

よって，

$$\varphi(A)+\frac{1}{2}mv_A{}^2=\varphi(B)+\frac{1}{2}mv_B{}^2$$

この関係は，保存力の場におけるエネルギー保存則であり，質点の位置エネルギー φ と運動エネルギー $\frac{1}{2}mv^2$ の和が同一質点の運動の各時点で常に一定であることを示している．

【3.4】(a) $\rho\dfrac{\partial^2\boldsymbol{s}}{\partial t^2}=\mu\nabla^2\boldsymbol{s}+(\lambda+\mu)\nabla\theta$ に

$\nabla^2\boldsymbol{s}=\nabla(\nabla\cdot\boldsymbol{s})-\nabla\times(\nabla\times\boldsymbol{s})=\nabla\theta-2\nabla\times\boldsymbol{w}$ を代入すると，

$$\rho\frac{\partial^2\boldsymbol{s}}{\partial t^2}=(\lambda+2\mu)\nabla\theta-2\mu\nabla\times\boldsymbol{w}\quad(1)$$

(1)の両辺の発散をとって，

$$\rho\frac{\partial^2\theta}{\partial t^2}=(\lambda+2\mu)\nabla^2\theta$$

(b) (1)の両辺の回転をとれば，

$$2\rho\frac{\partial^2\boldsymbol{w}}{\partial t^2}=-2\mu\nabla\times(\nabla\times\boldsymbol{w})$$

しかし，

$$\nabla\times(\nabla\times\boldsymbol{w})=-\nabla^2\boldsymbol{w}+\nabla(\nabla\cdot\boldsymbol{w})=-\nabla^2\boldsymbol{w}+2\nabla[\nabla\cdot(\nabla\times\boldsymbol{s})]=-\nabla^2\boldsymbol{w}$$

したがって，$\rho\dfrac{\partial^2\boldsymbol{w}}{\partial t^2}=\mu\nabla^2\boldsymbol{w}$

【3.5】流体が流れている範囲の中で，任意に領域 V をとり，その境界を S とする．V 内に含まれる流体の総質量は，

$$M=\int_V \rho \mathrm{d}v$$

したがって，M の時間 t に対する変化の割合は，

$$\frac{\partial M}{\partial t}=\frac{\partial}{\partial t}\int_V \rho \mathrm{d}v=\int_V \frac{\partial \rho}{\partial t}\mathrm{d}v$$

また，単位時間に S を貫いて V から流出する流体の総質量は，

$$\int_S \rho \boldsymbol{v}\cdot\boldsymbol{n}\ \mathrm{d}S=\int_V \nabla\cdot(\rho\boldsymbol{v})\mathrm{d}v=\int_V \nabla\cdot\boldsymbol{J}\mathrm{d}v$$

しかし，流体のわき出しも吸い込みもないから，

$$\frac{\partial M}{\partial t}+\int_S \rho\boldsymbol{v}\cdot\boldsymbol{n}\mathrm{d}S=0,\quad \therefore \int_V\left(\nabla\cdot\boldsymbol{J}+\frac{\partial\rho}{\partial t}\right)\mathrm{d}v=0$$

ここで，領域 V は任意に選んだから，$\nabla\cdot\boldsymbol{J}+\dfrac{\partial\rho}{\partial t}=0$

この方程式を連続の方程式という．もし，ρ =const. ならば，連続の方程式は $\nabla\cdot\boldsymbol{v}=0$ となる．

【3・6】(a)流体内に任意の領域 V をとり，その境界を S とする．S に作用する圧力は，その単位面積あたり $-p\boldsymbol{n}$ であるから，S 全体の受ける圧力 $\boldsymbol{P}$ は，

$$\boldsymbol{P}=\int_S -p\boldsymbol{n}\mathrm{d}S$$

V 内の流体の受ける外力の総和 f は，

$$\boldsymbol{f}=\int_V \rho\boldsymbol{F}\mathrm{d}v$$

である．

流体は静止しているから，$\boldsymbol{f}+\boldsymbol{P}=0$ となる．

ゆえに，任意の V について

$$\int_V \rho\boldsymbol{F}\mathrm{d}v+\int_S -p\boldsymbol{n}\mathrm{d}S=0$$

第二項を変形すれば，

$$\int_V \rho\boldsymbol{F}\mathrm{d}v-\int_V \nabla p\mathrm{d}v=0$$

$$\int_V (\rho\boldsymbol{F}-\nabla p)\mathrm{d}v=0$$

$$\therefore \rho\boldsymbol{F}-\nabla p=0$$

(b) (a)と同じ記号を用いると，V 内の流体の運動量は，

$$\int_V \rho\boldsymbol{v}\mathrm{d}v$$

である．よって，V 内の流体の運動方程式は，

$$\frac{\mathrm{d}}{\mathrm{d}t}\int_V \rho\boldsymbol{v}\mathrm{d}v=\boldsymbol{f}+\boldsymbol{P}$$

ゆえに，

$$\int_V \rho\frac{\mathrm{d}\boldsymbol{v}}{\mathrm{d}t}\mathrm{d}v=\int_V \rho\boldsymbol{F}\mathrm{d}v-\int_S p\boldsymbol{n}\mathrm{d}S$$

$$\int_V\left(\rho\frac{\mathrm{d}\boldsymbol{v}}{\mathrm{d}t}-\rho\boldsymbol{F}+\nabla p\right)\mathrm{d}v=0$$

V は任意に選びうるから，

$$\therefore \rho\frac{\mathrm{d}\boldsymbol{v}}{\mathrm{d}t}-\rho\boldsymbol{F}+\nabla p=0$$

(c) $$\frac{\mathrm{d}\boldsymbol{v}}{\mathrm{d}t}=\frac{\partial\boldsymbol{v}}{\partial t}+\frac{\partial x}{\partial t}\frac{\partial\boldsymbol{v}}{\partial x}+\frac{\partial y}{\partial t}\frac{\partial\boldsymbol{v}}{\partial y}+\frac{\partial z}{\partial t}\frac{\partial\boldsymbol{v}}{\partial z}=\frac{\partial\boldsymbol{v}}{\partial t}+\boldsymbol{v}\cdot\nabla\boldsymbol{v}$$

ここで，$\dfrac{\partial\boldsymbol{v}}{\partial t}=0$ ならば，$\dfrac{\mathrm{d}\boldsymbol{v}}{\mathrm{d}t}=\boldsymbol{v}\cdot\nabla\boldsymbol{v}$

ゆえに，(b)から　$\boldsymbol{v}\cdot\nabla\boldsymbol{v}=\boldsymbol{F}-\dfrac{1}{\rho}\nabla p$

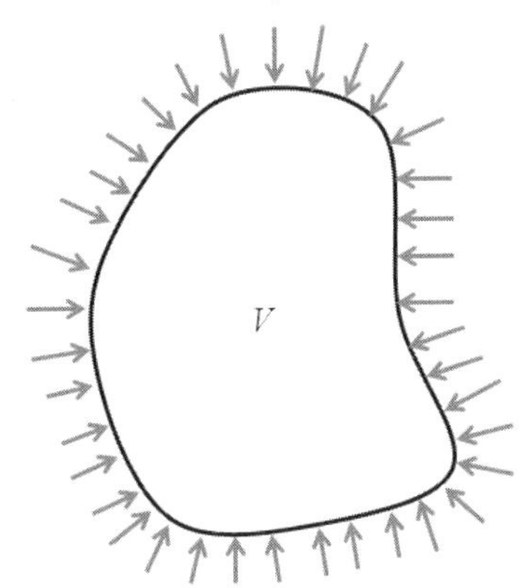

図　V 内の流体の受ける外力

【3.7】B の一つの渦管の側面上に，図のように二つの閉曲線 C_1，C_2 をとり，C_1 と C_2 にはさまれた渦管表面上の管状の面分を S とする．ストークスの定理から，

$$\int_{C_1}\boldsymbol{B}\cdot\mathrm{d}\boldsymbol{r}-\int_{C_2}\boldsymbol{B}\cdot\mathrm{d}\boldsymbol{r}=\int_S rot\boldsymbol{B}\cdot\boldsymbol{n}\mathrm{d}S$$

しかし，S 上ではその法単位ベクトル $\boldsymbol{n}$ と $\boldsymbol{B}$ とは垂直であるから，右辺の積分は 0 である．ゆえに，

$$\int_{C_1}\boldsymbol{B}\cdot\mathrm{d}\boldsymbol{r}=\int_{C_2}\boldsymbol{B}\cdot\mathrm{d}\boldsymbol{r}$$

となる．したがって，B の一つの渦管の側面にある任意の閉曲線 C について，

$$\int_C \boldsymbol{B}\cdot\mathrm{d}\boldsymbol{r}$$

は一定である．

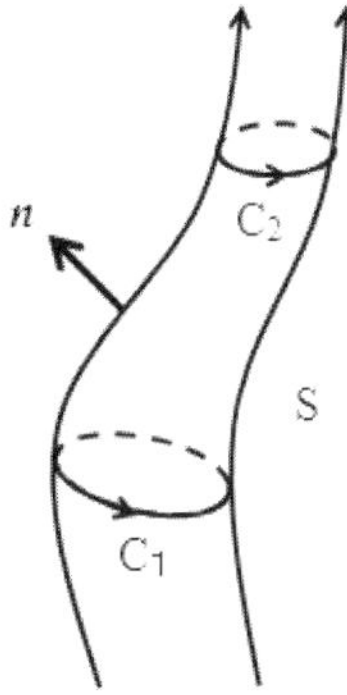

図　渦管

【3.8】

$$\frac{1}{2}\int v^2 \rho \mathrm{d}V = \frac{1}{2}\int (\boldsymbol{w}\times\boldsymbol{r})\cdot\boldsymbol{v}\rho\mathrm{d}V$$
$$= \frac{1}{2}\int \boldsymbol{w}\cdot(\boldsymbol{r}\times\boldsymbol{v})\rho\mathrm{d}V$$
$$= \frac{1}{2}\boldsymbol{w}\cdot\int(\boldsymbol{r}\times\boldsymbol{v})\rho\mathrm{d}V$$
$$= \frac{1}{2}\boldsymbol{w}\cdot\boldsymbol{L}$$
$$= \frac{1}{2}\sum_i w_i \sum_{i,j} I_{ij} w_j$$
$$= \frac{1}{2}\sum_{i,j} I_{ij} w_i w_j$$

【3・9】

$$\mathrm{d}v_x = \frac{\partial v_x}{\partial x}\mathrm{d}x + \frac{\partial v_x}{\partial y}\mathrm{d}y + \frac{\partial v_x}{\partial z}\mathrm{d}z$$
$$\mathrm{d}v_y = \frac{\partial v_y}{\partial x}\mathrm{d}x + \frac{\partial v_y}{\partial y}\mathrm{d}y + \frac{\partial v_y}{\partial z}\mathrm{d}z$$
$$\mathrm{d}v_z = \frac{\partial v_z}{\partial x}\mathrm{d}x + \frac{\partial v_z}{\partial y}\mathrm{d}y + \frac{\partial v_z}{\partial z}\mathrm{d}z$$

よって，テンソルの成分は，

$$\begin{pmatrix} \frac{\partial v_x}{\partial x} & \frac{\partial v_x}{\partial y} & \frac{\partial v_x}{\partial z} \\ \frac{\partial v_y}{\partial x} & \frac{\partial v_y}{\partial y} & \frac{\partial v_y}{\partial z} \\ \frac{\partial v_z}{\partial x} & \frac{\partial v_z}{\partial y} & \frac{\partial v_z}{\partial z} \end{pmatrix}$$

である．

(a)対称テンソルの成分は，

$$\begin{pmatrix} \frac{\partial v_x}{\partial x} & \frac{1}{2}\left(\frac{\partial v_x}{\partial y}+\frac{\partial v_y}{\partial x}\right) & \frac{1}{2}\left(\frac{\partial v_x}{\partial z}+\frac{\partial v_z}{\partial x}\right) \\ \frac{1}{2}\left(\frac{\partial v_y}{\partial x}+\frac{\partial v_x}{\partial y}\right) & \frac{\partial v_y}{\partial y} & \frac{1}{2}\left(\frac{\partial v_y}{\partial z}+\frac{\partial v_z}{\partial y}\right) \\ \frac{1}{2}\left(\frac{\partial v_z}{\partial x}+\frac{\partial v_x}{\partial z}\right) & \frac{1}{2}\left(\frac{\partial v_z}{\partial y}+\frac{\partial v_y}{\partial z}\right) & \frac{\partial v_z}{\partial z} \end{pmatrix}$$

交代テンソルは，

$$\begin{pmatrix} 0 & \frac{1}{2}\left(\frac{\partial v_x}{\partial y}-\frac{\partial v_y}{\partial x}\right) & \frac{1}{2}\left(\frac{\partial v_x}{\partial z}-\frac{\partial v_z}{\partial x}\right) \\ \frac{1}{2}\left(\frac{\partial v_y}{\partial x}-\frac{\partial v_x}{\partial y}\right) & 0 & \frac{1}{2}\left(\frac{\partial v_y}{\partial z}-\frac{\partial v_z}{\partial y}\right) \\ \frac{1}{2}\left(\frac{\partial v_z}{\partial x}-\frac{\partial v_x}{\partial z}\right) & \frac{1}{2}\left(\frac{\partial v_z}{\partial y}-\frac{\partial v_y}{\partial z}\right) & 0 \end{pmatrix}$$

(b) $\frac{1}{2} rot\boldsymbol{v}\times\mathrm{d}\boldsymbol{r}$

第 4 章　多変数の関係式と変換 （線形代数）

【4.1】(1)$\boldsymbol{y}$=0 のとき，等号が成り立つため，$\boldsymbol{y}\neq 0$ として考える．t を任意の実数とする．

$$|\boldsymbol{x}-t\boldsymbol{y}|^2 = (\boldsymbol{x}-t\boldsymbol{y}, \boldsymbol{x}-t\boldsymbol{y}) = |\boldsymbol{y}|^2 t^2 - 2(\boldsymbol{x},\boldsymbol{y})t + |\boldsymbol{x}|^2 \geq 0$$

すべての実数 t で成り立つので，t の 2 次方程式と考え，判別式を用いて，

$$(\boldsymbol{x},\boldsymbol{y})^2 - |\boldsymbol{y}|^2|\boldsymbol{x}|^2 \leq 0$$

よって，$(\boldsymbol{x},\boldsymbol{y}) \leq |\boldsymbol{y}||\boldsymbol{x}|$．等号は $\boldsymbol{x}=t\boldsymbol{y}$ のとき成り立つ．

(2) $|\boldsymbol{x}+\boldsymbol{y}|^2 = (\boldsymbol{x}+\boldsymbol{y}, \boldsymbol{x}+\boldsymbol{y}) = |\boldsymbol{x}|^2 + 2(\boldsymbol{x},\boldsymbol{y}) + |\boldsymbol{y}|^2 \leq |\boldsymbol{x}|^2 + 2|(\boldsymbol{x},\boldsymbol{y})| + |\boldsymbol{y}|^2$

シュワルツの不等式から，

$$|\boldsymbol{x}+\boldsymbol{y}|^2 \leq |\boldsymbol{x}|^2 + 2|\boldsymbol{x}||\boldsymbol{y}| + |\boldsymbol{y}|^2 = (|\boldsymbol{x}|+|\boldsymbol{y}|)^2$$

$$\therefore\ |\boldsymbol{x}+\boldsymbol{y}| \leq |\boldsymbol{x}|+|\boldsymbol{y}|$$

【4.2】(1) $c_1\begin{bmatrix}1\\2\\3\end{bmatrix}+c_2\begin{bmatrix}2\\3\\4\end{bmatrix}+c_3\begin{bmatrix}1\\1\\1\end{bmatrix}=\begin{bmatrix}0\\0\\0\end{bmatrix} \Leftrightarrow \begin{cases}c_1+c_2+c_3=0\\2c_1+3c_2+c_3=0\\3c_1+4c_2+c_3=0\end{cases}$

この連立方程式を解くと，$(c_1, c_2, c_3) = (k, -k, k)$（$k$ は任意の実数)で成り立つ．よって，自明でない解をもつことから，これらのベクトルは 1 次独立でない（1 次従属である）

(2) $c_1\begin{bmatrix}2\\-1\\4\end{bmatrix}+c_2\begin{bmatrix}3\\6\\2\end{bmatrix}+c_3\begin{bmatrix}2\\10\\-4\end{bmatrix}=\begin{bmatrix}0\\0\\0\end{bmatrix} \Leftrightarrow \begin{cases}2c_1+3c_2+2c_3=0\\-c_1+6c_2+10c_3=0\\4c_1+2c_2-4c_3=0\end{cases}$

この連立方程式を解くと，$(c_1,c_2,c_3)=(0,0,0)$ 以外に解を持たない．よってこのベクトルは 1 次独立である．

(3)　4 個以上の $\boldsymbol{R}^3$ のベクトルは常に 1 次従属である．

【4.3】　$c_1\begin{bmatrix}1\\0\\0\end{bmatrix}+c_2\begin{bmatrix}0\\1\\0\end{bmatrix}+c_3\begin{bmatrix}0\\0\\1\end{bmatrix}=\begin{bmatrix}0\\0\\0\end{bmatrix} \Leftrightarrow \begin{bmatrix}c_1\\c_2\\c_3\end{bmatrix}=\begin{bmatrix}0\\0\\0\end{bmatrix}$

よって，単位ベクトルは 1 次独立である．

【4.4】　(1) $\boldsymbol{a}_1\cdot\boldsymbol{a}_2=\boldsymbol{a}_2\cdot\boldsymbol{a}_3=\boldsymbol{a}_3\cdot\boldsymbol{a}_1=0$ であり，かつ $\|\boldsymbol{a}_1\|=\|\boldsymbol{a}_2\|=\|\boldsymbol{a}_3\|=1$ であるので，正規直交基底である．また，各ベクトルは一つの成分のみが 1 で他の成分はすべて 0 であるので，このベクトルは標準基底である．

(2)　$\boldsymbol{a}_1\cdot\boldsymbol{a}_2=\boldsymbol{a}_2\cdot\boldsymbol{a}_3=\boldsymbol{a}_3\cdot\boldsymbol{a}_1=0$ であるが，$\|\boldsymbol{a}_1\|=\|\boldsymbol{a}_2\|=\sqrt{2}$，

$\|\boldsymbol{a}_3\|=\sqrt{3}$ より，直交基底であるが正規直交基底ではない．

【4.5】（1）(b)　　（2）(b),（d)

【4.6】（1）$\boldsymbol{a}_1=\begin{bmatrix}1\\0\end{bmatrix},\ \boldsymbol{a}_2=\begin{bmatrix}0\\1\end{bmatrix}$

(2) $\boldsymbol{a}_1=\dfrac{1}{\sqrt{2}}\begin{bmatrix}1\\0\\1\end{bmatrix},\ \boldsymbol{a}_2=\begin{bmatrix}0\\1\\0\end{bmatrix},\ \boldsymbol{a}_3=\dfrac{1}{\sqrt{2}}\begin{bmatrix}1\\0\\-1\end{bmatrix}$

(3) $$\boldsymbol{a}_1=\begin{bmatrix}0\\ \frac{2}{\sqrt{5}}\\ \frac{1}{\sqrt{5}}\\0\end{bmatrix},\ \boldsymbol{a}_2=\begin{bmatrix}\frac{5}{\sqrt{30}}\\ -\frac{1}{\sqrt{30}}\\ \frac{2}{\sqrt{30}}\\0\end{bmatrix},\ \boldsymbol{a}_3=\begin{bmatrix}\frac{1}{\sqrt{10}}\\ \frac{1}{\sqrt{10}}\\ -\frac{2}{\sqrt{10}}\\ -\frac{2}{\sqrt{10}}\end{bmatrix},\ \boldsymbol{a}_4=\begin{bmatrix}\frac{1}{\sqrt{15}}\\ \frac{1}{\sqrt{15}}\\ -\frac{2}{\sqrt{15}}\\ \frac{3}{\sqrt{15}}\end{bmatrix}$$

【4.7】（1）-1，（2）$r^2\sin\theta$

【4.8】
$$\begin{vmatrix}1&1&1&1\\x_1&x_2&x_3&x_4\\x_1^2&x_2^2&x_3^2&x_4^2\\x_1^3&x_2^3&x_3^3&x_4^3\end{vmatrix}=\begin{vmatrix}1&1&1&1\\0&x_2-x_1&x_3-x_1&x_4-x_1\\0&x_2^2-x_1^2&x_3^2-x_1^2&x_4^2-x_1^2\\0&x_2^3-x_1^3&x_3^3-x_1^3&x_4^3-x_1^3\end{vmatrix}$$

$$=\begin{vmatrix}1&1&1&1\\0&x_2-x_1&x_3-x_1&x_4-x_1\\0&(x_2-x_1)(x_2+x_1)&(x_3-x_1)(x_3+x_1)&(x_4-x_1)(x_4+x_1)\\0&(x_2-x_1)(x_2^2+x_2x_1+x_1^2)&(x_3-x_1)(x_3^2+x_3x_1+x_1^2)&(x_4-x_1)(x_4^2+x_4x_1+x_1^2)\end{vmatrix}$$

$$=\begin{vmatrix}x_2-x_1&x_3-x_1&x_4-x_1\\(x_2-x_1)(x_2+x_1)&(x_3-x_1)(x_3+x_1)&(x_4-x_1)(x_4+x_1)\\(x_2-x_1)(x_2^2+x_2x_1+x_1^2)&(x_3-x_1)(x_3^2+x_3x_1+x_1^2)&(x_4-x_1)(x_4^2+x_4x_1+x_1^2)\end{vmatrix}$$

$$=(x_2-x_1)(x_3-x_1)(x_4-x_1)\begin{vmatrix}1&1&1\\(x_2+x_1)&(x_3+x_1)&(x_4+x_1)\\(x_2^2+x_2x_1+x_1^2)&(x_3^2+x_3x_1+x_1^2)&(x_4^2+x_4x_1+x_1^2)\end{vmatrix}$$

$$=(x_2-x_1)(x_3-x_1)(x_4-x_1)\begin{vmatrix}1&1&1\\0&(x_3-x_2)&(x_4-x_2)\\0&(x_3-x_2)(x_3+x_2+x_1)&(x_4-x_2)(x_4+x_2+x_1)\end{vmatrix}$$

$$=(x_2-x_1)(x_3-x_1)(x_4-x_1)\begin{vmatrix}(x_3-x_2)&(x_4-x_2)\\(x_3-x_2)(x_3+x_2+x_1)&(x_4-x_2)(x_4+x_2+x_1)\end{vmatrix}$$

$$=(x_2-x_1)(x_3-x_1)(x_4-x_1)(x_3-x_2)(x_4-x_2)\begin{vmatrix}1&1\\(x_3+x_2+x_1)&(x_4+x_2+x_1)\end{vmatrix}$$

$$=(x_2-x_1)(x_3-x_1)(x_4-x_1)(x_3-x_2)(x_4-x_2)\begin{vmatrix}1&1\\0&(x_4-x_3)\end{vmatrix}$$

$$=(x_2-x_1)(x_3-x_1)(x_4-x_1)(x_3-x_2)(x_4-x_2)(x_4-x_3)$$

【4.9】　３点で囲まれる三角形の面積は，

$$S=\frac{1}{2}\begin{vmatrix}1&x_1&y_1\\1&x_2&y_2\\1&x_3&y_3\end{vmatrix}$$

で与えられるため，これをサラスの方法により計算すると，

$$S=\frac{1}{2}\begin{vmatrix}1&1&2\\1&3&1\\1&2&4\end{vmatrix}=\frac{1}{2}(3\times4+2\times2+1\times1-3\times2-2\times1-1\times4)=\frac{5}{2}$$

【4.10】　$\boldsymbol{p}_1=(2,1,0),\ \boldsymbol{p}_2=(1,1,1),\ \boldsymbol{p}_3=(-1,0,1),\ \boldsymbol{p}_4=(3,2,2)$ とおくと，

$\boldsymbol{p}_2-\boldsymbol{p}_1=(1,1,1)-(2,1,0)=(-1,0,1)$

$\boldsymbol{p}_3-\boldsymbol{p}_1=(-1,0,1)-(2,1,0)=(-3,-1,1)$

$\boldsymbol{p}_4-\boldsymbol{p}_1=(3,2,2)-(2,1,0)=(1,1,2)$

$$V=\frac{1}{6}\det(\boldsymbol{p}_2-\boldsymbol{p}_1,\boldsymbol{p}_3-\boldsymbol{p}_1,\boldsymbol{p}_4-\boldsymbol{p}_1)=\frac{1}{6}\begin{vmatrix}-1&-3&1\\0&-1&1\\1&1&2\end{vmatrix}=\frac{1}{6}$$

【4.11】（1）$\boldsymbol{AB}=\begin{bmatrix}2&-5\\-1&3\end{bmatrix}\begin{bmatrix}3&5\\1&2\end{bmatrix}=\begin{bmatrix}1&0\\0&1\end{bmatrix}$

，$\boldsymbol{BA}=\begin{bmatrix}3&5\\1&2\end{bmatrix}\begin{bmatrix}2&-5\\-1&3\end{bmatrix}=\begin{bmatrix}1&0\\0&1\end{bmatrix}$

(2) $\boldsymbol{Ax}=\begin{bmatrix}\cos\theta&-\sin\theta\\\sin\theta&\cos\theta\end{bmatrix}\begin{bmatrix}x_1\\x_2\end{bmatrix}=\begin{bmatrix}x_1\cos\theta-x_2\sin\theta\\x_1\sin\theta+x_2\cos\theta\end{bmatrix}$

【4.12】２つのベクトルの内積は，

$\boldsymbol{u}\cdot\boldsymbol{v}=u_1v_1+u_2v_2+u_3v_3=3+0-2=1$

ベクトルの外積は，

$$\boldsymbol{u}\times\boldsymbol{v}=\begin{bmatrix}u_2v_3-u_3v_2\\u_3v_1-u_1v_3\\u_1v_2-u_2v_1\end{bmatrix}=\begin{bmatrix}2\\-7\\-6\end{bmatrix}$$

【4.13】(1) 帰納法により証明する．

(i) n=1 のとき，明らかに成り立つ．

(ii) n=k で成り立つと仮定する．

(iii) n=k+1 のときを考える．

$$\begin{bmatrix}a^{k+1}&0\\0&b^{k+1}\end{bmatrix}=\begin{bmatrix}a^ka&0\\0&b^kb\end{bmatrix}=\begin{bmatrix}a^k&0\\0&b^k\end{bmatrix}\begin{bmatrix}a&0\\0&b\end{bmatrix}=\boldsymbol{A}^k\boldsymbol{A}=\boldsymbol{A}^{k+1}$$

$$\therefore \boldsymbol{A}^n=\begin{bmatrix}a^n&0\\0&b^n\end{bmatrix}$$

(2) 帰納法により証明する．

(i) n=1 のとき，明らかに成り立つ．

(ii) n=k で成り立つと仮定する．

すなわち，$\left(P^{-1}AP\right)^k = P^{-1}A^kP$ が成り立つと仮定する．

(iii) $n=k+1$ のときを考える．

$$\left(P^{-1}AP\right)^{k+1} = \left(P^{-1}AP\right)^k\left(P^{-1}AP\right) = \left(P^{-1}A^kP\right)\left(P^{-1}AP\right)$$
$$= P^{-1}A^kPP^{-1}AP = P^{-1}A^kAP = P^{-1}A^{k+1}P$$

$$\therefore \left(P^{-1}AP\right)^n = P^{-1}A^nP$$

【4.14】(1) $\begin{vmatrix} 1 & 1 & 1 \\ 1 & 1 & 1 \\ 1 & 1 & 1 \end{vmatrix} = 0$ より，正則でない．

(2) $\begin{vmatrix} \frac{1}{2} & \frac{\sqrt{3}}{2} & 0 \\ -\frac{\sqrt{3}}{2} & \frac{1}{2} & 0 \\ 0 & 0 & 1 \end{vmatrix} \neq 0$ より，正則である．

(3) $\begin{vmatrix} 1 & 0 & 0 \\ 0 & 2 & 0 \\ 0 & 1 & 3 \end{vmatrix} = 6$ より正則である．

【4.15】(1) $ad-bc \neq 0$　(2) $abc \neq 0$　(3) $a^2 \neq 0$

【4.16】(1) $A^{-1} = X$ とおくと，$AA^{-1} = AX = I \Leftrightarrow AXX^{-1} = X^{-1} \Leftrightarrow A = X^{-1} \Leftrightarrow A = \left(A^{-1}\right)^{-1}$

(2) $AB = X$ とおくと，

$A^{-1}AB = A^{-1}X \Leftrightarrow B = A^{-1}X \Leftrightarrow B^{-1}B = B^{-1}A^{-1}X \Leftrightarrow I = B^{-1}A^{-1}X \Leftrightarrow X^{-1} = B^{-1}A^{-1}XX^{-1} \Leftrightarrow X^{-1} = B^{-1}A^{-1}$　$\therefore (AB)^{-1} = B^{-1}A^{-1}$

【問題 4・17】(1) 特性多項式 $(\lambda-1)(\lambda-2)=0$ より，固有値 $\lambda = 1, 2$．それぞれの固有ベクトルは，$k\begin{bmatrix} 1 \\ -2 \end{bmatrix}$，$l\begin{bmatrix} 1 \\ -1 \end{bmatrix}$ (k, l は 0 でない任意定数).

(2) 特性多項式 $(\lambda-1)(\lambda-2)(\lambda+1)=0$ より固有値 $\lambda = 1, 2, -1$．したがって，それぞれの固有ベクトルは

$k\begin{bmatrix} 2 \\ 1 \\ 1 \end{bmatrix}$，$l\begin{bmatrix} 1 \\ -1 \\ 1 \end{bmatrix}$，$m\begin{bmatrix} 1 \\ 0 \\ 1 \end{bmatrix}$

(3) 固有値 $\lambda = 1, -1$（重解)．固有ベクトルは，

$k\begin{bmatrix} 2 \\ 1 \\ 1 \end{bmatrix}$，$l\begin{bmatrix} 3 \\ 0 \\ -1 \end{bmatrix}$，$m\begin{bmatrix} 0 \\ 3 \\ -2 \end{bmatrix}$

【4.18】

(1) 固有値は 1，2 より，$P^{-1}AP = \begin{bmatrix} 1 & 0 \\ 0 & 2 \end{bmatrix}$．また，固有ベクトルは $\begin{bmatrix} 1 \\ -4 \end{bmatrix}$，$\begin{bmatrix} 0 \\ 1 \end{bmatrix}$ より，変換行列 $P = \begin{bmatrix} 1 & 0 \\ -4 & 1 \end{bmatrix}$

(2) 固有値は 1，2, 3 より，$P^{-1}AP = \begin{bmatrix} 1 & 0 & 0 \\ 0 & 2 & 0 \\ 0 & 0 & 3 \end{bmatrix}$.

固有ベクトルは $\begin{bmatrix} 1 \\ -1 \\ 0 \end{bmatrix}$，$\begin{bmatrix} 0 \\ 0 \\ 1 \end{bmatrix}$，$\begin{bmatrix} 1 \\ 1 \\ 0 \end{bmatrix}$ であるので，変換行列

$$P = \begin{bmatrix} 1 & 0 & 1 \\ -1 & 0 & 1 \\ 0 & 1 & 0 \end{bmatrix}$$

(3) 固有値は 0, 1, 2 より，$P^{-1}AP = \begin{bmatrix} 0 & 0 & 0 \\ 0 & 1 & 0 \\ 0 & 0 & 2 \end{bmatrix}$.

固有ベクトルは $\begin{bmatrix} 0 \\ 1 \\ -1 \end{bmatrix}$，$\begin{bmatrix} 1 \\ 0 \\ 0 \end{bmatrix}$，$\begin{bmatrix} 0 \\ 1 \\ 1 \end{bmatrix}$ であるので，変換行列

$$P = \begin{bmatrix} 0 & 1 & 0 \\ 1 & 0 & 1 \\ -1 & 0 & 1 \end{bmatrix}$$

【4.19】(1) 行列 A の固有値は，λ は 1, 2, 3 となる．

したがって，

$$P^{-1}AP = \begin{bmatrix} 1 & 0 & 0 \\ 0 & 2 & 0 \\ 0 & 0 & 3 \end{bmatrix}$$

それぞれの固有値に対する固有ベクトルは，

$\begin{bmatrix} 1 \\ -1 \\ 0 \end{bmatrix}$，$\begin{bmatrix} 2 \\ -1 \\ -2 \end{bmatrix}$，$\begin{bmatrix} 1 \\ -1 \\ 2 \end{bmatrix}$

と計算できるので，変換行列 P はこれらの固有ベクトルを並べて，

$$P = \begin{bmatrix} 1 & 2 & 1 \\ -1 & -1 & -1 \\ 0 & -2 & -2 \end{bmatrix}$$

となる．このとき，

$$P^{-1} = \begin{bmatrix} 0 & -1 & \frac{1}{2} \\ 1 & 1 & 0 \\ -1 & -1 & -\frac{1}{2} \end{bmatrix}$$

よって，

$$A^n = P\begin{bmatrix} 1 & 0 & 0 \\ 0 & 2^n & 0 \\ 0 & 0 & 3^n \end{bmatrix}P^{-1}$$

$$= \begin{bmatrix} 1 & 2 & 1 \\ -1 & -1 & -1 \\ 0 & -2 & -2 \end{bmatrix}\begin{bmatrix} 1 & 0 & 0 \\ 0 & 2^n & 0 \\ 0 & 0 & 3^n \end{bmatrix}\begin{bmatrix} 0 & -1 & \frac{1}{2} \\ 1 & 1 & 0 \\ -1 & -1 & -\frac{1}{2} \end{bmatrix}$$

$$= \begin{bmatrix} 2^{n+2} - 3^n & 2^{n+2} - 3^n - 1 & -\frac{3^n}{2} + \frac{1}{2} \\ 3^n - 2^n & 3^n - 2^n + 1 & \frac{3^n}{2} - \frac{1}{2} \\ 2(3^n - 2^n) & 2(3^n - 2^n) & 3^n \end{bmatrix}$$

(2) 特性多項式は $(1-\lambda)(-1-\lambda)(1-\lambda)-(-1)^2 = 0$ により，固有値 λ は，2, -1, 0 となり，異なる 3 つの固有値であるから，この行列 A は対角化でき，

$$P^{-1}AP = \begin{bmatrix} 2 & 0 & 0 \\ 0 & -1 & 0 \\ 0 & 0 & 0 \end{bmatrix}$$

となる．したがって，

$$P^{-1}A^nP = \begin{bmatrix} 2 & 0 & 0 \\ 0 & 0 & 0 \\ 0 & 0 & -1 \end{bmatrix}^n = \begin{bmatrix} 2^n & 0 & 0 \\ 0 & 0 & 0 \\ 0 & 0 & (-1)^n \end{bmatrix}$$

を得る．ここで，変換行列 P はそれぞれの固有ベクトルが

$$\begin{bmatrix} 1 \\ 0 \\ -1 \end{bmatrix}, \begin{bmatrix} 0 \\ 1 \\ 0 \end{bmatrix}, \begin{bmatrix} 1 \\ 0 \\ 1 \end{bmatrix}$$

となるため，次のように決められる．

$$P = \begin{bmatrix} 1 & 0 & 1 \\ 0 & 1 & 0 \\ -1 & 0 & 1 \end{bmatrix}$$

また，その逆行列は，

$$P^{-1} = \begin{bmatrix} \frac{1}{2} & 0 & -\frac{1}{2} \\ 0 & 1 & 0 \\ \frac{1}{2} & 0 & \frac{1}{2} \end{bmatrix}$$

よって，

$$A^n = P\begin{bmatrix} 2^n & 0 & 0 \\ 0 & 0 & 0 \\ 0 & 0 & (-1)^n \end{bmatrix}P^{-1}$$

$$= \begin{bmatrix} 1 & 0 & 1 \\ 0 & 1 & 0 \\ -1 & 0 & 1 \end{bmatrix}\begin{bmatrix} 2^n & 0 & 0 \\ 0 & 0 & 0 \\ 0 & 0 & (-1)^n \end{bmatrix}\begin{bmatrix} \frac{1}{2} & 0 & -\frac{1}{2} \\ 0 & 1 & 0 \\ \frac{1}{2} & 0 & \frac{1}{2} \end{bmatrix}$$

$$= \begin{bmatrix} 2^{n-1} & 0 & -2^{n-1} \\ 0 & (-1)^n & 0 \\ -2^{n-1} & 0 & 2^{n-1} \end{bmatrix}$$

【4.20】(1)特性多項式 $\Phi_A(\lambda) = \lambda^2 - 6\lambda + 9 = (\lambda - 3)^2 = 0$ より，固有値は $\lambda = 3$ （重解）である．

$$(A - 3I) = \begin{bmatrix} 2 & 4 \\ -1 & -2 \end{bmatrix} \neq 0$$

より，ジョルダン標準形は，

$$P^{-1}AP = \begin{bmatrix} 3 & 1 \\ 0 & 3 \end{bmatrix}$$

となる．また，$(A-3I)x = 0$ を満たす固有ベクトルは，

$$p_1 = \begin{bmatrix} -2 \\ 1 \end{bmatrix}$$

さらに $(A-3I)x = p_1$ を満たす固有ベクトルは，

$$p_2 = \begin{bmatrix} -3 \\ 1 \end{bmatrix}$$

が求められる．以上より変換行列 P は

$$P = [p_1 \ \ p_2] = \begin{bmatrix} -2 & -3 \\ 1 & 1 \end{bmatrix}$$

(2)固有値は $\lambda = 0$ の 3 重解である．

$(A - \lambda I) \neq 0$ かつ，$(A - \lambda I)^2 \neq 0$ であるので，

$$P^{-1}AP = J_3(0) = \begin{bmatrix} 0 & 1 & 0 \\ 0 & 0 & 1 \\ 0 & 0 & 0 \end{bmatrix}$$

$\lambda = 0$ （3 重解）あるので，

$$Ax = 0$$

を満たす固有ベクトルは，

$$p_1 = \begin{bmatrix} 1 \\ 0 \\ 0 \end{bmatrix}$$

さらに，$Ax = p_1$ を満たす固有ベクトルは，

$$p_2 = \begin{bmatrix} 1 \\ 1 \\ 0 \end{bmatrix}$$

同様に $Ax = p_2$ を満たす固有ベクトルは，

$$p_3 = \begin{bmatrix} 1 \\ -1 \\ 1 \end{bmatrix}$$

以上より，変換行列 $\boldsymbol{P}$ は，

$$\boldsymbol{P}=[\boldsymbol{p}_1\ \ \boldsymbol{p}_2\ \ \boldsymbol{p}_3]=\begin{bmatrix}1&1&1\\0&1&-1\\0&0&1\end{bmatrix}$$

(3) 特性多項式 $\Phi_A(\lambda)=-\lambda^3+5\lambda^2-8\lambda+4=-(\lambda-1)(\lambda-2)^2$

となるので，固有値は，$\lambda=1,\ 2$ （2 重解）を得る．またそれぞれの固有値からは，

$(\boldsymbol{A}-\boldsymbol{I})\neq 0,\ \ (\boldsymbol{A}-2\boldsymbol{I})\neq 0$

より，ジョルダン細胞は $J_2(2)$，$J_1(1)$ となるので，ジョルダン標準形は次のように表される．

$$\boldsymbol{P}^{-1}\boldsymbol{AP}=J_2(2)\oplus J_1(1)=\begin{bmatrix}2&1&0\\0&2&0\\0&0&1\end{bmatrix}$$

$\lambda=1$ のときの固有ベクトルは，$(\boldsymbol{A}-\boldsymbol{I})\boldsymbol{x}=0$ を満たす $\boldsymbol{x}$ ベクトルであるので，これを求めると $\boldsymbol{p}_1=\begin{bmatrix}1\\1\\1\end{bmatrix}$．同様に，$\lambda=2$（重解）の場合，$(\boldsymbol{A}-2\boldsymbol{I})\boldsymbol{x}=0$ より，$\boldsymbol{p}_2=\begin{bmatrix}2\\2\\1\end{bmatrix}$．さらに $\lambda=2$ は重解であるので，$(\boldsymbol{A}-2\boldsymbol{I})\boldsymbol{x}=\boldsymbol{p}_2$ を満たすベクトルを求めると，

$$\boldsymbol{p}_3=\begin{bmatrix}1\\0\\1\end{bmatrix}.$$

以上より，変換行列 $\boldsymbol{P}$ は，これらのベクトルを並べたものであるから，

$$\boldsymbol{P}=[\boldsymbol{p}_1\ \ \boldsymbol{p}_2\ \ \boldsymbol{p}_3]=\begin{bmatrix}1&2&1\\1&2&0\\1&1&1\end{bmatrix}$$

【4.21】

$$\boldsymbol{A}^T=\left[\begin{bmatrix}1&1&0\\0&2&1\end{bmatrix}\right]$$

$$\boldsymbol{D}=\boldsymbol{A}^T\boldsymbol{A}=\left[\begin{bmatrix}1&1&0\\0&2&1\end{bmatrix}\right]\begin{bmatrix}1&0\\1&2\\0&1\end{bmatrix}=\begin{bmatrix}2&2\\2&5\end{bmatrix}$$

行列 $\boldsymbol{D}$ に対する固有値は，$\lambda=6,\ 1$ となり，その特異値は $\sigma=\sqrt{6},\ 1$ となる．したがって，

$$\boldsymbol{\Sigma}=\begin{bmatrix}\sqrt{6}&0\\0&1\\0&0\end{bmatrix}$$

$\lambda=6$ の固有ベクトルは $\begin{bmatrix}1\\2\end{bmatrix}$，$\lambda=1$ の固有ベクトルは $\begin{bmatrix}-2\\1\end{bmatrix}$ より

正規化すると，

$$\boldsymbol{v}_1=\begin{bmatrix}\frac{1}{\sqrt{5}}\\\frac{2}{\sqrt{5}}\end{bmatrix},\quad \boldsymbol{v}_2=\begin{bmatrix}-\frac{2}{\sqrt{5}}\\\frac{1}{\sqrt{5}}\end{bmatrix}$$

よって，

$$\boldsymbol{V}=[\boldsymbol{v}_1\ \ \boldsymbol{v}_2]=\begin{bmatrix}\frac{1}{\sqrt{5}}&-\frac{2}{\sqrt{5}}\\\frac{2}{\sqrt{5}}&\frac{1}{\sqrt{5}}\end{bmatrix}$$

一方，

$$\boldsymbol{AA}^T=\begin{bmatrix}1&0\\1&2\\0&1\end{bmatrix}\left[\begin{bmatrix}1&1&0\\0&2&1\end{bmatrix}\right]=\begin{bmatrix}1&1&0\\1&5&2\\0&2&1\end{bmatrix}$$

行列 $\boldsymbol{AA}^T$ に対する固有値は $\lambda=6,\ 1,\ 0$ となり，

$\lambda=6$ の固有ベクトルは $\begin{bmatrix}1\\5\\2\end{bmatrix}$，$\lambda=1$ の固有ベクトルは $\begin{bmatrix}-2\\0\\1\end{bmatrix}$，

$\lambda=0$ の固有ベクトルは $\begin{bmatrix}1\\-1\\2\end{bmatrix}$ より，

$$\boldsymbol{u}_1=\frac{1}{\sqrt{30}}\begin{bmatrix}1\\5\\2\end{bmatrix},\quad \boldsymbol{u}_2=\frac{1}{\sqrt{5}}\begin{bmatrix}-2\\0\\1\end{bmatrix},\quad \boldsymbol{u}_3=\frac{1}{\sqrt{6}}\begin{bmatrix}1\\-1\\2\end{bmatrix}$$

$$\boldsymbol{U}=[\boldsymbol{u}_1\ \ \boldsymbol{u}_2\ \ \boldsymbol{u}_3]=\begin{bmatrix}\frac{1}{\sqrt{30}}&-\frac{2}{\sqrt{5}}&\frac{1}{\sqrt{6}}\\\frac{5}{\sqrt{30}}&0&-\frac{1}{\sqrt{6}}\\\frac{2}{\sqrt{30}}&\frac{1}{\sqrt{5}}&\frac{2}{\sqrt{6}}\end{bmatrix}$$

$$\mathbf{A}=\mathbf{U\Sigma\Sigma}^T=\begin{bmatrix}\frac{1}{\sqrt{30}}&-\frac{2}{\sqrt{5}}&\frac{1}{\sqrt{6}}\\\frac{5}{\sqrt{30}}&0&-\frac{1}{\sqrt{6}}\\\frac{2}{\sqrt{30}}&\frac{1}{\sqrt{5}}&\frac{2}{\sqrt{6}}\end{bmatrix}\begin{bmatrix}\sqrt{6}&0\\0&1\\0&0\end{bmatrix}\begin{bmatrix}\frac{1}{\sqrt{5}}&\frac{2}{\sqrt{5}}\\\frac{2}{\sqrt{5}}&\frac{1}{\sqrt{5}}\end{bmatrix}$$

第 5 章　運動の時間発展 （微分方程式）

【5.1】図 5.9 のように物体には下向きに重力 mg，上向きに速度に比例した抵抗 $c\frac{\mathrm{d}y}{\mathrm{d}t}$ を受ける．運動方程式は，

$$m\frac{\mathrm{d}y^2}{\mathrm{d}t^2}=mg-cy\frac{\mathrm{d}y}{\mathrm{d}t} \tag{1}$$

ここで，$\frac{\mathrm{d}y}{\mathrm{d}t}=v$ とおくと運動方程式は，

$$m\frac{\mathrm{d}v}{\mathrm{d}t}=mg-cv \tag{2}$$

式(2)は次式のようになる．

$$\frac{1}{g-\frac{c}{m}v}\mathrm{d}v = \mathrm{d}t \tag{3}$$

両辺を積分すると，

$$-\frac{m}{c}\ln\left|g-\frac{c}{m}v\right| = t + C \tag{4}$$

であり，$e^{\pm\frac{c}{m}C} = A$ とすると，

$$g-\frac{c}{m}v = Ae^{-\frac{c}{m}t} \tag{5}$$

t=0 のとき，$v=\dfrac{dy}{dt}=0$ だから，$A = g$ となる．したがって，

$$g-\frac{c}{m}v = ge^{-\frac{c}{m}t}$$

$$v = \frac{mg}{c}\left(1-e^{-\frac{c}{m}t}\right)$$

【5.2】円柱側面の周速は $U=R\omega_0$ である．クエット流れであるので，壁面せん断応力は τ_w は，

$$\tau_w = \mu\frac{U}{h} = \mu\frac{R\omega_0}{h}$$

せん断力は円筒側面上では等しいので，これに円筒の側面積 $2\pi RL$ を乗じ，さらにうでの長さ（円筒の半径）R を乗じると次式のようにトルク T を求めることができる．

$$T = \tau_w\cdot 2\pi RL\cdot R = \frac{2\pi\mu R^3 L\omega_0}{h}$$

回転運動に対する運動方程式は角速度 ω のときのトルクが

$$\frac{2\pi\mu R^3 L\omega}{h}$$

で与えられることから，

$$I\frac{\mathrm{d}\omega}{\mathrm{d}t} = -\frac{2\pi\mu R^3 L\omega}{h}$$

となる．この微分方程式は次のように変形することができる．

$$\frac{\mathrm{d}\omega}{\omega} = -\frac{2\pi\mu R^3 L}{Ih}\mathrm{d}t$$

両辺を積分すると，

$$\ln\omega = -\frac{2\pi\mu R^3 L}{Ih}t + c$$

したがって，

$$\omega = e^{-\frac{2\pi\mu R^3 L}{Ih}t + c}$$

ここで，

$A = e^c$ とおくと，

$$\omega = Ae^{-\frac{2\pi\mu R^3 L}{Ih}t}$$

t=0 のとき ω=ω_0 であるから，

$$A = \omega_0$$

したがって，

$$\omega = \omega_0 e^{-\frac{2\pi\mu R^3 L}{Ih}t}$$

【5.3】　せん断力 F は次のようになる．

$$F = \begin{cases} F_1 + F_2 & : 0 \le x \le L_1 \\ F_2 & : L_1 < x \le L_2 \end{cases} \tag{1}$$

せん断力とモーメントの関係は $F = \dfrac{\mathrm{d}M}{\mathrm{d}x}$ で表されるから，

$$M = \begin{cases} (F_1 + F_2)x + c_1 & : 0 \le x \le L_1 \\ F_2 x + c_2 & : L_1 < x \le L_2 \end{cases} \tag{2}$$

$x = L_2$ で $M = 0$ であるから，式(2)の第２式から

$$c_2 = -F_2 L_2 \tag{3}$$

$x = L_1$ で式(2)の両方の式から求まるモーメントが等しくなることから，

$$c_1 = -(F_1\ell_1 + F_2\ell_2) \tag{4}$$

したがって式(2)は次のようになる．

$$M = \begin{cases} (F_1 + F_2)x - (F_1 L_1 + F_2 L_2) & : 0 \le x \le L_1 \\ F_2(x - L_2) & : L_1 < x \le L_2 \end{cases} \tag{5}$$

はりのたわみ y とモーメント M の間には次の関係がある．

$$\frac{\mathrm{d}^2 y}{\mathrm{d}x^2} = -\frac{M}{EI} \tag{6}$$

式(5)を用いて式(6)の両辺を積分すると，

$$\frac{\mathrm{d}y}{\mathrm{d}x} = \begin{cases} -\dfrac{1}{EI}\left\{\dfrac{x^2}{2}(F_1 + F_2) - (F_1 L_1 + F_2 L_2)x + c_3\right\} & : 0 \le x \le L_1 \\ -\dfrac{1}{EI}\left\{\dfrac{(x - L_2)^2}{2}F_2 + c_4\right\} & : L_1 < x \le L_2 \end{cases} \tag{7}$$

x=0 で $\dfrac{\mathrm{d}y}{\mathrm{d}x} = 0$ であるから，式(7)の第 1 式から $c_3 = 0$ である．

$x = L_1$ で式(7)の両方の式から求まる $\dfrac{\mathrm{d}y}{\mathrm{d}x}$ が等しいから，

$$\frac{L_1{}^2}{2}(F_1 + F_2) - (F_1 L_1 + F_2 L_2)L_1 = \frac{(L_1 - L_2)^2}{2}F_2 + c_4$$

したがって，

$$c_4 = -\frac{F_1 L_1{}^2 + F_2 L_2{}^2}{2}$$

式(7)に c_3, c_4 を代入すると，

$$\frac{\mathrm{d}y}{\mathrm{d}x} = \begin{cases} -\dfrac{1}{EI}\left\{\dfrac{x^2}{2}(F_1 + F_2) - (F_1 L_1 + F_2 L_2)x\right\} & : 0 \le x \le L_1 \\ -\dfrac{1}{EI}\left\{\dfrac{(x - L_2)^2}{2}F_2 - \dfrac{F_1 L_1{}^2 + F_2 L_2{}^2}{2}\right\} & : L_1 < x \le L_2 \end{cases} \tag{8}$$

式(8)の両辺を積分すると，

$$y = \begin{cases} -\dfrac{1}{EI}\left\{\dfrac{x^3}{6}(F_1 + F_2) - \dfrac{x^2}{2}(F_1 L_1 + F_2 L_2) + c_5\right\} & : 0 \le x \le L_1 \\ -\dfrac{1}{EI}\left\{\dfrac{(x - L_2)^3}{6}F_2 - \dfrac{F_1 L_1{}^2 + F_2 L_2{}^2}{2}x + c_6\right\} & : L_1 < x \le L_2 \end{cases} \tag{9}$$

x=0 で $y = 0$ であるから，式(9)の第 1 式から c_5=0 である．$x = L_1$ で式(9)の両方の式から求まる y が等しいから，

$$\frac{L_1^3}{6}(F_1+F_2)-\frac{L_1^2}{2}(F_1L_1+F_2L_2)=\frac{(L_1-L_2)^3}{6}F_2-\frac{F_1L_1^2+F_2L_2^2}{2}L_1+c_6$$

C_6は次式のようになる．

$$c_6=\frac{F_1L_1^3+F_2L_2^3}{6}$$

式(9)に c_5, c_6 を代入すると，

$$y=\begin{cases}-\dfrac{1}{EI}\left\{\dfrac{x^3}{6}(F_1+F_2)-\dfrac{x^2}{2}(F_1L_1+F_2L_2)\right\} & :0\le x\le L_1\\ -\dfrac{1}{EI}\left\{\dfrac{(x-L_2)^3}{6}F_2-\dfrac{F_1L_1^2+F_2L_2^2}{2}x+\dfrac{F_1L_1^3+F_2L_2^3}{6}\right\} & :L_1<x\le L_2\end{cases} \tag{10}$$

【5.4】　$\dfrac{\partial}{\partial v}(1)=0$，$\dfrac{\partial}{\partial t}\left(-\dfrac{m}{mg-cv}\right)=0$

したがって完全微分方程式である．微分方程式の解は，

$$\int-\frac{m}{mg-cv}\mathrm{d}v+\int\left\{1-\frac{\partial}{\partial t}\int\left(-\frac{m}{mg-cv}\right)\mathrm{d}v\right\}\mathrm{d}t=C$$

$$\frac{m}{c}\log_e(mg-cv)+t=C$$

$$\log_e(mg-cv)=\frac{c}{m}(-t+C)$$

$$mg-cv=\frac{c}{m}e^{-\frac{c}{m}t+\frac{c}{m}C}$$

ここで，

$$A=e^{\frac{c}{m}C}$$

とおくと，

$$mg-cv=A\frac{c}{m}e^{-\frac{c}{m}t}$$

t=0 のとき v=0 であることから，A=mg である．したがって，

$$mg-cv=mg\frac{c}{m}e^{-\frac{c}{m}t}$$

$$v=\frac{mg}{c}\left(1-e^{-\frac{c}{m}t}\right)$$

【5.5】　$x=(\Delta h_1\ \Delta h_2)^T$ として，$\dot{\boldsymbol{x}}=\boldsymbol{Ax}$ の形式で表すと，

$$\begin{pmatrix}\Delta\dot{h}_1\\ \Delta\dot{h}_2\end{pmatrix}=\begin{pmatrix}-\dfrac{k_1}{2A_1\sqrt{h_1}} & 0\\ \dfrac{k_1}{2A_1\sqrt{h_1}} & \dfrac{k_2}{2A_2\sqrt{h_2}}\end{pmatrix}\begin{pmatrix}\Delta h_1\\ \Delta h_2\end{pmatrix}$$

数値を代入すると，

$$\boldsymbol{A}=\begin{pmatrix}-2 & 0\\ 1 & -1\end{pmatrix}$$

$\det|\lambda I-\boldsymbol{A}|=0$ から固有値λを求める．ここで，

$$\boldsymbol{I}=\begin{pmatrix}1 & 0\\ 0 & 1\end{pmatrix}$$

$$\det|\lambda I-\boldsymbol{A}|=\det\begin{vmatrix}\lambda+2 & 0\\ -1 & \lambda+1\end{vmatrix}=0$$

であるから，

$$(\lambda+2)(\lambda+1)=0$$

したがって，固有値はλ_1=-2，λ_2=-1 である．固有ベクトルを $\boldsymbol{v}$ とすると，$\boldsymbol{A}v=\lambda\boldsymbol{v}$ の関係から，それぞれの固有値に対する固有ベクトルを $\boldsymbol{v}_1=(v_{11}\ v_{12})^T$ および $\boldsymbol{v}_2=(v_{21}\ v_{22})^T$ とすると，

$$\begin{pmatrix}-2 & 0\\ 1 & -1\end{pmatrix}\begin{pmatrix}v_{11}\\ v_{12}\end{pmatrix}=-2\begin{pmatrix}v_{11}\\ v_{12}\end{pmatrix}$$

$$\begin{pmatrix}-2 & 0\\ 1 & -1\end{pmatrix}\begin{pmatrix}v_{21}\\ v_{22}\end{pmatrix}=-1\begin{pmatrix}v_{21}\\ v_{22}\end{pmatrix}$$

したがって，$\boldsymbol{v}_1=(a\ -a)^T$，$\boldsymbol{v}_2=(0\quad b)^T$ となる．ただし $a\neq0, b\neq0$ である．ここで，x_1 を基準として固有ベクトルを表すと，$\boldsymbol{v}_1=(1\ -1)^T$ であり，$\boldsymbol{v}_2$については，$\boldsymbol{v}_2=(0\quad 1)^T$ とする．これらのベクトルを縦に並べると，変換行列 P は

$$\boldsymbol{P}=\begin{pmatrix}1 & 0\\ -1 & 1\end{pmatrix}$$

逆行列 $\boldsymbol{P}^{-1}$ は，

$$\boldsymbol{P}^{-1}=\begin{pmatrix}1 & 0\\ 1 & 1\end{pmatrix}$$

であるから，

$$\boldsymbol{\Lambda}=\boldsymbol{P}^{-1}\boldsymbol{AP}=\begin{pmatrix}1 & 0\\ 1 & 1\end{pmatrix}\begin{pmatrix}-2 & 0\\ 1 & -1\end{pmatrix}\begin{pmatrix}1 & 0\\ -1 & 1\end{pmatrix}=\begin{pmatrix}-2 & 0\\ 0 & -1\end{pmatrix}$$

$\boldsymbol{A}$ は上式のように対角化される．したがって，

$$\boldsymbol{x}=\boldsymbol{P}e^{t\boldsymbol{\Lambda}}\boldsymbol{P}^{-1}\boldsymbol{x}_0$$

から，

$$\begin{pmatrix}\Delta h_1\\ \Delta h_2\end{pmatrix}=\begin{pmatrix}1 & 0\\ -1 & 1\end{pmatrix}\begin{pmatrix}e^{-2t} & 0\\ 0 & e^{-t}\end{pmatrix}\begin{pmatrix}1 & 0\\ 1 & 1\end{pmatrix}\begin{pmatrix}\Delta h_1(0)\\ \Delta h_2(0)\end{pmatrix}=\begin{pmatrix}e^{-2t} & 0\\ e^{-t}-e^{-2t} & e^{-t}\end{pmatrix}\begin{pmatrix}\Delta h_1(0)\\ \Delta h_2(0)\end{pmatrix}$$

【5.6】　$\dfrac{1}{D^2+a^2}=\dfrac{1}{2ai}\left\{\dfrac{1}{D-ai}-\dfrac{1}{D+ai}\right\}$

ここで，

$$\begin{aligned}\frac{1}{D^2+a^2}f(x)&=\frac{1}{2ai}\left\{e^{aix}\int f(x)e^{-aix}\mathrm{d}x-e^{-aix}\int f(x)e^{aix}\mathrm{d}x\right\}\\&=\frac{1}{2ai}\left\{(\cos ax+i\sin ax)\int f(x)(\cos ax-i\sin ax)\mathrm{d}x\right.\\&\qquad\left.-(\cos ax-i\sin ax)\int f(x)(\cos ax+i\sin ax)\mathrm{d}x\right\}\\&=\frac{1}{2ai}\left\{i\sin ax\int f(x)\cos ax\mathrm{d}x-i\cos ax\int f(x)\sin ax\mathrm{d}x\right.\\&\qquad\left.+i\sin ax\int f(x)\cos ax\mathrm{d}x-i\cos ax\int f(x)\sin ax\mathrm{d}x\right\}\\&=\frac{1}{a}\left\{\sin ax\int f(x)\cos ax\mathrm{d}x-\cos ax\int f(x)\sin ax\mathrm{d}x\right\}\end{aligned}$$

【5.7】　【例 5.19】の別解に基づく解答を示す．

運動を表す微分方程式は，ばねに生じる反力を考慮した力のつり合いから

$$\begin{cases} m_1 \dfrac{d^2 u_1}{dt^2} = -k_1 u_1 - k_2 (u_1 - u_2) \\ m_2 \dfrac{d^2 u_2}{dt^2} = -k_2 (u_2 - u_1) \end{cases} \tag{1}$$

外から力が働かない場合の質点の振動は

$$\begin{cases} u_1 = U_1 \sin(\omega t + \alpha) \\ u_2 = U_2 \sin(\omega t + \alpha) \end{cases} \tag{2}$$

で表される．式(2)を t で 2 回微分すると，

$$\begin{cases} \ddot{u}_1 = -\omega^2 U_1 \sin(\omega t + \alpha) \\ \ddot{u}_2 = -\omega^2 U_2 \sin(\omega t + \alpha) \end{cases} \tag{3}$$

式(2)および式(3)を式(1)に代入し，両辺を $\sin(\omega t+\alpha)$で割って整理すると，

$$\begin{cases} (k_1 + k_2 - m_1\omega^2)U_1 - k_2 U_2 = 0 \\ -k_2 U_1 + (k_2 - m_2\omega^2)U_2 = 0 \end{cases} \tag{4}$$

式(4)を行列表示すると，

$$\begin{bmatrix} k_1 + k_2 - m_1\omega^2 & -k_2 \\ -k_2 & k_2 - m_2\omega^2 \end{bmatrix} \begin{bmatrix} U_1 \\ U_2 \end{bmatrix} = \begin{bmatrix} 0 \\ 0 \end{bmatrix} \tag{5}$$

式(5)が成立つためには

$$\begin{vmatrix} k_1 + k_2 - m_1\omega^2 & -k_2 \\ -k_2 & k_2 - m_2\omega^2 \end{vmatrix} = 0 \tag{6}$$

でなければならない．式(6)を展開すると，

$$\begin{aligned} &(k_1 + k_2 - m_1\omega^2)(k_2 - m_2\omega^2) - k_2^2 \\ &= m_1 m_2 \omega^4 - \{(k_1 + k_2)m_2 + k_2 m_1\} + (k_1 + k_2)k_2 - k_2^2 = 0 \end{aligned} \tag{7}$$

両辺を $m_1 m_2$ で割ると，

$$\omega^4 - \left(\frac{k_1 + k_2}{m_1} + \frac{k_2}{m_2}\right)\omega^2 + \frac{k_1 + k_2}{m_1}\frac{k_2}{m_2} - \frac{k_2^2}{m_1 m_2} = 0 \tag{8}$$

ここで，

$$A = \frac{k_1 + k_2}{m_1},\ B = \frac{k_2}{m_2},\ C = \frac{k_2^2}{m_1 m_2} \tag{9}$$

とおくと，

$$\omega^4 - (A + B)\omega^2 + AB - C = 0 \tag{10}$$

であるから，

$$\omega^2 = \frac{(A + B) \pm \sqrt{(A - B)^2 + 4C}}{2} \tag{11}$$

式(11)は正の実数解であるから，

$$\begin{cases} \omega_1 = \sqrt{\dfrac{(A + B) - \sqrt{(A - B)^2 + 4C}}{2}} \\ \omega_2 = \sqrt{\dfrac{(A + B) + \sqrt{(A - B)^2 + 4C}}{2}} \end{cases} \tag{12}$$

1 次振動数に対する質点 1 と質点 2 の振幅をそれぞれ U_{11} および U_{12} とすると，式(4)から，

$$\frac{U_{12}}{U_{11}} = \frac{k_1 + k_2 - m_1\omega_1^2}{k_2} = \frac{k_2}{k_2 - m_2\omega_1^2} = r_1 \tag{13}$$

同様に，2 次振動に対する質点 1 と質点 2 の振幅 U_{21} および U_{22} について，

$$\frac{U_{22}}{U_{21}} = \frac{k_1 + k_2 - m_1\omega_2^2}{k_2} = \frac{k_2}{k_2 - m_2\omega_2^2} = r_2 \tag{14}$$

したがって，次式が得られる．

$$\begin{cases} u_1 = U_{11}\sin(\omega_1 t + \alpha_1) + U_{21}\sin(\omega_2 t + \alpha_2) \\ u_2 = U_{12}\sin(\omega_1 t + \alpha_1) + U_{22}\sin(\omega_2 t + \alpha_2) \end{cases} \tag{15}$$

式(13)および式(14)から，$U_{12}=r_1 U_{11}$，$U_{22}=r_1 U_{21}$ であるから，

$$\begin{cases} u_1 = U_{11}\sin(\omega_1 t + \alpha_1) + U_{21}\sin(\omega_2 t + \alpha_2) \\ u_2 = r_1 U_{11}\sin(\omega_1 t + \alpha_1) + r_2 U_{21}\sin(\omega_2 t + \alpha_2) \end{cases} \tag{16}$$

式(15)を t で微分すると，

$$\begin{cases} \dot{u}_1 = \omega_1 U_{11}\cos(\omega_1 t + \alpha_1) + \omega_2 U_{21}\cos(\omega_2 t + \alpha_2) \\ \dot{u}_2 = r_1\omega_1 U_{11}\sin(\omega_1 t + \alpha_1) + r_2\omega_2 U_{21}\cos(\omega_2 t + \alpha_2) \end{cases} \tag{17}$$

m_1=2kg，m_2=1kg，k_1=200N/m，k_2=100N/m を式(9)に代入し，式(12)を用いると，ω_1=7.07rad/s，ω_2=14.1rad/s となり，r_1=2，r_2=-1 となる．式(16)および式(17)を展開すると，

$$\begin{cases} u_1 = U_{11}\sin\omega_1 t\cos\alpha_1 + U_{11}\cos\omega_1 t\sin\alpha_1 \\ \qquad + U_{21}\sin\omega_2 t\cos\alpha_2 + U_{21}\cos\omega_2 t\sin\alpha_2 \\ u_2 = r_1 U_{11}\sin\omega_1 t\cos\alpha_1 + r_1 U_{11}\cos\omega_1 t\sin\alpha_1 \\ \qquad + r_2 U_{21}\sin\omega_2 t\cos\alpha_2 + r_2 U_{21}\cos\omega_2 t\sin\alpha_2 \end{cases} \tag{18}$$

$$\begin{cases} \dot{u}_1 = \omega_1 U_{11}\cos\omega_1 t\cos\alpha_1 - \omega_1 U_{11}\sin\omega_1 t\sin\alpha_1 \\ \qquad + \omega_2 U_{21}\cos\omega_2 t\cos\alpha_2 - \omega_2 U_{21}\sin\omega_2 t\sin\alpha_2 \\ \dot{u}_2 = r_1\omega_1 U_{11}\cos\omega_1 t\cos\alpha_1 - r_1\omega_1 U_{11}\sin\omega_1 t\sin\alpha_1 \\ \qquad + r_2\omega_2 U_{21}\cos\omega_2 t\cos\alpha_2 - r_2\omega_2 U_{21}\sin\omega_2 t\sin\alpha_2 \end{cases} \tag{19}$$

これらの式に上記の値と初期条件 $u_1(0)=u_2(0)$=0m，$\dot{u}_1(0) = 1$ m/s，$\dot{u}_2(0) = 3$ m/s を代入すると，

$$U_{11}\sin\alpha_1 + U_{21}\sin\alpha_2 = 0 \tag{20}$$

$$2U_{11}\sin\alpha_1 - U_{21}\sin\alpha_2 = 0 \tag{21}$$

$$7.07U_{11}\cos\alpha_1 + 14.1U_{21}\cos\alpha_2 = 1 \tag{22}$$

$$14.1U_{11}\cos\alpha_1 - 14.1U_{21}\cos\alpha_2 = 3 \tag{23}$$

式(20)および式(21)から $U_{11}\sin\alpha_1=U_{21}\sin\alpha_2=0$，$U_{11}\cos\alpha_1=0.188$，$U_{21}\cos\alpha_2=-0.0233$ となる．これらの値を式(18)に代入すると，

$$\begin{cases} u_1 = 0.188\sin 7.07t - 0.0233\sin 14.1t \\ u_2 = 0.283\sin 7.07t + 0.0233\sin 14.1t \end{cases}$$

【5.8】　図 5.13 で長さ dr の部分について考える。この部分の慣性モーメントは$\rho I_p dr$である。角加速度は$\partial^2\theta/\partial t^2$であるから、この部分の慣性力によるモーメントは

$$\rho I_p dr \frac{\partial^2\theta}{\partial t^2} \tag{1}$$

この部分のトルクは、

$$T + \frac{\partial T}{\partial r}dr - T = \frac{\partial T}{\partial r}dr \tag{2}$$

であり、Tは

$$T = GI_p \frac{\partial\theta}{\partial r} \tag{3}$$

である。式(3)を式(2)に代入すると、

$$\frac{\partial T}{\partial r}dr = \frac{\partial}{\partial r}\left(GI_p \frac{\partial\theta}{\partial r}\right)dr = GI_p \frac{\partial^2\theta}{\partial r^2}dr \tag{4}$$

式(1)と式(4)が等しいことから、運動方程式は、

$$\rho I_p dr \frac{\partial^2\theta}{\partial t^2} = GI_p \frac{\partial^2\theta}{\partial r^2}\mathrm{d}r \tag{5}$$

両辺を$\rho I_p \mathrm{d}r$で割ると、

$$\frac{\partial^2\theta}{\partial t^2} = c^2\frac{\partial^2\theta}{\partial x^2} \tag{6}$$

例題 5.20 のように、$\theta(t,r) = v(t)\varphi(r)$とおくと、次のような 2 つの常微分方程式が得られる。

$$\left.\begin{aligned} &\frac{d^2\varphi(x)}{dr^2} + \frac{\omega^2}{c^2}\varphi(r) = 0 \\ &\frac{d^2v(t)}{dt^2} + \omega^2 v(t) = 0 \end{aligned}\right\} \tag{7}$$

式(7)の第 1 式の解は,

$$\varphi(r) = A\cos\frac{\omega}{c}r + B\sin\frac{\omega}{c}r \tag{8}$$

境界条件は、棒の一端(r=0)で自由（$\partial\varphi(r)/\partial r = 0$）であるから$B$=0 となる。、他端($r$=$L$)で固定（$\varphi(r)$=0）であることから，式(8)は次のように書くことができる.

$$A\cos\frac{\omega}{c}L = 0 \tag{9}$$

この式でA=0 とすると，式(8)から$\varphi(r)$は任意のr対して 0 となってしまう．しがって，$A \neq 0$ でなければならない．この条件では,

$$\cos\frac{\omega}{c}L = 0 \tag{10}$$

となる．この式から,

$$\frac{\omega_i}{c}L = \frac{2i-1}{2}\pi \ (i = 1,2,3,.....) \tag{11}$$

となり，i 次の固有振動数は、

$$\omega_i = \frac{(2i-1)\pi c}{2L} \ (i = 1,2,3,.....) \tag{12}$$

式(12)をこの式を式(8)に代入すると，i 次の固有振動モードは,

$$\varphi_i(r) = A_i\cos\frac{(2i-1)\pi}{2L}r \tag{13}$$

固有振動モードを図示すると次の図のようになる.

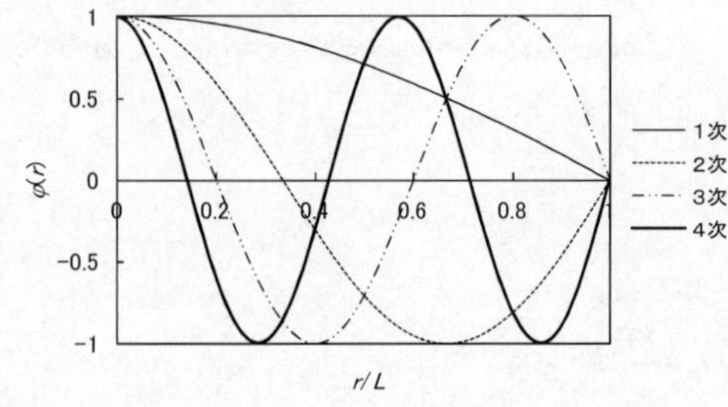

図　固有振動モード

第 6 章　フーリエ解析

【6.1】

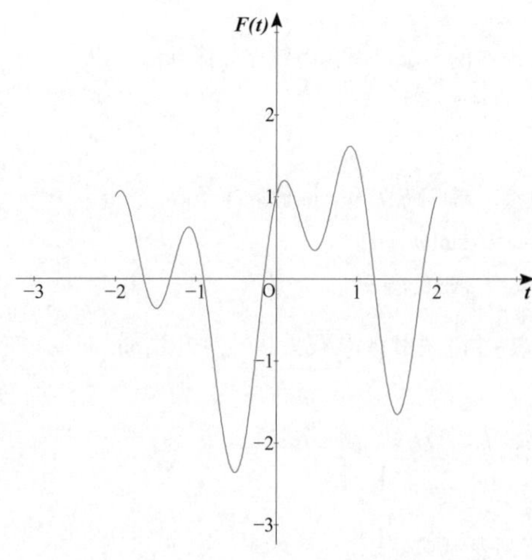

【6.2】

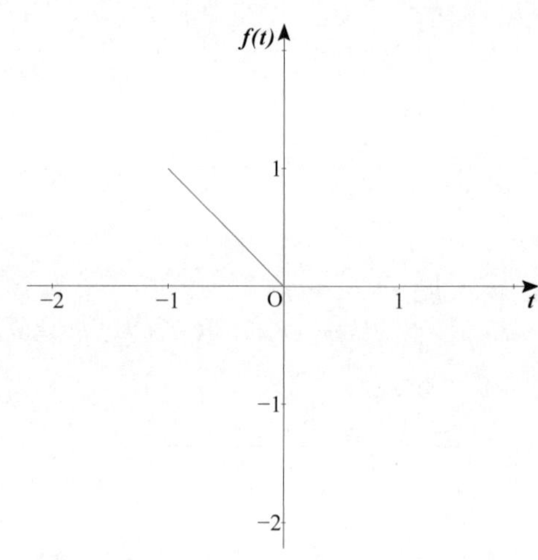

【6.3】

(1)　周期関数ではない

(2)　$\sin t$:周期 2π　$\sin 2t$:周期π　$\sin 3t$:周期 $2\pi/3$　最小公倍数が 2π となるので周期 2π の周期関数

(3)　$\sin\sqrt{2}t$:周期 $\sqrt{2}\pi$　$\sin\sqrt{5}t$:周期 $2\sqrt{2}\pi/5$　$\sin x$ の x 部分が無理数であるため最小公倍数が存在しない。よって周期関数でない

【6.4】

(1)　$a_0 = \frac{1}{\pi}\int_{-\pi}^{\pi}(-1)\mathrm{d}t = \frac{2}{\pi}\int_{0}^{\pi}(-1)\mathrm{d}t\frac{2}{\pi}[-t]_0^{\pi} = -2$

$$a_k = \frac{1}{\pi}\int_{-\pi}^{\pi}(-1)\cos kt\mathrm{d}t = -\frac{2}{\pi}\int_0^{\pi}\cos kt\mathrm{d}t = -\frac{2}{\pi}\left[\frac{1}{k}\sin kt\right]_0^{\pi} = 0$$

$$b_k = \frac{1}{\pi}\int_{-\infty}^{\pi}(-1)\sin kt\mathrm{d}t = 0$$

(2) $a_0 = \frac{1}{\pi}\int_{-\pi}^{\pi}(-t)\mathrm{d}t = 0$

$$a_k = \frac{1}{\pi}\int_{-\pi}^{\pi}(-t)\cos kt\mathrm{d}t = 0$$

$$b_k = \frac{1}{\pi}\int_{-\pi}^{\pi}(-t)\sin kt\mathrm{d}t = -\frac{2}{\pi}\int_0^{\pi} t\sin kt\,\mathrm{d}t$$

$$= -\frac{2}{\pi}\left\{\left[-\frac{1}{k}t\cos kt\right]_0^{\pi} - \int_0^{\pi}(-\frac{1}{k}\cos kt)\mathrm{d}t\right\}$$

$$= -\frac{2}{\pi}\left\{-\frac{\pi}{k}(-1)^k + \frac{1}{k}\left[\frac{1}{k}\sin kt\right]_0^{\pi}\right\} = \frac{2(-1)^k}{k}$$

(3) $a_0 = \frac{1}{\pi}\int_{-\pi}^{\pi}(-t^2)\mathrm{d}t = -\frac{2}{\pi}\int_0^{\pi} t^2\mathrm{d}t = -\frac{2}{\pi}\left[\frac{1}{3}t^3\right]_0^{\pi} = -\frac{2}{3}\pi^2$

$$a_k = \frac{1}{\pi}\int_{-\pi}^{\pi}(-t^2)\cos kt\mathrm{d}t = -\frac{2}{\pi}\int_0^{\pi} t^2\cos kt\mathrm{d}t$$

$$= -\frac{2}{\pi}\left\{\left[\frac{t^2}{k}\sin kt\right]_0^{\pi} - \frac{2}{k}\int_0^{\pi} t\sin kt\mathrm{d}t\right\}$$

$$= \frac{4}{k\pi}\int_0^{\pi} t\sin kt\mathrm{d}t = \frac{4}{k\pi}\left\{\left[-\frac{t}{k}\cos kt\right]_0^{\pi} - \frac{1}{k}\int_0^{\pi}(-\cos kt)\mathrm{d}t\right\}$$

$$= -\frac{4}{k^2}(-1)^k$$

$$b_k = \frac{1}{\pi}\int_{-\pi}^{\pi}(-t^2)\sin kt\mathrm{d}t = 0$$

(4) $a_0 = \frac{1}{\pi}\int_{-\pi}^{\pi}|t|\mathrm{d}t = \frac{1}{\pi}\left\{\int_{-\pi}^{0}(-t)\mathrm{d}t + \int_0^{\pi} t\mathrm{d}t\right\} = \pi$

$$a_k = \frac{1}{\pi}\int_{-\pi}^{\pi}|t|\cos kt\mathrm{d}t = \frac{2}{\pi}\int_0^{\pi} t\cos kt\mathrm{d}t = \frac{2}{\pi}\left\{\left[\frac{t}{k}\sin kt\right]_0^{\pi} - \frac{1}{k}\int_0^{\pi}\sin kt\mathrm{d}t\right\}$$

$$= \frac{2}{\pi}\left\{\frac{1}{k}\left[\frac{1}{k}\cos kt\right]_0^{\pi}\right\} = \frac{2}{k^2\pi}\left((-1)^k - 1\right)$$

$$b_k = \frac{1}{\pi}\int_{-\pi}^{\pi}|t|\sin kt\mathrm{d}t = 0$$

(5) $a_0 = \frac{1}{\pi}\int_{-\pi}^{\pi}(1-|t|)\mathrm{d}t = \frac{1}{\pi}\left\{\int_{-\pi}^{0}(1+t)\mathrm{d}t + \int_0^{\pi}(1-t)\mathrm{d}t\right\} = 2-\pi$

$$a_k = \frac{1}{\pi}\int_{-\pi}^{\pi}(1-|t|)\cos kt\mathrm{d}t = \frac{2}{\pi}\int_0^{\pi}(1-t)\cos kt\mathrm{d}t = \frac{2}{\pi}\left\{\int_0^{\pi}\cos kt\mathrm{d}t - \int_0^{\pi} t\cos kt\mathrm{d}t\right\}$$

$$= -\frac{2}{\pi}\int_0^{\pi} t\cos kt\mathrm{d}t = -\frac{2}{\pi}\left\{\left[\frac{t}{k}\sin kt\right]_0^{\pi} - \frac{1}{k}\int_0^{\pi}\sin kt\mathrm{d}t\right\} = \frac{2}{k^2\pi}\left\{1-(-1)^k\right\}$$

$$b_k = \frac{1}{\pi}\int_{-\pi}^{\pi}(1-|t|)\sin kt\mathrm{d}t = 0$$

(6) $a_0 = \frac{1}{\pi}\int_{-\pi}^{\pi}|\sin t|\mathrm{d}t = \frac{2}{\pi}\int_0^{\pi}\sin t\mathrm{d}t = \frac{2}{\pi}\left[-\cos t\right]_0^{\pi} = \frac{4}{\pi}$

$$a_k = \frac{1}{\pi}\int_{-\pi}^{\pi}|\sin t|\cos kt\mathrm{d}t = \frac{2}{\pi}\int_0^{\pi}\sin t\cos kt\mathrm{d}t$$

$$= \frac{2}{\pi}\cdot\frac{1}{2}\int_0^{\pi}\left\{\sin(k+1)t - \sin(k-1)t\right\}\mathrm{d}t$$

$$= \frac{1}{\pi}\left[-\frac{1}{k+1}\cos(k+1)t + \frac{1}{k-1}\cos(k-1)t\right]_0^{\pi}$$

$$= \frac{1}{\pi}\left[-\frac{1}{k+1}\left\{(-1)^{k+1}-1\right\} + \frac{1}{k-1}\left\{(-1)^{k-1}-1\right\}\right]$$

$$= -\frac{2((-1)^k+1)}{(k^2-1)\pi}$$

$$b_0 = \frac{1}{\pi}\int_{-\pi}^{\pi}|\sin t|\sin kt\mathrm{d}t = 0$$

【6.5】

(1) $c_0 = \frac{1}{2\pi}\int_{-\pi}^{\pi}(-t)\mathrm{d}t = 0$

$$c_k = \frac{1}{2\pi}\int_{-\pi}^{\pi}(-t)e^{-jkt}\mathrm{d}t = -\frac{1}{2\pi}\int_{-\pi}^{\pi} te^{-jkt}\mathrm{d}t$$

$$= -\frac{1}{2\pi}\int_{-\pi}^{\pi} t(\cos kt - j\sin kt)\mathrm{d}t = \frac{j}{\pi}\int_0^{\pi} t\sin kt\mathrm{d}t$$

$$=\frac{j}{\pi}\left\{\left[-\frac{t}{k}\cos kt\right]_0^{\pi}+\frac{1}{k}\int_0^{\pi}\cos kt\mathrm{d}t\right\}=-\frac{j}{k}(-1)^k$$

(2) $c_0=\frac{1}{2\pi}\int_{-\pi}^{\pi}(-t^2)\mathrm{d}t=-\frac{1}{\pi}\int_0^{\pi}t^2\mathrm{d}t=-\frac{\pi^2}{3}$

$$c_k=\frac{1}{2\pi}\int_{-\pi}^{\pi}(-t^2)e^{-jkt}\mathrm{d}t=-\frac{1}{2\pi}\int_{-\pi}^{\pi}t^2e^{-jkt}\mathrm{d}t$$

$$=-\frac{1}{2\pi}\int_{-\pi}^{\pi}t^2(\cos kt-j\sin kt)\mathrm{d}t=-\frac{1}{\pi}\int_0^{\pi}t^2\cos kt\mathrm{d}t$$

$$=-\frac{1}{\pi}\left\{\left[\frac{t^2}{k}\sin kt\right]_0^{\pi}-\frac{1}{k}\int_0^{\pi}2t\sin kt\mathrm{d}t\right\}=\frac{2}{k\pi}\int_0^{\pi}t\sin kt\mathrm{d}t$$

$$=\frac{2}{k\pi}\left\{\left[-\frac{t}{k}\cos kt\right]_0^{\pi}+\frac{1}{k}\int_0^{\pi}\cos kt\mathrm{d}t\right\}=-\frac{2(-1)^k}{k^2}$$

(3) $c_0=\frac{1}{2\pi}\int_{-\pi}^{\pi}|\sin t|dt=\frac{1}{\pi}\int_0^{\pi}\sin tdt=\frac{1}{\pi}[-\cos t]_0^{\pi}=\frac{2}{\pi}$

$$c_k=\frac{1}{2\pi}\int_{-\pi}^{\pi}|\sin t|e^{-jkt}\mathrm{d}t=\frac{1}{\pi}\int_0^{\pi}\sin t\cdot e^{-jkt}\mathrm{d}t$$

$$=\frac{1}{\pi}\int_0^{\pi}\sin t(\cos kt-j\sin kt)\mathrm{d}t=\frac{1}{\pi}\int_0^{\pi}(\cos kt\sin t-j\sin kt\sin t)\mathrm{d}t$$

$$=\frac{1}{2\pi}\int_0^{\pi}\{\sin(k+1)t-\sin(k-1)t\}\mathrm{d}t+\frac{j}{2\pi}\int_0^{\pi}\{\cos(k+1)t-\cos(k-1)t\}\mathrm{d}t$$

$$=\frac{1}{2\pi}\left[-\frac{1}{k+1}\cos(k+1)t+\frac{1}{k-1}\cos(k-1)t\right]_0^{\pi}=-\frac{((-1)^k+1)}{(k^2-1)\pi}$$

【6.6】

(1) $F(j\omega)=\int_{-\infty}^{\infty}f(t)e^{-j\omega t}\mathrm{d}t=\int_{-1}^{1}e^{-j\omega t}\mathrm{d}t=\int_{-1}^{1}(\cos\omega t-j\sin\omega t)\mathrm{d}t$

$$=2\int_0^1\cos\omega t\mathrm{d}t=\frac{2\sin\omega}{\omega}$$

(2) $F(j\omega)=\int_{-\infty}^{\infty}f(t)e^{-j\omega t}\mathrm{d}t=\int_{-1}^{1}(1-|t|)e^{-j\omega t}\mathrm{d}t=2\int_0^1(1-t)\cos\omega t\mathrm{d}t$

$$=2\left\{\left[\frac{1-t}{\omega}\sin\omega t\right]_0^1+\frac{1}{\omega}\int_0^1\sin\omega t dt\right\}$$

$$=\frac{2}{\omega}\left[-\frac{1}{\omega}\cos\omega t\right]_0^1=\frac{2(1-\cos\omega)}{\omega^2}$$

(3)

$$F(j\omega)=\int_{-\infty}^{\infty}f(t)e^{-j\omega t}\mathrm{d}t=\int_{-\infty}^{\infty}e^{-a|t|}e^{-j\omega t}\mathrm{d}t=\int_{-\infty}^{0}e^{at}e^{-j\omega t}\mathrm{d}t+\int_0^{\infty}e^{-at}e^{-j\omega t}\mathrm{d}t$$

$$=\left[\frac{1}{a-j\omega}e^{(a-j\omega)t}\right]_{-\infty}^0+\left[-\frac{1}{a+j\omega}e^{-(a+j\omega)t}\right]=\frac{1}{a-j\omega}+\frac{1}{a+j\omega}=\frac{2a}{a^2+\omega^2}$$

【6.7】

$$F(j\omega)=\int_{-\infty}^{\infty}f(t)e^{-j\omega t}\mathrm{d}t=\int_{-\infty}^{0}e^{-(-1+j\omega)t}\mathrm{d}t=\left[-\frac{1}{-1+j\omega}e^{-(-1+j\omega)t}\right]_{-\infty}^0$$

$$=\frac{1}{1-j\omega}$$

(1) $\mathcal{F}[f(t-1)]=e^{-j\omega}\frac{1}{1-j\omega}$

(2) $\mathcal{F}\left[f(\frac{t}{4})\right]=\frac{1}{\left|\frac{1}{4}\right|}F\left(j\frac{\omega}{\frac{1}{4}}\right)=4F(4j\omega)=\frac{4}{1-4j\omega}$

(3) $\mathcal{F}\left[f(t)e^{2jt}\right]=F(j(\omega-2))=\frac{1}{1-j(\omega-2)}$

(4) $\cos t=\frac{e^{jt}+e^{-jt}}{2}$ より

$$\mathcal{F}[f(t)\cos t]=\frac{1}{2}$$

$$\mathcal{F}\left[f(t)e^{jt}+f(t)e^{-jt}\right]=\frac{1}{2}\left\{\frac{1}{1-j(\omega-1)}+\frac{1}{1-j(\omega+1)}\right\}$$

【6.8】

$\mathcal{F}[\delta(t)]=1$

(1) $\mathcal{F}[\delta(t-1)]=e^{-j\omega}\cdot 1=e^{-j\omega}$

(2) $\mathcal{F}[\delta(t-1)+\delta(t+1)]=e^{-j\omega}+e^{j\omega}$

(3) $\sin\omega t=\frac{e^{j\omega t}-e^{-j\omega t}}{2j}$

$$\mathcal{F}[\sin\omega_0 t]=\frac{1}{2j}\{\mathcal{F}(e^{j\omega_0 t})-\mathcal{F}(e^{-j\omega_0 t})\}$$

$$=\frac{1}{2j}\{2\pi\delta(\omega-\omega_0)-2\pi\delta(\omega+\omega_0)\}$$

$$=-j\pi\{\delta(\omega-\omega_0)-\delta(\omega+\omega_0)\}$$

(4) $\sin\omega t\cos\omega t=\frac{1}{2}\sin 2\omega t=\frac{1}{2}\cdot\frac{e^{2j\omega t}-e^{-2j\omega t}}{2j}$

$$\mathcal{F}[\sin\omega_0 t\cos\omega_0 t]=\frac{1}{2}\mathcal{F}[\sin 2\omega_0 t]=\frac{1}{2}$$

$$\mathcal{F}\left[\frac{e^{2j\omega_0 t}-e^{-2j\omega_0 t}}{2j}\right]=\frac{1}{4j}\{\mathcal{F}(e^{2j\omega_0 t})-\mathcal{F}(e^{-2j\omega_0 t})\}$$

$$=\frac{1}{4j}\{2\pi\delta(\omega-2\omega_0)-2\pi\delta(\omega+2\omega_0)\}$$

$$=-\frac{j\pi}{2}\{\delta(\omega-2\omega_0)-\delta(\omega+2\omega_0)\}$$

(5) $\mathcal{F}[u(-t)]=\pi\delta(-j\omega)-\dfrac{1}{j\omega}=\pi\delta(j\omega)-\dfrac{1}{j\omega}$　　δ 関数は偶関数のため

(6) $\mathcal{F}[u(t)e^{j\omega_0 t}]=\pi\delta(j(\omega+\omega_0))+\dfrac{1}{j(\omega+\omega_0)}$　　$e^{j\omega_0 t}$ が位相を $-\omega_0$ 移動させるため

【6.9】

(1) $\mathcal{L}[2t^2-3t+1]=2\mathcal{L}[t^2]-3\mathcal{L}[t]+\mathcal{L}[1]$

$$=2\frac{2!}{s^{2+1}}-3\frac{1!}{s^{1+1}}+\frac{1}{s}=\frac{4}{s^3}-\frac{3}{s^2}+\frac{1}{s}$$

(2) $\mathcal{L}[3e^{-t}+2e^{2t}]=3\mathcal{L}[e^{-t}]+2\mathcal{L}[e^{2t}]$

$$=3\frac{1}{s-(-1)}+2\frac{1}{s-2}=\frac{3}{s+1}+\frac{2}{s-2}$$

(3) $\mathcal{L}[3\sin 2t-2\cos 3t]=3\mathcal{L}[\sin 2t]-2\mathcal{L}[\cos 3t]$

$$=3\frac{2}{s^2+2^2}-2\frac{s}{s^2+3^2}=\frac{6}{s^2+4}-\frac{2s}{s^2+9}$$

(4) $\mathcal{L}[\cos^2 t]=\mathcal{L}\left[\dfrac{1+\cos 2t}{2}\right]=\dfrac{1}{2}\mathcal{L}[1]+\dfrac{1}{2}\mathcal{L}[\cos 2t]$

$$=\frac{1}{2}\cdot\frac{1}{s}+\frac{1}{2}\cdot\frac{s}{s^2+2^2}=\frac{1}{2s}+\frac{s}{2s^2+8}$$

【6.10】

(1) $\mathcal{L}[e^{3t}\cos 2t]=\dfrac{s-3}{(s-3)^2+2^2}$

(2) $\mathcal{L}[(2t+1)e^{2t}]=2\mathcal{L}[te^{2t}]+\mathcal{L}[e^{2t}]$

$$=2\cdot\frac{1}{(s-2)^2}+\frac{1}{s-2}$$

(3) $\mathcal{L}[t\sin 2t]=-\dfrac{\mathrm{d}}{\mathrm{d}s}\left(\dfrac{2}{s^2+2^2}\right)=\dfrac{4s}{(s^2+4)^2}$

(4) $\mathcal{L}[t\sin^2 t]=\dfrac{1}{2}\mathcal{L}[t(1-\cos 2t)]=\dfrac{1}{2}\mathcal{L}[t]-\dfrac{1}{2}\mathcal{L}[t\cos 2t]$

$$=\frac{1}{2s^2}+\frac{s^2-4}{2(s^2+4)^2}$$

【6.11】

(1) $\mathcal{L}^{-1}\left[\dfrac{1}{s^2}+\dfrac{1}{s-1}\right]=\mathcal{L}^{-1}\left[\dfrac{1}{s^2}\right]+\mathcal{L}^{-1}\left[\dfrac{1}{s-1}\right]$

$$=\frac{1}{(2-1)!}t^{2-1}+e^{1t}=t+e^t$$

(2) $\mathcal{L}^{-1}\left[\dfrac{1}{s^2+4}\right]=\mathcal{L}^{-1}\left[\dfrac{1}{2}\cdot\dfrac{2}{s^2+2^2}\right]=\dfrac{1}{2}\sin 2t$

(3) $\mathcal{L}^{-1}\left[\dfrac{2s}{s^2+2s+5}\right]=\mathcal{L}^{-1}\left[\dfrac{2s}{(s+1)^2+4}\right]$

$$=2\mathcal{L}^{-1}\left[\frac{s+1}{(s+1)^2+2^2}-\frac{1}{(s+1)^2+2^2}\right]$$

$$=2e^{-1t}\mathcal{L}^{-1}\left[\frac{s}{s^2+2^2}\right]-2e^{-1t}\mathcal{L}^{-1}\left[\frac{1}{2}\cdot\frac{2}{s^2+2^2}\right]$$

$$=2e^{-t}\cos 2t-e^{-t}\sin 2t$$

(4) $\dfrac{s}{4s^2-1}=\dfrac{\frac{1}{4}s}{\frac{1}{4}(4s^2-1)}=\dfrac{\frac{1}{4}s}{s^2-\left(\frac{1}{2}\right)^2}=\dfrac{1}{4}\cdot\dfrac{s}{\left(s+\frac{1}{2}\right)\left(s-\frac{1}{2}\right)}$

$$=\frac{1}{4}\left\{\frac{1}{2}\left(\frac{1}{s+\frac{1}{2}}+\frac{1}{s-\frac{1}{2}}\right)\right\}=\frac{1}{8}\left(\frac{1}{s+\frac{1}{2}}+\frac{1}{s-\frac{1}{2}}\right)$$

$$\therefore\mathcal{L}^{-1}\left[\frac{s}{4s^2-1}\right]=\frac{1}{8}\left(e^{\frac{1}{2}t}+e^{-\frac{1}{2}t}\right)=\frac{1}{4}\cosh\frac{t}{2}$$

(5) $\dfrac{s+1}{s(s^2+s-6)}=\dfrac{s+1}{s(s+3)(s-2)}=-\dfrac{1}{6}\cdot\dfrac{1}{s}-\dfrac{2}{15}\cdot\dfrac{1}{s+3}+\dfrac{3}{10}\cdot\dfrac{1}{s-2}$

$$\therefore\mathcal{L}^{-1}\left[\frac{s+1}{s(s^2+s-6)}\right]=-\frac{1}{6}-\frac{2}{15}e^{-3t}+\frac{3}{10}e^{2t}$$

【6.12】

(1) $y'+y=e^y$

$y'=sY(s)-y(0)$　これらを用いてラプラス変換すると

$$sY(s)-y(0)+Y(s)=\frac{1}{s-1}$$

$$Y(s)=\frac{s}{(s+1)(s-1)}=\frac{1}{2}\left(\frac{1}{s+1}+\frac{1}{s-1}\right)$$

$$y=\mathcal{L}^{-1}[Y(s)]=\frac{1}{2}\left(e^{-t}+e^t\right)$$

(2) $y''+5y'-6y=1$

$y''=s^2Y(s)-y(0)s-y'(0), y'=sY(s)-y(0)$

これらを用いてラプラス変換すると

$$s^2Y(s)+5sY(s)-6Y(s)=\frac{1}{s}$$

$$Y(s)=\frac{1}{s(s+6)(s-1)}=-\frac{1}{6}\cdot\frac{1}{s}+\frac{1}{42}\cdot\frac{1}{s+6}+\frac{1}{7}\cdot\frac{1}{s-1}$$

$$y = \mathcal{L}^{-1}[Y(s)]$$

$$= -\frac{1}{6}\cdot 1 + \frac{1}{42}e^{-6t} + \frac{1}{7}e^{t} = \frac{1}{42}\left(6e^{t} + e^{-6t} - 7\right)$$

(3)　$y'' - y' = \sin t$

$y'' = s^2Y(s) - y(0)s - y'(0), y' = sY(s) - y(0)$

これらを用いてラプラス変換すると

$$(s^2Y(s) - s) - (sY(s) - 1) = \frac{1}{s^2+1}$$

$$Y(s) = \frac{1}{s(s-1)(s^2+1)} + \frac{1}{s} = \left(-\frac{1}{s} + \frac{1}{2}\cdot\frac{1}{s-1} + \frac{1}{2}\cdot\frac{s-1}{s^2+1}\right) + \frac{1}{s}$$

$$= \frac{1}{2}\cdot\frac{1}{s-1} + \frac{1}{2}\cdot\frac{s}{s^2+1} - \frac{1}{2}\cdot\frac{1}{s^2+1}$$

$$y = \mathcal{L}^{-1}[Y(s)] = \frac{1}{2}\left(e^{t} + \cos t - \sin t\right)$$

【6.13】

運動方程式は

$mx'' + cx' + kx = \delta(t)$

ただし、初期条件 $x'(0) = 0, x(0) = 0$ である。

$x'' = s^2X(s) - x(0)s - x'(0), x' = sX(s) - x(0)$

これらを用いて両辺をラプラス変換すると

$ms^2X(s) + csX(s) + kX(s) = 1$

$$X(s) = \frac{1}{ms^2 + cs + k}$$

ここで $\omega_n = \sqrt{\frac{k}{m}}, \zeta = \frac{c}{2\sqrt{mk}}$ とすれば

与式

$$= \frac{1}{m(s^2 + 2\zeta\omega_n s + \omega_n{}^2)} = \frac{1}{m\sqrt{1-\zeta^2}\,\omega_n}\cdot\frac{\sqrt{(1-\zeta^2)}\omega_n}{(s+\zeta\omega_n)^2 + (\sqrt{1-\zeta^2}\,\omega_n)^2}$$

$$x = \mathcal{L}^{-1}[X(s)] = \frac{1}{m\sqrt{1-\zeta^2}\,\omega_n}e^{-\zeta\omega_n t}\sin\sqrt{1-\zeta^2}\,\omega_n t$$

【6.14】

運動方程式は

$my'' + cy' + ky = mx''$

ただし、初期条件 $y'(0) = 0, y(0) = 0, x'(0) = 0, x(0) = 0$ である。

$y'' = s^2Y(s) - y(0)s - y'(0), y' = sY(s) - y(0)$

$x'' = s^2X(s) - x(0)s - x'(0), x' = sX(s) - x(0)$

これらを用いて両辺をラプラス変換すると

$ms^2Y(s) + csY(s) + kY(s) = ms^2X(s)$

ここで $\omega_n = \sqrt{\frac{k}{m}}, \zeta = \frac{c}{2\sqrt{mk}}$ とすれば

$$Y(s)\left\{s^2 + 2\zeta\omega_n s + \omega_n^2\right\} = s^2X(s)$$

$$\frac{Y(s)}{X(s)} = \frac{s^2}{s^2 + 2\zeta\omega_n s + \omega_n^2}$$

【6.15】

流れる電流を $i(t)$ とすれば入力電圧 $v_i(t)$ は

$$Ri(t) + \frac{1}{C}\int i(t)dt = v_i(t) \quad ①$$

となる。また出力電圧 $v_o(t)$ はコンデンサ部分に加わる電圧と等しいので

$$\frac{1}{C}\int i(t)dt = v_o(t) \quad ②$$

となる。②式より

$$i(t) = C\frac{dv_o(t)}{dt}$$

となるので

$$RC\frac{dv_o(t)}{dt} + v_o(t) = v_i(t) \quad ③$$

となる。入力 $v_i(t)$ と出力 $v_o(t)$ のフーリエ変換をそれぞれ $I(\omega), O(\omega)$ とすれば、③式の両辺をフーリエ変換すると、

$RC\cdot j\omega O(\omega) + O(\omega) = I(\omega)$

$$\frac{O(\omega)}{I(\omega)} = \frac{1}{1 + j\omega RC}$$

Subject Index

索　引

JSME テキストシリーズ一覧

〔各巻〕A4判

JSME テキストシリーズ
演習　機械工学のための数学

JSME Textbook Series
Problems in Mathematics for Mechanical Engineering

2015年1月30日　初　版　発　行
2023年7月18日　第2版第1刷発行

著作兼発行者　一般社団法人　日本機械学会
（代表理事会長　伊藤　宏幸）

印刷者　柳　瀬　充　孝
昭和情報プロセス株式会社
東京都港区三田 5-14-3

発行所　東京都新宿区新小川町4番1号
KDX 飯田橋スクエア2階
郵便振替口座　00130-1-19018番
電話（03）4335-7610　FAX（03）4335-7618　https://www.jsme.or.jp
一般社団法人　日本機械学会

発売所　東京都千代田区神田神保町2-17
神田神保町ビル
電話（03）3512-3256　FAX（03）3512-3270
丸善出版株式会社

ISBN 978-4-88898-346-4　C 3353

本書の内容でお気づきの点は　textseries@jsme.or.jp　へお知らせください。出版後に判明した誤植等は http://shop.jsme.or.jp/html/page5.html　に掲載いたします。

日本機械学会について

自動車・航空機などの輸送機械，家電製品などの電気・電子機器，発電設備などに見られる大型機器など，様々な機械が我々の生活を支えており，非常に多くの技術者・研究者が活躍している．日本機械学会は，こうした機械に関わる技術者・研究者のコミュニティであり，研究成果を発表して会員相互の知識を向上する場であると共に，技術の成果を社会に還元するための学術専門家集団を形成している．

右頁に，日本機械学会を構成する21の部門の概要を示す．この部門構成をみると，機械工学・技術がいかに広範な分野を対象としているかがわかる．これらの分野は，いずれも機械工学の基礎科目を基盤としており，多くの場合，本シリーズで学ぶ科目と対応している．

一方，機械技術は日々進化しており，人々の要請に応じて，常に新たな技術が生み出されている．日本機械学会では，こうした機械技術に関する最新の情報を共有するために，毎月「日本機械学会誌」を発行している．また，日本機械学会の各支部には学生会組織があり，そこで企画された講演会や交流会などに積極的に参加することができる．さらに，年次大会や支部・部門ごとの講演会など，企業や大学の最新の研究成果に触れる機会も多くある．

また，日本機械学会では，七夕の中暦にあたる8月7日を「機械の日」，8月1～7日を「機械週間」と定めて，各地で展示会や講演会などの各種事業を企画開催している．歴史に残る機械技術関連の装置や設備を「機械遺産」として認定し，文化的遺産を次世代に伝える活動も行っている（右に機械遺産の一例を示す）．

これから機械工学を学んでいく学生の皆さんには，日本機械学会のメンバーとなって機械工学に関する幅広い知識を身につけ，将来，機械工学・技術に関連した分野で大いに活躍されることを期待する．

日本機械学会ロゴマーク

(a) 旧金毘羅大芝居（金丸座）の回り舞台と旋回機構
（提供　琴平町教育委員会）

（日本機械学会「機械遺産」第39号）

(b) 豊田式汽力織機
（提供　トヨタテクノミュージアム産業技術記念館）

（日本機械学会「機械遺産」第47号）

機械遺産の例